U0793951

"十二五"普通高等教育本科国家级规划教材

电气控制与PLC工程应用

刘美俊 主编

本书为任课教师提供以下配套资源：

☆课件 ☆试卷 ☆习题详解 ☆复习题

机 械 工 业 出 版 社

本书从满足教学要求和实际工程应用出发，以三菱公司FX系列PLC为背景，重点介绍了常用低压电器、电气控制电路基础，PLC的工作原理、系统配置、编程元件与指令系统、功能指令与常用功能模块、PLC程序设计方法、PLC通信及网络技术，详细阐述了梯形图程序的设计方法、PLC系统设计与调试方法、PLC在工程应用中应注意的问题，并且列举了工程应用实例。

本书注重理论和实际应用相结合，内容由浅入深、通俗易懂，既便于教学又利于自学，各章配有适量的习题。

本书可作为高等院校自动化、电气工程、电子信息、机电一体化及其他有关专业的教材，也可供工程技术人员自学或作为培训教材使用。

本书配有免费电子课件，欢迎选用本书作教材的老师登录www.cmpedu.com下载或加微信13910750469索取（注明学校和教师信息）。

图书在版编目（CIP）数据

电气控制与PLC工程应用/刘美俊主编. —北京：机械工业出版社，2011.8（2026.1重印）

ISBN 978-7-111-34401-8

Ⅰ.①电… Ⅱ.①刘… Ⅲ.①电气控制—高等学校—教材②可编程序控制器—高等学校—教材 Ⅳ.①TM571.2②TM571.6

中国版本图书馆CIP数据核字（2011）第135011号

机械工业出版社（北京市百万庄大街22号 邮政编码100037）
策划编辑：吉 玲 责任编辑：吉 玲 谷玉春
版式设计：张世琴 责任校对：闫玥红
封面设计：张 静 责任印制：单爱军
北京盛通数码印刷有限公司印刷
2026年1月第1版第14次印刷
184mm×260mm · 15.75印张 · 388千字
标准书号：ISBN 978-7-111-34401-8
定价：33.00元

电话服务 网络服务
客服电话：010-88361066 机 工 官 网：www.cmpbook.com
010-88379833 机 工 官 博：weibo.com/cmp1952
010-68326294 金 书 网：www.golden-book.com
封底无防伪标均为盗版 机工教育服务网：www.cmpedu.com

前 言

可编程序控制器（PLC）是以微处理器为基础，综合了计算机技术、半导体集成技术、自动控制技术、数字技术和通信网络技术发展起来的一种通用工业自动控制装置。它面向控制过程、面向用户，适应工业环境，操作方便、可靠性高，成为现代工业控制的三大支柱（PLC、机器人和CAD/CAM）之一，代表着当今自动控制的先进水平。

本书是作者在多年从事PLC教学与科研的基础上编写的。在编写时，收集和参考了大量技术资料，并结合自己的实际工作经验，在注重理论联系实际的同时，突出学生工程应用能力的培养。本书以国内广泛使用的三菱公司FX系列PLC为背景，重点介绍了常用低压电器、电气控制基础、PLC的工作原理、系统配置、指令系统、特殊模块、PLC通信及网络技术，详细阐述了梯形图程序的常用设计方法、PLC系统设计与调试方法、PLC在工程应用中应注意的问题，并且列举了工程应用实例。

全书共分8章。第1、2章介绍常用低压电器、电气控制电路基础以及典型机床的继电器—接触器电气控制电路分析。第3、4、5章是PLC基础部分，介绍PLC的构成、工作原理、编程元件、基本指令与功能指令系统，第6章详细介绍了梯形图程序的常用设计方法。第7章阐述了PLC网络通信、现场总线等新技术。第8章从应用角度出发，讨论了PLC控制系统综合设计及设计规范，PLC控制系统的抗干扰措施等。本书按照低压电气控制、PLC的开关量逻辑控制、模拟量控制、网络通信技术的顺序进行章节编排，由浅入深、通俗易懂，既便于教学又利于自学。书中图文并茂，列举了大量的例子，有利于学生掌握原理和工程设计方法。

作者在编写过程中，参考和引用了国内外许多专家、学者发表的论文和著作，参考了日本三菱公司的技术资料；同时本书获得了厦门理工学院教材出版基金的资助，作者在此一并致谢。刘群、刘天任、石基、刘景俊、凌江南、章绍东、李立、李光中、刘寒英、章建南、陈建华等同志参与了编写及文字录入与校对工作。

作 者

目　录

第1章　常用低压电器

1.1　低压电器概述

电气控制系统和电力输配电系统中广泛使用的各类高、低压电器，在电能的生产、输送、分配及使用环节中起着控制、能量调节、电压转换、信号检测、电气保护等重要作用，并逐渐侧重于控制系统的配电、电压匹配、信号检测及电气保护等外围电气电路。

由于控制对象在电压、电流和功率等许多参数上差异很大，控制系统无法对种类繁多的执行器件直接进行控制，而必须通过必要的电气元器件在能量上和速度上进行转换和匹配。控制系统和执行器件本身也需要工作电源，它需要通过电网经电气元器件组成的配电电路实现配送。此外，也必须为控制系统提供必要的电气保护措施，以避免因控制失效、操作失误或器件损坏等因素而造成的短路、过电流、过电压、失电压、弱磁等现象。因此掌握低压电器知识和继电器控制技术是为了更有效地运用PLC等先进控制装置所必需打下的基础。

低压电器是指额定电压等级在交流1200V、直流1500V以下的电器。在我国工业电力用电中，最常用的三相交流电压等级为380V，只有在特定行业环境下才用其他电压等级，如煤矿井下的电钻用127V、运输机用660V、采煤机用1140V等。

单相交流电压等级最常见的为220V，机床、热工仪表和矿井照明等采用127V电压等级，其他电压等级，如6V、12V、24V、36V和42V等，一般用于安全场所的照明、信号灯以及作为控制电压。

直流常用电压等级有110V、220V和440V，主要用于动力；6V、12V、24V和36V主要用于控制；在电子电路中，还有3V、5V、9V和15V等电压等级。

1.1.1　低压电器的分类

电器的功能种类繁多，根据使用目的和动作类型不同，可将低压电器作如下分类。

1. 按使用目的分类

1）控制电器：用于组成各类控制电路和控制系统，实现特定控制目的的电器，如接触器、继电器、电动机软起动器等。这类电器自身可以实现简单的控制系统，也可以作为高级控制设备的组成部分，实现逻辑运算结果（弱电信号）对控制对象（强电设备）的控制，或者实现由现场设备工作状况（如主回路电压、电流）到控制系统识别的特征信息（控制系统工作电压）之间的转换。控制电器要求工作准确可靠、寿命长、操作频率高。

2）配电电器：用于电能的输送和分配的电器，如低压断路器、刀开关等。根据容量、规格为电气控制设备提供正常工作的电源，是低压电器的主要应用领域。配电电器要求有足够的热稳定性和电稳定性，在系统故障的情况下，动作准确、可靠。

3）主令电器：用于向控制系统发送动作指令、实现位置检测等功能的电器，如按钮、主令控制器、行程开关等。它为系统提供了人机交互的手段。

4）保护电器：用于保护电路、电气设备和人身安全的电器，如熔断器、漏电保护器、热继电器等。为了避免或减少因突发事件（如断电、机构损坏、控制器失效等）对生产设备和操作人员造成的危害，必须重视安全保护措施的应用。

5）执行电器：用于执行某种动作，实现某种功能的电器，如电磁阀、制动器等。

2. 按动作特点分类

1）手动操作电器：由操作人员手动发出控制指令或设备在生产过程中经外力触发的电器，如按钮、行程开关等。

2）自动电器：利用电磁吸力自动完成动作的电器，如接触器、继电器、电磁阀等。

3. 按工作原理分类

1）电磁式：利用电磁感应原理工作，如接触器、电磁式继电器等。

2）非电量控制：利用外力或某种非电物理量的变化而动作，如刀开关、行程开关、按钮等。

此外，也可按照低压电器的使用场合简单地分为民用电器、工业电器、农业电器、建筑电器、汽车电器等类型。

1.1.2 低压电器的发展

随着新技术的出现和应用，如计算机辅助设计（CAD）、计算机辅助制造（CAM）、计算机辅助分析（CAE）、微电子技术、自动化技术、网络技术、通信技术等的发展，使低压电器产品朝着小型化、智能化、网络化、电子化、模块化、功能集成化、节能化的方向发展。同时，也使低压电器产品更加融合限流新技术和电磁兼容技术（EMC），提高了电器分断能力和限流性能。

1. 小型化

先进的生产工艺、加工工艺和新材料为低压电器产品小型化提供了可能。在提高性能、增强可靠性的同时，追求小型化是当今生产设备的发展趋势，这能够有效地降低设备体积和减少材料损耗，节银、节铜，也易于安装维护。

2. 智能化

智能化低压电器带有微处理器，能准确监测和显示配电电路的运行情况，并能准确地切除过载、短路等各种故障；能按运行人员的设置要求进行各种操作，具有运行监测和内部故障自诊断及故障显示功能，并将智能控制理论（如模糊理论、神经网络、专家系统等）逐渐应用到低压电器的控制上。目前，智能化低压电器的发展主要表现在万能式断路器、塑壳式断路器及电动机起动控制、保护器等产品上，如智能化断路器DW40、DZ40等。

3. 网络化

当今的工业生产过程在信息化方面提出了更多、更高的要求，全局监控、信息共享同样也体现在低压电器产品的发展上，如Internet协议、现场总线协议（如PROFIBUS、DeviceNet、CAN、FF等）、楼宇自动化总线协议（如Lonkwork、IQBUS、BACnet）等在低压电器上的应用。具有通信功能和现场总线技术的智能化低压电器带有通信接口，能和系统通信构成智能化控制系统。这些智能化产品以现场总线为纽带，把各个智能化终端连通，可以信息共享，共同完成控制任务，从而实现电器产品四遥（遥控、遥测、遥训、遥调）功能，提高配电系统供电可靠性，实现区域互锁，改善低压配电、控制系统的自动化程度。

4. 微电子化

将电力电子技术与微电子技术应用在低压电器产品中，从晶体管技术发展到集成电路技术，特别是随着电力电子器件（如GTO、IGBT）质量可靠性的不断提高，其应用越来越广泛，如固态断路器、混合式接触器、接近开关、固态继电器等，尤其是电子式过载保护器的产生体现了当今世界过载保护继电器的一种发展趋势，它与传统双金属型过载保护继电器相比，具有安装方便、脱扣动作快而且准确、误差小、重复性好、参数调节方便、节能等优点，是一种更为理想的电动机保护装置。

5. 模块化和组合化

目前，低压电器产品朝着功能多样化发展，产品结构上采用具有独立功能的组件进行装配，形成模块化的积木拼装式结构，每一种模块相对独立，便于功能分割和组合，是实现电器产品多功能化的重要途径。例如，典型的是多功能的组合电器。20 世纪 80 年代中后期发展起来的模块化终端电器，具有统一的外形尺寸，导轨化安装，为发展组合电器和成套设备创造了条件。

1.1.3　低压电器的基本结构

低压电器中大部分为电磁式电器，各类电磁式电器的工作原理基本相同，由电磁机构（检测部分）和触点系统（执行部分）两部分组成。

1. 电磁机构

电磁机构的作用是将电磁能量转换成机械能量，带动触点动作，实现对电路的通、断控制。

（1）电磁机构的结构及工作原理

电磁机构由铁心、衔铁和线圈等部分组成，其结构按衔铁的运动方式可分为直动式和拍合式两种。其作用原理是：当线圈中有电流通过时，产生电磁吸力，电磁吸力克服弹簧的反作用力，使衔铁与铁心闭合，衔铁带动连接机构运动，从而带动相应触点动作，完成通、断电路的控制作用。图 1-1 和图 1-2 所示是直动式和拍合式电磁机构的常用结构形式。

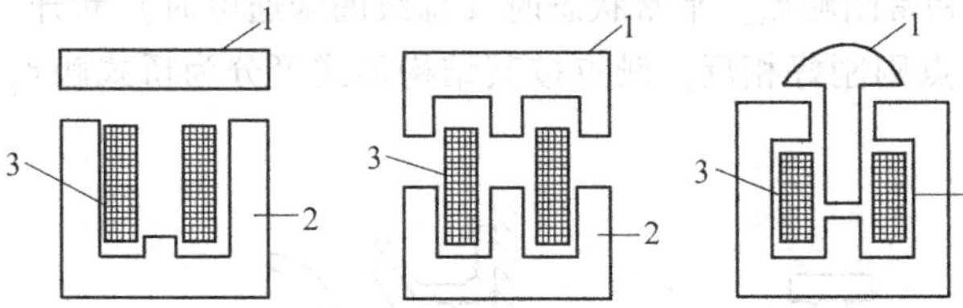

图 1-1　直动式电磁机构

1—衔铁　2—铁心　3—吸引线圈

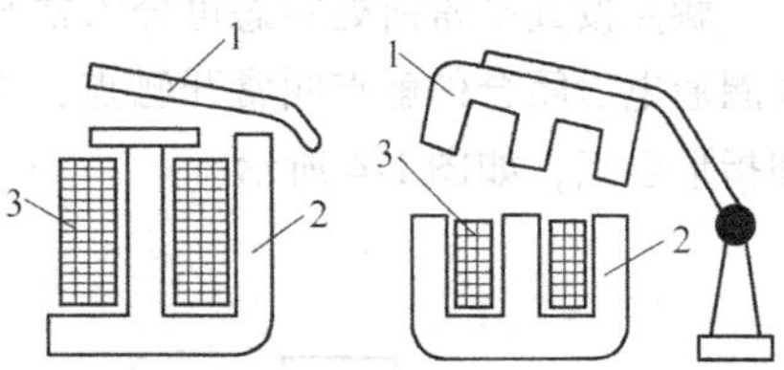

图 1-2　拍合式电磁机构

1—衔铁　2—铁心　3—吸引线圈

电磁式电器分为直流与交流两大类。直流电磁铁铁心由整块铸铁铸成，而交流电磁铁的铁心则用硅钢片叠成，以减小铁损（磁滞损耗及涡流损耗）。吸引线圈的作用是将电能转化为磁场能。按通入线圈电流性质的不同，分为直流线圈和交流线圈两种。

实际应用中，由于直流电磁铁仅有线圈发热，所以线圈匝数多、导线细，制成细长形，且不设线圈骨架，线圈与铁心直接接触，利于线圈的散热。而交流电磁铁由于铁心和线圈均发热，所以线圈匝数少、导线粗，制成短粗形，吸引线圈设有骨架，且铁心与线圈隔离。利于铁心和线圈的散热。

（2）交流电磁系统的短路环

对于单相交流电磁机构，由于通过其铁心的磁通量是随电流时刻变化的，当磁通量为零时，电磁吸力也为零，吸合后的衔铁在反力弹簧的作用下有被拉开的趋势，过零后电磁吸力又增大，当吸力大于反力时，衔铁被吸合。这样随交流电源电压的变化，使衔铁产生强烈的振动和噪声，甚至使铁心松散。因此通常在交流电磁机构铁心和衔铁的端面上开一个槽，在槽内安置一个铜制的短路环（又叫分磁环），短路环包围铁心和衔铁端面约 2/3 的面积，如图 1-3 所示。

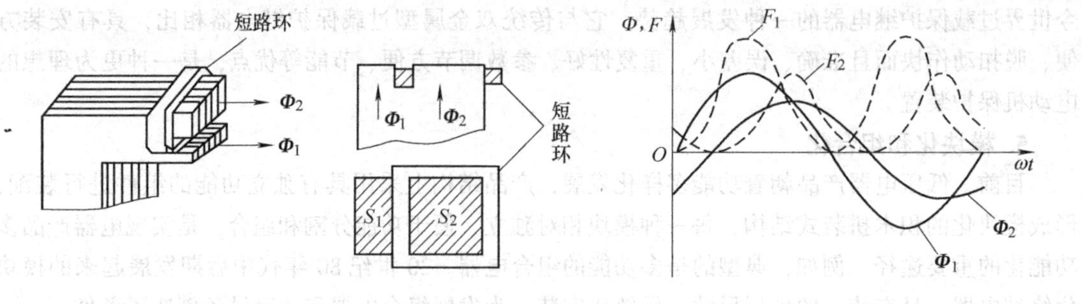

a) b)

图 1-3 交流电磁铁铁心的短路环

a）结构图 b）电磁吸力图

在铁心端面装设短路环后，气隙磁通量 $\boldsymbol{\Phi}$ 分为两部分，即不穿过短路环的 $\boldsymbol{\Phi}_1$ 和穿过短路环的 $\boldsymbol{\Phi}_2$，根据电磁感应定律，磁通量 $\boldsymbol{\Phi}_2$ 在相位上滞后于 $\boldsymbol{\Phi}_1$，而且它们的幅值也不一样。由于这两个磁通量产生的电磁吸力 F_1 与 F_2 不同时过零点，如果短路环设计得比较合理，使 $\boldsymbol{\Phi}_1$、$\boldsymbol{\Phi}_2$ 相位差接近于 90°，并且 F_1 与 F_2 近似相等，则合成电磁吸力就会比较平稳，只要最小合成电磁吸力大于反力，那么衔铁将会牢牢地被吸住，不会产生振动和噪声。

2. 触点系统

触点是电器的执行机构，起接通和断开被控制电路的作用。触点按其所控制的电路可分为主触点和辅助触点。主触点用于接通或断开主电路，允许通过较大的电流；辅助触点用于接通或断开控制电路，只能通过较小的电流。

触点按其平常所处状态可分为常开触点和常闭触点。平常状态时（即线圈未通电时）断开，线圈通电后闭合的触点叫常开触点，常闭触点则刚好相反。触点按其结构形式可分为桥式触点和指形触点，如图 1-4 所示。

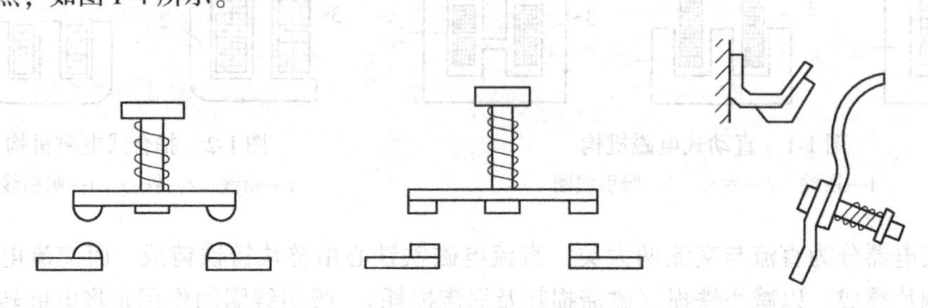
a) b) c)

图 1-4 触点系统的结构形式

a）点接触桥式触点 b）面接触桥式触点 c）指形触点

图 1-4a、b 所示为桥式触点，其中图 1-4a 为点接触桥式触点，图 1-4b 为面接触桥式触点。点接触型适用于电流不大且触点压力小的场合，面接触型适用于电流较大的场合。图 1-4c 所示为指形触点，其接触区为一直线，触点在接通与分断时产生滚动摩擦，可以去掉氧化膜，故其触点可以用纯铜制造，特别适合于触点分合次数多、电流大的场合。

为使触点具有良好的接触性能，触点通常采用铜质材料制成。由于在使用中，铜的表面容易氧化而生成一层氧化铜，使触点接触电阻增大，引起触点过热，影响电器的使用寿命，因此，对于电流容量较小的电器（如接触器、继电器等），常采用银质材料作为触点材料，因为银的氧化膜电阻率与纯银相似，从而避免触点表面氧化膜电阻率增加而造成触点接触不良。

1.2　刀开关与低压断路器

电动机拖动控制系统一般分成两大部分：一部分是主电路，由电动机和接通、断开、控制电动机的接触器主触点等电气元器件组成，一般主电路的电流较大；另一部分是控制电路，由接触器线圈、继电器等电气元器件组成，它的任务是根据给定的指令，依照自动控制系统的规律和具体的工艺要求对主电路系统进行控制，控制电路的电流较小。主电路和控制电路对电气元器件的要求不同，下面分别对主电路和控制电路所使用的低压电气元器件进行讨论。

1.2.1　刀开关与组合开关

1. 刀开关

刀开关是低压配电电器中结构最简单、应用最广泛的电器，主要用在低压成套配电装置中，作为不频繁手动接通和分断交直流电路或作隔离开关用，也可以用于不频繁接通与分断额定电流以下的负载，如小型电动机等。其典型结构如图1-5所示。它由静插座、手柄、触刀、交链支座和绝缘底板组成。

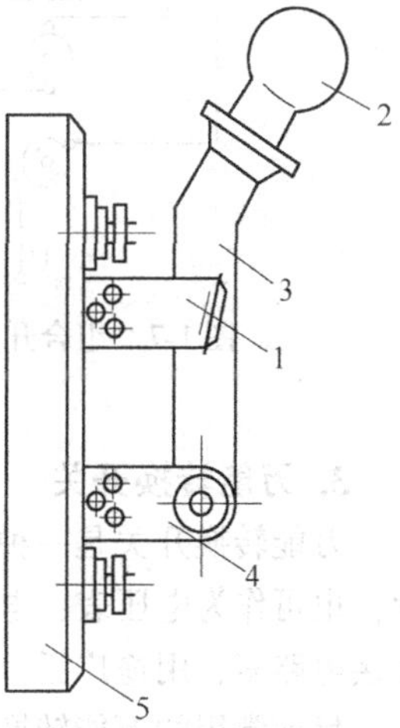

图1-5　刀开关结构

1—静插座　2—手柄　3—触刀　4—交链支座　5—绝缘底板

刀开关按极数分为单极、双极和三极三种；按操作方式分为直接手柄操作式、杠杆操作机构式和电动操作机构式三种；按刀开关转换方向分为单投和双投两种等。

目前常用的刀开关有单投（HD）和双投（HS）等形式，主要用于交流380V、50Hz电力网路中作电源隔离或电流转换，是电力网路中必不可少的电气元件，常用于各种低压配电柜、配电箱、照明箱中。

电路中首先是接刀开关，之后再接熔断器、断路器、接触器等其他电气元件，以满足各种配电柜、配电箱的功能要求。当刀开关以下的电气元件或电路中出现故障，切断隔离电源就靠它来实现。其中，HS刀形转换开关主要用于转换电源，即当一路电源不能供电，需要另一路电源供电时就由它来进行转换，当转换开关处于中间位置时，可以起隔离作用。

为了使用方便和减少体积，在刀开关上安装熔丝或熔断器，组成兼有通断电路和保护作用的开关电器，如开启式负荷开关、熔断器式刀开关等。

刀开关的额定电压应等于或大于电路额定电压。其额定电流应等于（在开启和通风良好的场合）或稍大于（在封闭的开关柜内或散热条件较差的工作场合，一般选1.15倍）电路工作电流。在开关柜内使用还应考虑操作方式，如杠杆操作机构、旋转式操作机构等。当用刀开关制电动机时，其额定电流要大于电动机额定电流的3倍。

刀开关的图形符号及文字符号如图1-6所示。

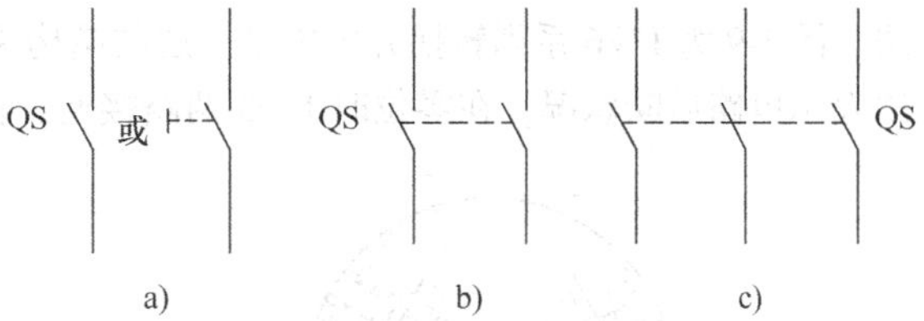

图1-6　刀开关的表示符号

a）单极　b）双极　c）三极

2. 组合开关

组合开关又称转换开关，也是一种刀开关，不过它的刀片（动触片）是转动式的，比刀开关轻巧而且组合性强，能组成各种不同的电路。

组合开关有单极、双极和三极之分，由若干个动触点及静触点分别装在数层绝缘件内组成，动触点随手柄旋转而改变其通断位置。顶盖部分是由滑板、凸轮、扭簧及手柄等零件构成操作机构。由于该机构采用了扭簧储能结构从而能快速闭合及分断开关，使开关闭合和分断的速度与手动操作无关，提高了产品的通断能力，其结构示意图如图 1-7 所示。由图可知，静止时虽然触点位置不同，但当手柄转动 90°时，三对动、静触点均闭合，接通电路。

组合开关的图形符号和文字符号如图 1-8 所示。

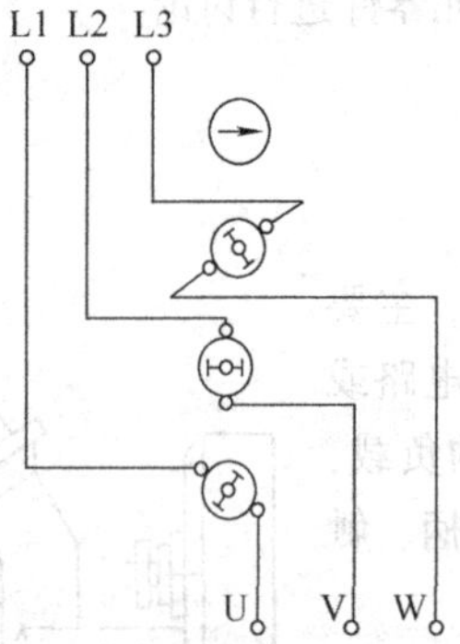

图 1-7　组合开关示意图

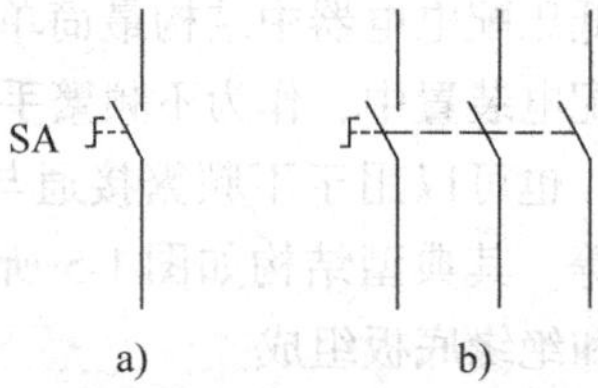

图 1-8　组合开关的表示符号
a）单极　b）三极

3. 万能转换开关

万能转换开关是一种多档位、多控制回路的组合开关，用于发布控制指令或进行远距离控制，也可作为电压表、电流表的换相开关或作为小容量电动机的起动、调速和换向控制。由于其换接电路多，用途广泛，故又称为万能转换开关。

目前常用的万能转换开关有 LW5、LW6 等系列。

LW6 系列万能转换开关由操作机构、面板、手柄及触点座等主要部件组成，其操作位置有 2～12个，触点底座有 1～10 层，其中每层底座均可装三对触点，并由底座中间的凸轮进行控制。由于每层凸轮可做成不同的形状，因此，当手柄转动到不同位置时，通过凸轮自作用，可使各对触点按所需要的规律接通和分断。

LW6 系列万能转换开关还可装成双列式，列与列之间用齿轮啮合，并由一个公共手柄进行操作，因此，这种转换开关装入的触点最多可达 60 对。

万能转换开关各挡位电路通断状况表示有两种方法：一种是图形表示法；一种是列表表示法。图 1-9 为 LW6 系列转换开关中某一层的结构原理示意图。其文字符号为 SA，图 1-10 是图形法表示电路通断状况，在零位时 1、3 两路接通，在左位时仅 1 路接通，在右位时仅 2 路接通。

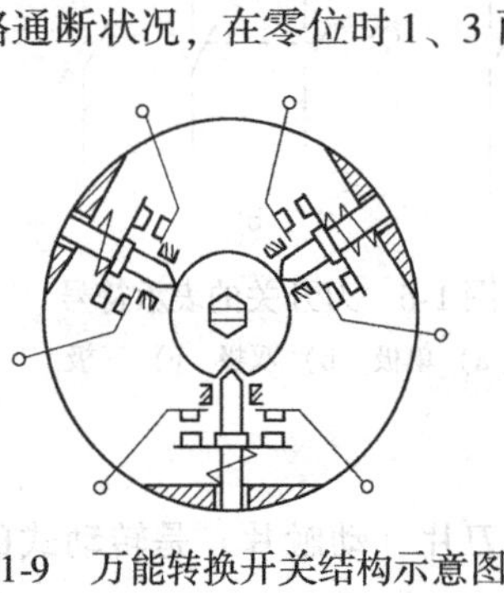

图 1-9　万能转换开关结构示意图

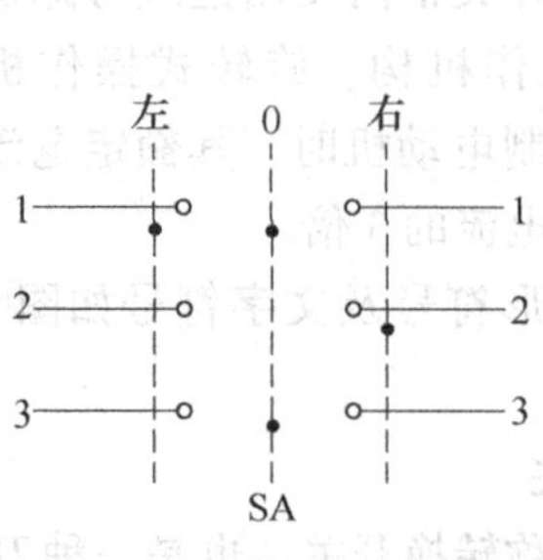

图 1-10　万能转换开关的表示符号

要掌握电气控制设计，熟悉万能转换开关通断图表是非常重要的。

图1-11为ABG12－2.8N/3电动机可逆转开关触点通断表。图1-10中3条垂直虚线表示转换开关手柄的3个不同操作位置，分别代表正转、停止和反转3种工作状态；水平线表示端子引线，各对数字1～2、3～4等表示6对触点脚号，在虚线上与水平线对应的黑点表示该对触点在虚线位置时是接通的，否则是断开的。表1-1为通断表，它以表格形式表示出开关工作状态、手柄操作位置和触点对编号等。通常表中以“+”号表示触点接通，以“－”号或空白表示触点断开。表中，手柄位于中间时，电动机停止；手柄逆时针旋转45°，触点1～2、3～4、5～6和11～12接通，电动机正转；如果顺时针旋转45°，电动机反转，此时触点1～2、3～4、7～8和9～10接通。通断图和通断表是一一对应的两种表示方法，因此，它们也可以合在一起，组成通断图表。

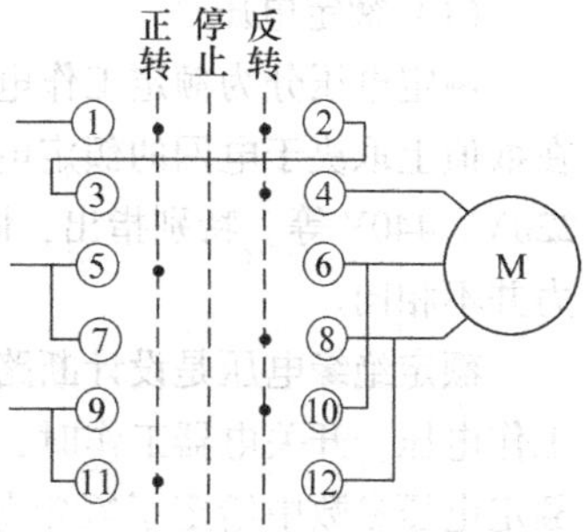

图1-11　ABG12-2.8N/3电动机可逆转开关触点通断图

对于一些触点形式特别复杂的开关，如LW2、LWX1系列等，通断图表上还有必要给出其各层的触点位置图和触点形式代号。

表1-1　ABG12-2.8N/3电动机可逆转开关触点通断表

工作状态	手柄位置	触点号					
		1-2	3-4	5-6	7-8	9-10	11-12
正转		+	+	+	－	－	+
停止		－	－	－	－	－	－
反转		+	+	－	+	+	－

1.2.2　低压断路器

低压断路器又称自动空气断路器。可用来分配电能，不频繁地起动异步电动机，对电源电路及电动机等实行保护。当系统发生严重的过载、短路及欠电压等故障时，能自动切断电路，其功能相当于熔断器式的断路器与过电流、欠电压、热继电器的组合。而且在分断电流故障后一般不需要更换零部件，故得到广泛应用。

低压断路器按结构形式分为万能式和塑料外壳式两类。低压断路器主要由触点系统、操作机构和保护元件三部分组成。主触点由耐弧合金（如银钨合金）制成，采用灭弧栅片加陶瓷罩灭弧。其通断可用手柄操作，也可用电磁机构操作，大容量的断路器也可采用电动机操作，自动脱扣装置可处理各种故障，使触点瞬时动作，而与手柄的操作速度无关。

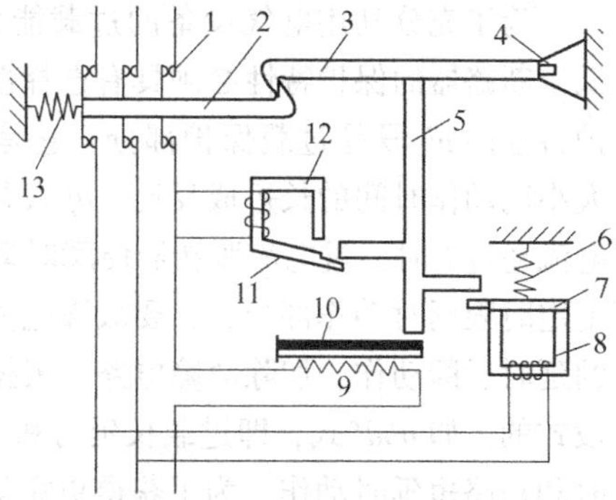

图1-12　断路器工作原理

1—主触点　2—锁键　3—搭钩　4—转轴　5—杠杆　6—弹簧　7—衔铁　8—欠电压脱扣器　9—加热电阻丝　10—热脱扣器双金属片　11—衔铁　12—过电流脱扣器　13—分断弹簧

低压断路器工作原理如图1-12所示，正常工作时主触点1串联于主电路，处于闭合状态，此时锁键2由搭钩3钩住。断路器一旦闭合后，机械联锁保持主触点闭合，锁键2被扣住后，分断弹簧13被拉长，为开断作准备。过电流脱扣器12的线圈串联于主电路，当电流为正常值时，衔铁吸力不够，处于打开位置。当电路电流超过规定值（过电流）时，电磁吸力增加，衔铁11吸合；电压过低（欠电压）时，衔铁7释放，过载时，双金属片10向上弯曲；三者中发生任何一种情况都通过杠杆5使搭钩3脱开，使主触点1断开，切断电路。

1. 低压断路器的主要技术参数

（1）额定电压

额定电压分为额定工作电压、额定绝缘电压和额定脉冲电压三种。断路器的额定工作电压在数值上取决于电网的额定电压等级，我国电网标准规定为AC 220V、380V、660V、1140V，DC 220V、440V等。特别指出，同一断路器可以规定在几种额定工作电压下使用，但相应的通断能力并不相同。

额定绝缘电压是设计断路器的电压值。一般情况下，额定绝缘电压就是断路器的最大额定工作电压。开关电器工作时，要承受系统中所产生的过电压，因此开关电器（包括断路器）的额定电压参数中给定了额定脉冲耐压值，其数值应大于或等于系统中出现的最大过电压峰值。额定绝缘电压和额定脉冲电压共同决定了开关电器的绝缘水平。

（2）额定电流

断路器的额定电流就是过电流脱扣器的额定电流，一般是指断路器的额定持续电流。

（3）通断能力

开关电器在规定的条件下（电压、频率及交流电路的功率因数和直流电路的时间常数），能在给定的电压下接通和分断的最大电流值，也称为额定短路通断能力。

（4）分断时间

指切断故障电流所需的时间，它包括固有的断开时间和燃弧时间。

2. 低压断路器的保护特性

低压断路器的保护特性主要是指其过载和过电流保护特性，即断路器的动作时间与过载和过电流脱扣器的动作电流的关系特性。为了能起到良好的保护作用，断路器的保护特性应同保护对象的允许发热特性匹配，即断路器的保护特性应位于保护对象的允许发热特性之下，如图1-13所示。其中曲线1为保护对象的发热特性，曲线2为低压断路器的保护特性。

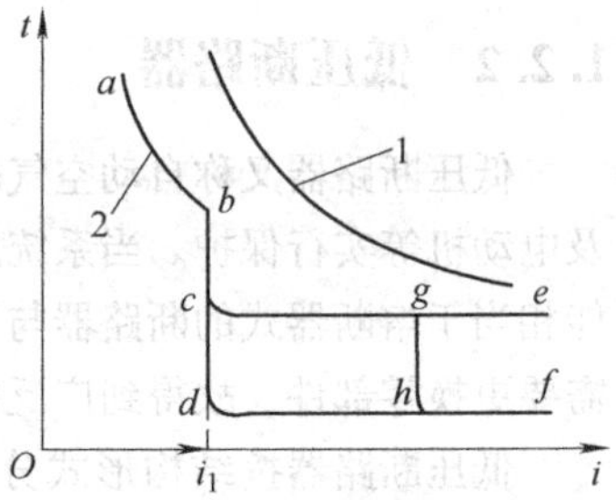

图1-13 低压断路器的保护特性

1—保护对象的发热特性

2—低压断路器的保护特性

为了充分利用电气设备的过载能力，尽可能缩小事故范围，低压断路器的保护特性必须具有选择性，即它应当是分段的。保护特性的*ab*段是过载保护部分，它是反时限的，即动作电流的大小同动作时间的长短成反比。*df*段是瞬时动作部分，只要故障电流超过i_1时，过电流脱扣器便瞬时动作，切除故障电路。*ce*段是定时限延时动作部分，只要故障电流超过i_1时，过电流脱扣器经过一定的延时后即动作，切除故障电路。根据需要，断路器的保护特性可以是两段式的，如*abdf*式，即过载长延时和短路瞬时动作；*abce*式，即过载长延时和短路短延时动作。为了获得更完整的选择性和上、下级开关间的协调配合，还可以有三段式的保护特性，即*abcghf*式的保护特性，即过载长延时、短路短延时和特大短路瞬时动作。

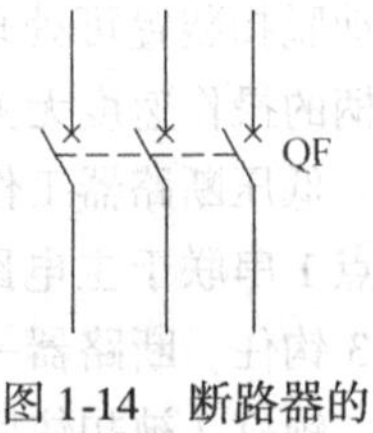

图1-14 断路器的表示符号

断路器的图形符号和文字符号如图1-14所示。

1.3　熔断器与接触器

1.3.1　熔断器

熔断器是一种应用广泛且简单有效的保护电器之一。其主体是低熔点金属丝或金属薄片制成的熔体，串联在被保护的电路中。在正常情况下，熔体相当于一根导线，当发生短路或过载时，电流很大，熔体因过热熔化而切断电路。

熔断器作为保护电器，具有结构简单、体积小、质量轻、使用和维护方便、价格低廉、可靠性高等优点。

1. 熔断器的结构及保护特性

熔断器由熔体和绝缘底座（又称熔管）等组成。熔体为丝状或片状。熔体材料通常有两种：一种是由铅锡合金和锌等低熔点、导电性能差的金属制成，因而不易灭弧，多用于小电流的电路；另一种由银、铜等高熔点、导电性能好的金属丝制成，易于灭弧，多用于大电流电路。当正常工作的时候，流过熔体的电流小于或等于它的额定电流，由于熔体发热温度尚未达到熔体的熔点，所以熔体不会熔断，电路仍保持接通。当流过熔体的电流达到额定电流的1.3～2倍时，熔体缓慢熔断；当流过熔体的电流达到额定电流的8～10倍时，熔体迅速熔断。电流越大，熔断越快，熔断器的这种特性称为保护特性或安—秒特性，见表1-2和图1-15所示。表1-2中I_N为熔体额定电流，通常取$2I_N$为熔断器的熔断电流，其熔断时间为30～40s。因此，熔断器对轻度过载反应比较迟钝，一般只能作短路保护用。

表1-2　熔断器的安—秒特性

熔体通过电流/A	$1.25I_N$	$1.6I_N$	$1.8I_N$	I_N	$2.5I_N$	$3I_N$	$4I_N$	$8I_N$
熔断时间/s	∞	3600	1200	40	8	4.5	2.5	1

熔断器的额定电流是指熔断器长期工作时，各部件温升不超过规定值时所能承受的电流。熔断器的额定电流等级比较少，而熔体的额定电流等级比较多，即在一个额定电流等级的熔断管内可以分装不同额定电流等级的熔体，但熔体的额定电流最大不能超过熔断管的额定电流。

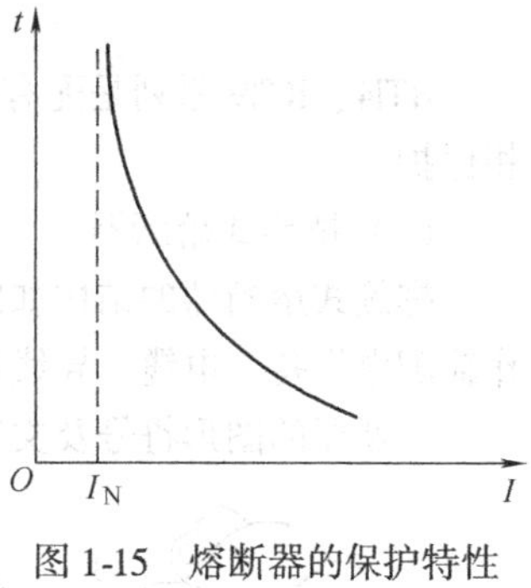

图1-15　熔断器的保护特性

熔断器的极限分断能力是指熔断器在规定的额定电压和功率因数（或时间常数）的条件下，能分断的最大短路电流值。在电路中出现的最大电流值一般是指短路电流值，所以极限分断能力也是反映了熔断器分断短路电流的能力。

2. 熔断器的类型

（1）瓷插式熔断器

常用的瓷插式熔断器为RClA系列，其结构如图1-16所示。它由瓷底座、动触点、熔体、瓷插件和静触点组成，瓷插件突出部分与瓷底座之间的间隙形成灭弧室。

RClA系列熔断器用于交流50Hz，额定电压380V及以下的电路末端，作为供配电系统导线及电气设备（如电动机、负荷开关）的短路保护，也可作为民用照明等电路的保护。

（2）有填料封闭管式熔断器

目前，熔断器最广泛使用的灭弧介质填料是石英砂。因为石英砂具有热稳定性好、熔点高、

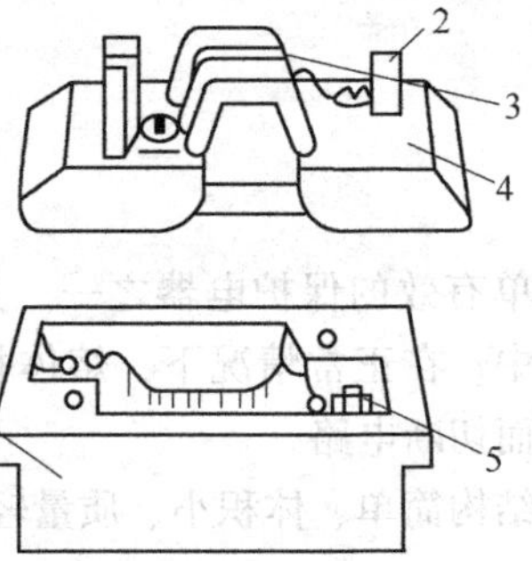

图 1-16 瓷插式熔断器

1—瓷底座 2—动触点 3—熔体 4—瓷插件 5—静触点

化学惰性、热导率高和价格低等优点。

熔断器熔断时，一方面电弧在石英砂颗粒间的窄缝中受到强烈的消电离作用而熄灭；另一方面，电弧在极短的时引向、在很小的容积里产生巨大的能量，使熔管型腔内温度非常高，而且温升很快。这时，颗粒填料层的存在就保护了熔断器零件，使之免遭电弧的强烈热作用。

常用的有填料封闭管式熔断器有；螺栓连接的熔断器 RT12、RT15 系列，它们符合国际电工 IEC269 低压电器标准；圆筒形帽熔断器 RT14、RT19、RT18 系列，其结构如图 1-17 所示。

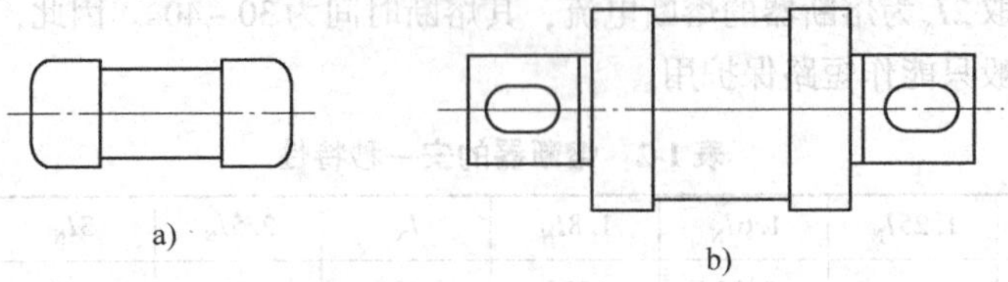

图 1-17 有填料封闭管式熔断器

a）RT14 系列 b）RT15 系列

RTl4、RTl9 系列是配有撞击器的熔断器，与熔断式隔离器配合使用时，可作为电动机的断相保护。

（3）螺旋式熔断器

螺旋式熔断器的结构如图 1-18 所示。它主要由瓷帽、熔心和底座组成。适用于电气电路中，作输配电设备、电缆、导线过载和短路保护元件。

熔断器的图形符号及文字符号如图 1-19 所示。

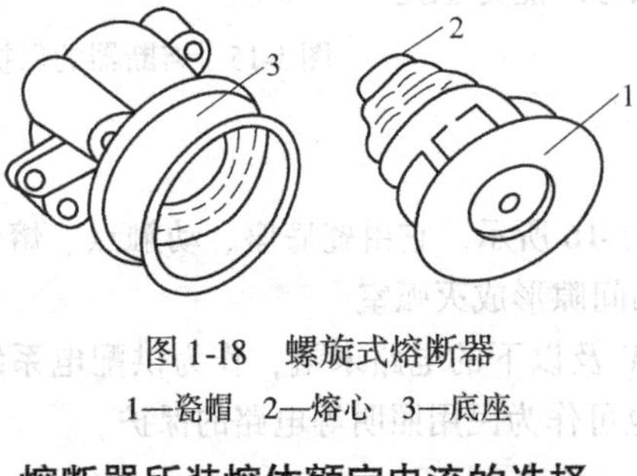

图 1-18 螺旋式熔断器

1—瓷帽 2—熔心 3—底座

图 1-19 熔断器的表示符号

3. 熔断器所装熔体额定电流的选择

1）对于照明电路等没有冲击电流的负载，应使熔体的额定电流等于或稍大于电路的工作电

流，即

$$I_{FU} \geqslant I$$

式中，I_{FU}为熔体的额定电流；I为电路的工作电流。

2）对于电动机类负载，要考虑起动时的冲击电流，按下式计算：

$$I_{FU} \geqslant (1.5 \sim 2.5) I_N$$

式中，I_N为电动机的额定电流。

3）对于多台电动机由一个熔断器保护时，熔体额定电流应按下式计算：

$$I_{FU} \geqslant (1.5 \sim 2.5) I_{Nmax} + \sum I_N$$

式中，I_{Nmax}为容量最大的一台电动机的额定电流；$\sum I_N$为其余电动机额定电流的总和。

4）减压起动的电动机选用熔体的额定电流等于或略大于电动机的额定电流。

1.3.2 接触器

接触器是一种用来自动接通或断开大电流电路的电器。大多数情况下，其控制对象是电动机，也可用于其他电力负载，如电热器、电焊机、电炉变压器等。接触器不仅能自动地接通和断开电路，还具有控制容量大、欠电压释放保护、寿命长、能远距离控制等优点，所以在电气控制系统中应用十分广泛。

接触器的触点系统可以用电磁铁、压缩空气或液体压力等驱动，因而可分为电磁式接触器、气动式接触器和液压式接触器，其中以电磁式接触器应用最为广泛。根据接触器主触点通过电流的种类，可分为交流接触器和直流接触器两种接触器。

1. 交流接触器

交流接触器主要由触点系统、电磁机构和灭弧装置等组成。

1）触点系统。触点是接触器的执行元件，用来接通和断开电路。交流接触器一般采用双断点桥式触点，两个触点串于同一电路中，同时接通或断开。接触器的触点有主触点和辅助触点之分，主触点用以通断主电路，辅助触点用以通断控制电路。

2）电磁机构。电磁机构的作用是将电磁能转换成机械能，操纵触点的闭合或断开。交流接触器一般采用衔铁绕轴转动的拍合式电磁机构和衔铁作直线运动的电磁机构。由于交流接触器的线圈通交流电，在铁心中存在磁滞和涡流损耗，会引起铁心发热。为了减少涡流损耗、磁滞损耗，以免铁心发热过度，铁心由硅钢片叠铆而成。同时，为了减小机械振动和噪声，在静铁心极面上要装有短路环。

3）灭弧装置。交流接触器分断大电流电路时，往往会在动、静触点之间产生很强的电弧。电弧一方面会烧伤触点，另一方面会使电路切断时间延长，甚至会引起其他事故。因此，灭弧是接触器的主要任务之一。

容量较小（10A以下）的交流接触器一般采用的灭弧方法是双断触点和电动力灭弧。容量较大（20A以上）的交流接触器一般采用灭弧栅灭弧。

4）其他部分。交流接触器的其他部分有底座、反力弹簧、缓冲弹簧、触点压力弹簧、传动机构和接线柱等。反力弹簧的作用是当吸引线圈断电时，迅速使主触点和动合辅助触点断开；缓冲弹簧的作用是缓冲衔铁在吸合时对静铁心和外壳的冲击力；触点压力弹簧的作用是增加动、静触点之间的压力，增大接触面积以降低接触电阻，避免触点由于接触不良而过热灼伤，它还具有减振作用。交流接触器的工作原理如图1-20所示。

当交流接触器电磁系统中的线圈 6、7 间通入交流电流以后，铁心 8 被磁化，产生大于反力弹簧 10 弹力的电磁力，将衔铁 9 吸合。一方面，带动了动合主触点 1、2、3 的闭合，接通主电路；另一方面，动断辅助触点（在 4 和 5 处）首先断开，接着，动合辅助触点（也在 4 和 5 处）闭合。当线圈断电或外加电压太低时，在反力弹簧 10 的作用下衔铁释放，动合主触点断开，切断主电路；动合辅助触点首先断开，接着，动断触点恢复闭合。图中 11 ~ 17 和 21 ~ 27 为各触点的接线柱。

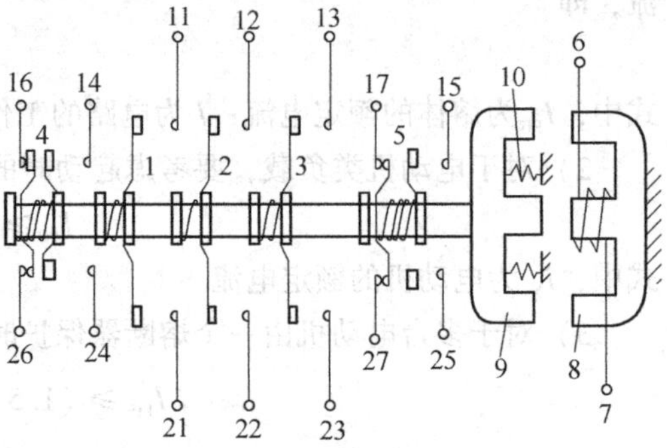

图 1-20　交流接触器的工作原理

2. 直流接触器

直流接触器和交流接触器一样，也是由触点系统、电磁机构和灭弧装置等部分组成。图 1-21 所示为直流接触器的结构原理图。

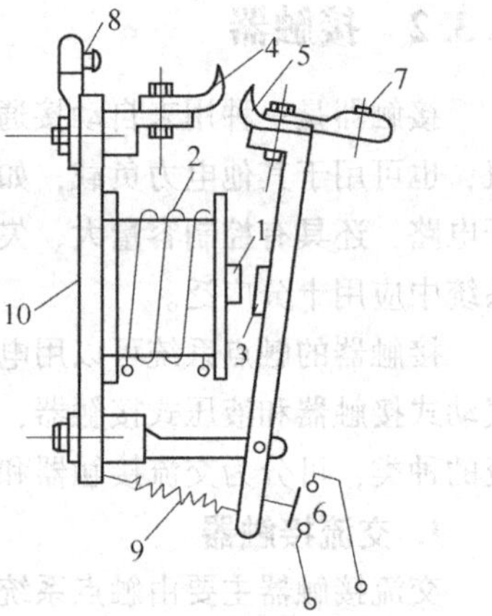

图 1-21　直流接触器的结构

1—铁心　2—线圈　3—衔铁　4—静触点
5—动触点　6—辅助触点　7、8—接线柱
9—反作用弹簧　10—底板

（1）触点系统

直流接触器有主触点和辅助触点。主触点一般做成单极或双极，由于主触点接通或断开的电流较大，故采用滚动接触的指形触点；辅助触点的通断电流较小，常采用点接触的双断点桥式触点。

（2）电磁机构

因为线圈中通的是直流电，铁心中不会产生涡流，所以铁心可用整块铸铁或铸钢制成，也不需要安装短路环。铁心中无磁滞和涡流损耗，因而铁心不发热。线圈的匝数较多，电阻大，线圈本身发热，因此吸引线圈做成长而薄的圆筒状，且不设线圈骨架，使线圈与铁心直接接触，以便散热。

（3）灭弧装置

直流接触器一般采用磁吹式灭弧装置，接触器的图形符号与文字符号如图 1-22 所示。

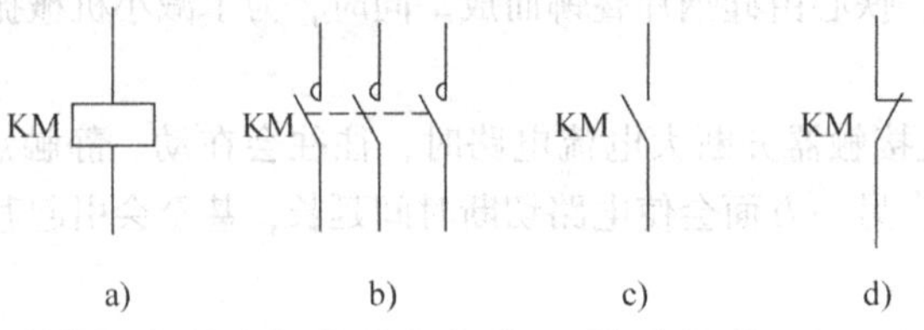

a)　　b)　　c)　　d)

图 1-22　接触器的表示符号

a）线圈　b）主触点　c）动合辅助触点　d）动断辅助触点

3. 接触器主触点额定电流的选择

对于电动机负载，接触器主触点额定电流按下式计算：

$$I_N = \frac{P_N \times 10^3}{\sqrt{3}U_N \cos\varphi \cdot \eta} \tag{1-1}$$

式中，P_N为电动机功率，单位为kW；U_N为电动机额定线电压，单位为V；$\cos\varphi$ 为电动机功率因数，范围为0.85~0.9；η 为电动机的效率，范围为0.8~0.9。

在选用接触器时，其额定电流应大于计算值。也可以根据电气设备手册给出的被控电动机的容量和接触器额定电流对应的数据选择。

根据式（1-1)，在已知接触器主触点额定电流的情况下，可以计算出所控制电动机的功率。例如，CJ20-63型交流接触器在380V时的额定工作电流为63A，故它在380V时能控制的电动机的功率为

$$P_N=(\sqrt{3}\times380\times63\times0.9\times10^{-3})\text{kW}\approx33\text{kW}$$

式中，$\cos\varphi$ 和 η 均取0.9。

由此可见，在380V的情况下，63A的接触器的额定控制功率为33kW。

在实际应用中，接触器主触点的额定电流也常常按下面的经验公式计算：

$$I_N=\frac{P_N\times10^3}{KU_N} \tag{1-2}$$

式中，K为经验系数，取1~1.4。

4. 接触器吸引线圈电压的选择

如果控制电路比较简单，所用接触器数量较少，则交流接触器线圈的额定电压一般直接选用380V或220V。如果控制电路比较复杂，使用的电器又比较多，为了安全起见，线圈的额定电压可选低一些。例如，交流接触器线圈电压可选择127V、36V等，这时需要附加一个控制变压器。

直流接触器线圈的额定电压应根据控制回路的情况而定，同一系列、同一容量等级的接触器，其线圈的额定电压有几种，可以选线圈的额定电压与直流控制回路的电压一致。

1.4　继电器与行程开关

1.4.1　继电器

继电器是一种根据特定形式的输入信号而动作的自动控制电器。由承受、中间和执行机构三部分组成。承受机构反映继电器的输入量，并传递给中间机构，将它与预定的量即整定值进行比较，当达到整定值时，中间机构就使执行机构产生输出量，用于控制电路的开、断。

继电器通常触点容量较小，接在控制电路中，主要用于反应控制信号，是电气控制系统中的信号检测元件；而接触器触点容量较大，直接用于开、断主电路，是电气控制系统中的执行元件。

继电器按输入量的物理性质分为电压继电器、电流继电器、功率继电器、时间继电器、温度继电器、速度继电器等；按动作原理分为电磁式继电器、感应式继电器、电动式继电器、热继电器、电子式继电器等；按动作时间分为快速继电器、延时继电器、一般继电器；按执行环节作用原理分为有触点继电器、无触点继电器。本节主要介绍控制继电器中的电磁式继电器等。

电磁式继电器的结构与原理与接触器类似，是由铁心、衔铁、线圈、释放弹簧和触头等部分组成。吸力特性、反力特性及其动作原理与接触器类似。其返回系数可通过调节释放弹簧松紧程度或调整铁心与衔铁间非磁性垫片的厚薄来达到。电磁式继电器种类很多，下面介绍几种较典型的电磁式继电器。

1. 电流继电器

电流继电器的线圈与被测量电路串联，以反映线圈电流的变化，其线圈匝数少，导线粗，线圈阻抗小。这样通过电流时的压降很小，不会影响负载电路的电流，而仍可获得需要的磁动势。电流继电器又有欠电流和过电流继电器之分。

欠电流继电器的吸引电流为线圈额定电流的30%～65%，释放电流为额定电流的10%～20%。用于欠电流保护或控制，在工常工作时，衔铁是吸合的，只有当电流降低到某一整定值时，继电器才释放，输出信号。过电流继电器在电路正常工作时不动作，当电流超过某一整定值时才动作，整定范围为 1.1～4.0 倍额定电流。电流继电器的文字符号和图形符号如图 1-23 所示。

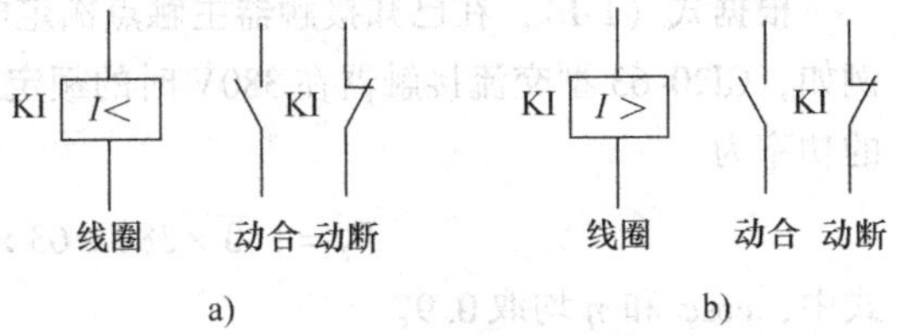

图 1-23　电流继电器的表示符号
a）欠电流继电器　b）过电流继电器

2. 电压继电器

电压继电器的线圈与负载并联，以反映负载电压，其线圈匝数多而导线细。根据动作电压值不同，电压继电器有过电压、欠电压和零电压继电器之分。

过电压继电器在电压为 U_N 的 105%～120% 时动作；欠电压继电器在电压为 U_N 的 40%～70% 时动作；零电压继电器当电压降低至 U_N 的 5%～25% 时动作，它们分别用作过电压、欠电压和零压保护。电压继电器的文字符号和图形符号如图 1-24 所示。

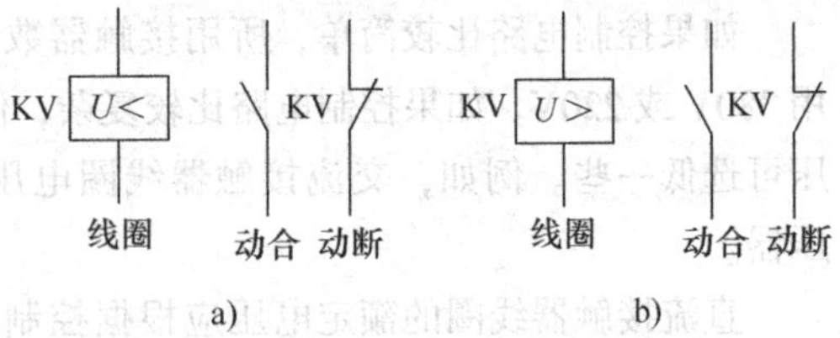

图 1-24　电压继电器的表示符号
a）欠电压继电器　b）过电压继电器

3. 中间继电器

中间继电器属于电压继电器的一种，用来转换控制信号的中间元件。其触点数量较多，各触点的额定电流相同，一般为 5～10A，动作灵敏度高。中间继电器通常用来扩展触点的数量或容量，增加控制电路中控制信号的数量，以及作为信号传递、互锁、转换以及隔离用。中间继电器文字符号和图形符号如图 1-25 所示。

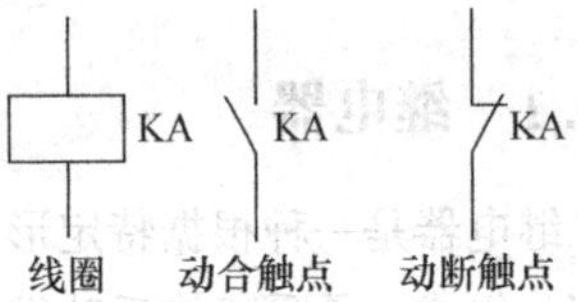

图 1-25　中间继电器的表示符号

4. 时间继电器

时间继电器是一种利用电磁原理或机械动作原理实现触点延时接通或断开的自动控制电器，可以用来进行时间控制，其种类很多，按动作原理分有电磁式、空气阻尼式、电动式和电子式。按延时方式分有通电延时和断电延时型。

空气阻尼式时间继电器的特点是结构简单、工作可靠、延时的整定范围宽。适用于要求不高的场合，常用有 JS7-A、JS23 等系列，其中 JS7-A 系列的延时范围分 0.4～60s 和 0.4～180s 两种。操作频率为 600 次每小时。触点容量为 5A，延时误差为 ±15%。

空气阻尼式时间继电器是利用空气阻尼原理获得延时的。它由电磁机构、延时机构和触点系统三部分组成。电磁机构为直动式双 E 型铁心，触点系统是借用 LX5 型微动开关，延时机构采用气囊式阻尼器。通电延时型与断电延时型比较，仅是电磁铁倒置 180°安装的，它们工作原理相似。

图 1-26 是 JS7-A 型通电延时型时间继电器。当线圈通电后，衔铁向下吸合并带动托板下移，活塞杆在释放弹簧的作用下，开始下降，但空气室的空气受进气孔处调节螺钉的阻碍而使活塞下降缓慢，到达最终位置时通过杠杆压动微动开关，使其常闭触点断开，常开触点闭合，起到通电延时作用。

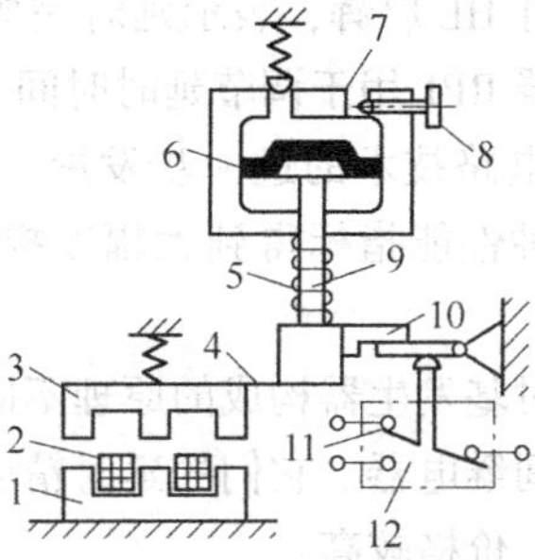

图 1-26 通电延时型时间继电器

1—铁心 2—线圈 3—衔铁 4—托板 5—弹簧 6—橡胶膜 7—进气孔

8—延时调节螺钉 9—活塞 10—撞块 11—触点 12—微动开关

电子式时间继电器按其构成可分为 R-C 式晶体管时间继电器和数字式时间继电器。多用于机电传动、自动顺序控制及各种过程控制系统中，并以其延时范围宽、精度高、体积小、工作可靠的优势逐步取代传统的电磁式、空气阻尼式等时间继电器。

晶体管式时间继电器是以 RC 电路电容充电时，电容器上的电压逐步上升的原理为延时基础。下面以 JS20 系列时间继电器为例说明其工作原理。JS20 所采用的电路分为两类：一类是单结晶体管电路，另一类是场效应晶体管电路，并且有断电延时、通电延时和带瞬动触点延时三种形式。

图 1-27 所示为 JS20 单结晶体管通电延时时间继电器原理图。它由 R-C 延时环节、鉴幅器、出口电路、电源、指示灯五部分组成。延时环节由 RP1、R_2、C_2及 RP2、R_4、VD2、C_2组成，其中由低值电阻 RP2、R_4、R_5组成的分压器经二极管 VD2 向电容器 C_2提供预充电回路。电源由交流电供电，经变压器 T 及二极管 VD1 整流，电容器 C_1滤波直接供出口电路中的小型晶闸管 VT1 及继电器 K。电源的稳压部分由 R_1及稳压管 VZ 构成，并为延时环节及鉴幅器电路提供电源。鉴幅器主要由单结晶体管 VT1 及电容器 C_2构成。

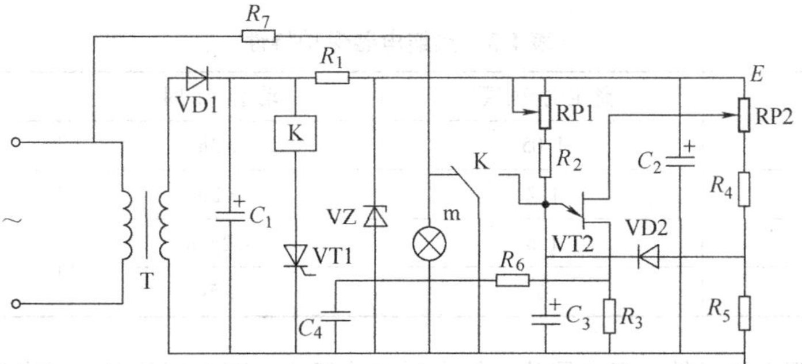

图 1-27 JS20 单结晶体管通电延时时间继电器

接通电源后经 VD1 整流、C_1滤波、VZ 稳压后的直流电压，通过 RP2、R_4、VD2 向电容器 C_2以极小的时间常数快速充电，与此同时也通过 RP1、R_2向电容器 C_2充电。电容器 C_2上的电压在预充电压的基础上，按指数规律逐渐升高，当此电压大于单结晶体管 VT2 的峰点电压 U_P时，单结晶体管导通，输出脉冲电压触发小型晶闸管 VT1。VT1 导通后使执行继电器 K 线圈通电、衔铁吸合，其触点将接通或分断外电路。利用执行继电器 K 的一个动合触点将 C_2短路，使电容迅速放电，同时动断触点断开使氖指示灯 HL 启辉，表示延时完毕。当切断电源时，K 释放，电路恢复原始状态，等待下次动作。电位器 RP1 用于调节延时时间。

随着半导体技术、特别是集成电路技术的进一步发展，采用新延时原理的时间继电器——数字式时间继电器便应运而生，各种性能指标得到大幅度提高。目前最先进的数字式时间继电器内部装有微处理器。

国内外数字式时间继电器按其时基发生器构成的原理不同，可分为电源分频式、R-C 振荡式和石英分频式三种类型的数字式时间继电器。它们的延时精度高、延时范围广、延时过程可数字显示和延时方法灵活，但电路复杂、价格较高。

时间继电器的图形符号和文字符号如图 1-28 所示。

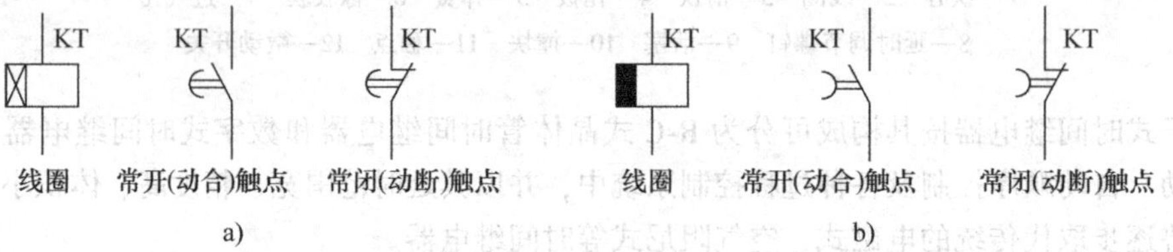

图 1-28　时间继电器的表示符号

a）通电延时时间继电器的符号　b）断电延时时间继电器的符号

5. 热继电器

热继电器是利用电流的热效应原理实现电动机的过载保护的一种自动电器。电动机过载一般发生在下列情况：三相电路断相，即单相运行；欠电压运行；长期运行电动机负载增大；间歇运行的电动机操作频率过高；经常受起动电流冲击；反接制动以及环境温度过高等。只要电动机绕组不超过允许温升，这种过载是允许的。但过载时间过长，绕组温升超过了允许值时，将会加剧绕组绝缘老化，严重时甚至使电动机绕组烧毁。因此，长期运行电动机都应设置过载保护。它能在电动机过载时自动切断电源，使电动机停止。热继电器具有反时限保护特性，其保护特性见表 1-3。

表 1-3　热继电器保护特性

项　　号	整定电流倍数	动 作 时 间	试 验 条 件
1	1.05	>2h	冷态
2	1.2	<2h	热态
3	1.6	<2min	热态
4	6	>5s	冷态

热继电器主要由热元件、双金属片、触点系统等组成。双金属片是热继电器的感测元件，它由两种不同线膨胀系数的金属用机械辗压而成。线膨胀系数大的称为主动层，小的称为被动层。热元件串接在电动机定子绕组中，这样主电路中的电流既通过加热元件，也通过主双金属片，电

动机正常工作时，热元件产生的热量仅能使双金属片产生较小弯曲，而不能推动导板移动。当过载时，流过热元件的电流增大，使双金属片产生较大弯曲推动导板使继电器触点动作。热继电器动作后，经过一段时间的冷却，主双金属片恢复原状，导板也退回原处。

常用的热继电器的原理及表示符号如图1-29所示。

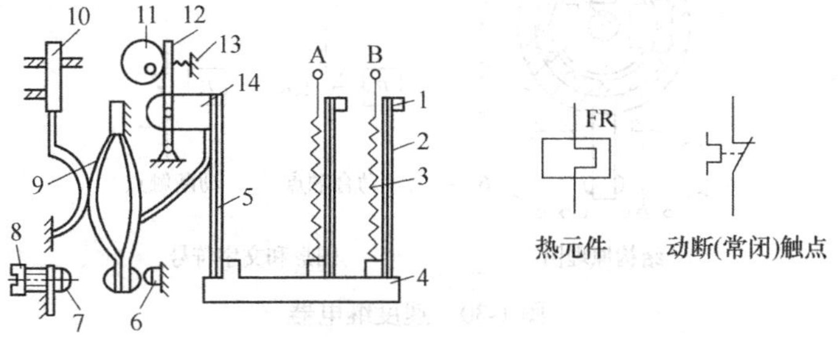

图1-29 热继电器的原理及表示符号

1—主双金属片支架 2—主双金属片 3—加热元件 4—导板 5—温度补偿片 6—常闭静触点 7—常开静触点 8—复位调节螺钉 9—动触点 10—再扣钮 11—整定调节钮 12—支杆 13—压簧 14—推杆

为使热继电器的常闭触点复位，可采用自动复位和手动复位两种方法。

1）自动复位。将复位螺钉8顺时针方向转动，使它和静触点6的距离缩短。当主双金属片冷却、导板退回原位，动触点在本身弹力作用下，能自动恢复与静触点6接触，即常闭触点能自动恢复闭合。

2）手动复位。将复位调节螺钉8逆时针方向转动，使它与静触点6的距离加大。这样，即使导板4退回原处，动触点9也接触不到静触点6，必须按动再扣钮10，在外力的帮助下使动触点9回到与静触点6相接触的位置。

热继电器自动复位时间不大于5min；手动复位时，在热继电器动作2min后，按再扣钮使之复位。为使热继电器的动作不受环境温度变化的影响，设置了温度补偿双金属。温度补偿片受热弯曲的方向与主双金属片受热弯曲方向一致。当受到环境温度影响时，主双金属片和温度补偿片受热弯曲而产生的位置移动是相同的，因此由导板移动而使热继电器动作的位移大小不会改变，这样就达到了温度补偿的目的。采用温度补偿后，当环境温度在 -30~40℃的范围内变化时，动作特性基本上不受环境温度影响。

调整热继电器动作的电流称为整定电流。为使热继电器能更好地适应各种电动机的需要，故设置整定电流调节装置。当整定电流调节旋钮11转到不同位置时，推杆14与动触点9之间的相对距离不同。该距离越大，则使热继电器动作所需主双金属片的弯曲度也越大，亦即通过加热元件的电流应越大。一般热继电器整定电流的调节为60%~100%。例如，加热元件的额定电流为100A，则整定电流可在60~100A的范围内调节。

6. 速度继电器

速度继电器是用来反映转速和转向的自动电器。常用于笼型异步电动机反接制动电路。又称为反接制动继电器，主要由转子、定子和触点三部分组成。转子是一个圆柱形永久磁铁。定子是一个笼形空心圆环，由硅钢片叠成，并有笼型绕组。

图1-30为速度继电器的外形、原理和符号图。其转子的轴与被控电动机的轴相连接，当电动机转动时，速度继电器的转子随之转动，当达到一定转速，定子在感应电流和力矩的作用下跟随转动，到一定角度时，装在定子轴上的摆柄推动簧片（动触片）动作，使常闭触点分断、常开触点闭合。当电动机转速低于100r/min时，定子产生的转矩减小，触点在簧片作用下复位。

这样，就可以通过速度继电器相应触点的合、分来检测电动机是在转动还是停车，以及旋转的方向。

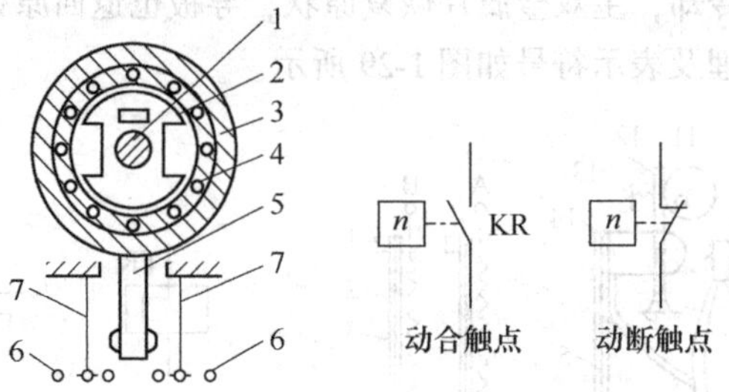

结构原理图　　图形和文字符号

图 1-30　速度继电器

1—轴　2—永久磁铁　3—外环　4—笼型绕组　5—摆柄　6—静触点　7—簧片

1.4.2　行程开关

行程开关是根据运动部件的行程位置而切换电路的自动电器，其功能是感测运动部件的机械位移并转换成电信号。行程开关的种类很多，其主要变化在于传动操作方式和传动头形状的变化。操作方式有瞬动型和蠕动型。头部结构有直动，滚动直动，杠杆单轮、双轮，滚动摆杆可调式，杠杆可调式以及弹簧杆等。

行程开关用运动部件上的撞块来碰撞推杆。其触点结构示意如图 1-31 所示。触点结构是双断点直动式，为瞬动型触点，瞬动操作是靠传感头推动推杆达到一定行程后，触桥中心超过点 O''、以使触点在弹簧的作用下迅速从一个位置跳到另一个位置，完成接触状态转换，使动断触点断开（动触点 3 和动断静触点 4 分开），动合触点闭合（动触点 3 和动合静触点 5 闭合）。闭合与分断速度不取决于推杆行进速度，而由弹簧刚度和结构决定。各种结构的行程开关，只是传感部件的机构方式不同，而触点的动作原理都是类似的。

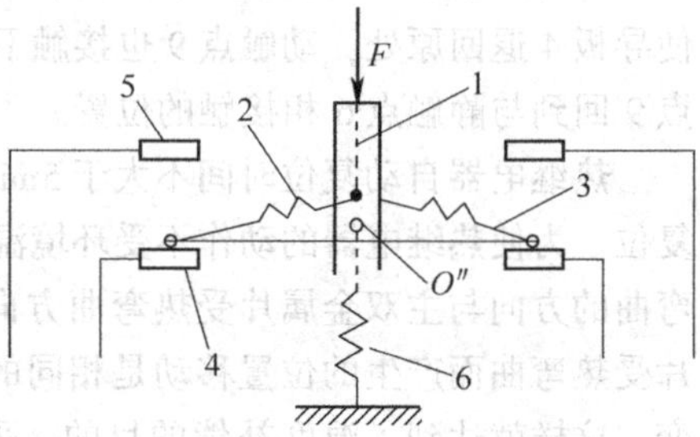

图 1-31　行程开关结构示意图

1—推杆　2—弹簧　3—动触点　4—动断静触点　5—动合静触点　6—复位弹簧

图 1-32 所示为几种行程开关外形图。行程开关的图形符号及文字符号如图 1-33 所示。

行程开关在选用时，主要根据机械位置对开关形式的要求和控制电路对触点的数量要求以及电流、电压等级来确定其型号。

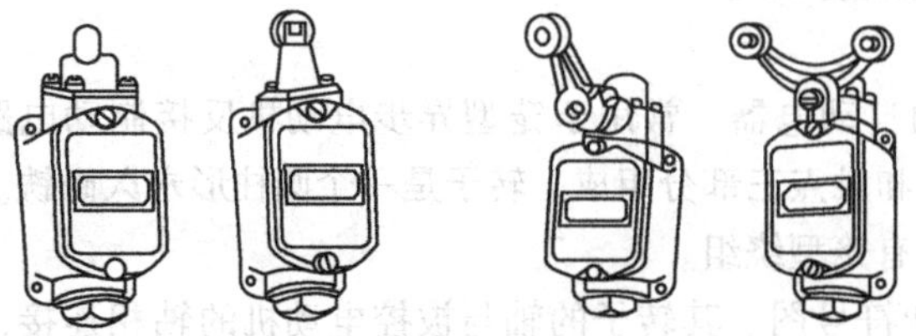

a)　　b)

图 1-32　几种行程开关外形

a) 按钮式　b) 摆动式

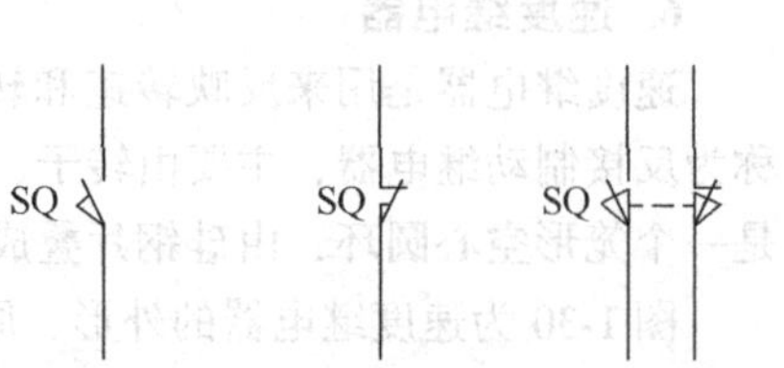

动合触点　　动断触点　　复式触点

图 1-33　行程开关的表示符号

1.5　其他常用电器

1.5.1　接近开关

接近开关是一种无触点行程开关，它是一种非接触型的物体位置检测装置。当某种物体与之接近到一定距离时，它就发出动作信号，而无需机械接触，通过其感应头与被测物体间介质能量的变化来获取信号。接近开关不仅仅避免了机械行程开关触点容易损坏等缺点，其应用已远远超出一般行程控制和限位保护的范畴，广泛用于高速脉冲发生、高速计数、测速、液面控制、无触点按钮等。接近开关即使用于一般的行程控制，它的定位精度、操作频率、使用寿命和对恶劣环境的适应能力也优于一般机械式行程开关。

接近开关可根据其传感机构的工作原理不同分为下列几种形式：

1）高频振荡型，用于检测各种金属；

2）电容型，用于检测各种导电或不导电的液体及固体；

3）电磁感应型，用于检测导磁和非导磁金属；

4）永久磁铁型及磁敏元件型，用于检测磁场及磁性金属；

5）光电型，用于检测不透光的物质；

6）超声波型，用于检测无法透过超声波的物质。

无论哪种形式，都是由接近信号发生机构以及后级的检波、鉴幅和输出电路构成。其中以高频振荡型最常用，它占全部接近开关产量的80%以上。图1-34所示为接近开关基本组成框图。

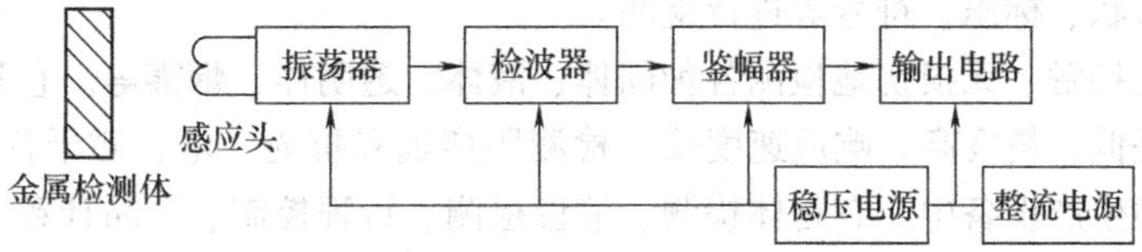

图1-34　接近开关基本组成框图

信号的发生机构实际上是一个LC振荡器，其中L是电感式感应头。当金属检测体接近感应头时，在金属检测体中将产生涡流，由于涡流的去磁作用使感应头的等效电感参数发生变化，进而改变振荡回路的谐振阻抗和谐振频率，使振荡减弱，直至停止，并以此发出接近信号。

图1-35所示为接近开关原理图，它采用了变压器反馈式振荡器。

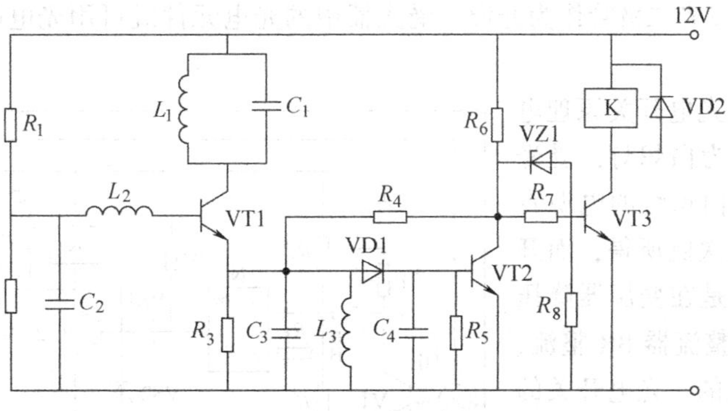

图1-35　接近开关原理图

在电路中 L_1、C_1组成并联振荡回路，反馈线圈 L_2把信号反馈到晶体管 VT1 的基极，从而使振荡器产生高频振荡。输出线圈 L_3获得高频信号，由二极管 VD1 整流，经 C_4滤波后，在 R_5上产生直流电压，使 VT2 饱和导通。此时 VT3 的基极电位接近于零，使 VT3 截止，继电器 K 不动作。R_1、R_2为振荡电路的基极提供直流电压，C_1为滤波电容，起抗干扰的作用。

当有金属接近感应头时，由于涡流去磁，使振荡器停振。此时 L_3没有高频电压，VT2 截止。VT3 的基极电压升高，使 VT3 获得基极电流而饱和导通，继电器动作，VD2 为续流二极管，用以保护晶体管 VT3。VS1 的作用是快速起振，当 VT2 截止时，它为 VT1 的发射极提供一个较低电位，从而使 VT1 在 VT2 由截止变导通时，VT1 的发射极从较低的电位开始下降，振荡器的起振更为迅速。

该电路上设置了正反馈电阻 R_4，实现了后级电路对振荡器的正反馈作用。当金属接近时，VT2 由饱和导通向截止转化，升高的电位通过 R_4反馈到 VT1 的发射极，因而 VT1 加速截止，振荡器迅速停振。当金属离去时，振荡恢复，VT2 导通，VT2 的集电极电位降低。R_4的存在缩短了接近开关的动作时间。

接近开关的图形符号及文字符号如图 1-36 所示。

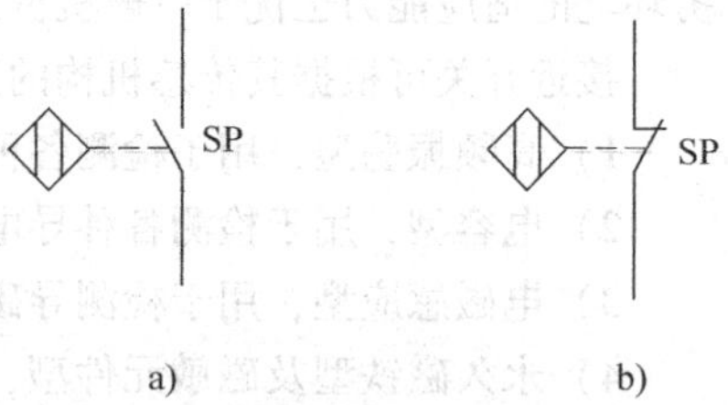

图 1-36　接近开关的表示符号

a）动合触点　b）动断触点

1.5.2　光电开关

光电开关又称为无接触检测和控制开关，它是利用物质对光束的遮蔽、吸收或反射等作用，对物体的位置、形状、标志、符号等进行检测。

光电开关能无接触、无损伤地检测各种固体、液体、透明体、烟雾等。它具有体积小，功能多，寿命长，功耗低，精度高，响应速度快，检测距离远和抗光、电、磁干扰，性能好等优点。它广泛应用于各种生产设备中，有物体检测、液位检测、行程控制、产品计数、速度监测、产品精度检测、尺寸控制、宽度鉴别等功能，成为自动控制系统和生产线中不可缺少的重要元件。

光电开关是一种新兴的控制开关，在光电开关中最重要的是光电器件，它是把光照强弱的变化转换为电信号的传感元件。光电器件主要有发光二极管、光敏电阻、光电晶体管、光耦合器等，它们构成了光电开关的传感系统。

光电开关的电路一般是由投光器和受光器组成，光传感系统根据需要有的是投光器和受光器相互分离；也有的是投光器和受光器组成一体。投光器的光源有的用白炽灯，而现在普遍采用以磷化镓为材料的发光二极管作为光源。受光器中的光电元件既可用光电晶体管也可用光电二极管。

图 1-37 所示为光电开关原理电路图，它的投光器为白炽灯，受光器为光电晶体管。白炽灯的电源直接由变压器 T 的二次侧所得，而开关电路的工作电源是在变压器降压后，通过桥式全波整流器 BR 整流、电容 C_1滤波后提供的。光电开关的门限电压是由电阻 R_3、R_4分压所得，即$U_{dB}=R_4U/(R_3+R_4)$，其中

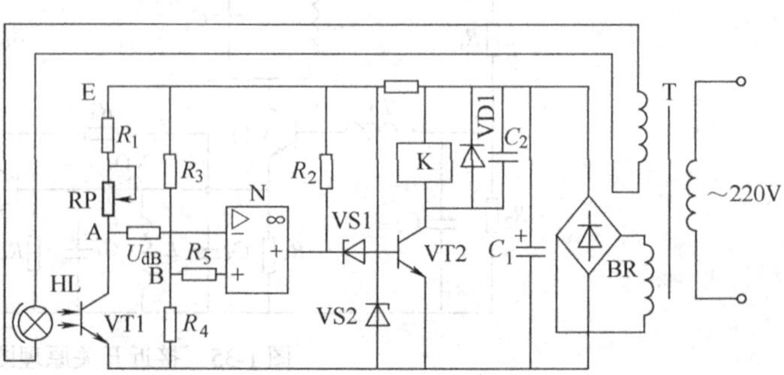

图 1-37　光电开关原理图

U为图中E点的电压值。

当没有被测体接近时，白炽灯HL照射光电晶体管VT1，此时VT1饱和导通，A点电位低于门限电压U_{dB}，比较器N输出低电平，稳压二极管VZ1截止，使晶体管VT2无基极电流流入，VT1截止，继电器K不动作；当有被测体接近时，白炽灯的光线被遮挡，照射光电晶体管的光强度减弱，VT1由导通状态转变为截止状态，使A点电位升高接近电源电压值，U_A大于U_{dB}，比较器N输出高电平，使稳压管VS1击穿导通，给VT2提供基极电流，VT2由截止状态转变为饱和导通状态，继电器K动作。如果将VT1和电阻R_1及电位器RP调换位置，则光电开关的工作过程与上述相反。

1.5.3　控制按钮

控制按钮简称按钮，是一种用人力操作，并具有储能复位的开关电器，在电气控制电路中用于远距离发布控制命令或实现电气联锁。

按钮主要由按帽、复位弹簧、动触点、常闭触点、常开触点和机座等组成，其结构与图形符号如图1-38所示。

当外力作用在按帽上时，动触点与常闭触点分离，再与动合触点闭合，将线路接通（使用动合触点时）或分断（使用动断触点时）；当外力撤销时，在复位弹簧的作用下，动合触点断开，常闭触点接通，恢复为初始位置。动合触点和动断触点的数量从一对到六对，使用时应根据控制电路的需要而定。

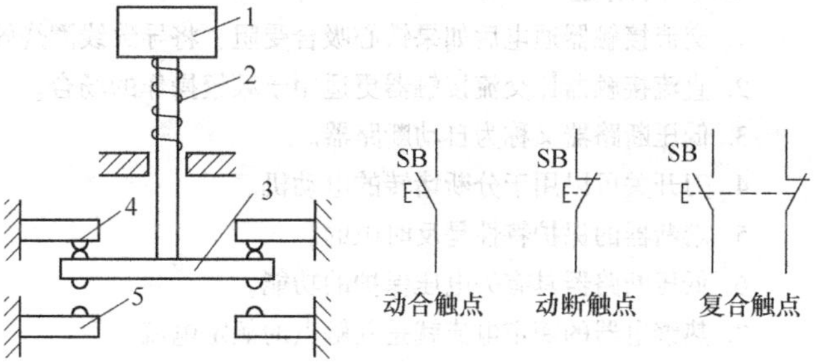

图1-38　按钮的结构与表示符号

1—按帽　2—复位弹簧　3—动触点　4—动断触点　5—动合触点

按钮从结构上分为按钮式、急停式、钥匙式、旋钮式、保护式、密封式、自持式、带指示灯式等形式，为避免误操作，通常将按钮做成红、绿、黑、黄、蓝、白、灰等颜色，并作如下规定：

1）“停止”、“急停”按钮必须是红色；

2）“起动”按钮用绿色；

3）“起动”和“停止”交替动作的按钮必须是黑、白或白、灰色，不得用红、绿色；

4）“点动”按钮必须是黑色；

5）“复位”按钮必须是蓝色，当复位按钮兼有停止的作用时，必须用红色。

思考与习题

一、问答题

1. 什么是低压电器？常用的低压电器有哪些？
2. 断路器在电路中的作用是什么？失电压、过载和过电流脱扣器起什么作用？
3. 接触器的作用是什么？根据结构特征如何区分交流、直流接触器？
4. 试比较中间继电器和交流接触器有何异同？
5. 接近开关与行程开关有何异同？
6. 什么是时间继电器？它有何用途？

7. 如果误把220V交流接触器的线圈接入220V直流电源，接触器能正常工作吗？为什么？如果误把24V直流继电器线圈接入24V交流电源，线圈能正常工作吗？为什么？

8. 交流接触器能否串联使用？为什么？

9. 熔断器在电路中的作用是什么？它由哪些主要部件组成？

10. 熔断器的额定电流与熔体的额定电流有何区别？

11. 在电动机起动过程中，热继电器会不会动作？为什么？

12. 在电动机的主电路中既然装有熔断器，为什么还要装热继电器？装有热继电器是否就可以不装熔断器？为什么？

13. 是否可用过电流继电器来做电动机的过载保护？为什么？

14. 在三相式热继电器中采用补偿双金属片的目的是什么？

15. 电压继电器和电流继电器在电路中各起何作用？它们的线圈和触点各接于什么电路中？

16. 交流电磁系统中短路环的作用是什么？三相交流电磁铁有无短路环？为什么？

二、判断题

1. 交流接触器通电后如果铁心吸合受阻，将导致线圈烧毁。（　）
2. 直流接触器比交流接触器更适用于频繁操作的场合。（　）
3. 低压断路器又称为自动断路器。（　）
4. 刀开关可以用于分断堵转的电动机。（　）
5. 熔断器的保护特性是反时限的。（　）
6. 低压断路器具有失电压保护的功能。（　）
7. 热继电器的额定电流就是其触点的额定电流。（　）
8. 热继电器的保护特性是反时限的。（　）
9. 行程开关、接近开关、光电开关是同一种开关。（　）
10. 万能转换开关本身带有各种保护。（　）
11. 继电器在整定值下动作时所需的最小电压称为灵敏度。（　）
12. 一台额定电压为220V的交流接触器在交流220V和直流220V的电源上均可使用。（　）

三、选择题

1. 电压继电器的线圈与电流继电器的线圈相比，具有的特点是（　　　）。
   A. 电压继电器的线圈与被测电路串联
   B. 电压继电器的线圈匝数多、导线细、电阻大
   C. 电压继电器的线圈匝数少、导线粗、电阻小
   D. 电压继电器的线圈匝数少、导线粗、电阻大

2. 断电延时型时间继电器，它的动合触点为（　　　）。
   A. 延时闭合的动合触点　　B. 瞬动动合触点
   C. 瞬时闭合延时断开的动合触点　　D. 延时闭合瞬时断开的动合触点

3. 在延时精度要求不高、电源电压波动较大的场合，应选用（　　　）。
   A. 空气阻尼式时间继电器　　B. 晶体管式时间继电器
   C. 电动式时间继电器　　D. 上述三种都不合适

4. 通电延时型时间继电器，它的动作情况是（　　　）。
   A. 线圈通电时触点延时动作，断电时触点瞬时动作
   B. 线圈通电时触点瞬时动作，断电时触点延时动作
   C. 线圈通电时触点不动作，断电时触点瞬时动作
   D. 线圈通电时触点不动作，断电时触点延时动作

第 2 章　电气控制基础

在电气设备和生产机械中，控制电路大多以各类电动机或其他执行电器为被控对象，电气控制系统是以继电器、接触器、保护元件等电器元件按一定的控制方式，用导线连接起来组成的自动控制电路。其作用是对被控对象实现自动控制，以满足生产工艺的要求和实现生产过程的自动化。

生产机械的控制电路，都是由基本控制环节组合而成。因此，只要掌握了基本环节和典型电路的工作原理、分析方法、设计方法，就很容易掌握复杂电气控制电路的分析方法和设计方法。本章介绍绘制电气电路的基本要求和典型控制电路。

2.1　电气控制基础知识

2.1.1　电气控制系统图及有关规定

电气控制系统是由许多电器元件按照一定的要求连接而成。设计电气控制系统时，需要用统一的工程语言，即用工程图的形式表达，这种图就是电气工程图。常用的电气工程图有三种：电气原理图、电气元件布置图和电气安装接线图。电气工程图依据国家电气制图标准，用规定的图形符号、文字符号以及规定的画法绘制。

1. 电气原理图

电气原理图是为了便于阅读与分析控制电路，根据简单、清晰的原则，采用电器元件展开的形式绘制而成的图样，表示电气电路工作原理以及电气元件间的相互作用和关系。它包括所有电器元件的导电部件和接线端点，但并不按照电器元件的实际布置位置绘制，也不反映电器元件的大小。

图 2-1 所示为 CW6132 车床电气原理图。

绘制电气原理图时，一般应遵循以下规则：

1）电气原理图一般分为主电路和辅助电路。主电路是从电源到电动机或电路末端的电路，是强电流通过的部分，画在原理图的左侧或上面。辅助电路是通过小电流的电路，一般是由按钮、电器元件的线圈、接触器的辅助触点、继电器的触点等组成的控制电路、照明电路、信号电路及保护电路等，画在原理图的右侧。复杂的系统则分图绘制。

2）每一电气元件采用国家规定的统一的图形符号来表示，在图形符号附近用文字符号标注属于哪类电器。例如，电路接触器的线圈和触点皆用文字符号 KM 标注。需要测试和拆、接的外部引出线的端子，用图形符号“空心圆”表示。电路的连接点用“实心圆”表示。

3）同一电器的各个部件（如接触器的线圈和触点）在图中的位置，根据便于阅读和研究的原则来安排，可以不画在一起，但属于同一电器的部件均编以相同的文字符号。若有多个同一种类的电器元件，可在文字符号后加上数字序号，如 SB1、SB2 等。

4）对于接触器、继电器的触点按吸引线圈不通电状态画出，控制器手柄按趋于零位时的状态画出，按钮、行程开关触点按不受外力作用时的状态画出等。

5）在原理图中，无论是主电路还是辅助电路，各电气元件一般应按动作顺序和信号流从上

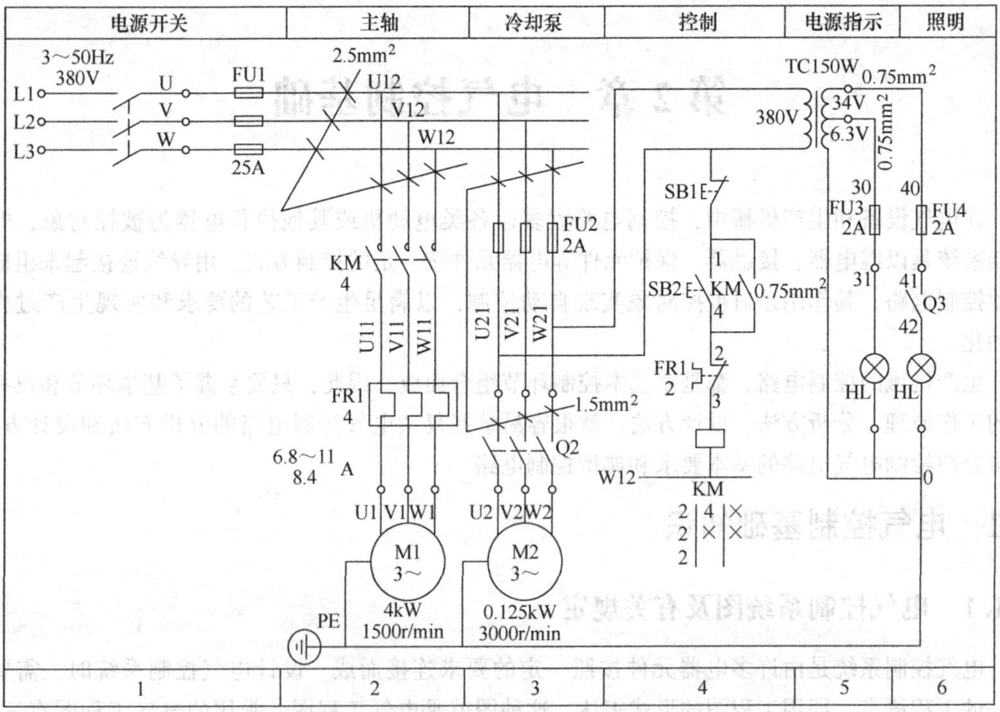

图 2-1　CW6132 车床电气原理图

到下、从左到右依次排列，可水平布置或者垂直布置，并尽可能减少线条和避免线条交叉。电路中各元器件触点图形符号，当图形垂直放置时，以“左开右闭”原则绘制，当图形为水平放置时以“上闭下开”原则绘制。

6）直流和单相电源电路用水平线画出，一般画在图样上方（直流电源的正极）和下方（直流电源的负极）。多相电源电路，用水平线集中画在图样上方，相序自上而下排列。中性线（N）和保护接地线（PE）放在相线之下。主电路与电源电路垂直画出。控制电路与信号电路垂直画在两条水平电源线之间。耗电元件（如线圈、电磁铁、信号灯等）直接与下方水平线连接，控制触点连接在上方水平线与耗电元件之间。

7）为了便于检索电气电路，方便阅读和分析，在原理图的上方或右方将图分成若干图区，并标明该区电路的用途与作用。

8）在电气原理图中，接触器和继电器线圈与触点之间的从属关系要加以说明，即在原理图中相应线圈的下方，给出触点的文字符号，并在其下注明相应触点的索引代号。对未使用的触点用“×”表示，也可以不画。如图 2-2 所示是对接触器 KM 相应触点的索引。

KM

2	4	×
2	×	×
2		

图 2-2　接触器 KM 触点的索引

各栏的含义如下：

• 左栏，主触点所在的图区号。
• 中栏，动合辅助触点所在的图区号。
• 右栏，动断辅助触点所在的图区号。

对于继电器，其各栏的含义如下：

• 左栏，动合触点所在的图区号。
• 右栏，动断触点所在的图区号。

2. 电气元件布置图

电气布置图主要由机床电气设备布置图、控制柜及控制板电气设备布置图、操纵台或悬架操纵箱电气设备布置图等组成。它主要是用来表明成套设备中所有电动机电器的实际位置的一种图，如电动机要和被拖动的机械部件画在一起、行程开关应放在要取得信号的地方、操作元件放在操作的地方、一般电气元件应放在控制柜内，从而为生产机械电气控制设备的制造、安装提供必要的资料。图中各电器代号应与有关电路图和电器清单上所用的元器件代号相同。图中不需要标注尺寸。图2-3为CW6132车床电气柜内的电气元件布置图。

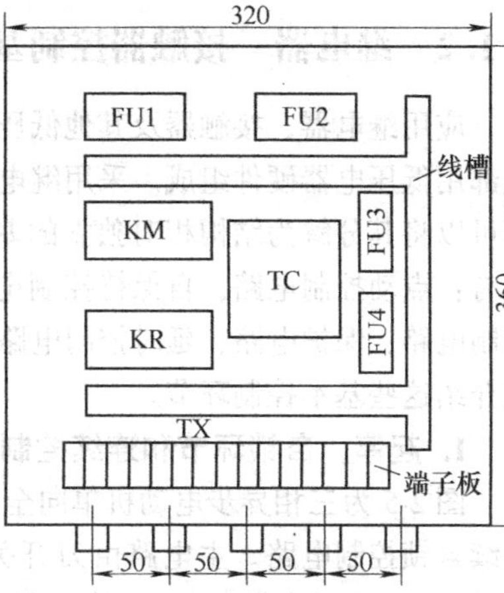

图2-3　电气元件布置图

3. 电气安装图

电气安装图又称电气互连图、安装接线图，用于电气设备和电气元件的安装、配线或检修。它清楚地表明电气设备外部元件的相对位置及它们之间的电气连接，在具体施工和抢修中能够起到电气原理图所起不到的作用，在生产现场得到广泛应用。它是电气原理图具体实现的表现形式，可直接用于安装配线。

绘制电气安装图的原则是：

1）同一电气的各部件画在一起，其尺寸和比例没有严格要求，各部件的位置尽量符合实际情况。

2）各电气元件的图形符号、文字符号和回路标记，均应以原理图为准，并且要保持一致。

3）不在同一控制箱内或不是同一块配电屏上的各电气元件之间的连接，必须通过接线端子板进行连接。同一控制箱内的各控制元件之间可以直接连接。安装接线图上所表示的电气连接，一般不表示实际走线的途径，施工时由操作者根据实际情况选择最佳走线方式。

4）应详细地标明配线用的各种导线的型号、规格、截面积及连接导线的根数。标明所穿管子的型号、规格等，并标明电源的引入点。

图2-4为CW6132车床电气安装图的一部分。

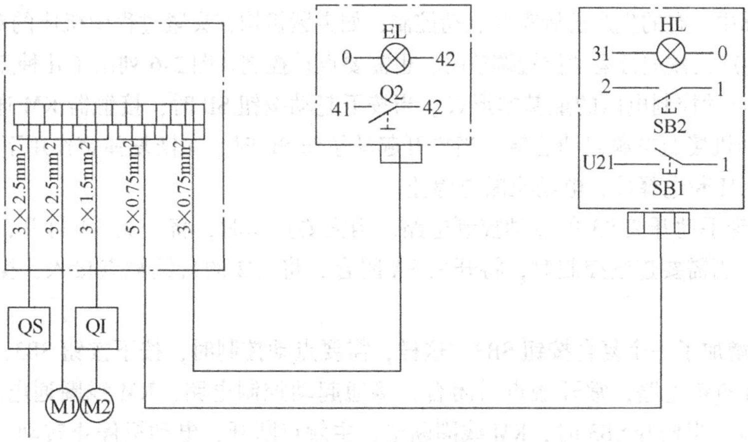

图2-4　CW6132车床电气安装图

2.1.2　继电器—接触器控制基本环节

应用继电器、接触器及其他低压电器组成的控制系统，称为继电器—接触器控制系统，系统全部用低压电器硬件组成。采用继电器—接触器控制，无论机械设备的控制电路如何复杂，我们都可以将其分解为结构相对独立的基本控制环节，采用低压电器控制。常见的电路基本控制环节有：点动控制电路，自保持控制电路，正反转控制（可逆控制）电路，顺序起动与顺序停止控制电路，保护电路，延时控制电路等。复杂控制电路都是由基本的控制环节组合而成。本节重点介绍这些基本控制环节。

1. 起停、自锁环节和连续控制

图 2-5 为三相异步电动机单向全压起动、停止、连续自锁控制电路。主电路由刀开关（QS）、熔断器（FU）、接触器（KM）的主触点、热继电器（FR）的热元件和电动机（M）构成。控制回路由 FR 的常闭触点、停止按钮（SB1）、起动按钮（SB2）、接触器线圈（KM）和常开触点（KM）组成，这是最典型的起动、停止、连续、自锁控制电路，通常称为起保停电路。

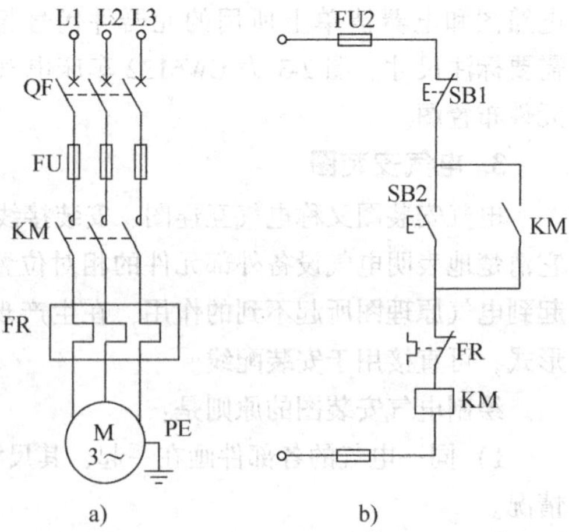

图 2-5　三相异步电动机起—保—停控制电路
a）主电路　b）控制回路

起动时，合上 QF，按下按钮 SB2，则 KM 线圈通电，接触器 KM 吸合，主触点闭合，电动机接通电源开始全压起动，同时接触器 KM 的辅助常开触点也闭合，使 KM 线圈经两条路通电。这样，当松开按钮 SB2 时，SB2 复位跳开，KM 线圈通过接触器 KM 的辅助常开触点，照样通电处于吸合状态，从而保证电动机的连续运行。这种依靠接触器自身的辅助触点而使其线圈保持通电的现象称为自锁或自保持。

要使电动机停止运转，只要按一下停止按钮 SB1 即可，这时接触器 KM 线圈断电，KM 的主触点断开主电源，电动机停止，同时 KM 的辅助常开触点也断开，控制回路解除自锁，即使手松开停止按钮 SB1，控制回路也不能再自行起动。

2. 点动控制

在生产实际中，有的生产机械需要点动控制，如夹紧机构在夹紧过程中机床的对刀调整、快速进给等。有的生产机械进行运动位置调整时，也需要点动控制。图 2-6 列出了几种点动控制电路。

图 2-6a 是点动控制电路的最基本形式。当按下起动按钮 SB 时，接触器 KM 通电吸合，其主触点闭合，电动机接通电源起动运转。当松开起动按钮 SB 时，在恢复弹簧作用下，SB 恢复常开状态，接触器 KM 断电释放，电动机断电停止。

图 2-6b 是带手动开关 SA 的点动控制电路。当需要点动时，将开关 SA 打开，操作 SB2 即可实现点动控制。当需要连续控制时，将开关 SA 闭合，将 KM 的自锁触点接入，操作 SB2 即可实现连续控制。

图 2-6c 中增加了一个复合按钮 SB3。这样，需要点动控制时，按下按钮 SB3，其常闭触点先断开接触器 KM 自锁电路，常开触点后闭合，接通起动控制电路，KM 线圈通电，主触点闭合，电动机起动运转。当松开 SB3 时，KM 线圈断电，主触点断开，电动机停止转动。若需要电动机连续运转，由按钮 SB2、SB1 来实现连续控制。

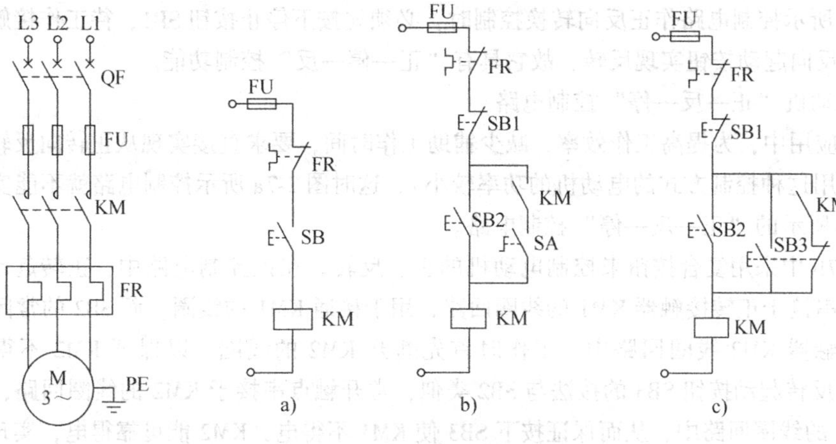

图2-6 点动控制电路

3. 接触器控制的电动机正、反转控制电路

接触器控制的电动机正反向运行电路实质上是两个方向相反的单向运行电路的组合。为了避免正反向同时工作引起电源相间短路，必须在这两个运行电路中加设互锁装置，保证同时只能有一个电路工作。按照电动机正反转操作顺序的不同，分“正—停—反”和“正—反—停”两种控制电路。

(1) 电动机“正—停—反”控制电路

图2-7所示为接触器控制的三相异步电动机正、反转控制电路。图2-7a所示为电动机“正—停—反”控制电路，主电路中的KM1、KM2分别为实现正、反转的接触器主触点。为防止两个接触器同时得电而导致电源短路，利用两个接触器的常闭触点KM1、KM2分别串接在对方的工作线圈电路中，构成相互制约关系，以保证电路安全可靠地工作，这种相互制约的关系称为“联锁”，又称“互锁”，实现互锁的常闭辅助触点称为互锁（或联锁）触点。

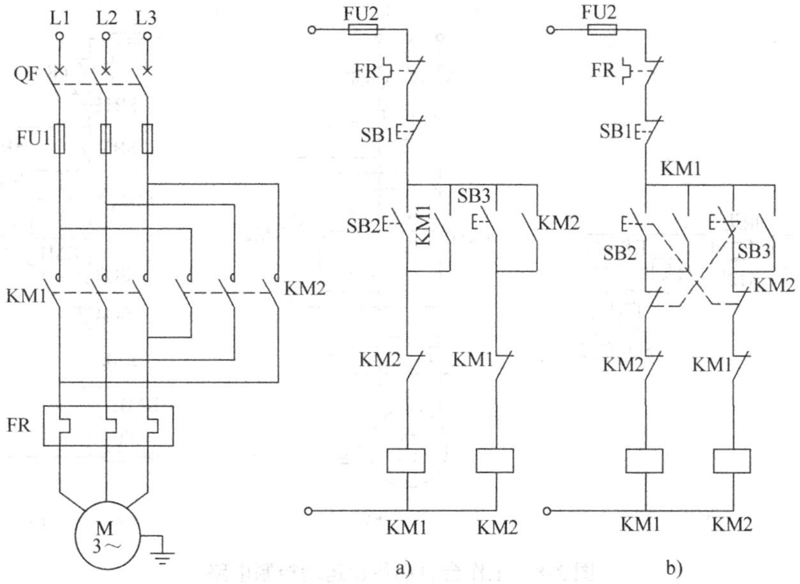

图2-7 三相异步电动机正反转控制电路

图 2-7a 所示控制电路作正反向转换控制时，必须先按下停止按钮 SB1，待工作接触器线圈失电后，再按反向起动按钮实现反转，故它具有“正—停—反”控制功能。

（2）电动机“正—反—停”控制电路

在实际应用中，为提高工作效率，减少辅助工作时间，要求直接实现从正转向反转转换的控制（通常采用这种控制方式的电动机的功率较小），这时图 2-7a 所示控制电路就不能实现，可采用如图 2-7b 所示的“正—反—停”控制电路。

在图 2-7b 中采用复合按钮来控制电动机的正、反转。在该控制电路中，正转起动按钮 SB2 的常开触点串接于正转接触器 KM1 的线圈回路，用于接通 KM1 的线圈，而 SB2 的常闭触点则串接于反转接触器 KM2 线圈回路中，工作时首先断开 KM2 的线圈，以保证 KM2 不得电，同时 KM1 得电。反转起动按钮 SB3 的接法与 SB2 类似，常开触点串接于 KM2 的线圈回路，常闭触点串接于 KM1 的线圈回路中，从而保证按下 SB3 使 KM1 不得电，KM2 能可靠得电，实现电动机的反转。

在图 2-7a 中，由接触器 KM1、KM2 常闭触点实现的互锁称为电气互锁，而图 2-7b 中由复合按钮 SB2、SB3 常闭触点实现的互锁称为“机械互锁”或“按钮互锁”。

图 2-7b 中既有“电气互锁”，又有“按钮互锁”，故称为“双重互锁”，控制电路中两种“互锁”同时发生故障的概率很低，确保两个接触器不会同时工作而使相间短路，所以该电路工作可靠性高，且操作方便，为电力拖动系统所常用。

（3）具有自动往复功能的正反转控制电路

在生产实际中，有很多机床的工作台需要自动往复运动，如龙门刨床、导轨磨床等。

工作台的自动往返运动通常是通过行程开关来检测往返运动的相对位置，从而控制电动机的正反转运行来实现的。

图 2-8a 所示为机床工作台往复运动示意图。行程开关 SQ1、SQ2 固定安装在机床身上，反映工作台的起点与终点。挡铁 A、B 固定在工作台上，行程开关 SQ3、SQ4 起正反向极限保护。图 2-8b、c 所示为自动往复控制电路，工作原理分析如下。

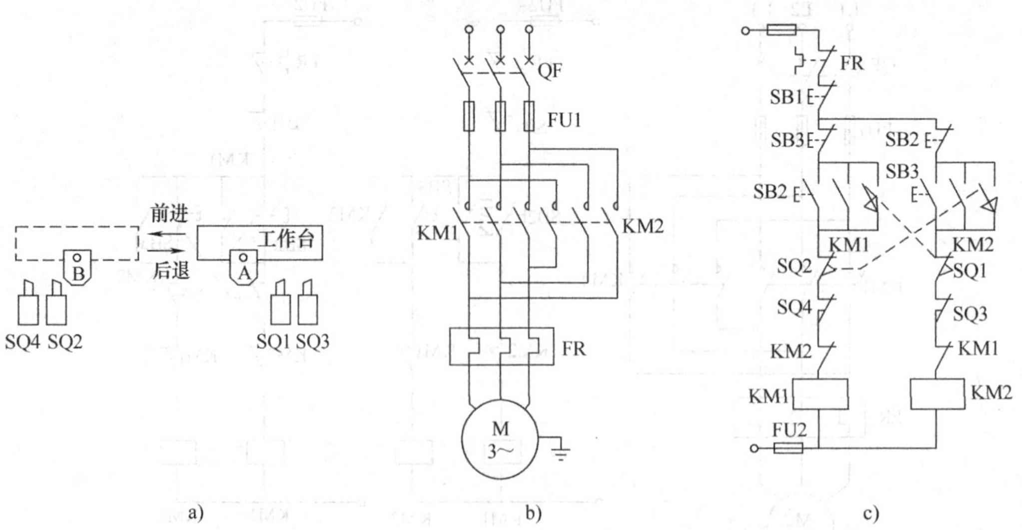

图 2-8 工作台自动往返运动控制电路

a）工作台往复运动示意图 b）主电路 c）控制电路

1）起动控制：合上开关 QF，按下按钮 SB2，使 KM1 线圈得电并自锁，其常闭触点断开，切断 KM2 线圈的回路，实现互锁，电动机 M 通电正转，工作台向前运动；当挡铁 B 压下 SQ2 时，SQ2 的常闭触点切断 KM1 线圈回路，电动机停止正转，同时其常开触点闭合，接通 KM2 线圈回路并使 KM2 自锁，同时 KM2 的常闭触点切断 KM1 回路，实现互锁，电动机开始反转，工作台向后运动；当挡铁 A 压下 SQ1 时，SQ1 的常闭触点切断 KM2 线圈回路，同时接通 KM1 回路并使其自锁，电动机又开始正转进入下一个循环。

2）停机控制：按下 SB1，接触器 KM1、KM2 线圈失电，电动机 M 断电停机，工作台停止运动。若工作中因行程开关失灵而无法实现换向，则有极限行程开关 SQ3、SQ4 实现极限保护，避免运动部件因超出极限位置而发生事故。

以上这种用行程开关来控制运动部件行程位置的方法，称为行程控制原则。行程控制原则是实现机械设备自动化和生产过程自动化应用中最广泛的控制方法之一。

4. 多地点与多条件控制

在一些大型生产机械和设备上，要求操作人员能在不同方位进行操作与控制，即实现多地点控制。在某些机械设备上，为保证操作安全，需要满足多个条件，设备才能开始工作，这样的控制称为多条件控制。多地点与多条件控制电路如图 2-9 所示（主电路与图 2-6 相同）。多地点控制是用多组起动按钮、停止按钮来进行的，这些按钮连接的原则是：起动按钮常开触点要并联，即逻辑或的关系；停止按钮常闭触点要串联，即逻辑与的关系。图 2-9a 所示为多地点控制电路。多条件控制采用多组按钮或继电器触点来实现，这些按钮或触点连接的原则是：常开触点要串联，即逻辑与的关系；常闭触点视设备的具体控制要求可并联或串联。图 2-9b 所示为多条件控制电路。

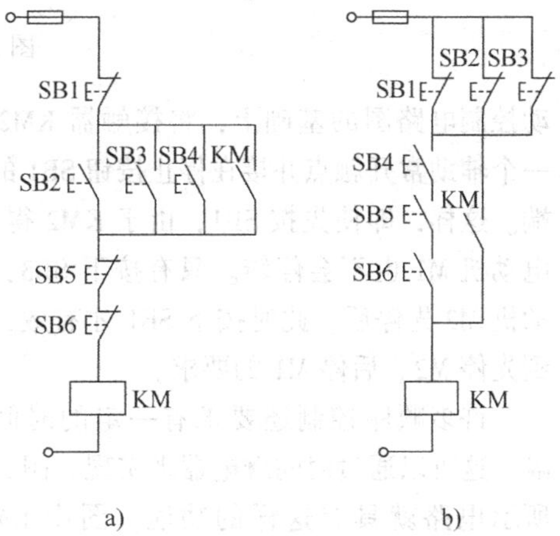

图 2-9 多地点与多条件控制电路
a）多地点控制电路 b）多条件控制电路

5. 顺序控制

在多机拖动系统中，各电动机所起的作用不同，有时需按一定的顺序起动，才能保证操作过程的合理性和工作的安全可靠。例如，磨床上要求先起动油泵电动机，再起动主轴电动机。顺序起停控制电路有顺序起动、同时停止的控制电路和顺序起动、顺序停止的控制电路两种类型。

图 2-10a 所示为两台电动机顺序起动控制电路主电路，图 2-10b、c 所示为控制电路。其中图 2-10b所示电路工作原理如下：按下按钮 SB2，KM1 得电并自锁，电动机 M1 运转，同时串在 KM2 控制回路中的 KM1 常开触点也闭合。此时再按下 SB4，KM2 得电并自锁，则电动机 M2 起动。如果先按下 SB4，因 KM1 常开触点断开，电动机 M2 不能先起动，达到了按顺序起动的要求。

生产机械除要求按顺序起动外，有时还要求按一定顺序停止，如带式输送机，第一台运输机先起动，再起动第二台；停车时应先停第二台，再停第一台，这样才不会造成物料在传送带上的堆积和滞留。另外有些机床也要求按一定顺序停止，如卧式铣床，起动时应先起动主轴电动机 M1，再起动进给电动机 M2；停止时应先停 M2，再停 M1，这样才不会破坏被加工零件表面的精度及损坏刀具。图 2-10c 所示为按顺序起动和停止的控制电路，要达到这个目的，只需在顺序起

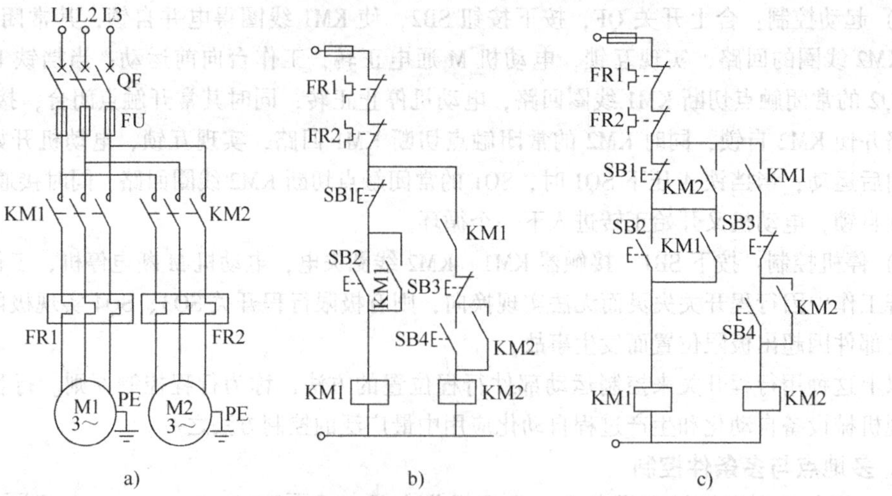

图 2-10　顺序控制电路

动控制电路图的基础上，将接触器 KM2 的一个辅助常开触点并接在停止按钮 SB1 的两端。这样，即使先按 SB1，由于 KM2 得电，电动机 M1 也不会停转。只有按下 SB3，电动机 M2 先停后，此时按下 SB1 才有效，达到先停 M2、后停 M1 的要求。

许多顺序控制还要求有一定的时间间隔，这可以通过时间继电器来实现。图 2-11 所示电路就具有这样的功能。图中 KM1、KM2 分别控制电动机 M1、M2，电动机 M1 起动 t 秒后，时间继电器 KT 延时时间到，其延时闭合的常开触点接通 KM2 并使其自锁，电动机 M2 起动。KM2 的常闭触点断开，切断时间继电器 KT 的线圈，使 KT 停止工作。

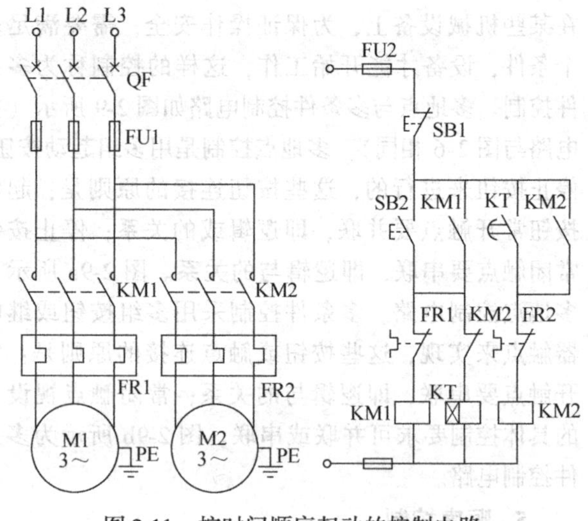

图 2-11　按时间顺序起动的控制电路

2.1.3　电动机的保护环节

电气控制系统除能满足生产机械的加工工艺要求外，要想长期、正常、无故障地运行，还必须有各种保护措施。保护环节是所有机床电气控制系统不可缺少的组成部分，利用它来保护电动机、电网、电气控制设备以及人身安全等。

电气控制系统中常用的保护环节有短路电流保护、过载保护、过电流保护、零电压和欠电压保护以及弱磁保护等。

1. 短路电流保护

如果电动机绕组的绝缘损坏、导线的绝缘损坏或电路发生故障时，造成短路现象，就会产生短路电流，引起电气设备绝缘损坏或产生强大的电动力使电气设备损坏。因此在产生短路现象时，必须迅速地将电源切断。常用的短路保护元件有熔断器和断路器。

（1）熔断器保护

熔断器的熔体串联在被保护的电路中，当电路发生短路或严重过载时，它自动熔断而切断电路，达到保护的目的。

（2）断路器保护

断路器有短路、过载和欠电压保护。这种开关能在电路发生上述故障时快速地自动切断电源。它是低压配电重要的保护元件之一，常用作低压配电盘的总电源开关及电动机变压器的合闸开关。

通常熔断器比较适用于动作准确度和自动化程度较差的系统中，如小容量的笼型异步电动机、普通交流电源等。在发生短路时，很可能导致一相熔断器熔断，造成单相运行；但对于断路器，只要发生短路就会自动跳闸，将三相同时切断。断路器结构复杂，操作频率低，广泛用于要求较高的场合。

2. 过载保护

电动机长期超载运行，电动机绕组温升超过允许值，严重时使电动机损坏。过载电流越大，达到允许温升的时间就越短。常用的过载保护元件是热继电器。在过载电流较小时，热继电器要经过较长时间才动作，过载电流较大时，热继电器则经过较短时间就会动作。

由于热惯性的原因，热继电器不会受电动机短时过载冲击电流或短路电流的影响而瞬时动作，所以在使用热继电器作过载保护的同时，还必须设有短路保护，并且选作短路保护的熔断器熔体的额定电流不应超过热继电器发热元件额定电流的4倍。

当电动机的工作环境温度和热继电器工作环境温度不同时，保护的可靠性就受到影响。可采用热敏电阻作为测量元件的热继电器，它可将热敏元件嵌在电动机绕组中，可更准确地测量电动机绕组的温升。

3. 过电流保护

过电流保护广泛用于直流电动机或绕线转子异步电动机。对于三相笼型异步电动机其短时过电流不会产生严重后果，故不采用过电流保护而采用短路保护。

过电流往往是由于不正确的起动和过大的负载转矩引起的，一般比短路电流要小。直流电动机和绕线转子异步电动机电路中过电流继电器也起着短路保护的作用，一般过电流动作时的强度值为起动电流的1.2倍。

4. 零电压与欠电压保护

当设备在运转时，电源电压因某种原因瞬时消失，机械停转，当电源电压恢复时，若电动机自行起动，可造成设备的损坏甚至人身事故。防止这种现象的保护叫零电压保护。

电源电压过分降低会导致一些电器释放，造成控制电路工作不正常，可能引起事故。同时电压降低，电动机转矩显著降低，影响电动机正常运行，严重时会引起“堵转”，故当电源电压降到一定允许值以下时要将电源切断，作欠电压保护。

一般常用磁式电压继电器实现欠电压保护。如图2-12所示，电压继电器KA起零电压保护作用。在该电路中，当电源电压过低或消失时，交流继电器KA就要释放，接触器KM1或KM2也马上释放，因为此时主令控制器QC不在零位（即QC0未闭合），所以在电压恢复时，KA不会通电动作，接触器KM1或KM2就不能通电动作。若使电动机重新起动，必须先将主令开关QC拨回零位，使触点QC0闭合，KA通电动作并自锁，然后再将QC拨向正向或反向位置，电动机才能起动。这样就通过KA实现了零电压保护。

在图2-12中，各元件的保护作用分别为以下几点。

- 短路保护：熔断器FU。

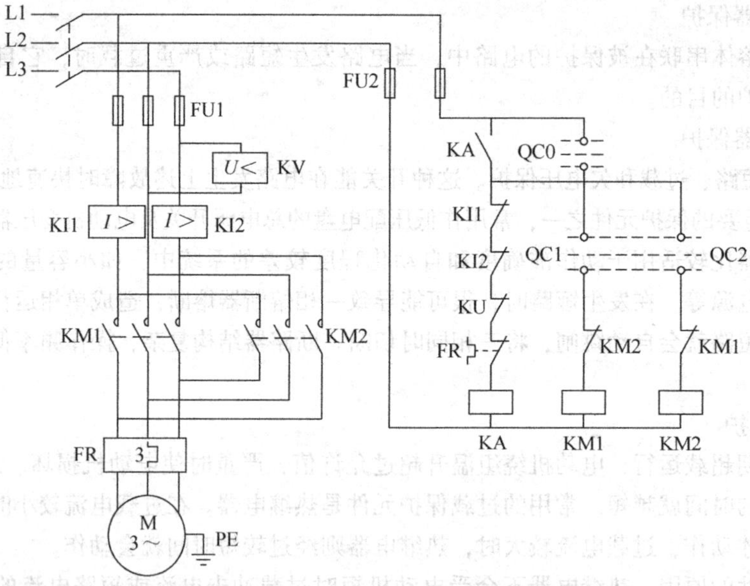

图 2-12 电动机常用保护环节

- 过载保护（热保护）：热继电器 FR。
- 过电流保护：过流继电器 KI1、KI2。
- 零电压保护：交流继电器 KA。
- 低电压、欠电压保护：欠电压继电器 KV。
- 互锁保护：通过正向接触器 KM1 与反向继电器 KM2 的常闭触点实现。

在许多机床中不是用控制开关操作，而是用按钮操作的。利用按钮的自动恢复作用和接触器的自锁作用，可不必另加设零电压保护继电器了。

5. 弱磁保护

直流电动机在磁场有一定强度下才能起动，如果磁场太弱，电动机的起动电流就会使直流电动机正在运行时磁场突然减弱或消失，电动机转速就会迅速升高，甚至发生飞车。因此需要采取弱励磁保护。弱励磁保护是通过电动机励磁回路串入弱磁继电器（电流继电器）来实现的，在电动机运行中，如果励磁电流消失或降低很多，弱磁继电器就释放，其触点切断主回路接触器线圈的电源，使电动机断电停车。

2.2 三相异步电动机的控制

电动机作为运动控制的驱动对象，常用于实现机械设备的运行要求。一些控制要求不高的简单机械，如小型台钻、冷却泵，常采用开关直接控制电动机起动、正反转、停止。本节介绍几种具有代表性的三相异步电动机电气控制电路。

2.2.1 电动机减压起动控制

三相异步电动机在容量较小时可以采用全压直接起动，控制电路简单。较大容量的笼型异步电动机（大于 10kW）因起动电流较大，一般都采用减压起动方式来起动。因为降低电压可以减少起动电流，防止电动机电枢过热，并减少对电路电压的影响。方法是起动时首先降低加在电动机定子绕组上的电压，待起动后再将电压恢复到额定值，使电动机在正常电压下运行。

常用的减压起动方法有定子串接电阻（或电抗）、Y—△联结转换、自耦变压器起动等。

1. 定子串接电阻减压起动

图 2-13 所示为定子串电阻减压起动控制电路。工作原理是电动机起动时在三相定子电路中串接电阻，使电动机定子绕组电压降低，起动结束后再将电阻短接，使电动机处于额定电压下正常运行。这种起动方式由于不受电动机接线形式的限制且设备简单，因而在中、小型生产机械中应用较广，机床中也常用这种串接电阻降压方式限制点动及制动时的电动机电流。

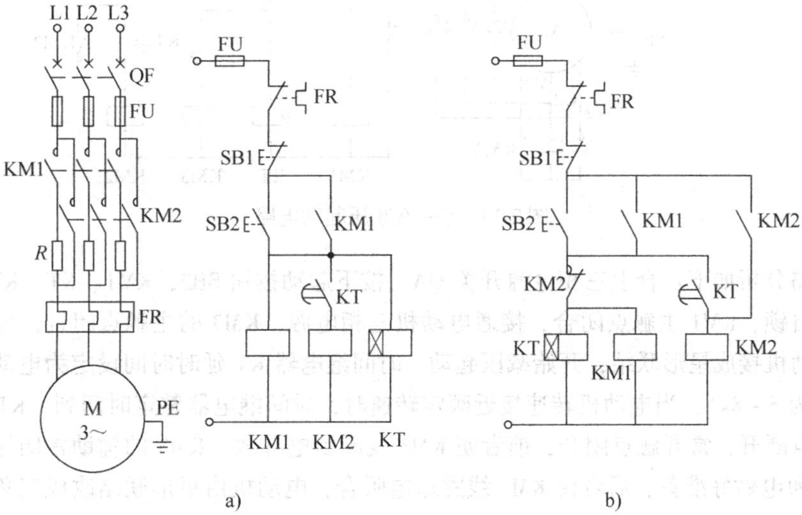

图 2-13　定子串电阻减压起动电路

图 2-13a 控制回路的工作原理如下：

合上断路器 QF，按下起动按钮 SB2，接触器 KM1 线圈得电并自锁，其主触点闭合，使电动机串接电阻 R 并起动。KM1 得电同时，时间继电器得电吸合，延时一段时间后，其延时闭合的常开触点闭合，使 KM2 得电，将主电路中 R_2 短接，电动机进入全压运行。

图 2-13a 控制电路的不足之处是电动机起动后，KM1、KT 的线圈一直得电，这是不必要的，图 2-13b 较好地解决了这一问题，电动机起动后，KM2 将 KM1 和 KT 的线圈均断开，电动机正常运行。

采用定子串电阻减压起动时，电路中的起动电阻一般采用由电阻丝绕制的板式电阻或铸铁电阻，电阻功率大，能量损耗也较大，为了节省能量，可采用电抗器代替电阻，但其价格较高，成本较高。

2. Y—△联结减压起动

Y—△联结减压起动是常用的方法之一。凡是正常运行时三相定子绕组为三角形联结的三相笼型异步电动机，都可采用Y—△联结减压起动。起动时，先将定子绕组按星形联结，接入三相交流电源。此时，由于电动机每相绕组电压只为正常工作电压的 $1/\sqrt{3}$，因此能减少起动电流，待电动机转速接近额定转速时，再将电动机定子绕组改成三角形联结，各相绕组承受额定工作电压，电动机进入正常运转。这种起动方法简便、经济，不仅适用于轻载起动，也适用于较重负载下的起动。

Y—△联结减压起动电路有多种，图 2-14 所示电路适用于交流 50Hz、电压 380V、容量 13kW 以上的三相异步电动机的Y—△联结减压起动。在该电路中，电动机起动过程的Y—△转换是靠时间继电器自动完成的。

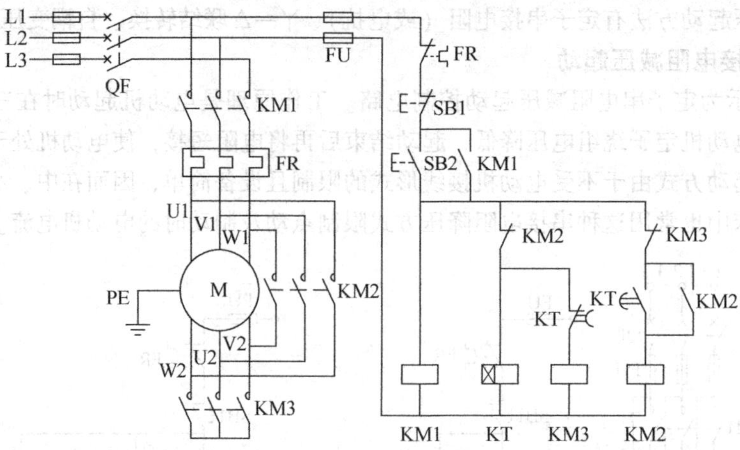

图 2-14　Y—△减压起动电路

控制电路分析如下：合上三相电源开关 QA，按下起动按钮 SB2，KM1、KT、KM3 线圈同时通电吸合并自锁，KM1 主触点闭合，接通电动机三相电源，KM3 的主触点闭合，将电动机的尾端连接，电动机接成星形联结，开始减压起动。时间继电器 KT 延时时间设定为电动机起动过程时间（一般为 6～8s），当电动机转速接近额定转速时，时间继电器整定时间到，KT 动作，其对应的常闭触点断开，常开触点闭合，前者使 KM3 线圈断电释放，KM3 的辅助常闭触点闭合，为 KM2 线圈的通电做好准备，后者使 KM2 线圈通电吸合，电动机由星形联结改成三角形联结，进入正常运行。而 KM2 常闭触点断开，使时间继电器 KT 在电动机星形联结/三角形联结起动完成后断电，电路中实现了 KM2 与 KM3 的电气互锁。

2.2.2　电动机减压制动控制

许多生产机械都要求能迅速停车或准确定位，这就需要对电动机采取有效的制动措施。一般对三相异步交流电动机采用的制动方法有机械制动与电气制动。所谓机械制动，是利用外加的机械力使电动机转子迅速停止的方法。电气制动是使电动机的电磁转矩方向与电动机旋转方向相反，起制动作用，下面介绍三相异步电动机反接制动和能耗制动的电气控制原理。

1. 反接制动

通过改变电动机三相电源相序，使电动机定子旋转磁场与转子旋转方向相反，产生电磁制动转矩，使电动机转速迅速下降，当电动机转速接近于零时应立即切断三相交流电源，否则电动机将反向起动旋转。当电源反接制动时，转子转速与突然反向的定子旋转磁场的相对速度接近于 2 倍的同步转速，因此反接制动时，定子绕组电流相当于电动机全压起动时起动电流的 2 倍。为了减少这一冲击电流，电动机电源反接制动时，应在电动机定子电路中串入反接制动电阻，并限制其每小时反接制动的次数。电动机电源反接制动关键在于：

1）三相感应电动机电源相序要反接。

2）当电动机转速接近零时，应迅速切断三相感应电动机的三相电源，否则会出现反向起动。

3）进行电源反接制动时，电动机定子电路应串入反接制动电阻，以减小反接制动电流，减小制动冲击。

图 2-15 为电动机单向运行反接制动电路。图中 KM1 为电动机单向运行接触器，KM2 为反接

制动接触器，KV 为速度继电器，R 为反接制动电阻。速度继电器在 120～1300r/min 转速范围内触点动作，而转速低于 100r/min 时，触点复位。

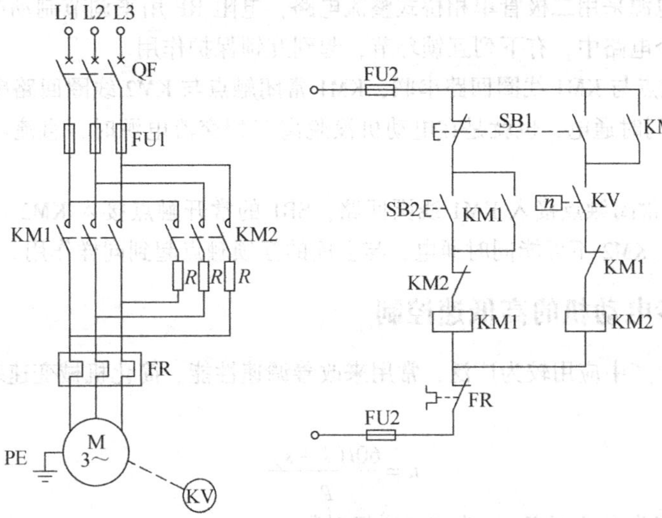

图 2-15　电动机单向运行反接制动电路

控制电路的工作过程如下：当电动机处于单向旋转时，KM1 处于通电并自保状态，当速度超过 120r/min，与电动机有机械联系的速度继电器相应触点闭合，为反接制动做准备。停车制动时，按下停止按钮 SB1，KM1 线圈断电释放，其三对主触点断开，切除三相交流电源，电动机以惯性旋转。当将 SB1 按到底时，SB1 常开触点闭合，使 KM2 线圈通电并自保，电动机定子串入对称电阻接入反相序三相电源进行反接制动，电动机转速迅速下降，当电动机转速低于 100r/min 时，速度继电器 KV 复位，其常开触点复位，使 KM2 线圈断电释放，电动机断开电源，自然停车至零速。

2. 能耗制动

能耗制动是将运行中的电动机从交流电源上切除的同时，在定子绕组上接通直流电源，在电动机中产生一个静止的直流恒定磁场，转子导体中的感应电流与恒定磁场相互作用，产生制动力矩，使电动机迅速减速，最后停止转动。图 2-16 为三相感应电动机能耗制动控制原理。

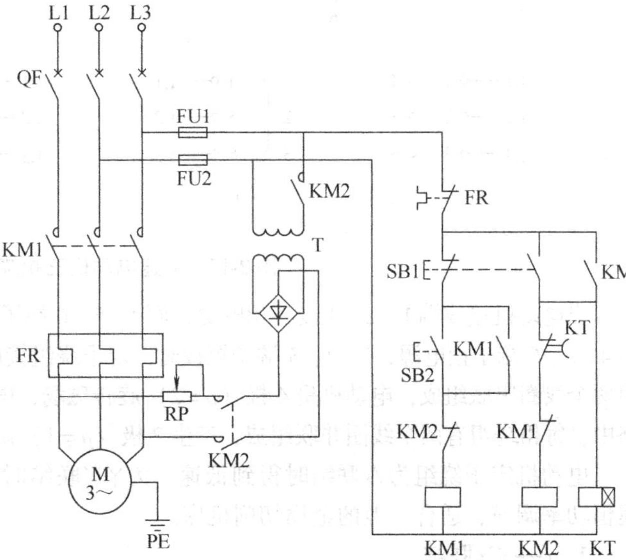

图 2-16　能耗制动原理图

控制电路分析如下：合上断路器 QF 接通三相电源，按下起动按钮 SB2，接触器 KM1 线圈通电并自锁，主触点闭合，电动机接入三相电源，起动运行。当需要停止时，按下停止按钮 SB1，KM1 线圈断电，其主触点全部释放，电动机脱离交流电源。此时，接触器 KM2 和时间继电器 KT 线圈通电并自锁，KT 开始计时，KM2 主触点闭合将直流电源接入电动机定子绕组，电动机在能耗制动下迅速停车。时间继电器 KT 的常闭触点延时断开时，接触器 KM2 线圈断电，KM2 常开触点断开直流电源，脱离电源及定子绕组，能耗制动及时结束。电路中直流电源采用二极管单相桥式整流电路，电阻 RP 用来调节制动电流大小，改变制动力的大小。在这个电路中，有下列互锁环节，起到互锁保护作用。

1）KM2 常闭触点与 KM1 线圈回路串联，KM1 常闭触点与 KM2 线圈回路串联。保证了 KM1 与 KM2 线圈不可能同时通电，也就是在电动机没脱离三相交流电源时，直流电源不可能接入定子绕组。

2）按钮 SB1 的常闭触点接入 KM1 线圈回路，SB1 的常开触点接入 KM2 线圈回路，这时按钮互锁保证了 KM1、KM2 不可能同时通电，与上面的互锁触点起到同样作用。

2.2.3 双速异步电动机的高低速控制

多速电动机在生产中应用较为广泛，常用来改善调速性能、简化机械变速装置，根据异步电动机的转速公式

$$n = \frac{60f(1-s)}{p} \tag{2-1}$$

式中，s 为转差率；f 为电源频率；p 为定子磁极对数。

可见，若能改变定子绕组的磁极对数，就可以改变电动机的转速。在多速电动机中，是通过改变绕组的连接方法来改变磁极对数的。

双速电动机是最简单的多速电动机，常见的接线方式有△—YY联结和Y—YY联结两种。

1. △—YY联结

图 2-17a 是电动机 4 极/2 极，定子绕组△—YY接法示意图。

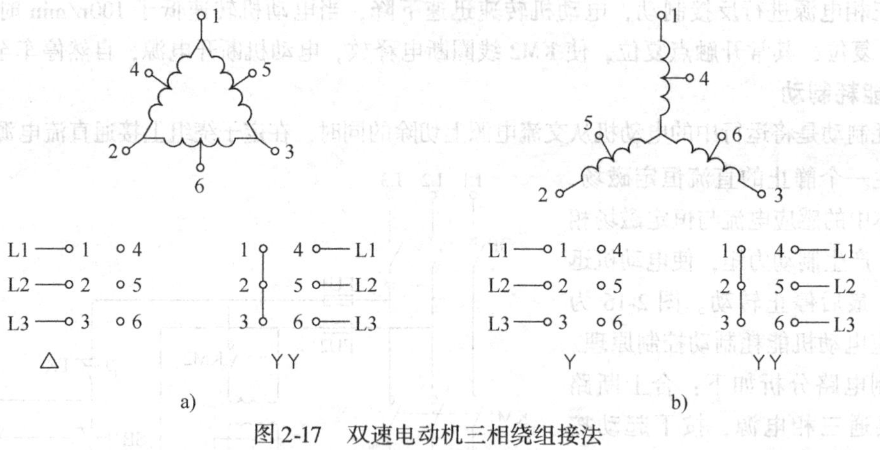

图 2-17 双速电动机三相绕组接法

当电动机接线端 1、2、3 接三相电源，而 4、5、6 端子悬空时，电动机定子绕组为△联结电路；当 4、5、6 端子接电源，1、2、3 端子短接时，定子绕组接成YY形电路。△联结电路中，每相绕组由两个线圈串联组成，电动机呈 4 极（$p=2$）旋转磁场，电动机同步转速为 1500r/min。YY联结电路中，每相绕组有两个线圈并联组成，产生 2 极（$p=1$）旋转磁场，其同步转速为 3000r/min。

电动机定子绕组为△联结时得到低速，为YY联结时得到高速，两种接法的功率近似相等，属恒功率调速，适合一般的金属切削机床。

2. Y—YY联结

Y—YY联结如图 2-17b 所示，属恒转矩调速，它适用于起重机、电梯、皮带运输机等。

图 2-18 是三种双速电动机控制电路。

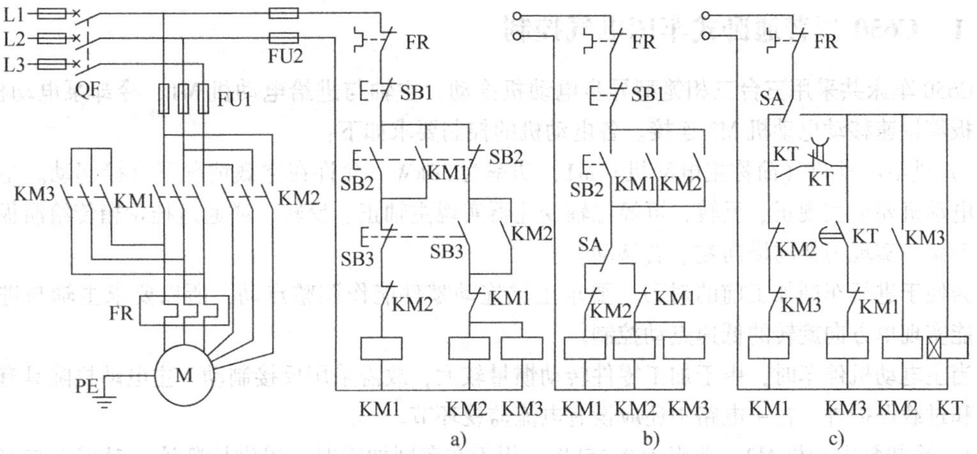

图 2-18　双速电动机高、低速控制

图 2-18a 是用按钮变换的高、低速控制电路图。KM1 得电，电动机绕组成△联结，低速运转；当 KM2、KM3 得电时，电动机绕组成YY联结，电动机高速运转。在低速和高速之间用动断触头互锁。

图 2-18b 是用开关实现高低速控制。当电动机容量较大时，若直接进行高速运转（YY联结），起动电流较大，这时可采用低速起动，再转换到高速运行的控制方式。

图 2-18c 是实现低、高速自动转换的控制电路。在图中，当 SA 开关打到高速时，时间继电器 KT 得电，其瞬时动作触点闭合，先接通低速电路，使电动机低速起动，KT 延时时间到后，其两个延时触点分别断开低速电路和接通高速电路，使电动机转换到高速运行。

2.3　典型电气电路分析与控制系统设计

分析一个设备的电气控制，首先要详细阅读设备说明书及设备的技术资料，了解其工作原理、综合控制、使用方法等。具体分析方法如下：

1）了解电气控制系统的总体结构、电动机和电气元件的分布状况；分析机械部件与电气元件的关联，含操纵手柄、行程控制的挡铁、撞块、离合器、电磁铁等的状态及安装位置；分析工艺过程、电气控制原理、控制要求。

2）分析主回路。从主回路入手，根据伺服电动机、辅助机构电动机和电磁阀等执行电器的控制要求，分析它们的控制内容。控制内容包括起动、方向控制、调速和制动。

3）分析控制电路。根据主回路中各伺服电动机、辅助机构电动机和电磁阀等执行电器的控制要求，逐一找出控制电路中的控制环节，按功能不同划分成若干个局部控制电路来进行分析。分析控制电路的最基本的方法是查线读图法。

4）分析辅助电路。辅助电路包括电源显示、工作状态显示、照明和故障报警等部分，它们大多由控制电路中的元件来控制，所以还要回头来对照控制电路进行分析。

5）分析互锁与保护环节。机床对安全性和可靠性有很高的要求，为实现这些要求，除了合理地选择元器件和控制方案以外，在控制电路中还设置了一系列电气保护和必要的电气互锁。

6）总体检查。经过“化整为零”，逐步分析每一个局部电路的工作原理以及各部分之间的控制关系之后，还必须用“集零为整”的方法，检查整个控制电路，看是否存在遗漏，特别要从整体的角度去进一步检查和理解各控制环节之间的联系，理解电路中每个元器件所起的作用。

2.3.1 C650 型普通卧式车床电气控制

C650 车床共采用三台三相笼型异步电动机拖动，主轴与进给电动机 M1、冷却泵电动机 M2 和溜板箱快速移动电动机 M3 连接。各电动机的控制要求如下：

1）进给电动机（简称主电动机）M1，功率为 30kW，允许在空载情况下直接起动。主轴与进给电动机要求实现正、反转，可经主轴变速器实现主轴正、反转，或通过挂轮箱传给溜板箱来拖动刀架，实现刀架的横向左、右移动。

为便于进行车削加工前的对刀，要求主轴拖动零件能作调整点动，所以要求主轴与进给电动机能实现单方向旋转的低速点动控制。

当主电动机停车时，由于加工零件转动惯量较大，故需采用反接制动。主电动机除具有短路保护和过载保护外，在主电路中还应设有电流监视环节。

2）冷却泵电动机 M2，功率为 0.15kW，用于在车削加工时，提供切削液，对零件与刀具进行冷却。采用直接起动、单向旋转、连续工作方式，具有短路保护与过载保护。

3）快速移动电动机 M3，功率为 2.2kW，由于溜板箱连续移动是短时工作，故 M3 只要求单向点动、短时运转，不设过载保护。

4）电路还应有必要的互锁、保护及安全可靠的照明电路。

1. 电气原理图分析

图 2-19 为 C650 型卧式车床电气控制原理图。

低压断路器 QF 将三相交流电源引入。FU1 为主电动机 M1 的短路保护熔断器，FR1 为 M1 过载保护热继电器，*R* 为限流电阻，限制反接制动时的电流冲击。通电电流互感器 TA 接入电流表来监视主电动机的线电流。KM1、KM2 分别为主电动机正、反转接触器，KM3 为主电动机制动限流接触器。速度继电器 KV 用于反接制动时转速的过零检测。

冷却泵电动机 M2 通过接触器 KM4 的控制来实现单向连续运转，FU2 为 M2 的短路保护熔断器，FR2 为其过载保护热继电器。

快速移动电动机 M3 通过接触器 KM5 控制实现单向旋转点动短时工作。

2. 控制电路分析

控制电路的电源为 110V 的交流电压，由控制变压器 TC 供给控制电路。同时，TC 还为照明电路提供 36V 的交流电压，FU4 为控制电路短路保护熔断器，FU3 为照明电路短路保护熔断器，车床局部照明灯 HL 由主令开关 SA 控制。

（1）主电动机 M1 的点动调整控制

按下 SB4，KM1 线圈通电吸合（无自锁），KM1 主触点闭合，M1 定子绕组经限流电阻 *R* 与电源接通，电动机 M1 定子串电阻做正转减压点动。若点动时速度达到速度继电器 KV 动作值 140r/min，KV 正转触点 KV1 将闭合，为点动停止时的反接制动作准备。松开点动按钮 SB4，KM1 线圈断电释放，KM1 触点复原；若 KV 转速大于其释放值 100r/min 时，触点 KV1 仍闭合，使 KM2 线圈通电吸合，M1 接入反相三相交流电源，并串入限流电阻 *R* 进行反接制动；当 KV 转速达到 100r/min 时，KV1 触点断开，反接制动结束，电动机自然停止至零。

（2）主电动机 M1 的正、反转控制

正转时，按下起动按钮 SB1，接触器 KM3 通电吸合，其常开主触点闭合，将限流电阻 *R* 短接。KT 线圈通电开始延时，KM3 常开辅助触点闭合，使中间继电器 KA 线圈通电吸合，触点 KA（13-7）闭

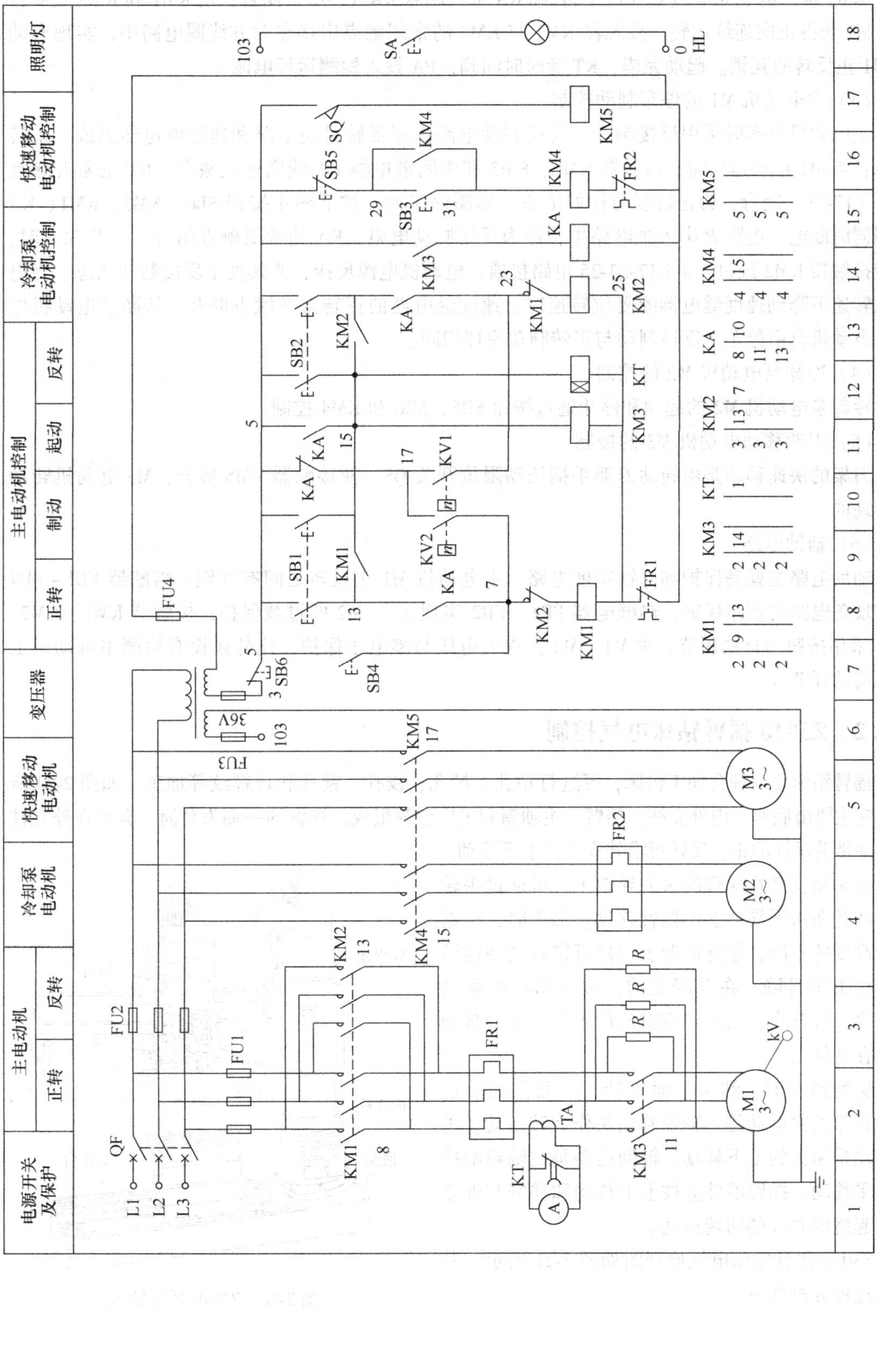

图 2-19 C650 型卧式车床电气控制原理图

合，使接触器 KM1 线圈通电吸合，其常开主触点闭合，主电动机 M1 在全电压下正向直接起动。由于 KM1 常开触点 KM1（15-13）闭合和 KA 常开触点 KA（5-15）闭合，使 KM1 和 KM3 线圈自锁，M1 获得正向连续运转。接触器 KM1 与 KM2 的常闭触点串接在对方线圈电路中，实现电动机 M1 正反转的互锁。起动完毕，KT 延时时间到，PA 投入检测运行电流。

（3）主电动机 M1 的停车制动控制

主电动机停车时采用反接制动。反接制动电路由正反转可逆电路和速度继电器组成。正转制动：当 M1 正转运行时，接触器 KM1、KM3 和中间继电器 KA 线圈通电吸合，KV 的常开触点 KV1（17-23）闭合，为正转制动作好准备。如需停车时，按下停止按钮 SB6，KM3、KM1、KA 线圈同时断电。电阻 R 串入主电路中，作为反接制动电阻，KA 的常闭触点闭合，松开 SB6 时，反转接触器 KM2 经过 1-3-5-17-23-25 电路接通，电动机电源反接，使其处于反接制动状态。当电动机转速下降到速度继电器的复位转速时，速度继电器的正转常开触点断开，切断了电动机电源，电动机自由停车。反转制动与正转制动原理相同。

（4）冷却泵电动机 M2 的控制

冷却泵电动机 M2 的起动和停止通过按钮 SB5、SB6 和 KM4 控制。

（5）刀架移动电动机 M3 的控制

刀架的快速移动是由转动刀架手柄压动限位开关 QS，使接触器 KM5 吸合，M3 电动机转动来实现的。

（6）辅助电路

辅助电路主要是保护和互锁功能电路。主电动机 M1 正反转之间有互锁；熔断器 FU1 ~ FU4 可实现各电路的短路保护；热继电器 FR1、FR2 实现 M1、M2 的过载保护；接触器 KM1、KM2、KM4 采用按钮与自锁环节，对 M1、M2 实现欠电压与零电压保护，此外还设有检测主电动机工作电流的环节。

2.3.2 Z3040 摇臂钻床电气控制

摇臂钻床是一种孔加工机床，可进行钻孔、扩孔、铰孔、锺孔和攻螺纹等加工。如图 2-20 所示，它主要由底座、内外立柱、摇臂、主轴箱和工作台等组成。摇臂的一端为套筒，套装在外立柱上，并借助丝杠的正、反转可沿外立柱作上下移动。

主轴箱安装在摇臂的水平导轨上，可通过手轮操作使其在水平导轨上沿摇臂移动。加工时，根据零件高度的不同，摇臂借助于丝杠可带着主轴箱沿外立柱上下升降。在升降之前，应自动将摇臂松开，再进行升降，当达到所需的位置时，摇臂自动夹紧在立柱上。

钻削加工时，钻头一面旋转，一面作纵向进给。钻床的主运动是主轴带着钻头作旋转运动。进给运动是钻头的上下移动。辅助运动是主轴箱沿摇臂水平移动，摇臂沿外立柱上下移动和摇臂与外立柱一起绕内立柱的回转运动。

Z3040 摇臂钻床电气原理图如图 2-21 所示。其工作过程分析如下：

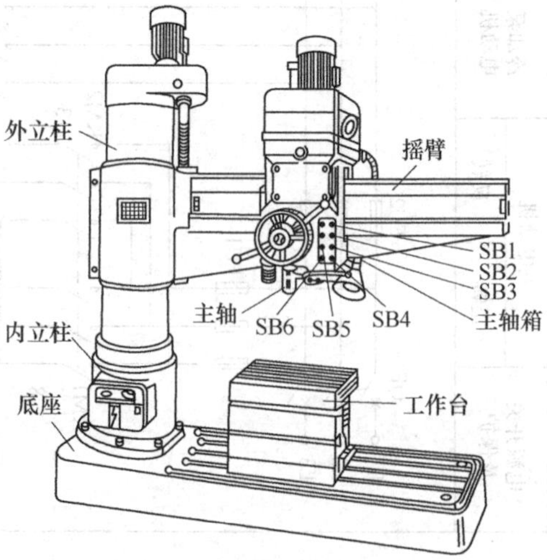

图 2-20 Z3040 摇臂钻床

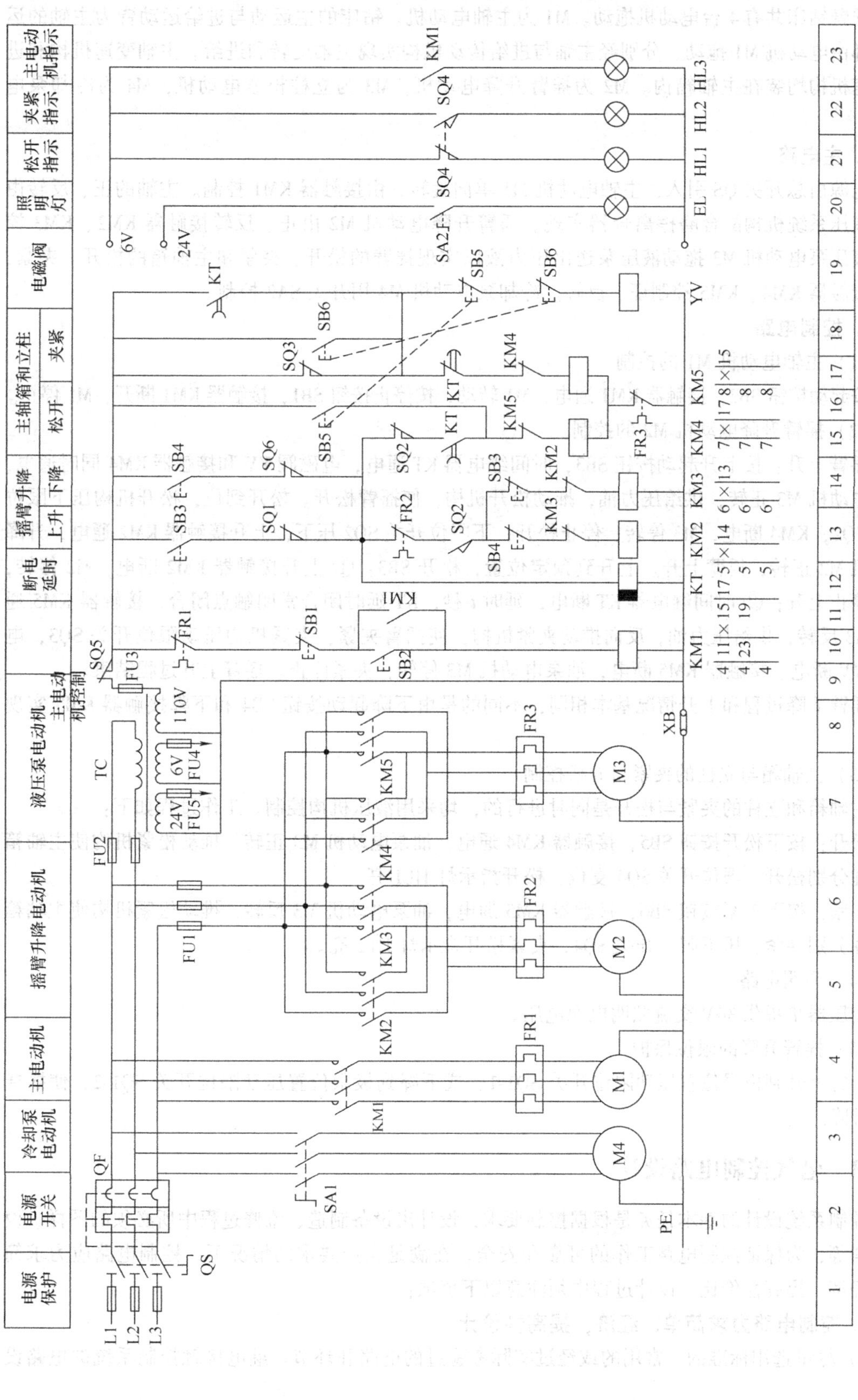

图 2-21　Z3040 摇臂钻床的电气原理图

摇臂钻床共有 4 台电动机拖动。M1 为主轴电动机。钻床的主运动与进给运动皆为主轴的运动，都由电动机 M1 拖动，分别经主轴与进给传动机构实现主轴旋转和进给。主轴变速机构和进给变速机构均装在主轴箱内。M2 为摇臂升降电动机，M3 为立柱松紧电动机，M4 为冷却泵电动机。

1. 主电路

电源由总开关 QS 引入，主轴电动机 M1 单向旋转，由接触器 KM1 控制。主轴的正、反转由机床液压系统机构配合磨擦离合器实现。摇臂升降电动机 M2 由正、反转接触器 KM2、KM3 控制。液压泵电动机 M3 拖动液压泵送出压力液以实现摇臂的松开、夹紧和主轴箱的松开、夹紧，并由接触器 KM4、KM5 控制证、反转。冷却泵电动机 M4 用开关 SA2 控制。

2. 控制电路

（1）主轴电动机 M1 的控制

按起动按钮 SB2，接触器 KM1 通电，M1 转动；按停止按钮 SB1，接触器 KM1 断开，M1 停止。

（2）摇臂升降电动机 M2 的控制

摇臂上升：按上升起动按钮 SB3，时间继电器 KT 通电，电磁阀 YV 和接触器 KM4 同时通电，油泵电动机 M3 正转，供给压力油，推动松开机构，使摇臂松开。松开到位，松开机构压下限位开关 SQ2，KM4 断电，M3 停转，停止松开；下限位开关 SQ2 压下，上升接触器 KM2 通电，升降电动机 M2 正转，摇臂上升。上升到预定位置，松开 SB3：① 上升接触器 KM2 断电，M2 停转，摇臂停止上升；② 时间继电器 KT 断电，延时 t 秒，KT 延时闭合常闭触点闭合，接触器 KM5 通电，M3 反转，供给压力油，反向推动夹紧机构，使摇臂夹紧，夹紧机构压动限位开关 SQ3，电磁阀 YV 断电、接触器 KM5 断电，油泵电动机 M3 停转，夹紧停止。摇臂上升过程结束。

摇臂下降过程和上升情况基本相同，不同的是由下降起动按钮 SB4 和下降接触器 KM3 实现控制。

（3）主轴箱与立柱的夹紧与放松控制

主轴箱和立柱的夹紧与松开是同时进行的，均采用液压机构控制。工作过程如下：

松开：按下松开按钮 SB5，接触器 KM4 通电，油泵电动机 M3 正转，推动松紧机构使主轴箱和立柱分别松开，限位开关 SQ4 复位，松开指示灯 HL1 亮。

夹紧：按下夹紧按钮 SB6，接触器 KM5 通电，油泵电动机 M3 反转，推动松紧机构使主轴箱和立柱分别夹紧，压下限位开关 SQ4，夹紧松开指示灯 HL2 亮。

（4）照明电路

变压器 T 提供 36V 交流照明电源电压。

（5）摇臂升降的限位保护

摇臂上升到极限位置压动限位开关 SQ1-1，或下降到极限位置压动限位开关 SQ1-2，使摇臂停止升降。

2.3.3 电气控制电路设计

控制系统设计的基本任务是根据控制要求，设计出设备制造、维修过程中所必须的图样、设计资料等，为保证控制电路工作的可靠和安全。在满足生产要求的情况下，控制电路应力求简单、经济，提高性价比。设计过程中须注意以下事项：

1. 控制电路力求简单、经济，提高性价比

1）尽量选用标准的、常用的或经过实际考验过的电路和环节。继电接触控制系统的电路设计要求通常都比较简单，由起动、制动、正向运行、反向运行、保护电路和简单的时序电路等组成，设计这些电路环节时可以参考各类经典电路。对于 PLC 控制系统，控制部分已由 PLC 软件编程实现，因此电路设计内容主要包括配电、驱动和保护电路。

2）合理安排电气元件及触点的位置。在图 2-22 所示的电路中，行程开关的触点与线圈位置安排不当，一方面使主令开关与控制柜间连线数量由图 2-22b 的 3 根增加为图 2-22a 的 4 根，不利于安装和维护；另一方面，从可靠性上分析，图 2-22a 的接法可能会因动合、动断触点动作时出现的电位差产生电弧，造成电源短路。因此合理的接法是按照图 2-22b，将触点的位置接在同一相线上。

图 2-23 为一典型的起、保、停控制电路，图 2-23a 由于停止按钮 SB1 的位置安排不当，将导致操作台与电气柜之间的接线数量增加。因此，合理的触点安排如图 2-23b 所示。

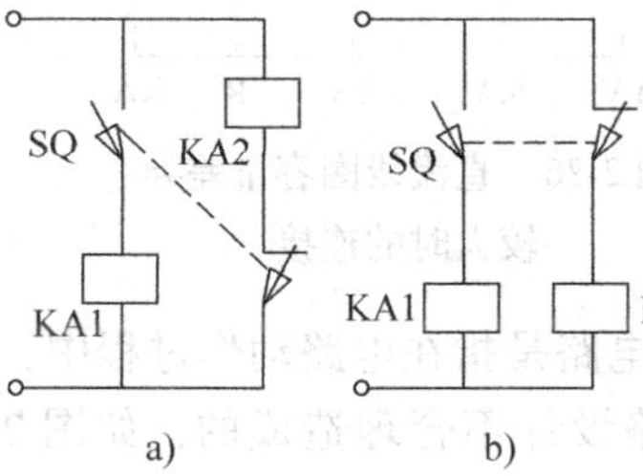

图 2-22　触点的合理安排（一）

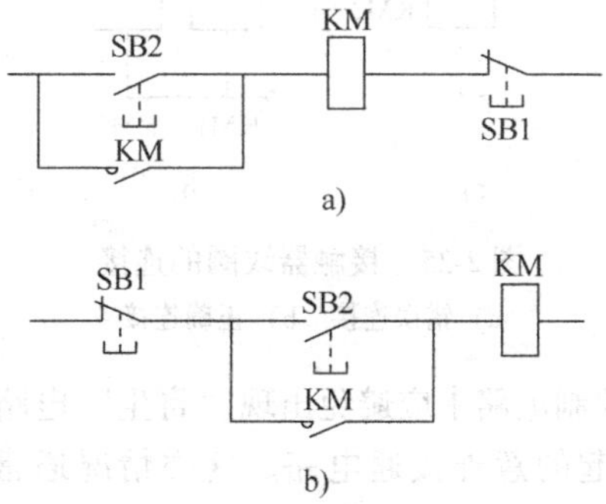

图 2-23　触点的合理安排（二）

3）尽量缩减电器的数量，采用标准件，并尽可能选用相同型号，这样可以降低生产成本，便于厂家采购和降低备品备件的数量、种类。

对于采用经验设计法完成的控制电路，必要时可采用逻辑分析法进行化简，减少不必要的触点，以简化电路。

图 2-24 为采用合并触点、合并开关的方式进行的电路简化。

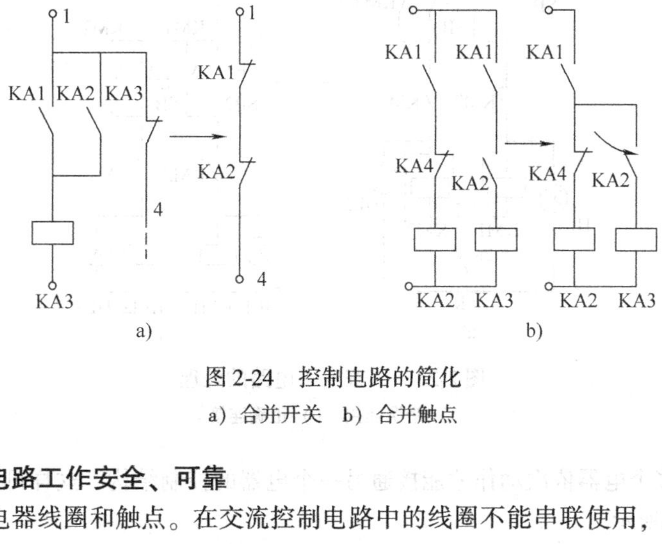

图 2-24　控制电路的简化

a）合并开关　b）合并触点

2. 保证控制电路工作安全、可靠

1）正确连接电器线圈和触点。在交流控制电路中的线圈不能串联使用，原因是交流线圈在工艺上存在的略微差异会导致先吸合的电器阻抗增加，经分压后使未动作的线圈电压无法达到动作值，从而不能同时吸合。两个交流电器若要同时动作应采用并联方式，如图 2-25 所示。

在直流控制电路中，电感差异较大的同电压等级的线圈不应直接并联使用，原因是电感较大的电器（如 YV 电磁阀）由接通到断开时产生的感应电动势会导致中间继电器 KA 的瞬间误动作，导致控制逻辑改变。解决方法是为 YV 线圈提供一个泄流回路，同时将 KA 的控制电路与原电路分离，如图 2-26 所示。

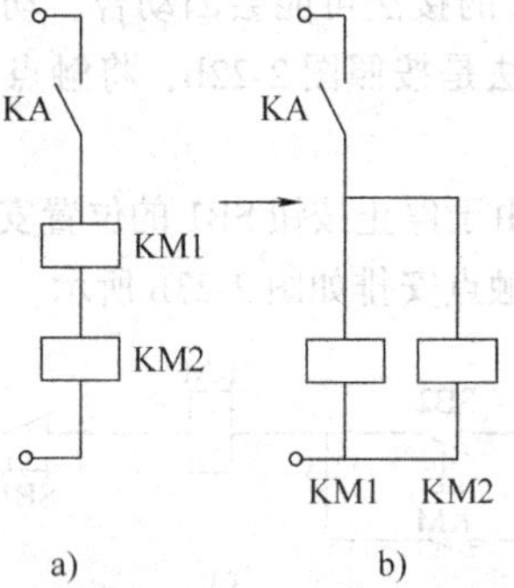

图 2-25　接触器线圈的连接

a）错误连接　b）正确连接

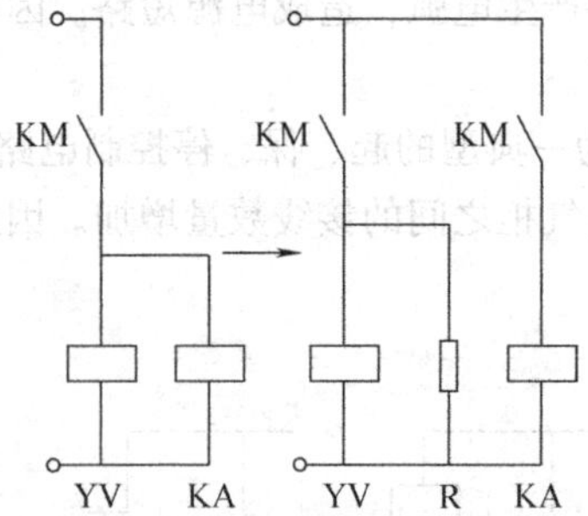

图 2-26　直流线圈容量差异较大时的连接

2）控制电路中应避免出现“寄生”电路。“寄生”电路是指在电路动作过程中，不是由于误操作引起的意外接通电路。这类情况通常是由于电路设计不合理造成的，如图 2-27 所示。图 2-27a中，当 KM1 回路接通时出现过载，导致热继电器动作，常闭（动断）触点 FR 断开，但由于位置安排不合理，导致电源经线圈 KM1、KM2、信号指示灯 HL2 形成回路，从而无法关断 KM1 实施保护。解决方法是将常闭（动断）触点 FR 安排在上面即可。

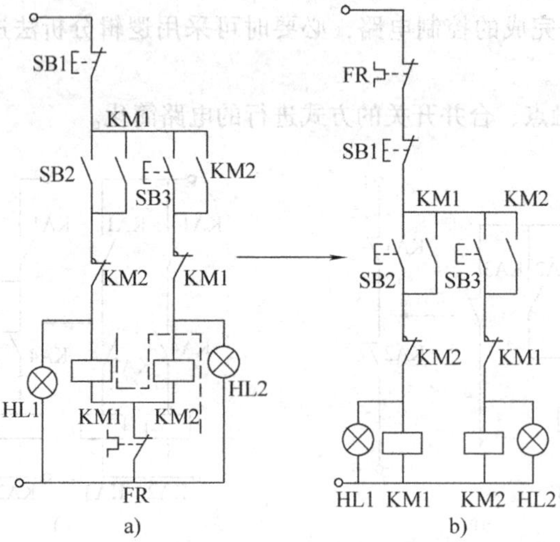

图 2-27　“寄生”电路的处理

a）错误连接　b）正确连接

3）尽量避免多个电器依次动作才能接通另一个电器的控制结构，这样可以提高电路工作的可靠性，如图 2-28 所示。

4）选择好控制电气元件的动作类型，避免“竞争冒险”现象。

在实际应用过程中，继电器常开（动合）、常闭（动断）触点的动作类型有“先断后合”型和“先合后断”型，前者是线圈通电时，常闭触点先断开，常开触点后闭合；断电时常开触点先断开，常闭触点后闭合。后者是线圈通电时，常开触点先闭合，常闭触点后断开；断电时常闭触点先闭合，常开触点后断开。

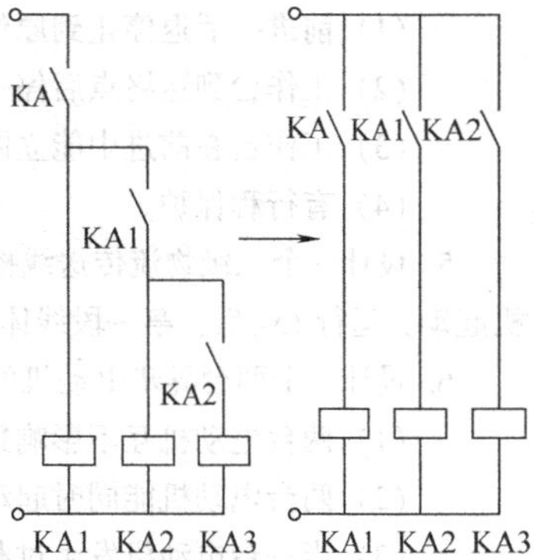

图 2-28　减少通电电器的连接方法

“竞争冒险”现象：对于控制电路，采用不同动作类型的触点，会得到不同的输出状态，称为电路的“竞争冒险”。如图 2-29 所示，继电器 KA 采用“先合后断”型触点，当交流接触器常开触点 KM 接通，KA 线圈通电，其常开触点先接通自锁，常闭触点后动作并分断接触器触点，电路能够工作；若采用“先断后合”型触点，电路则无法工作。

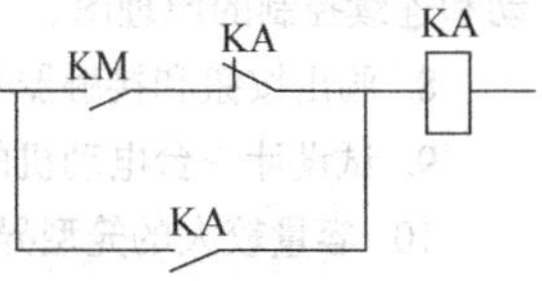

图 2-29　触点的“竞争冒险”

5）应具有完善的保护环节，包括必要的电气互锁。

分析控制电路运行特点，合理地安排保护环节，如短路、过载、过电流、欠电流、过电压、欠电压、失电压、缺相等保护。对于可逆运行电机，必须采取电气互锁（接触器、继电器触点互锁）、机械互锁（行程开关互锁）等措施。此外还应提供必要的监控信息，如工作电压、电流值的仪表显示和运行、报警等工况指示。

3. 应尽量便操作和维修方便

操作方式万法应符合生产规范，尽量做到与同类型生产设备的操作一致，提供多点起动、多点停止或急停。控制方式可根据需要设置手动方式和自动方式，为便于设备调试及维修，自动方式还可进一步细分为单步、单周期、循环等方式。

思考与习题

1. 试设计两台笼型异步电动机 M1、M2 的顺序起动、停止的控制电路，要求：

（1）M1、M2 能顺序起动，并能同时或分别停止；

（2）M1 起动后 M2 起动，M1 可点动，M2 可单独停止。

2. 题图 2-30 为机床自动间歇的控制电路，其中 KM 为润滑泵电动机起停用接触器（主回路没有画出）。电路可使润滑系统规律间歇工作，试分析其工作原理，并说明中间继电器 KA 和按钮 SB 的作用。

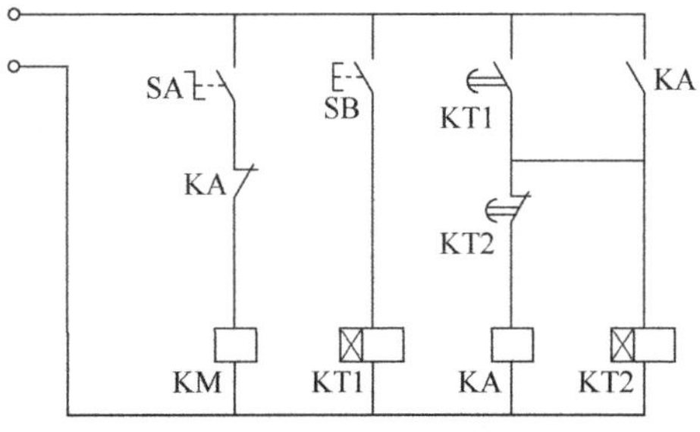

图 2-30　自动间歇控制电路

3. 绘制和分析电气控制原理图的一般原则是什么？

4. 试设计一个工作台前进—退回控制电路。工作台由电动机 M 带动，行程开关 SQ1、SQ2 分别装在工作台的原位和终点位。要求：

（1）前进—后退停止到原位；

（2）工作台到达终点后停一下（延时5s）再后退；

（3）工作台在前进中能立即后退到原位；

（4）有行程保护。

5. 设计一个三级物流传送线控制电路，要求控制第一段线体的电动机起动15s后，第二段线体的电动机起动，运行15s后，第一段线体停止，第三段线体的电动机起动，运行15s后，所有线体同时停止。

6. 设计一个两台异步电动机的控制电路，要求如下：

（1）两台电动机互不影响独立工作；

（2）两台电动机能同时起动和停止；

（3）当一台电动机发生过载时，两台电动机同时停止。

7. 点动控制电路与连续（长动）控制电路的本质区别是什么？试画出可从两处控制一台电动机实现点动和连续控制的原理图。

8. 画出按钮和接触器双重互锁的正反转控制电路。

9. 试设计一台电动机的控制电路，要求能正反转并能实现能耗制动。

10. 容量较大的笼型异步电动机反接制动时电流较大，反接制动时应在定子回路中串接电阻，试按转速原则设计其控制电路。

11. 试设计一台异步电动机的控制电路。要求：

（1）能实现起、停的两地控制；

（2）能实现点动调整；

（3）能实现单方向的行程保护；

（4）要有短路保护和过载保护。

12. 试设计一条自动运输线，有两台电动机，M1拖动运输机，M2拖动卸料机。要求：

（1）M1先起动后，M2才允许起动；

（2）M2先停止，经一段时间后M1才自动停止，且M2可单独停止；

（3）两台电动机均有短路保护和过载保护。

13. 试设计M1和M2两台电动机顺序起、停的控制电路。要求：

（1）M1起动后，M2立即自动起动；

（2）M1停止后，延时一段时间，M2才自动停止；

（3）M2能点动调整工作；

（4）两台电动机均有短路保护和过载保护。

第3章　PLC 概述

3.1　PLC 性能简介

可编程序控制器（PLC）是以微处理器为基础，综合了计算机技术、半导体集成技术、自动控制技术、数字技术和通信及网络技术发展起来的一种通用工业自动控制装置。它面向控制过程、面向用户，适应工业环境、操作方便、可靠性高，成为现代工业控制的三大支柱（PLC、机器人和 CAD/CAM）之一。PLC 装置已成为自动化系统的基本手段，PLC 控制技术代表着当今自动控制的先进水平，它在各行各业获得了非常广泛的应用。

3.1.1　PLC 的定义及特点

在 PLC 问世之前，工业控制中的顺序控制大部分采用继电器逻辑控制系统，这种控制系统是根据特定的控制要求进行设计的，若控制要求发生变化，则控制柜中的元器件和接线都必须作相应的改变。它有着十分明显的缺点：体积大、耗电多、可靠性差、寿命短、运行速度慢、适应性差。为了改变这一现状，人们希望寻求一种比继电器控制更可靠、功能更齐全、响应速度更快、体积更小的一种新型工业控制装置。

20 世纪 60 年代后期，尽管计算机控制技术已开始用于工业控制领域，但由于计算机本身的技术要求复杂以及当时的各种条件所限制，其控制技术并未得到广泛使用。1968 年，美国最大的汽车制造商——通用汽车公司（GM 公司）为了适用汽车型号不断翻新的需要，以在激烈竞争的汽车工业中占有优势，提出要研制一种新型的工业控制装置来取代继电器控制装置，并尽可能减少重新设计继电器控制系统和重新接线的工作，以降低成本、缩短周期，同时，设想把计算机通用、灵活、功能完备等优点和继电器控制系统的简单易懂、价格便宜等优点结合起来，并把计算机的编程方法和程序输入方式加以简化。为此，特拟定了 10 项公开招标的技术要求：1）编程简单方便，可在现场修改程序；2）硬件维护方便，最好是插件式结构；3）可靠性要高于继电器控制装置；4）体积小于继电器控制装置；5）可将数据直接送入管理计算机；6）成本上可与继电器控制装置竞争；7）输入可以是交流 115V；8）输出为交流 115V、2A 以上，能直接驱动电磁阀；9）扩展时，原有系统只需做很小的改动；10）用户程序存储器容量至少可以扩展到 4KB。

根据招标要求，1969 年，美国数字设备公司（DEC）研制出世界上第一台 PLC（PDP-14 型），并在通用汽车公司自动装配线上试用，获得了成功，从而开创了工业控制新时期。

1. PLC 的定义

国际电工委员会（IEC）曾于 1982 年 11 月颁布了 PLC 标准的草案第一稿，1985 年 1 月又发表了草案第二稿，1987 年 2 月发表了草案第三稿，该草案对 PLC 作了如下定义："可编程序控制器是一种数字运算操作的电子系统，专为在工业环境下的应用而设计。它采用可编程序的存储器，存储执行逻辑运算、顺序控制、定时、计数和算术运算等操作的面向用户的指令，并能通过数字或模拟输入/输出模块，控制各种类型的机械或生产过程。可编程序控制器及其有关外部设备，都按易于与工业控制系统连成一个整体、易于扩充其功能的原则设计。"定义强调 PLC 是一种"数字运算操作的电子系统"，说明 PLC 也是一种计算机，是一种抗干扰能力很强的，能直接应用于各种工业环境的专用工业计算机。这种工业计算机采用“面向用户的指令”，因此，编程简单方便，除能完成“逻辑运算、顺序控制、定时、计数和算术运算操作”外，还能通过“数字或模拟输入/输出模块”控制各种生产过程，并且非常易于“扩充”，易于与“工业控制系统连成一个整体”，形成一个强大的网络系统。

2. PLC 的特点

（1）通用性强、灵活性好、接线简单

继电器控制系统是针对各种控制要求专门设计的，只要控制系统改变，其接线就要跟着改动，因而其专用性强，通用性差。另外，继电器触点数目有限，一般每只只有 4~8 对触点，因而继电器控制系统连线多而且复杂、体积大，其灵活性和扩展性都很差。PLC 是专为在工业环境下应用而设计的，具有面向工业控制的鲜明特点。通过选配相应的控制模块便可适用于各种不同的工业控制系统。同时，由于 PLC 采用逻辑存储，其控制逻辑以程序方式存储在内存中，当生产工艺改变或生产设备更新时，不必改变 PLC 的硬件，只需改变程序，改变控制逻辑，故称为“软接线”，其连线少、体积小，加之 PLC 中每只软继电器的触点数理论上无限制，因此，灵活性和扩展性都很好。另外，PLC 的接线十分方便，只需将输入信号的设备（如按钮等）与 PLC 的输入端子相连，将接受控制的执行元器件（如接触器、电磁阀等）与输出端子相连即可。

（2）功能强、功能的扩展能力强

现代 PLC 具有强大的功能系统，用程序可实现任意复杂的控制功能。第一，PLC 利用程序进行定时、计数、顺序、步进等控制，十分准确可靠。而用继电器控制时，需使用大量时间继电器、计数器、步进控制开关等设备，其准确性与可靠性无法与 PLC 相比。第二，PLC 还具有 A-D 和 D-A 转换、数据运算和处理、运动控制等功能，因此，它既可对开关量进行控制，又可以对模拟量进行控制。第三，PLC 具有通信联网功能，因此它不仅可以控制一台单机、一条生产线，还可以控制一个机群、多条生产线，它既可现场控制，也可远距离对生产过程进行监控。

目前，PLC 产品已系列化、模块化和标准化，能方便灵活地扩展成大小不同、功能不同的控制系统。组成系统后，即使控制程序发生变化，只要修改软件即可，增强了控制系统的柔性。

（3）可靠性高、抗干扰能力强

为了确保 PLC 在恶劣的工业环境中能可靠地工作，在设计上强化了 PLC 的抗干扰能力。在硬件方面，采用了电磁屏蔽、滤波、光电隔离等一系列抗干扰措施。例如，输入/输出电路都采用了光隔离措施，做到电浮空，有效地隔离了 PLC 内部电路与输入/输出之间的电联系，从而避免了输入/输出部分窜入的干扰信号而引起的故障和误动作；供电系统和输入/输出电路除了采用各种模拟滤波外，还加上数字滤波，以消除或抑制高频干扰；对电源变压器、CPU、编程器等主要部件，采用导电、导磁良好的材料进行屏蔽，有效地防止了外界电磁的干扰。在软件上，PLC 采用了故障检测、信息保护和恢复、设置警戒时钟、加强对程序的检查和校验、对程序和动态数据进行后备保护等，进一步提高了可靠性和抗干扰能力。一般 PLC 允许工作的环境温度为 60℃，允许环境湿度为 15%~85%（无结露），PLC 还具有抗振荡、抗噪声、抗射频等能力，因而可靠性极高。

而继电器逻辑控制系统由于使用大量的机械触点，连线多，触点开、闭时会受到电弧的损坏，并有机械磨损，寿命短，因此，可靠性和可维护性差。

（4）定时准确，定时范围宽

PLC 内部提供了许多定时器和计数器元件，通过不同的赋值，可以实现任意范围内的时间定时，且定时准确。而继电器控制系统中的定时器是靠硬件设备来实现的，其定时范围和定时的准确性均受到很大的限制。

（5）编程和接线可同步进行

用继电器控制完成一项控制工程，首先必须按工艺要求画出电气原理图，然后再画出继电器控制柜（屏）的布置和接线图等图样，其设计、安装、装配、接线和试验等工作所需要的时间长，且以后要修改十分不便。而PLC控制系统，由于采用软件编程取代继电器硬接线实现控制功能，即使是一个非常复杂的控制，也很容易通过编程来实现，且能事先进行模拟调试，极大地减轻了繁重的现场安装接线工作。另外，由于PLC控制系统的硬件可按控制系统的性能、输入/输出点数和内存容量的大小等来选配，使系统的设计、编程和现场接线可同时进行，因而极大地缩短了开发周期，提高了工作效率。

3.1.2 PLC的主要功能

随着自动化技术、计算机技术及网络通信技术的迅速发展，PLC的功能日益增多。它不仅能实现单机控制，而且能实现多机群控制；不仅能实现逻辑控制，还能实现过程控制、运动控制和数据处理等，其主要功能如下：

（1）开关量逻辑控制

开关量逻辑控制是PLC最基本的功能。PLC具有强大的逻辑运算能力，它提供了与、或、非等各种逻辑指令，可实现继电器触点的串联、并联和串并联等各种连接的开关控制，常用于取代传统的继电器控制系统。使用PLC提供的定时、计数指令，可实现定时、计数功能，其定时值和计数值既可由用户在编程时设定，也可用数字拨码开关来设定，其值可进行在线修改，操作十分灵活方便。

（2）模拟量控制

在工业生产过程中，有许多连续变化的量，如温度、压力、流量、液位和速度等都是模拟量。PLC提供了各种智能模块，如模拟量输入模块、模拟量输出模块、模拟量输入/输出模块、热电阻用模拟量输入模块、热电阻用模拟量输出模块等，通过使用这些模块，把现场输入的模拟量经A-D转换后送CPU处理；而CPU处理的数字结果，经D-A转换成模拟量去控制被控设备，以完成对连续量的控制。

（3）闭环过程控制

使用PLC不仅可以对模拟量进行开环控制，而且还可以进行闭环控制。配置PID（比例-积分-微分）控制单元或模块，对控制过程中某一变量（如速度、温度、电流、电压等）进行PID控制。

（4）定时、定位、计数控制

PLC具有定时控制的功能，它为用户提供了若干个定时器。定时器的时间可以由用户在编写程序时设定，也可以用拨盘开关在外部设定，实现定时或延时控制。

定位控制是PLC不可缺少的控制功能之一。PLC提供了定位模块、脉冲输出模块等智能模块，以实现各种需求的定位控制。

PLC具有计数控制的功能，它为用户提供了若干个计数器或高速计数模块。计数器的计数值可以由用户在编写程序时设定，也可以用拨码开关在外部设定，实现计数控制。

（5）网络通信

现代PLC具有网络通信的功能，它既可以对远程I/O端口进行控制，又能实现PLC与PLC、PLC与计算机之间的通信，从而构成“集中管理，分散控制”的分布式控制系统，实现工厂自动化。PLC通过RS-232C接口可与各种RS-232C设备进行通信。例如，可与个人计算机、打印机、条码读出器等具有RS-232C接口的外部设备相连；通过RS-422A接口，可与数据存取单元（DU）、人机界面（HMI）相连；通过RS-485通信适配器和机能扩充板，可用计算机作为主站，PLC作为就地控制站，形成一个PLC网络系统，对PLC进行集中监视管理，从而对整个生产线，乃至整个工厂进行监控。PLC还可与其他智能控制设备（如变频器、数控装置）实现通信。PLC与变频器组成联合控制系统，可提高交流电动机的自动化控制水平。

3.1.3 PLC的应用领域

PLC是一种很有特色和发展前途的新型工业控制装置，它不仅可以代替传统的继电器控制系统，使硬件“软”化，加上它具有运算、计数、定时、通信和联网等功能，还可用于输入和输出点数较多、控制要求较复杂的工业场合。目前，PLC在各行各业中得到了非常广泛的应用，如在电力工业中，用于电厂输煤系统、锅炉燃烧系统、汽轮机和锅炉的起动及停车系统、废水处理系统、发电机和变压器监控系统等；在冶金工业中，用于轧钢机、高炉冶炼、配料、钢板卷取控制，包装、进出料场控制等；在机械工业中，用于数控机床、机器人、自动仓库控制，电镀生产线控制、热处理控制等；在汽车工业中，用于自动焊接控制、装配生产线、喷漆流水线控制等；在食品工业中，用于制罐机控制、饮料灌装生产线控制、产品包装控制等，在化学工业中，用于化学反应槽控制、橡胶硫化机控制、自动配料控制等；在公共事业中，用于电梯控制、大楼防灾系统控制、城市交通灯控制等。如果按应用类型划分，PLC的应用可分为以下几种类型。

1）开关逻辑和顺序控制：这是PLC最基本的控制功能，在工业场合应用最广泛，可代替继电器控制系统。它既可用于单机控制，又可用于多机群控制及自动化生产线的控制。

2）过程控制：PLC通过模拟量I/O模块，可对温度、流量等连续变化的模拟量进行控制。大中型PLC都具有PID闭环控制功能，并已广泛用于电力、化工、机械、冶金等行业。

3）运动控制：PLC可应用于对直线运动或圆周运动的控制，如数控机床、机器人、金属加工、电梯控制等。

4）多级控制网络系统：PLC与PLC之间、PLC与计算机之间及其他智能控制设备之间可以联网通信，实现远程数据处理和信息共享，从而构成工厂计算机集成制造（生产）系统（CIMS/CIPS）。

3.2 PLC的基本结构与工作原理

3.2.1 PLC的硬件系统

PLC专为工业场合设计，采用了典型的计算机结构，硬件电路主要由中央处理器（CPU）、电源、存储器和专门设计的输入/输出接口电路以及编程器等外设接口组成。图3-1为典型PLC基本结构简图。其中，CPU是PLC的核心，输入单元与输出单元是连接现场输入/输出设备与CPU的接口电路，通信接口用于与编程器、上位计算机等外设连接。

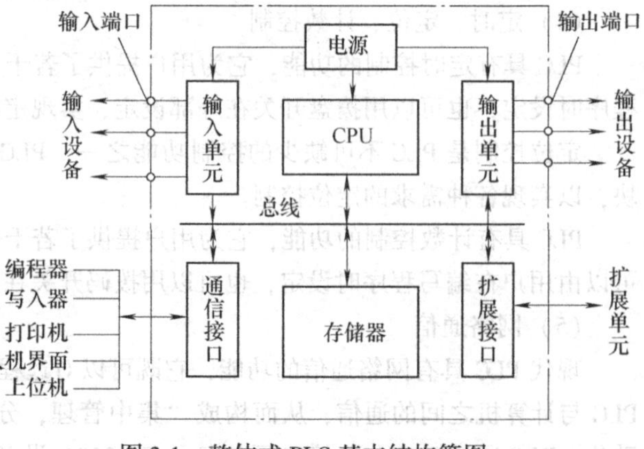

图3-1 整体式PLC基本结构简图

对于整体式PLC，所有部件都装

在同一机壳内，其组成框图如图3-1所示。对于模块式PLC，各部件独立封装成模块，各模块通过总线连接，安装在机架或导轨上，其组成框图如图3-2所示。无论哪种结构类型的PLC，都可根据用户需要进行配置与组合。

尽管整体式PLC与模块式PLC的结构不太一样，但各部分的功能作用是相同的，下面对PLC各主要组成部分进行简单介绍。

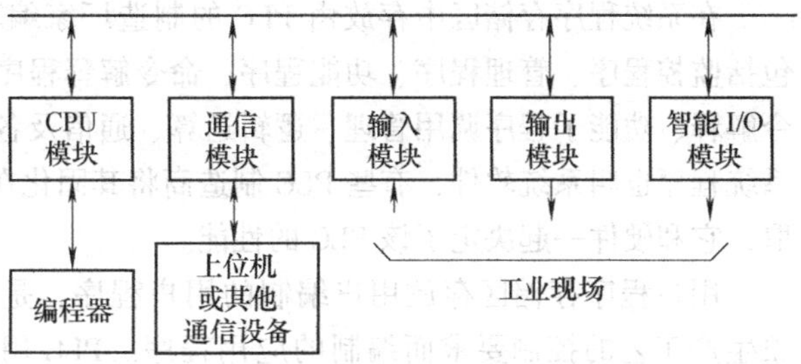

图3-2　模块式PLC基本结构图

1. CPU模块

CPU是PLC的核心，起神经中枢的作用，每台PLC至少有一个CPU，它按PLC的系统程序赋予的功能接收并存储用户程序和数据，用扫描的方式采集由现场输入装置送来的状态或数据，并存入规定的寄存器中。同时，诊断电源和PLC内部电路的工作状态和编程过程中的语法错误等。运行后，从用户程序存储器中逐条读取指令，经分析后再按指令规定的任务产生相应的控制信号，去指挥有关的控制电路。

与通用计算机一样，CPU主要由运算器、控制器、寄存器及实现它们之间联系的数据、控制及状态总线构成，还有外围芯片、总线接口及有关电路等。它确定进行控制的规模、工作速度、内存容量等。内存主要用于存储程序及数据，是PLC不可缺少的组成单元。

CPU由控制器控制工作，由它读取指令、解释指令及执行指令。但工作节奏由振荡信号控制。CPU的运算器用于进行数字或逻辑运算，在控制器指挥下工作。CPU的寄存器参与运算，并存储运算的中间结果，它也是在控制器指挥下工作。

CPU虽然划分为以上几个部分，但PLC中的CPU芯片实际上就是微处理器，CPU模块的外部表现就是它工作状态的种种显示、种种接口及设定或控制开关。一般情况下，CPU模块总要有相应的状态指示灯，如电源显示、运行显示、故障显示等。箱体式PLC的主箱体也有这些显示。它的总线接口，用于接I/O模块或底板，有内存接口，用于安装内存，有外设口，用于接外部设备，有的还有通信口，用于进行通信。CPU模块上还有许多设定开关，用以对PLC做设定，如设定起始工作方式、内存区等。

PLC大多采用8位、16位和32位微处理器或单片机作为主控芯片，如Intel80X系列CPU，ATMEL 89SX系列单片机。一般说来，PLC的档次越高，CPU的位数也越多，运算速度也越快，指令功能越强。为了提高PLC的性能，也有一台PLC采用多个CPU的。

目前，小型PLC为单CPU系统，而中、大型PLC则大多为双CPU系统，甚至有些PLC中多达8个CPU。对于双CPU系统，一般一个为字处理器，采用8位或16位处理器；另一个为位处理器，采用由各厂家设计制造的专用芯片。字处理器为主处理器，用于执行编程器接口功能，监视内部定时器，监视扫描时间，处理字节指令以及对系统总线和位处理器进行控制等。位处理器为从处理器，主要用于处理位操作指令和实现PLC编程语言向机器语言的转换。位处理器的采用，提高了PLC的速度，使PLC可以更好地满足实时控制要求。

2. 存储器（ROM和RAM）

与通用计算机一样，PLC系统中也主要有两种存储器：一种是可读/写操作的随机存储器（RAM），另一种是只读存储器（ROM、PROM、EPROM和E^2PROM）。在PLC中，存储器主要用于存放系统程序、用户程序及工作数据。ROM用来存放系统程序，它是使软件固化的载体，相当于通用计算机的BIOS；RAM则用来存放用户的应用程序。

在系统程序存储区中存放由PLC的制造厂家编写的系统程序，它和PLC的硬件组成有关，包括监控程序、管理程序、功能程序、命令解释程序、系统诊断程序等，主要完成系统诊断、命令解释、功能子程序调用管理、逻辑运算、通信及各种参数设定等功能，提供PLC运行的平台。系统程序也叫系统软件，有些PLC制造商将其固化在EPROM存储器中，用户不能对其修改、存取，它和硬件一起决定了该PLC的性能。

用户程序存储区存放用户编制的用户程序，是随PLC的控制对象而定的，由用户根据对象生产工艺的控制要求而编制的应用程序。PLC用得比较多的是CMOS RAM。它的特点是制造工艺简单、集成度高、功耗低、价格便宜，所以适宜于存放用户程序和数据，以便于用户读出、检查和修改程序，这种存储器一般用锂电池作为后备电源，以保证掉电时不会丢失信息。由于CMOS RAM需要锂电池支持，才能保证RAM内数据掉电不丢，而且经常使用的锂电池的寿命，通常在2~5年，这些给用户带来不便，所以近年来有许多PLC直接采用E^2PROM作为用户存储器。

工作数据是PLC运行过程中经常变化、经常存取的一些数据。存放在RAM中，以满足随机存取的要求。在PLC的工作数据存储器中，设有存放输入/输出继电器、辅助继电器、定时器、计数器等逻辑器件的存储区，这些器件的状态都是由用户程序的初始设置和运行情况而确定的。根据需要，部分数据在掉电时用后备电池维持其现有的状态，这部分在掉电时可保存数据的存储区域称为保持数据区。

由于系统程序及工作数据与用户无直接联系，所以在PLC产品样本或使用手册中所列存储器的形式及容量是指用户程序存储器。当PLC提供的用户存储器容量不够用时，许多PLC还提供有存储器扩展功能。

3. I/O模块

PLC的对外功能，主要是通过各种I/O模块与外界联系，按I/O点数确定模块规格及数量，I/O模块可多可少，但其最大数量受CPU所能管理的基本配置能力的限制，即受最大的底板或机架槽数限制。I/O模块集成了PLC的I/O电路，其输入暂存器反映输入信号状态，输出点数反映输出锁存器状态。

输入/输出单元通常也称I/O单元或I/O模块，是PLC与工业生产现场输入设备（如限位开关、操作按钮、选择开关、行程开关、主令开关等）、输出设备（如驱动电磁阀、接触器、电动机等执行机构）或其他外部设备之间的连接部件。PLC通过输入接口可以检测所需的过程信息，又可将处理后的结果传送给外部设备，驱动各种执行机构，实现生产过程的控制。

由于外部输入设备和输出设备所需的信号电平是多种多样的，而PLC内部CPU处理的信息只能是标准电平，正是通过I/O接口实现这种信号的转换。I/O接口一般都具有光电隔离和滤波功能，以提高PLC的抗干扰能力。另外，I/O接口上通常还有状态指示，工作状况直观，便于维护。

PLC提供了多种操作电平和具有驱动能力的I/O接口，有各种各样功能的I/O接口供用户选用。I/O接口的主要类型有数字量（开关量）输入、数字量（开关量）输出、模拟量输入、模拟量输出等。

常用的开关量输入接口，按其使用的电源不同有三种类型：直流输入接口、交流输入接口和交/直流输入接口，其基本原理电路如图3-3所示。

PLC的开关量输出接口按输出开关器件不同分为三种类型：继电器输出、晶体管输出和双向

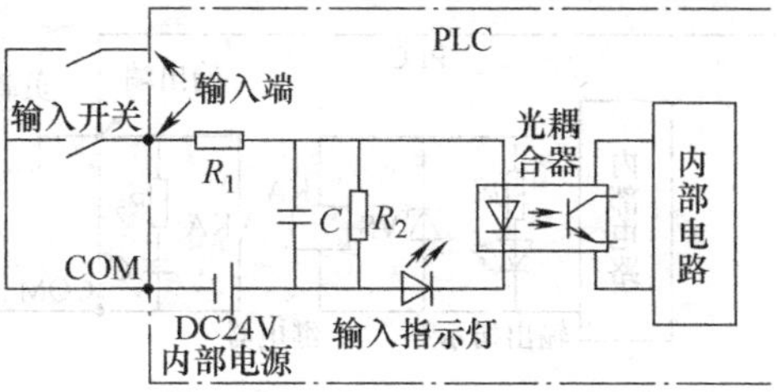

a)

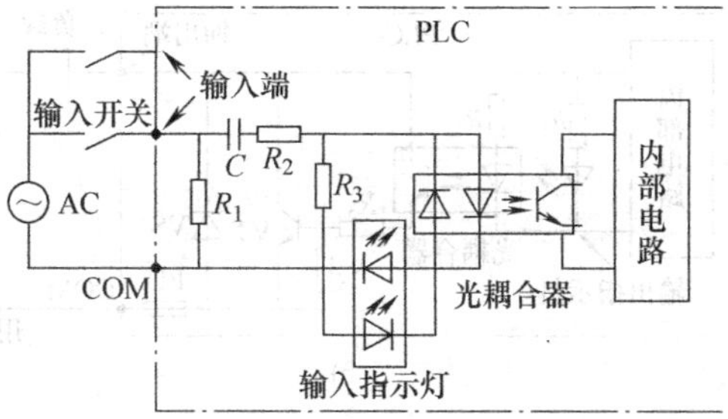

b)

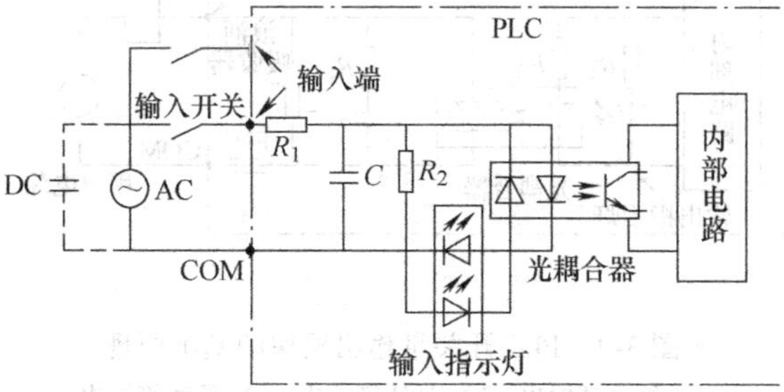

c)

图 3-3　输入模块的基本原理

a）直流输入　b）交流输入　c）交/直流输入

晶闸管输出，其基本原理电路如图 3-4 所示。继电器输出接口可驱动交流或直流负载，但其响应时间长，动作频率低；而晶体管输出和双向晶闸管输出接口的响应速度快，动作频率高，但前者只能用于驱动直流负载，后者只能用于交流负载。

PLC 的 I/O 接口所能接收的输入信号个数和输出信号个数称为 PLC 输入/输出（I/O）点数。I/O 点数是选择 PLC 的重要依据之一。当系统的 I/O 点数不够时，可通过 PLC 的 I/O 扩展接口对系统进行扩展。

4. 电源模块

电源模块在 PLC 中所起的作用是极为重要的，因为 PLC 内部各部件都需要它来提供稳定的直流电压和电流。PLC 内部有一个高性能的稳压电源，有些是与 CPU 模块合二为一的，有些是分开的，其主要用途是为 PLC 各模块的集成电路提供工作电源，并备有锂电池（备用电池），保证外部电源故障时内部重要数据不致丢失。另外，有的电源还为输入电路提供 24V 的工作电压。电源按其输入类型分为：交流电源，输入为交流 220V 或 110V 直流电源，输入为直流电压，常用的为 24V。三菱 FX 系列 PLC 的电源范围较宽。例如，三菱 FX_{1S}系列 PLC 电源的电压规格为：额定电压 AC 100～240V；电压允许范围：AC 85～264V；传感器电源：DC 24V/400mA。

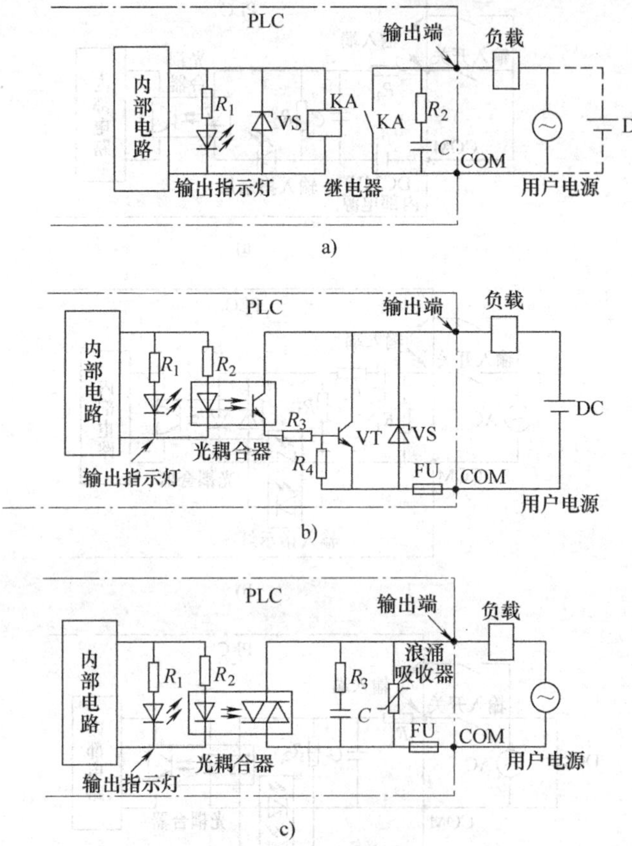

图 3-4　PLC 开关量输出模块的基本原理

a）继电器输出　b）晶体管输出　c）晶闸管输出

5. 智能接口模块

智能接口模块是独立的计算机系统，它有自己的 CPU、系统程序、存储器以及与 PLC 系统总线相连的接口。它作为 PLC 系统的一个模块，通过总线与 PLC 相连，进行数据交换，并在 PLC 的协调管理下独立地进行工作。

PLC 的智能接口模块种类很多，如高速计数模块、闭环控制模块、运动控制模块、中断控制模块等。

6. 编程器

编程器是 PLC 最重要的外围设备，一般分为简易编程器和图形编程器两类。编程器的作用是编辑、调试、输入用户程序，也可在线监控 PLC 内部状态和参数，与 PLC 进行人机对话，它是开发、应用、维护 PLC 不可缺少的工具。编程装置可以是专用编程器，也可以是配有专用编程软件包的通用计算机系统。专用编程器由 PLC 厂家生产，专供该厂家生产的某些 PLC 产品使用，它主要由键盘、显示器和外存储器接口等部件组成。专用编程器有简易编程器和智能编程器两类。

简易型编程器只能联机编程，而且不能直接输入和编辑梯形图程序，需将梯形图程序转化为指令表程序才能输入。简易编程器体积小、价格便宜，它可以直接插在 PLC 的编程插座上，或者使用专用电缆与 PLC 相连，以方便编程和调试。有些简易编程器带有存储盒，可用来存储用户程序，如三菱公司的FX-20P-E简易编程器。

图形编程器本质上是一台专用便携式计算机，如三菱公司的GP-80F－E智能型编程器。它既可联机编程，又可脱机编程。它可直接输入和编辑梯形图程序，使用更加直观、方便，但价格较高，操作也比较复杂。大多数智能编程器带有磁盘驱动器，提供录音机接口和打印机接口。

专用编程器只能对指定厂家的几种PLC进行编程，使用范围有限，价格较高。同时，由于PLC产品不断更新换代，所以专用编程器的生命周期也十分有限。因此，现在的趋势是使用以个人计算机为基础的编程装置，用户只要购买PLC厂家提供的编程软件和相应的硬件接口装置。这样，用户只用较少的投资即可得到高性能的PLC程序开发系统。

基于个人计算机的程序开发系统功能强大，它既可以编制、修改PLC的梯形图程序，又可以监视系统运行、打印文件、系统仿真等，配上相应的软件还可实现数据采集和分析等许多功能。

7. 其他外部设备

除了以上所述的部件和设备外，PLC还有许多外部设备，如EPROM写入器、外存储器、人/机接口装置等。

EPROM写入器是用来将用户程序固化到EPROM存储器中的一种PLC外部设备。为了使调试好的用户程序不易丢失，经常用EPROM写入器将PLC用户程序保存到EPROM中。PLC内部的半导体存储器称为内存储器。有时可用外部的磁带、软盘和用半导体存储器做成的存储盒等来存储PLC的用户程序，这些存储器件称为外存储器。外存储器一般是通过编程器或其他智能模块提供的接口，与内存储器之间相互传送用户程序。

人/机接口装置用来实现操作人员与PLC控制系统的对话。最简单、最普遍的人/机接口装置由安装在控制台上的按钮、转换开关、拨码开关、指示灯、LED显示器、声光报警器等器件构成。对于PLC系统，还可采用半智能型CRT人/机接口装置和智能型终端人机接口装置。半智能型CRT人/机接口装置可长期安装在控制台上，通过通信接口接收来自PLC的信息并在CRT上显示出来；而智能型终端人/机接口装置有自己的微处理器和存储器，能够与操作人员快速交换信息，并通过通信接口与PLC相连，也可作为独立的节点接入PLC网络。

3.2.2 PLC的软件系统

PLC的软件由系统程序和用户程序组成。系统程序由PLC制造厂商设计编写，并存入PLC的系统存储器中，用户不能直接对其读写与更改。系统程序一般包括系统诊断程序、输入处理程序、编译程序、信息传送程序、监控程序等。

PLC的用户程序是用户利用PLC的编程语言，根据控制要求编制的程序。在PLC的应用中，最重要的是用PLC的编程语言来编写用户程序，以实现控制目的。由于PLC是专门为工业控制而开发的装置，其主要使用者是广大电气技术人员，为了满足他们的传统习惯，PLC的主要编程语言采用比计算机语言简单、易懂、形象的专用语言。

PLC编程语言是多种多样的，对于不同生产厂家、不同系列的PLC产品采用的编程语言的表达方式也不相同，但基本上可归纳为两种类型：一是采用字符表达方式的编程语言，如语句表等；二是采用图形符号表达方式的编程语言，如梯形图等。下面简要介绍几种常见的PLC编程语言。

1. 梯形图语言

梯形图语言是一种以图形符号表示控制关系的编程语言，是在传统电气控制系统中常用的接触器、继电器等图形表达符号的基础上演变而来的。它与电气控制电路图相似，继承了传统电气控制逻辑中使用的框架结构、逻辑运算方式和输入/输出形式，具有形象、直观、实用的特点，电气技术人员容易接受，是 PLC 的第一编程语言。如图 3-5 所示是传统的电气控制电路图和 PLC 梯形图。

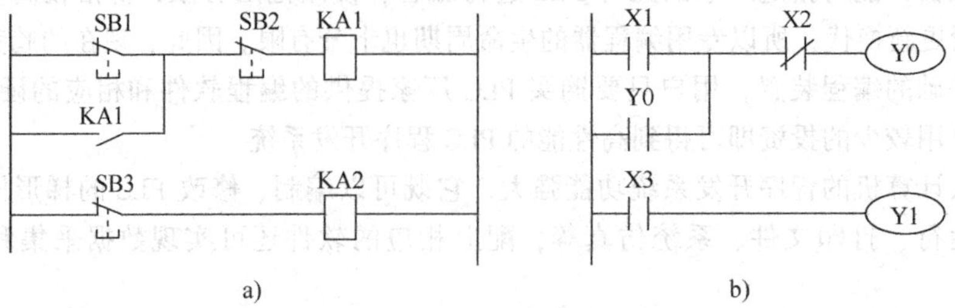

图 3-5　电气控制电路图与 PLC 梯形图

a）电气控制电路图 b）PLC 梯形图

由图可知，两种图表达的思想是一致的，具体表达方式有一定区别。PLC 的梯形图使用的是内部继电器、定时器、计数器等，都由软件来实现，使用方便，修改灵活，是原电气控制电路硬接线无法比拟的。

2. 指令语句表编程语言

指令语句表也叫语句表，是一种与汇编语言类似的助记符编程语言。指令语句表语言与梯形图有严格的对应关系。在 PLC 应用中，经常采用简易编程器，而这种编程器中没有 CRT 屏幕显示，或没有较大的液晶屏幕显示。因此，就用一系列 PLC 操作命令组成的语句表将梯形图描述出来，再通过简易编程器输入到 PLC 中。需要指出的是，各个 PLC 生产厂家的语句表形式不尽相同，但基本功能相差无几。以下是与图 3-5 中梯形图对应的（FX 系列 PLC）语句表程序：

```
LD    X1
OR    Y0
ANI   X2
OUT   Y0
LD    X3
OUT   Y1
```

可以看出，语句是语句表程序的基本单元，每个语句和微型计算机程序语句一样也由地址（步序号）、操作码（指令）和操作数（数据）三部分组成。

3. 功能块图编程语言

功能块图是一种类似于数字逻辑电路结构的编程语言，由与门、或门、非门、定时器、计数器、触发器等逻辑符号组成。熟悉数字电路的人员较容易掌握，左侧为逻辑运算的输入变量、右侧为输出变量，信号自左向右流动，就像电路图一样。

4. 顺序功能图编程语言

顺序功能图编程语言（SFC 语言）属于图形语言，是一种较新的编程方法，又称状态转移图语言。它将一个完整的控制过程分为若干阶段，各阶段具有不同的动作，阶段间有一定的转换条件，转换条件满足就实现阶段转移，上一阶段动作结束，下一阶段动作开始。顺序功能图编程语言用功能图的方式来表达一个控制过程，对于顺序控制系统特别适用。

5. 高级语言

随着PLC技术的发展，为了增强PLC的运算、数据处理及通信等功能，以上编程语言无法很好地满足要求。近年来推出的PLC，尤其是大型PLC，都可用高级语言，如BASIC语言、C语言、PASCAL语言等进行编程。采用高级语言后，用户可以像使用普通微型计算机一样操作PLC，使PLC的各种功能得到更好的发挥。

3.2.3 PLC的工作原理

PLC源于用计算机控制来取代继电器、接触器，所以PLC与通用计算机具有相同之处，如具有相同的基本结构和相同的指令执行原理。但是，两者在工作方式上却有着很大的区别，不同点体现在PLC的CPU采用循环扫描工作方式，集中输入采样，集中进行输出刷新。I/O映像区分别存放执行程序之前的各输入状态和执行过程中各结果的状态。

1. 建立I/O映像区

在PLC存储器内开辟了I/O映像区。I/O映像区的大小由PLC的程序决定，对于系统的一个输入点总有输入映像区的某一位与之相对应。对于系统的每一个输出点都有输出映像区的某一位与之相对应。系统的输入、输出点的编址号与I/O映像区的映像寄存器地址号相对应。PLC工作时，将采集到的输入信号状态存放在输入映像区对应的位上，将运算结果存放到输出映像区对应的位上。PLC在执行用户程序时所需“输入继电器”、“输出继电器”的数据取自I/O映像区，而不直接与外部设备发生关系。

I/O映像区的建立，使PLC工作时只和内存有关的地址单元所存储的信息状态发生关系，而系统输出也只给内存某一地址单元设定一个状态，这样不仅加快了程序执行速度，而且还使控制系统与外界隔开，提高了系统的抗干扰能力，同时控制系统远离实际控制对象，为硬件标准化生产创造了条件。

2. 循环扫描工作方式

（1）PLC的工作过程

PLC上电后，在系统程序的监控下，周而复始地按一定的顺序对系统内部的各种任务进行查询、判断和执行，这个过程实质上是按顺序循环扫描的过程，PLC的工作过程如图3-6所示。

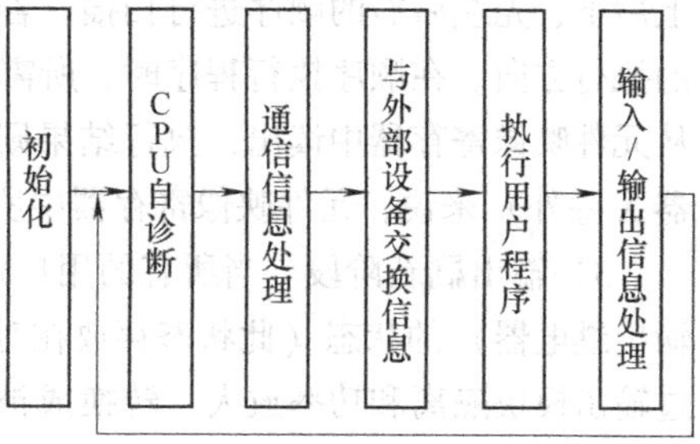

图3-6 PLC的工作过程

1）初始化：PLC上电后，首先进行系统初始化，清除内部继电器区、复位定时器等。

2）CPU自诊断：PLC在每个扫描周期都要进入CPU自诊断阶段，对电源、PLC内部电路、用户程序的语法进行检查，定期复位监控定时器（WDT）等，以确保系统可靠运行。

3）通信信息处理：在每个通信信息处理扫描阶段，进行PLC之间以及PLC与计算机之间的信息交换，PLC与其他带微处理器的智能设备通信，如智能I/O模块。在多处理器系统中，CPU还要与数字处理器交换信息。

4）与外部设备交换信息：PLC与外部设备连接时，在每个扫描周期内要与外部设备交换信息。这些外部设备有编程器、终端设备、显示器、打印机等。

5）执行用户程序：PLC在运行状态下，每一个扫描周期都要执行用户程序。执行用户程序时，是以扫描的方式按顺序逐句扫描处理的，扫描一条执行一条，并把运算结果存入输出映像区的对应位中。

6）输入、输出信息处理：PLC在运行状态下，每一个扫描周期都要进行输入、输出信息处理。以扫描的方式把外部输入信号的状态存入输入映像区；将运算处理后的结果存入输出映像区，直至传送到外部被控设备。

PLC周而复始地巡回扫描，执行上述过程，直至停机。

（2）用户程序的扫描过程

PLC的工作过程与CPU的操作方式有关。CPU有两种操作方式：STOP方式和RUN方式。在扫描周期内，STOP方式和RUN方式的主要差别在于：RUN方式执行用户程序，而在STOP方式下不执行用户程序。PLC对用户程序进行循环扫描可分为三个阶段，即输入采样、程序执行和输出刷新三个阶段，如图3-7所示。

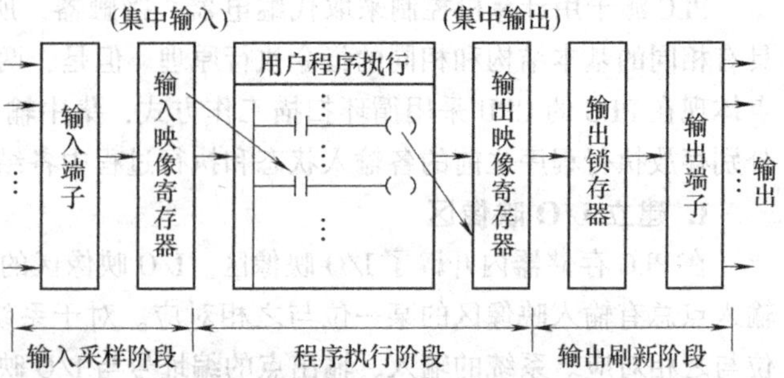

图3-7 PLC用户程序的工作过程

1）输入采样阶段。在输入采样阶段，PLC用扫描方式把所有输入端的外部输入信号的通/断（ON/OFF）状态一次写入到输入映像寄存器（或称输入状态寄存器）中。此时，输入映像寄存器被刷新。接着进入程序执行阶段，在程序执行阶段或输出阶段，输入映像寄存器与外界隔离，即使外部输入信号的状态发生了变化，输入映像寄存器的内容也不会随之改变。输入信号变化了的状态，只是在下一个扫描周期的输入采样阶段才能被读入。也就是说，在输入采样阶段采样结束之后，无论输入信号如何变化，输入映像寄存器的内容保持不变，直到下一个扫描周期的输入采样阶段，才重新写入输入端的新状态（或信息）。

2）程序执行阶段。在程序执行阶段，PLC逐条解释和执行程序。若是梯形图程序，则按先上后下、先左后右的顺序进行扫描。若程序中有跳转指令，则根据跳转条件是否满足来决定程序的执行方向。在顺序执行程序时，所需要的输入状态由输入映像寄存器读出，其他软元件的状态从元件映像寄存器中读出，执行结果则写入到元件映像寄存器中。对每一个软元件（输入继电器X除外）来说，元件映像寄存器中所存的内容会随着程序执行的进程而变化。

3）输出刷新阶段。当所有的用户程序执行完后，PLC将元件映像寄存器中的输出元件（即输出继电器）的状态（此状态存放在对应的输出映像寄存器中）转存到输出锁存寄存器中，经过输出模块隔离和功率放大，转换成被控设备所能接收的电压或电流信号后，再去驱动被控制的用户设备（即外部负载）。

PLC重复上述三个阶段，每重复一次的时间即为一个扫描周期。扫描周期的长短与用户程序的长短有关。

对于小型PLC，由于I/O点数较少，用户程序较短，采用集中采样，集中输出的工作方式，这样虽然在一定程度上降低了系统的响应速度，但从根本上提高了系统的抗干扰能力，增强了系统的可靠性。而对于大中型PLC，由于I/O点数多，控制要求高，用户程序较长，为提高系统响应速度，可以采用定周期输入采样、输出刷新、直接采样、直接输出刷新、中断I/O以及智能I/O接口等方式。

3.2.4 PLC 等效电路

1. PLC 等效电路分析

由 PLC 控制系统与电气控制系统比较可知，PLC 的用户程序（软件）代替了继电器控制电路（硬件）。因此，对使用者来说，可以将 PLC 等效成许多各种各样的“软继电器”和“软接线”的集合，而用户程序就是用“软接线”将“软继电器”及其“触点”按一定要求连接起来的“控制电路”。

为了更好地理解这种等效关系，下面通过一个例子来说明。如图 3-8 所示为三相异步电动机单向起动运行的电气控制系统，即第 2 章所说的“起、保、停”控制电路。其中，由输入设备（按钮）SB1、SB2、FR（热继电器）触点构成系统的输入部分，由输出设备 KM 构成系统的输出部分。

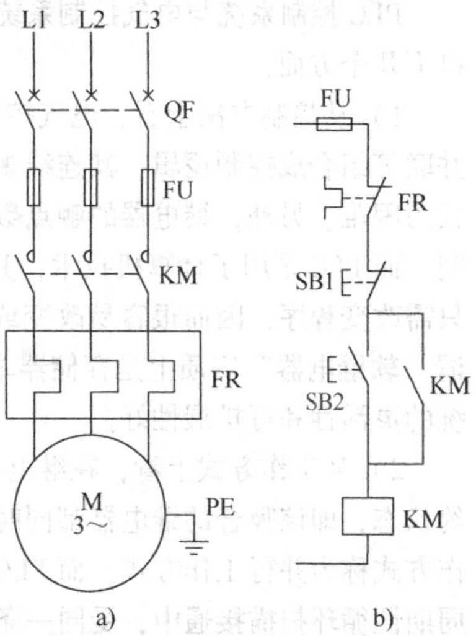

图 3-8 三相异步电动机单向起动控制电路
a）主电路 b）控制电路

如果用 PLC 来控制这台三相异步电动机，组成一个 PLC 控制系统，根据上述分析可知，系统主电路不变，只要将输入设备 SB1、SB2、FR 的触点与 PLC 的输入端连接，输出设备 KM 线圈与 PLC 的输出端连接，就构成 PLC 控制系统的输入、输出硬件电路。而控制部分的功能则由 PLC 的用户程序来实现，其等效电路如图 3-9 所示。

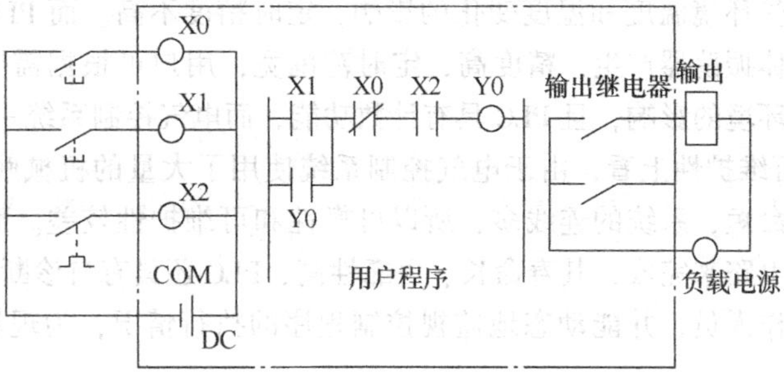

图 3-9 PLC 等效电路

图 3-9 中，输入设备 SB1、SB2、FR 与 PLC 内部的“软继电器”X0、X1、X2 的“线圈”对应，由输入设备控制相对应的“软继电器”的状态，即通过这些“软继电器”将外部输入设备状态变成 PLC 内部的状态，这类“软继电器”称为输入继电器。同理，输出设备 KM 与 PLC 内部的“软继电器”Y0 对应，由“软继电器”Y0 状态控制对应的输出设备 KM 的状态，即通过这些“软继电器”将 PLC 内部状态输出，以控制外部输出设备，这类“软继电器”称为输出继电器。

因此，PLC 用户程序要实现的是如何用输入继电器 X0、X1、X2 来控制输出继电器 Y0。当控制要求复杂时，程序中还要采用 PLC 内部的其他类型的“软继电器”，如辅助继电器、定时器、计数器等，以达到控制要求。

需要注意的是，PLC 等效电路中的继电器并不是实际的物理继电器，它实质上是存储器单元的状态。单元状态为“1”，相当于继电器接通；单元状态为“0”，则相当于继电器断开。因此，我们称这些继电器为“软继电器”。

2. PLC 控制系统与电气控制系统的比较

PLC 控制系统与电气控制系统相比，有许多相似之处，也有许多不同之处。不同之处主要在以下几个方面：

1）从控制方法上看，电气控制系统控制逻辑采用硬件接线，利用继电器机械触点的串联或并联等组合成控制逻辑，其连线多且复杂、体积大、功耗大，系统构成后，想再改变或增加功能较为困难。另外，继电器的触点数量有限，所以电气控制系统的灵活性和可扩展性受到很大限制。而 PLC 采用了计算机技术，其控制逻辑是以程序的方式存放在存储器中，要改变控制逻辑只需改变程序，因而很容易改变或增加系统功能。系统连线少、体积小、功耗低，而且 PLC 所谓“软继电器”实质上是存储器单元的状态，所以“软继电器”的触点数量是无限的，PLC 系统的灵活性和可扩展性好。

2）从工作方式上看，在继电器控制电路中，当电源接通时，电路中所有继电器都处于受制约状态，即该吸合的继电器都同时吸合，不该吸合的继电器受某种条件限制而不能吸合，这种工作方式称为并行工作方式。而 PLC 的用户程序是按一定顺序循环执行，所以各软继电器都处于周期性循环扫描接通中，受同一条件制约的各个继电器的动作次序决定于程序扫描顺序，这种工作方式称为串行工作方式。

3）从控制速度上看，继电器控制系统依靠机械触点的动作以实现控制，工作频率低，机械触点还会出现抖动问题。而 PLC 通过程序指令控制集成电路来实现控制，速度快，程序指令执行时间在微秒级，且不会出现触点抖动问题。

4）从定时和计数控制上看，电气控制系统采用时间继电器的延时动作进行时间控制，时间继电器的延时时间易受环境温度和温度变化的影响，定时精度不高。而 PLC 采用集成电路作定时器，时钟脉冲由晶体振荡器产生，精度高，定时范围宽，用户可根据需要在程序中设定定时值，修改方便，不受环境的影响，且 PLC 具有计数功能，而电气控制系统一般不具备计数功能。

5）从可靠性和可维护性上看，由于电气控制系统使用了大量的机械触点，存在机械磨损、电弧烧伤等问题，寿命短，系统的连线多，所以可靠性和可维护性较差。而 PLC 大量的开关动作由无触点的半导体电路来完成，其寿命长、可靠性高，PLC 还具有自诊断功能，能查出自身的故障，随时显示给操作人员，并能动态地监视控制程序的执行情况，为现场调试和维护提供了方便。

3.3 PLC 的分类与发展趋势

3.3.1 PLC 的分类

PLC 的种类很多，各种产品实现的功能、内存容量、控制规模、外形等方面均存在较大差异。因此，PLC 的分类没有一个严格的标准，而是按照结构形式、控制规模、实现的功能等进行大致的分类。

1. 按结构分类

PLC 按结构形式可分为整体式、模块式和叠装式三类。

（1）整体式 PLC

整体式 PLC 是将电源、CPU、I/O 部件都集中在一个机箱内。这种结构的 PLC 具有体积小、重量轻、结构紧凑、成本低、安装方便等优点，一般小型PLC采用这种结构。整体式PLC由不同I/O点数的基本单元和扩展单元组成。基本单元内有CPU、I/O模块和电源。扩展单元内只有I/O模块和电源。整体式PLC一般配备有特殊功能单元，如模拟量单元、位置控制单元等，使PLC的功能得以扩展。这种结构的PLC，适用于工业生产中的单机控制，如三菱公司的FX_{0S}系列PLC。

（2）模块式PLC

模块式PLC为总线结构，其总线做成模板形式，上面有若干个总线槽，每个总线槽上可安装一个PLC模块，不同的模块实现不同的功能。PLC的CPU、存储器做成一个模块（有的把电源也做在上面），该模块在总线板上的安装位置一般是固定的，其他的模块可根据PLC的控制规模、实现的功能来选用，安装在总线板的其他任一总线槽上。模块式PLC安装完成后，需进行登记，使PLC对安装在总线上的各模块进行地址确认。模块式PLC的总线板又称底板。模块式PLC的特点是：系统配置灵活，可组成具有不同控制规模和功能的PLC，但它的价格相对较高。一般大中型PLC采用这种结构。

（3）叠装式PLC

将整体式和模块式结合起来，称为叠装式PLC。它除了基本单元外，还有扩展模块和特殊功能模块，配置比较方便。叠装式PLC集整体式PLC与模块式PLC优点于一身，它结构紧凑、体积小、安装方便。西门子公司的S7-200 PLC就是叠装式结构形式。

2. 按控制规模分类

PLC的控制规模主要是指开关量的输入/输出点数及模拟量的输入/输出路数，但主要以开关量的点数计数。模拟量的路数可折算成开关量的点数，一般一路模拟相当于8～16点开关量。根据I/O控制点数的不同，PLC大致可分为小型机、中型机、大型机。

（1）小型PLC

小型PLC的I/O点数不超过128点，用户存储器容量小于4KB。这种PLC带有简易编程器，适用于中小容量的开关量控制，一般可取代4～60个继电器，具有逻辑运算、定时、计数、顺序控制、通信等功能。由于小型PLC与被控装置直接相连，因此要求它具有较高的环境适应能力和高可靠性，其价格十分便宜。

（2）中型PLC

中型PLC的I/O点数为129～512点，用户存储器容量为4～16KB。中型PLC除具有小型PLC的功能外，还增加了数据处理能力，适用于小容量综合控制系统。例如，西门子公司的S7-300 PLC等。

（3）大型PLC

大型PLC的I/O点数超过512点，用户存储器容量大于16KB。大型PLC除具有中、小型PLC的功能外，还增加了编程终端的处理能力和通信能力，适用于多级自动控制和大型分散控制系统。

需要说明的是，PLC的大、中、小型的划分并无严格的界线，多数PLC的I/O接口和存储器容量都有扩展能力，用户可根据需要配置自己的系统。

3. 按控制性能分类

按控制性能，PLC可分为低档机、中档机和高档机三类。

（1）低档机

这类PLC具有基本的控制功能和一般的运算能力，工作速度比较低，能驱动的输入和输出模块数量比较少，输入和输出模块的种类也比较少。这类 PLC 只适合于小规模的简单控制，在联网中一般适合做从站使用。

（2）中档机

这类 PLC 具有较强的控制功能和运算能力，它不仅能完成一般的逻辑运算，也能完成比较复杂的三角函数、指数和 PID 运算，工作速度比较快，能驱动的输入和输出模块的数量也比较多，输入和输出模块的种类也比较多。这类 PLC 不仅能完成小型的控制，也可以完成较大规模的控制任务。在联网中可以做从站，也可以做主站。例如，西门子公司生产的 S7-300 就属于这一类。

（3）高档机

这类 PLC 具有强大的控制功能和强大的运算能力，它不仅能完成逻辑运算、三角函数运算、指数运算和 PID 运算，还能进行复杂的矩阵运算，工作速度很快，能驱动的输入和输出模块的数量很多，输入和输出模块的种类也很全面。这类 PLC 不仅能完成中等规模的控制工程，也可以完成规模很大的控制任务，在联网中一般做主站使用。

3.3.2 PLC 的发展趋势

不同的应用领域，不同的控制需求，决定了 PLC 发展的侧重点不同，其发展趋势主要体现在大型化、微型化、多功能化、标准化、模块智能化和网络化等几个方面。

1. 大型化、高速度、大存储容量趋势

为了拓宽 PLC 的应用领域，逐渐具备工业控制计算机、集散控制系统所具有的先进功能，尤其是在实时处理方面，同时为了提升自身 PLC 品牌的竞争力，PLC 朝着大型化、高速度、大容量的趋势发展是必然的。现阶段的大型 PLC 采用以下方法增强处理能力，提高响应速度：使用 16 位、32 位甚至 64 位高性能 CPU，多 CPU 并行处理技术，发展智能模块实现分级处理等方法。另外，在数字量输入/输出点数、模拟量输入/输出点数及各类模块的数量都朝着大容量发展，如西门子公司的 S7-400 PLC 可扩展到 32KB DI/DO。由于控制系统规模扩大了，用户程序量必然也会增加，所以 PLC 大型化也包含存储容量的增加。

2. 微型化、多功能化趋势

大型化是为了拓展 PLC 的应用领域，而在 PLC 的强项——小型设备的控制上，则需要在降低成本、提高速度、改善结构方面作出努力。微型化、多功能化可以使控制系统体积减小、成本下降、结构趋于模块化，配置灵活，易于改造。目前，超小型 PLC 的 I/O 点数少则几个点，多则数百点，甚至个别的超小型 PLC 可以扩展到上千点。如此规模即使是复杂对象也能胜任。

3. 标准化趋势

PLC 的能力在不断增强，生产过程自动化要求（如生产调度、综合管理等）也在不断提高，过去那种封闭的、不开放的、自成一体的结构显然已不合适，越来越需要使不同品牌的 PLC 在通信协议、总线结构、编程语言等方面能够遵循一个统一的标准，提高兼容性。国际电工委员会（IEC）为此制定了国际标准 IEC 61131。该标准由总则、设备性能和测试、编程语言、用户手册、通信、模糊控制的编程、可编程序控制器的应用和实施指导等八部分和两个技术报告组成。其中，IEC 61131-3 是 PLC 编程语言标准。

几乎所有的 PLC 生产厂家都表示支持 IEC 61131，并开始向该标准靠拢。一些主流的 PLC 产品虽然在指令描述符上还存在一定差异，但在指令功能上差异不大，相互之间的程序转换已不困难，甚至有的时候可以做到指令数一样。

4. 模块智能化趋势

分级控制、分布控制思想是增强 PLC 控制功能、提高处理速度的一个有效办法，也是控制系统的一个发展方向。智能 I/O 模块是以微处理器和存储器为基础的功能部件，它们可以独立于主 CPU 工作，自成系统，分担主 CPU 的处理任务，这有利于提高 PLC 的处理速度，主 CPU 可以随时访问智能模块，修改控制参数。这样既可以提高控制效率，简化设计和编程工作量，也可以提高动作可靠性、实时性，满足复杂控制的要求。这也是分级控制思想在 PLC 应用中的体现。

目前，大、中、小型 PLC 都有自己相应的智能 I/O 模块，如模拟量调节（PID 控制）、运动控制（步进、伺服、凸轮控制）、高速计数、中断输入、热电偶输入、热电阻输入、模糊控制器、通信等智能模块。有了这些模块，PLC 的 CPU 处理复杂的控制任务（如运动控制）如同控制继电器触点的通断一样方便。

5. 网络化趋势

加强 PLC 的联网能力是实现分布式控制、适应工厂自动化系统和计算机集成制造系统发展的需要，是实现网络化的需要。从物理关系上看，联网包括 PLC 与 PLC 之间、PLC 与远程 I/O 之间、PLC 与计算机之间的信息交换。从技术层面上看，网络结构采用三级通信网络：底层为设备网络，用来实现 PLC 与现场设备之间的通信，又称为远程 I/O 网络，如 RS-232C、RS-485、RS-422A 等协议；中间层是控制网络，用来实现 PLC 与计算机之间的通信，如 PROFIBUS、Modbus、CAN 等现场总线标准；上层为信息网络，负责传递生产管理信息，如 TCP/IP。

思考与习题

1. 什么是 PLC？它与电气控制系统相比，主要的优点是什么？
2. 为什么 PLC 软继电器的触点可无数次使用？
3. PLC 的硬件由哪几部分组成？各有什么作用？
4. PLC 的软件由哪几部分组成？各有什么作用？
5. PLC 主要的编程语言有哪几种？各有什么特点？
6. PLC 开关量输出接口按输出开关器件的种类不同，有哪几种形式？各有什么特点？
7. 什么是 PLC 的扫描周期？其扫描过程分为哪几个阶段，各阶段完成什么任务？
8. PLC 扫描过程中输入映像寄存器和元件映像寄存器各起什么作用？
9. PLC 是如何分类的？按结构形式不同，PLC 可分为哪几类？各有什么特点？
10. PLC 有什么特点？为什么 PLC 具有高可靠性？
11. 简述 PLC 的发展趋势？

第 4 章　FX 系列 PLC 的编程元件与基本指令

4.1　FX 系列 PLC 简介

4.1.1　FX 系列 PLC 性能比较

PLC 的性能指标有很多，但主要指以下几个方面。

（1）输入/输出点数

输入/输出点数是 PLC 组成控制系统时所能接入的输入/输出信号的最大数量，表示 PLC 组成系统时可能的最大规模。在 I/O 总点数中，输入点数与输出点数是按一定比例设置的，往往是输入点数大于输出点数，也可能是输入点数和输出点数相等。

（2）应用程序的存储容量

应用程序的存储容量是存放用户程序的存储容量，通常用 K 字表示，1K 字也叫 1024 步。一般小型 PLC 的应用程序存储容量为 1K 到几 K 字。

（3）扫描速度

通常 PLC 的扫描速度是以执行 1000 条基本逻辑指令所需的时间来衡量的。单位是 ms/千步。也有的以执行一步指令的时间来衡量。一般 PLC 的逻辑指令与功能指令的执行时间有较大差别。

三菱小型 PLC 分为 F、F_1/F_2、FX_0、FX_2、FX_{0N}、FX_{2C}几个系列，其中 F 系列是早期产品。

FX 系列 PLC 是三菱公司近年来推出的高性能小型 PLC，以逐步替代三菱公司原 F、F_1、F_2 系列 PLC 产品。其中，FX_2是 1991 年推出的产品，FX_0是在 FX_2之后推出的超小型 PLC。此后，三菱公司又连续推出了将众多功能凝集在超小型机壳内的 FX_{0S}、FX_{1S}、FX_{0N}、FX_{1N}、FX_{2N}、FX_{2NC} 等系列 PLC，这些 PLC 具有较高的性价比，所以应用广泛。它们采用整体式和模块式相结合的叠装式结构。

尽管 FX 系列 PLC 中 FX_{0S}、FX_{1S}、FX_{1N}、FX_{2N}等在外形上相差不大，但在性能上有较大的差别，其中 FX_{2N}和 FX_{2NC}子系列在 FX 系列 PLC 中功能最强、性能最好，FX 系列 PLC 主要产品的性能比较见表 4-1。

表 4-1　FX 系列 PLC 性能比较

型　号	I/O 点数	基本指令执行时间	功能指令	模拟模块量	通　信
FX_{0S}	10 ~ 30	1.6 ~ 3.6μs	50	无	无
FX_{0N}	24 ~ 128	1.6 ~ 3.6μs	55	有	较强
FX_{1N}	14 ~ 128	0.55 ~ 0.7μs	177	有	较强
FX_{2N}	16 ~ 256	0.08μs	298	有	强

1. 三菱 FX 系列 PLC 的环境指标

三菱 FX 系列 PLC 的环境指标要求见表 4-2。

表4-2　FX系列PLC的环境指标

项　目	环境要求
环境温度	使用温度0~55℃，储存温度-20~70℃
环境湿度	使用时RH35%~85%（无凝露）
防振性能	JISC0911标准，10~55Hz，0.5mm（最大2GHz），3轴方向各2次（但用DIN导轨安装时为0.5GHz）
抗冲击性能	JISC0912标准，10GHz，3轴方向各3次
抗噪声能力	用噪声模拟器产生电压为1000V(峰-峰值)、脉宽1μs、30~100Hz的噪声
绝缘耐压	AC 1500V、1min（接地端与其他端子间）
绝缘电阻	5MΩ以上，（DC 500V兆欧表测量，接地端与其他端子间）
接地电阻	第三种接地，如接地有困难，可以不接
使用环境	无腐蚀性气体，无尘埃

2. 三菱FX系列PLC的输入技术指标

FX系列PLC对输入信号的技术要求见表4-3。

表4-3　FX系列PLC的输入技术指标

输入端项目	X0~X3（FX_{0S}）	X4~X17（FX_{0S}）X0~X7（FX_{0N}、FX_{1S}、FX_{1N}、FX_{2N}）	X10~（FX_{0N}、FX_{1S}、FX_{1N}、FX_{2N}）	X0~X3（FX_{0S}）	X4~X17（FX_{0S}）
输入电压	DC 24V±10%			DC 12V±10%	
输入电流	8.5mA	7mA	5mA	9mA	10mA
输入阻抗	2.7kΩ	3.3kΩ	4.3kΩ	1kΩ	1.2kΩ
输入ON电流	4.5mA以上	4.5mA以上	3.5mA以上	4.5mA以上	4.5mA以上
输入OFF电流	1.5mA以下	1.5mA以下	1.5mA以下	1.5mA以下	1.5mA以下
输入响应时间	约10ms，其中：FX_{0S}、FX_{1N}的X0~X17和FX_{0N}的X0~X7为0~15ms可变，FX_{2N}的X0~X17为0~60ms可变				
输入信号形式	无电压触点，或NPN集电极开路晶体管				
电路隔离	光电隔离				
输入状态显示	输入ON时LED灯亮				

3. FX系列PLC的输出技术指标

FX系列PLC对输出信号的技术要求见表4-4。

表4-4　FX系列PLC的输出技术指标

项　目	继电器输出	晶闸管输出	晶体管输出
外部电源	AC 250V或DC 30V以下	AC 85~240V	DC 5~30V
最大电阻负载	2A/1点、8A/4点、8A/8点	0.3A/点、0.8A/4点（1A/1点、2A/4点）	0.5A/1点、0.8A/4点 0.1A/1点、0.4A/4点 1A/1点、2A/4点 0.3A/1点、1.6A/16点

（续）

项　目	继电器输出	晶闸管输出	晶体管输出
最大感性负载	80V · A	15VA/AC 100V、 30VA/AC 200V	12W/DC 24V
最大灯负载	100W	30W	1.5W/DC 24V
开路漏电流	—	1mA/AC 100V 2mA/AC 200V	0.1mA 以下
响应时间	约 10ms	ON：1ms，OFF：10ms	ON：<0.2ms、OFF：<0.2ms 大电流 OFF 为 0.4ms 以下
电路隔离	继电器隔离	光电晶闸管隔离	光电隔离
输出动作显示	输出 ON 时 LED 亮		

4.1.2　FX 系列 PLC 的系统配置

FX 系列 PLC 由基本单元、扩展单元、扩展模块及特殊功能模块构成，属于叠装式。FX 系列（功能模块除外）型号名称的含义如下：

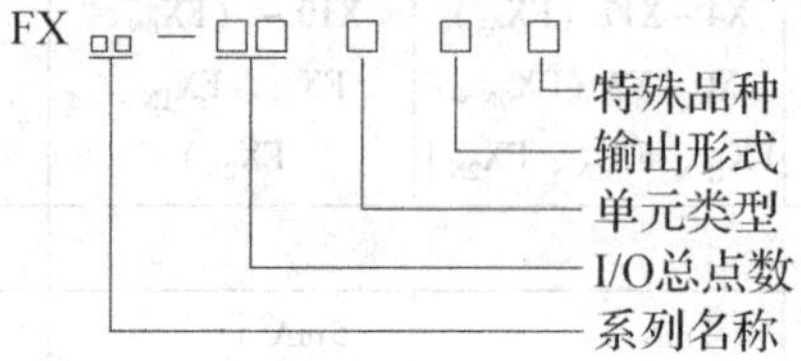

1）系列名称：如 0S、0N、2N 等。

2）输出形式：输入/输出的总点数（4 ~ 128）。

3）单元类型：M 为基本单元，E 为输入/输出扩展单元模块，EX 为输入专用扩展模块，EY 为输出专用扩展模块。

4）输出形式：R 为继电器输出，T 为晶体管输出，S 为双向晶闸管输出。

5）特殊品种：D 为 DC（直流）电源，DC 输出的模块；A1 为 AC（100 ~ 120V）输入或 AC 输出的模块；H 为大电流输出扩展模块（1A/1 点）；V 为采用立式端子排的扩展模块；C 为采用接插口输入/输出方式的模块；F 为输入滤波时间常数为 1ms 的扩展模块；L 为 TTL 输入扩展模块；S 为采用独立端子（无公共端）的扩展模块。

若特殊品种一项无符号，为 AC 电源（100 ~ 240V）、DC 输入、横式端子排、标准输出（继电器输出为 2A/1 点；晶体管输出为 0.5A/1 点；双向晶闸管输出为 0.3A/1 点）。

例如，FX_{2N}—40MR—D 属于 FX 的 2N 系列，是有 40 个 I/O 点数的基本单元，继电器输出型，使用 DC 24V 电源。

1. FX 系列的基本单元

基本单元可独立构成控制系统，内有 CPU、I/O 模块、存储器和供给扩展模块及传感器的标准电源。FX_{0S}系列 PLC 是用于极小规模系统的小型 PLC，这种型号的 PLC 只有 4 种基本单元，10 ~ 30 个 I/O 点数。FX_{0N}系列的有 12 种基本单元；FX_{2N}系列的有 16 种基本单元。其规格分别见表 4-5、表 4-6 和表 4-7。

表4-5　FX_{0S}系列PLC基本单元

型号				输入点数	输出点数
AC电源		DC电源			
继电器输出	晶体管输出	继电器输出	晶体管输出		
FX_{0S}-10MR-001	FX_{0S}-10MT	FX_{0S}-10MR-D	FX_{0S}-10MT-D	6	4
FX_{0S}-14MR-001	FX_{0S}-14MT	FX_{0S}-14MR-D	FX_{0S}-14MT-D	8	6
FX_{0S}-20MR-001	FX_{0S}-20MT	FX_{0S}-20MR-D	FX_{0S}-20MT-D	12	8
FX_{0S}-30MR-001	FX_{0S}-30MT	FX_{0S}-30MR-D	FX_{0S}-30MT-D	16	14
—	—	FX_{0S}-14MR-D12	—	8	6
—	—	FX_{0S}-30MR-D12	—	16	14

表4-6　FX_{0N}系列PLC基本单元

型号				输入点数	输出点数	扩展模块可用点数
AC电源		DC电源				
继电器输出	晶体管输出	继电器输出	晶体管输出			
FX_{0N}-24MR-001	FX_{0N}-24MT	FX_{0N}-24MR-D	FX_{0N}-24MT-D	14	10	32
FX_{0N}-40MR-001	FX_{0N}-40MT	FX_{0N}-40MR-D	FX_{0N}-40MT-D	24	16	32
FX_{0N}-60MR-001	FX_{0N}-60MT	FX_{0N}-60MR-D	FX_{0N}-60MT-D	36	24	32

表4-7　FX_{2N}系列PLC基本单元

型号			输入点数	输出点数	扩展模块可用点数
继电器输出	晶闸管输出	晶体管输出			
FX_{2N}-16MR-001	FX_{2N}-16MS	FX_{2N}-16MT	8	8	24~32
FX_{2N}-32MR-001	FX_{2N}-32MS	FX_{2N}-32MT	16	16	24~32
FX_{2N}-48MR-001	FX_{2N}-48MS	FX_{2N}-48MT	24	24	48~64
FX_{2N}-64MR-001	FX_{2N}-64MS	FX_{2N}-64MT	32	32	48~64
FX_{2N}-80MR-001	FX_{2N}-80MS	FX_{2N}-80MT	40	40	48~64
FX_{2N}-128MR-001	—	FX_{2N}-128MT	64	64	48~64

2. FX系列的扩展单元和模块

扩展单元和扩展模块必须与基本单元连接才能使用。扩展单元用于扩展I/O点数，内设可供扩展模块使用的标准电源，以便进一步扩展。扩展模块用于进一步增加I/O点数以及改变I/O特性，其电源从基本单元或扩展单元取得。扩展单元含CPU，而扩展模块不含。

FX_{0S}不能扩展，所以无扩展单元，FX_{0N}有 3 种扩展单元，7 种扩展模块，可组成 24 ~ 128 个 I/O 点数的系统。FX_{2N}系列 PLC 的扩展单元有 5 种，扩展模块有 7 种。FX_{2N}系列的基本单元可扩展连接的最大输入/输出点数为：输入点数在 128 点数以内，输出点数也在 128 点以内，合计 256 点以内。

表 4-8 和表 4-9 为 FX_{0N}系列的扩展单元和扩展模块规格，表 4-10 和表 4-11 为 FX_{2N}的扩展单元和扩展模块规格。

表 4-8　FX_{0N}系列的扩展单元

型　号				输入点数	输出点数	扩展模块可用点数
AC 电源		DC 电源				
继电器输出	晶体管输出	继电器输出	晶体管输出			
FX_{0N}-40ER	FX_{0N}-40ET	FX_{0N}-40ER-D	—	24	16	32

表 4-9　FX_{0N}系列的扩展模块

型　号			输入点数	输出点数
输　入	继电器输出	晶体管输出		
FX_{0N}-8EX	—	—	8	—
FX_{0N}-8ER		—	4	4
—	FX_{0N}-8EYR	FX_{0N}-8EYT	—	8
FX_{0N}-16EX	—	—	16	—
—	FX_{0N}-16EYR	FX_{0N}-16EYT	—	16

表 4-10　FX_{2N}的扩展单元

型　号			输入点数	输出点数	扩展模块可用点数
继电器输出	晶闸管输出	晶体管输出			
FX_{2N}-32ER	FX_{2N}-32ES	FX_{2N}-32ET	16	16	24 ~ 32
FX_{2N}-48ER	—	FX_{2N}-48ET	24	24	48 ~ 64

表 4-11　FX_{2N}的扩展模块

型　号				输入点数	输出点数
输　入	继电器输出	晶闸管输出	晶体管输出		
FX_{2N}-16EX	—	—	—	16	—
FX_{2N}-16EX-C	—	—	—	16	—
FX_{2N}-16EXL-C	—	—	—	16	—
—	FX_{2N}-16EYR	FX_{2N}-16EYS	—	—	16
—	—	—	FX_{2N}-16EYT	—	16
—	—	—	FX_{2N}-16EYT-C	—	16

3. FX系列的常用的功能模块

FX系列PLC的特殊功能模块用来实现一些特殊功能，主要有模拟量输入模块（AD）、模拟量输出模块（DA）、高速计算器模块、定位控制器模块、通信模块等，表4-12列出了FX_{2N}系列PLC常用的特殊功能模块。

表4-12　FX_{2N}系列PLC常用特殊功能模块

分　类	型　号	名　称	占有点数	耗电量/DC5V
模拟量控制模块	FX_{2N}-4AD	4CH模拟量输入（4路）	8	30mA
	FX_{2N}-4DA	4CH模拟量输出（4路）	8	30mA
	FX_{2N}-4AD-PT	4CH温度传感器输入	8	30mA
	FX_{2N}-4AD-TC	4CH热电偶温度传感器输入	8	30mA
位置控制模块	FX_{2N}-1HC	50kHz二相高速计数器	8	90mA
	FX_{2N}-1PG	100kHz高速脉冲输出	8	55mA
计算机通信模块	FX_{2N}-232-IF	RS-232C通信接口模块	8	40mA
	FX_{2N}-232-BD	RS-232C通信接板	—	20mA
	FX_{2N}-422-BD	RS-422A通信接板	—	60mA
	FX_{2N}-485-BD	RS-485通信接板	—	60mA
特殊功能模块	FX_{2N}-CNV-BD	与FX_{0N}用适配器接板	—	—
	FX_{2N}-8AV-BD	容量适配器接板	—	20mA
	FX_{2N}-CNV-IF	与FX_{0N}用接口模块	8	15mA

4.2　FX系列PLC的编程元件

PLC的编程元件从物理实质上讲就是电子电路及存储器。具有不同使用目的的编程元件，其电路结构有所不同。考虑到工程技术人员的使用习惯，常用继电器电路中的类似器件名称进行命名，并称它们为“软继电器”。在PLC中，这种“软继电器”的数量是巨大的。为了区分它们的功能，不重复选用，通常给这些元件编上号码，这些号码就是计算机存储单元的地址。

FX系列PLC编程元件的编号由字母和数字组成，其中输入继电器和输出继电器用八进制数字编号，其他均采用十进制数字编号。FX_{2N}系列PLC的编程元件有输入继电器（X）、输出继电器（Y）、辅助继电器（M）、状态继电器（S）、定时器（T）、计数器（C）、数据寄存器（D）和指针（P、I、N）八大类。编程元件的使用主要体现在程序中，一般可认为编程元件和继电器类似，具有线圈和常开、常闭触点。触点的状态随线圈的状态而变化，当线圈通电时，常开触点闭合，常闭触点断开；断电时，常闭触点接通，常开触点断开。与继电器不同的是，首先，编程元件作为计算机的存储单元，某个元件被选中，只是这个元件的存储单元置1，反之存储单元置0，且该单元可以无限次地访问，PLC的“软继电器”元件可以有无数个常开、常闭触点。其次，作为计算机的存储单元，每个单元是一件，称为位元件，PLC的位元件可以组合使用，成为数据的位组合元件及字符件，如Y0～Y17（八进制）可以组合成一个16位的字符件。

表4-13为FX_{2N}系列PLC的编程元件及元件的参考编号。

表 4-13　FX_{2N}系列的编程元件

名　称		编号和点数	
输入继电器 X（按八进制编号）		X0 ~ X77（可扩展）	
输出继电器 Y（按八进制编号）		Y0 ~ Y77（可扩展）	
辅助继电器 M	一般用①	M0 ~ M499	500 点
	保持用②	M500 ~ M1023	524 点
	保持用③	M1024 ~ M3071	2048 点
	特殊用	M8000 ~ M8255	256 点
状态寄存器 S	初始化	S0 ~ S9	10 点
	一般用①	S10 ~ S499	490 点
	保持用②	S500 ~ S899	400 点
	信号用③	S900 ~ S999	100 点
定时器 T	100ms	T0 ~ T199	200 点（0.1 ~ 3276.7s）
	10ms	T200 ~ T245	46 点（0.01 ~ 327.67s）
	1ms 乘法型（积算型）③	T246 ~ T249	4 点（0.001 ~ 32.767s）
	100ms 乘法型（积算型）③	T250 ~ T255	6 点（0.1 ~ 3276.7s）
计数器 C	16 位向上①	C0 ~ C99	100 点（0 ~ 32 767 计数器）
	16 位向上②	C100 ~ C199	100 点（0 ~ 32 767 计数器）
	32 位双向①	C200 ~ C219 （ -2 147 483 648 ~ +2 147 483 647 计数器）	20 点
	32 位双向②	C220 ~ C234 （ -2 147 483 648 ~ +2 147 483 647 计数器）	15 点
	32 位高速双向②	C235 ~ C255	6 点
数据寄存器（使用一对时 32 位）D	16 位通用①	D0 ~ D199	200 点
	16 位保持用②	D200 ~ D511	312 点
	16 位保持用③	D512 ~ D7999 （D1000 以后可以 500 点为单位设置文件寄存器）	7488 点
	16 位保持用	D8000 ~ D8195	106 点
	16 位保持用	V0 ~ V7，Z0 ~ Z7	16 点
指针	JAMP，CALL 分支用	P0 ~ P127	128 点
	输入中断，计时中断	I0□□ ~ I8□□	9 点
	计数中断	I010 ~ I060	6 点
嵌套	主控	N0 ~ N7	8 点
常数	十进制（K）	16 位： -32 768 ~ +32 767 32 位： -2 147 483 648 ~ +2 147 483 647	
	十六进制（H）	16 位：0H ~ 0FFFFH 32 位：0H ~ 0FFFFFFFFH	

① 非电池后备区，通过参数设置可变为电池后备区。

② 电池后备区，通过参数设置可变为非电池后备区。

③ 电池后备固定区，区域特性不可改变。

4.2.1　输入、输出继电器

1. 输入继电器（X）

输入继电器是PLC与外部用户设备连接的接口，用来接收按钮、选择开关、限位开关等发来的输入信号。信号状态接通时为“1”，断开时为“0”。PLC将信号状态读入并存储在输入映像寄存器中。图4-1所示为输入继电器X1的等效电路。

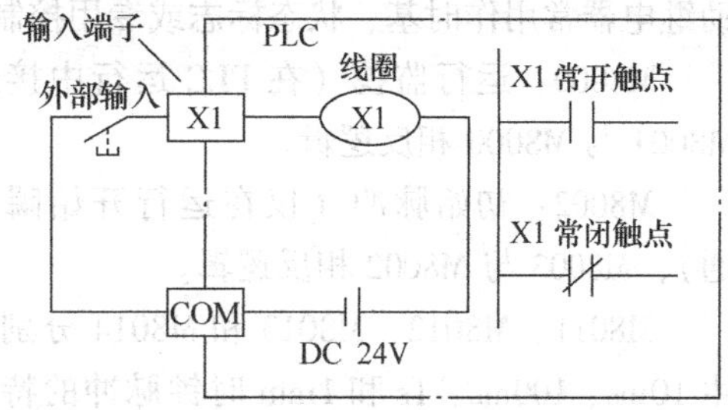

图4-1　输入继电器X1的等效电路

输入继电器必须由外部信号驱动，不能用程序驱动，所以在程序中不可能出现其线圈。由于输入继电器（X）为输入映像寄存器中的状态，所以其触点的使用次数不限。

2. 输出继电器（Y）

输出继电器用来将PLC内部信号输出给外部负载（用户输出设备）。PLC内部程序的指令驱动输出继电器线圈，线圈状态传送给输出单元，再由输出单元对应的硬触点来驱动外部负载。图4-2所示为输出继电器Y0的等效电路。

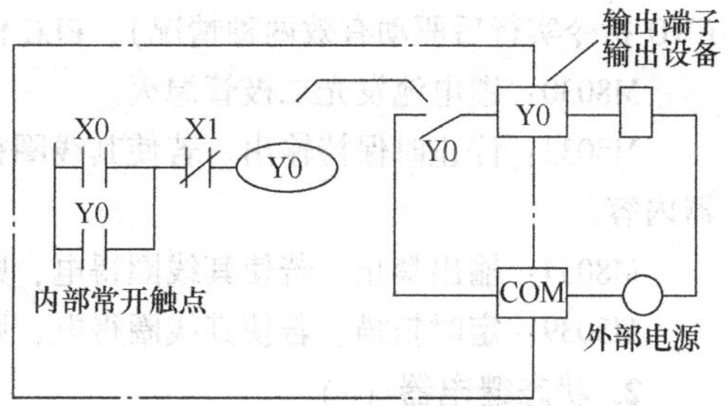

图4-2　输出继电器Y0的等效电路

每个输出继电器在输出单元中都对应有唯一的一个常开触点，但在程序中供编程的可以是常开或常闭触点，而且可以无数次引用。

4.2.2　辅助、状态继电器

1. 辅助继电器（M）

辅助继电器是PLC中数量最多的一种继电器，一般的辅助继电器与继电器控制系统中的中间继电器相类似。辅助继电器不能直接驱动外部负载（外部负载只能由输出继电器的外部触点驱动）。辅助继电器的常开与常闭触点在编程时可无数次被引用。

辅助继电器编号由M与十进制数共同组成。

（1）通用辅助继电器（M0 ~ M499）

FX_{2N}系列共有500点通用辅助继电器。通用辅助继电器常在逻辑运算中用于辅助运算、状态暂存、移位等。通用辅助继电器没有断电保护功能，在PLC运行时，如果电源突然断电，则全部线圈均为OFF。当电源再次接通时，除了因外部输入信号而变为ON的辅助继电器以外，其余的仍将保持OFF状态。但根据需要可通过程序设定，将M0 ~ M499变为断电保持辅助继电器。

（2）断电保持辅助继电器（M500 ~ M3071）

FX_{2N}系列有M500 ~ M3071共2572个断电保持辅助继电器，它与通用辅助继电器不同的是具有断电保护功能。电源中断时，PLC用锂电池保持它们的映像寄存器中的内容，这样在重新通电后就能再现电源中断前的状态（重新通电后，保持一个扫描周期）。其中M500 ~ M1023可由软件设定为通用辅助继电器。

（3）特殊辅助继电器

FX_{2N}系列中有 256 个特殊辅助继电器，按使用方式可分为两类：

1）触点利用型特殊辅助继电器。其线圈由 PLC 自动驱动，用户只能用其触点。这类特殊辅助继电器常用作时基、状态标志或专用控制组件出现在程序中。例如：

M8000：运行监视（在 PLC 运行中接通），M8001 与 M8000 相反逻辑。

M8002：初始脉冲（仅在运行开始瞬间接通），M8003 与 M8002 相反逻辑。

M8011、M8012、M8013 和 M8014 分别是产生 10ms、100ms、1s 和 1min 时钟脉冲的特殊辅助继电器。

M8000、M8002、M8012 的波形图如图 4-3 所示。

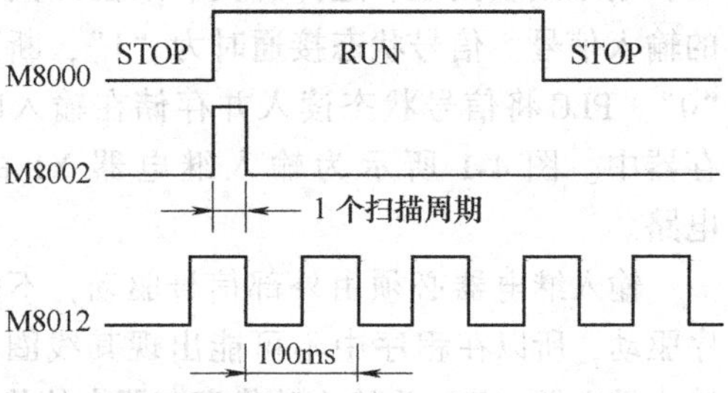

图 4-3 M8000、M8002、M8012 波形图

2）线圈驱动型特殊辅助继电器。这类继电器由用户驱动后（注意：又分为驱动时有效和 END 指令实行后驱动有效两种情况），PLC 作特定的动作。例如：

M8030：锂电池发光二极管熄灭。

M8033：停止时保持输出。若使其线圈得电，则 PLC 停止时保持输出映像存储器和数据寄存器内容。

M8034：输出禁止。若使其线圈得电，则将 PLC 的输出全部禁止。

M8039：定时扫描。若使其线圈得电，则 PLC 按 D8039 中指定的扫描时间工作。

2. 状态继电器（S）

状态继电器是用于编制顺序控制程序的一种编程元件，它与后面将要介绍的 STL 指令（步进梯形指令）一起使用。

FX 系列的状态继电器有 5 种类型：初始状态器 S0 ~ S9，共 10 点；回零状态器 S10 ~ S19，共 10 点；通用状态器 S20 ~ S499，共 480 点；具有状态断电保持的状态器 S500 ~ S899，共 400 点；供报警用的状态器（可用作外部故障诊断输出）S900 ~ S999，共 100 点。

例如，某机械手先后有下降、夹紧和上升 3 个动作，其顺序功能图如图 4-4 所示。

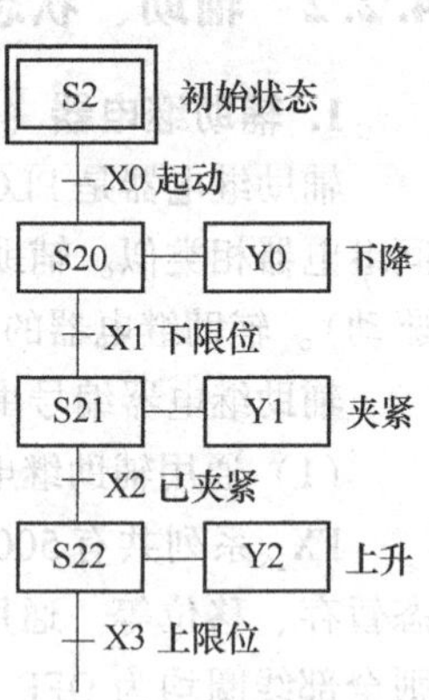

图 4-4 状态继电器的使用

图 4-4 中，如果起动信号 X0 为 ON，则状态 S20 被置位（变为 ON），控制下降的电磁阀 Y0 动作。下限位开关 X1 为 ON 时，状态 S21 被置位，控制夹紧的电磁阀 Y1 动作。随着动作的转移，前一状态自动变为 OFF 状态。

不对状态使用步进梯形指令时，可以把它们当做普通辅助继电器（M）使用。

4.2.3 定时器与计数器

1. 定时器（T）

PLC 中的定时器相当于继电器系统中的时间继电器，当定时器的线圈被驱动时，定时器以增计数方式对PLC内的时钟脉冲（1ms、10ms、100ms）进行累积，当计时的当前值与定时器的设定值相等时，其触点动作（常开触点闭合、常闭触点断开）；当定时器的线圈失电时，其触点立即复位。

定时器有一个设定值寄存器（一个字长）、一个当前值寄存器（一个字长）和一个用来储存其输出触点状态的映像寄存器（占二进制的一位）。这三个存储单元使用同一个元件号。

FX系列PLC的定时器分为通用定时器和积算定时器。定时器的设定值可以用常数K来设定，也可以用数据寄存器（D）的内容来设定，例如外部数字开关输入的数据可以存入数据寄存器，作为定时器的设定值。

（1）通用定时器（T0～T249）

T0～T199为100ms定时器（共200点），定时范围为0.1～3276.7s，其中T192～T199为子程序和中断服务程序专用的定时器；T200～T245为10ms定时器（共46点），定时范围为0.01～327.67s。图4-5为通用定时器的工作原理图。

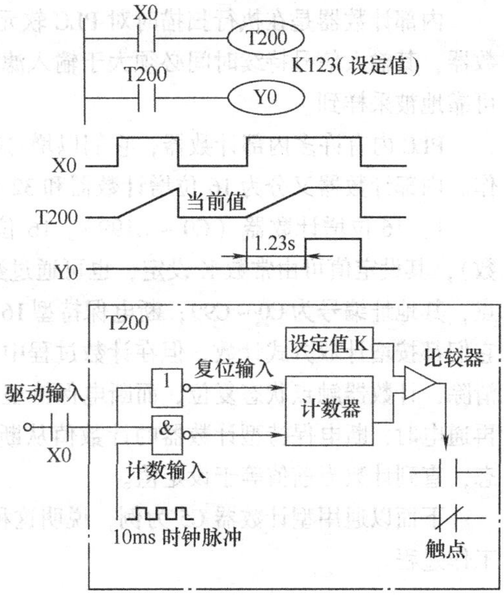

图4-5　通用定时器的工作原理

图4-5中，当输入X0接通时，定时器T200从0开始对10ms时钟脉冲进行累积计数，当计数值与设定值K123相等时，脉冲持续时间为123×0.01s＝1.23s，此时定时器的常开触点接通Y0。当X0断开后定时器复位，计数值变为0，其常开触点断开，Y0也随之断开。

如果需要一个在定时器的线圈“通电”时就动作的瞬动触点，可以在定时器线圈的两端并联一个辅助继电器的线圈，再使用辅助继电器的触点。通用定时器没有保持功能，在输入电路断开或停电时即复位。

（2）积算定时器（T246～T255）

1ms积算定时器T246～T249的设定范围为0.001～32.767s，100ms积算定时器T250～T255的设定，范围为0.1～3276.7s。积算定时器具有计数累积的功能，在定时过程中如果定时器线圈OFF或断电，积算定时器将保持当前的计数值（当前值），通电或定时器线圈ON后继续累积，只有将积算定时器复位，当前值才变为0。

图4-6为积算定时器的工作原理图。

当X0接通时，T253当前值计数器开始累积100ms的时钟脉冲的个数。当X0经 t_0 后断开，而T253尚未计数到设定值K345时，其计数的当前值保留。当X0再次接通，T253从保留的当前值开始继续累积，经过时间 t_1，当前值达到K345时，定时器的触点动作。累积的时间为 $t_0+t_1=0.1\times345\text{s}=34.5\text{s}$。当复位输入X1接通时，定时器才复位，当前值变为0，其触点也随之复位。

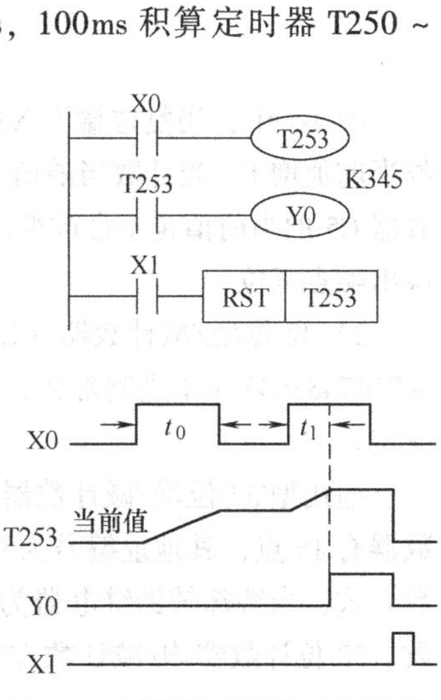

图4-6　积算定时器的工作原理

2. 计数器（C）

FX系列PLC的计数器分为内部计数器和高速计数器两类。

（1）内部计数器（C0～C234）

内部计数器是在执行扫描时对PLC软元件（如X、Y、M、S、T、C）的信号进行计数的计数器，其输入信号持续时间必须大于输入滤波滞后时间（如10ms）+扫描周期（如5ms），才能可靠地被采样到。

PLC内有许多内部计数器，它们以增/减计数方式计数，当计数值达到设定值时，其触点动作。内部计数器又分为16位增计数器和32位增/减计数器两类。

1）16位增计数器（C0～C199）。16位增计数器的计数设定范围为1～32767（十进制常数），其设定值可由常数K设定，也可通过数据寄存器间接设定。通用型16位增计数器共有100点，其地址编号为C0～C99；断电保持型16位增计数器也有100点，其地址编号为C100～C199。它们都按增计数方式计数，但在计数过程中，当电源切断时，通用型计数器的计数当前值立即被清除，计数器触点状态复位，而断电保持型计数器的计数当前值和触点的状态均被保持。当PLC再通电时，断电保持型计数器的计数值从断电前的计数当前值开始增计数，触点为断电前的状态，直到计数当前值等于设定值。

下面以通用型计数器C5为例，说明这种计数器的工作过程。图4-7所示为16位增计数器的工作过程。

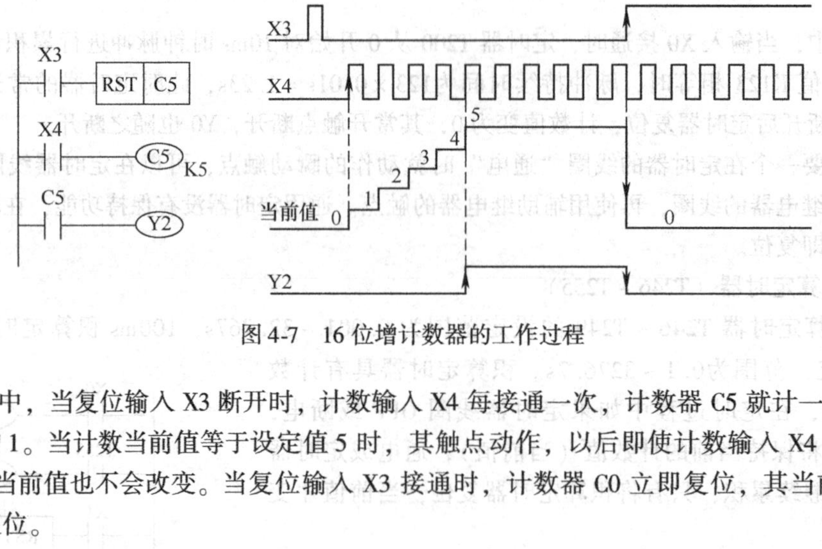

图4-7　16位增计数器的工作过程

图4-7中，当复位输入X3断开时，计数输入X4每接通一次，计数器C5就计一次数，其计数当前值增1。当计数当前值等于设定值5时，其触点动作，以后即使计数输入X4再接通，计数器C5的当前值也不会改变。当复位输入X3接通时，计数器C0立即复位，其当前值变为0，输出触点复位。

2）32位增/减计数器（C200～C234）。32位增/减计数器的计数设定范围为-2147483648～+2147483647（十进制常数），其设定值可由常数K设定，也可通过两个相邻的数据寄存器间接设定。

通用型32位增/减计数器共有20点，其地址编号为C200～C219；断电保持型32位增/减计数器有15点，其地址编号为C220～C234。它们用特殊辅助继电器M8200～M8234指定增/减计数方式，当特殊辅助继电器为ON时，对应的计数器按减计数方式计数，反之按增计数方式计数。32位计数器增/减计数方式切换所用的特殊辅助继电器地址号见表4-14。

表4-14　32位计数器增/减计数切换所用的对应特殊辅助继电器地址号

计数器地址号	方向切换	计数器地址号	方向切换	计数器地址号	方向切换	计数器地址号	方向切换
C200	M8200	C209	M8209	C218	M8218	C226	M8226
C201	M8201	C210	M8210	C219	M8219	C227	M8227
C202	M8202	C211	M8211	—	—	C228	M8228
C203	M8203	C212	M8212	C220	M8220	C229	M8229
C204	M8204	C213	M8213	C221	M8221	C230	M8230
C205	M8205	C214	M8214	C222	M8222	C231	M8231
C206	M8206	C215	M8215	C223	M8223	C232	M8232
C207	M8207	C216	M8216	C224	M8224	C233	M8233
C208	M8208	C217	M8217	C225	M8225	C234	M8234

在计数过程中，当突然断电时，通用型计数器的计数当前值立即被清除，计数器触点状态复位；而断电保持型计数器的计数当前值和触点的状态均被保持。当PLC再通电时，断电保持型计数器从断电前的计数当前值继续计数。

32位增/减计数器的计数当前值在－2147483648～＋2147483647间循环变化，即从－2147483647变化到＋2147483647。当＋2147483647再进行加计数时，当前值就变成－2147483647。同样，当－2147483647再进行减计数时，当前值就变成＋2147483647。当计数当前值等于设定值时，计数器的触点动作，但计数器仍在计数，计数当前值仍在变化，直到执行了复位指令时，计数当前值才为0。换句话说，计数器当前值的增/减与其触点的动作无关。

下面以通用型计数器C205为例，说明这种计数器的工作过程。

如图4-8所示，当复位输入X3断开时，若X2为OFF，则M8205为OFF，此时，C205以增计数方式计数，当计数当前值由－5增加到－4时，其触点接通（置1）。若X2为ON，则M8205为ON，此时，C205以减计数方式计数，当计数当前值由－4减到－5时，若输出触点原先已接通，则输出触点断开（置0）。当复位输入X3接通时，计数器复位，当前值为0。

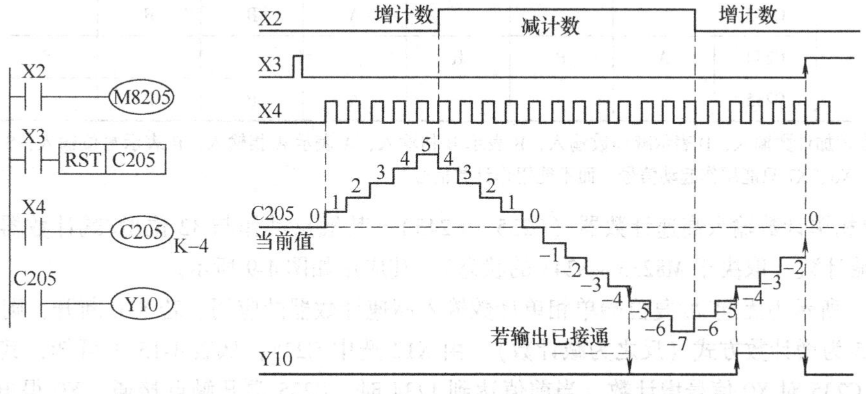

图4-8　32位增/减计数器的工作过程

（2）高速计数器（C235～C255）

高速计数器的基本使用方法和内部计数器相似，它的优点是输入信号与扫描周期无关，可响应高达10kHz的频率（内部计数器则可能低于50Hz），其应用也更为灵活。高速计数器均有断电保护功能，通过参数设定也可变成非断电保持。FX_{2N}系列 PLC 有 C235～C255 共 21 点高速计数器，适合用来做为高速计数器输入的端口有 X0～X7。某一输入端同时只能供一个高速计数器使用，不能重复，即如果某一个输入端已被某个高速计数器占用，它就不能再用于其他高速计数器。各高速计数器对应的输入端见表 4-15。高速计数器可分为以下三类。

表 4-15　高速计数器简表

计数器 \ 输入		X0	X1	X2	X3	X4	X5	X6	X7
单相单计数输入	C235	U/D							
	C236		U/D						
	C237			U/D					
	C238				U/D				
	C239					U/D			
	C240						U/D		
	C241	U/D	R						
	C242			U/D	R				
	C243				U/D	R			
	C244	U/D	R					S	
	C245			U/D	R				S
单相双计数输入	C246	U	D						
	C247	U	D	R					
	C248				U	D	R		
	C249	U	D	R				S	
	C250				U	D	R		S
双相	C251	A	B						
	C252	A	B	R					
	C253				A	B	R		
	C254	A	B	R				S	
	C255				A	B	R		S

注：U 表示加计数输入，D 表示减计数输入，B 表示 B 相输入，A 表示 A 相输入，R 表示复位输入，S 表示起动输入。X6、X7 只能用作起动信号，而不能用作计数信号。

1）单相单计数输入高速计数器（C235～C245）。其触点动作与 32 位增/减计数器相同，可进行增或减计数（取决于 M8235～8245 的状态）。其应用如图 4-9 所示。

图 4-9a 所示为无起动/复位端单相单计数输入高速计数器的应用。若 X10 断开，则 M8235 为 OFF，C235 为增计数方式（反之为减计数）。由 X12 选中 C235，从表 4-15 中可知，其输入信号来于 X0，C235 对 X0 信号增计数，当前值达到 1234 时，C235 常开触点接通，Y0 得电。X11 为复位信号，当 X11 接通时，C235 复位。

图 4-9b 所示为带起动/复位端单相单计数输入高速计数器的应用。由表 4-15 可知，X1 和 X6 分别为复位输入端和起动输入端。利用 X10 通过 M8244 可设定其增/减计数方式。当 X12 为接通，且 X6 也接通时，则开始计数，计数的输入信号来自 X0，C244 的设定值由 D0 和 D1 指定。

除了可用X1立即复位外，也可用梯形图中的X11复位。

2）单相双计数输入高速计数器（C246～C250）。这类高速计数器具有两个输入端：一个为增计数输入端，另一个为减计数输入端。利用M8246～M8250的ON/OFF可控制C246～C250的计数减/增方向。如图4-10所示，X10为复位信号，其有效（为ON状态）则C248复位。由表4-15可知，也可利用X5对其复位。当X11接通时，选中C248，输入来自X3和X4。

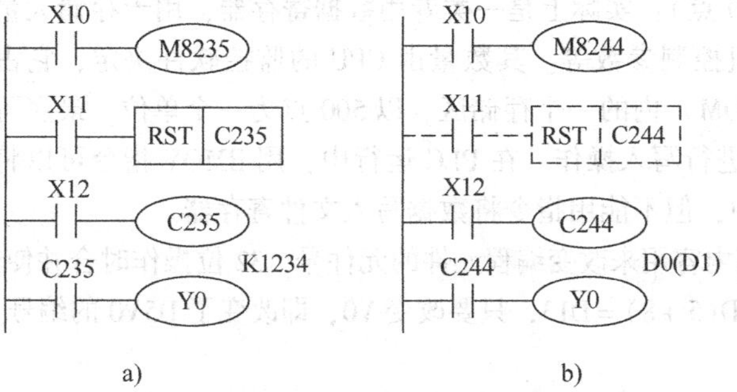

图4-9　单相单计数输入高速计数器

a）无起动/复位端　b）带起动/复位端

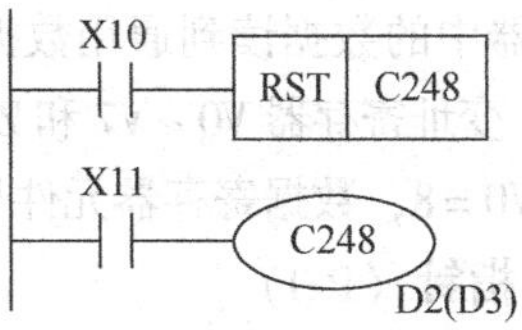

图4-10　单相双计数输入高速计数器

3）双相高速计数器（C251～C255）。A相和B相信号决定计数器是增计数还是减计数。当A相为ON时，B相由OFF到ON，则为增计数；当A相为ON时，若B相由ON到OFF，则为减计数，如图4-11a所示。当A相为OFF时，不计数。如图4-11b所示，当X12接通时，C251开始计数。由表4-15可知，其输入来自X0（A相）和X1（B相）。只有当计数使当前值超过设定值，Y2为ON。如果X11接通，则计数器复位。根据不同的计数方向，Y3为ON（增计数）或为OFF（减计数），用M8251～M8255，可监视C251～C255的加/减计数状态。

需要注意的是，高速计数器的计数频率较高，它们的输入信号的频率受两方面的限制：一是全部高速计数器的处理时间，它们采用中断方式，计数器用得越少，则可计数频率就越高；二是输入端的响应速度，其中X0、X2、X3最高频率为10kHz，X1、X4、X5最高频率为7kHz。

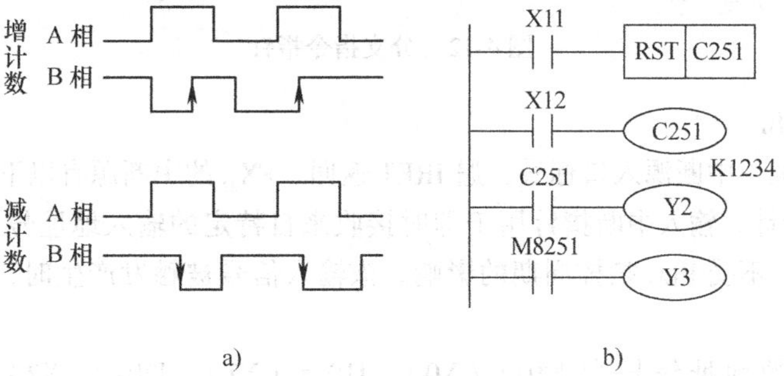

图4-11　双相高速计数器

a）增减计数　b）计数顺序

4.2.4　其他编程元件

1. 数据寄存器（D、V、Z）

1）停电保持数据寄存器D200～D511（312点）：不论电源接通与否或PLC运行与否，停电保持数据寄存器的内容不会变化，除非改写。在两台PLC做点对点的通信时，D490～D509被用作通信操作。

2）特殊数据寄存器 D8000 ~ D8255（256 点）：这些数据寄存器用来监控 PLC 的运行状态，主要存放系统状态、错误信息、监视状态。

例如，D8000 用作存放监控定时器（Watchdog Timer）的时间，由系统 ROM 在初始化时设定。若要改变，可用传送指令将目标时间送入 D8000，该值在 PLC 运行（RUN）期间保持不变。

3）文件寄存器 D1000 ~ D2999（2000 点）：实际上是一类专用数据寄存器，用于存储大量的数据，如采集数据、统计计算数据、多组控制参数等。其数量由 CPU 的监控软件决定，它占用用户程序存储器（RAM，E^2PROM，EPROM）内的一个存储区，以 500 点为一个单位，最多可在参数设置时设置 2000 点。用外部设备可进行写入操作。在 PLC 运行中，用 BMOV 指令可以将文件寄存器中的数据读到通用数据寄存器中，但不能用指令将数据写入文件寄存器。

4）变址寄存器 V0 ~ V7 和 Z0 ~ Z7：其内容用来改变编程元件的元件号，32 位操作时合并使用。例如，V0 = 8，数据寄存器元件号 D5V0 = D(5 + 8) = D13，只要改变 V0，即改变了 D5V0 的编号。

2. 指针（P/I）

（1）分支指令指针 Pn

CJ、CALL 等分支指令是功能指令，用来指定跳转目标，用指针 Pn（P0 ~ P12）作为标号，如图 4-12 所示。在图 4-12a 中，当 X0 接通时，程序就跳至标号为 P0 处，继续执行。在图 4-12b 中，当 X3 接通时，就执行往 FEND 指令后标号为 P1 的子程序，并根据 SRET 指令返回。在编程时，要注意标号不能重复使用。

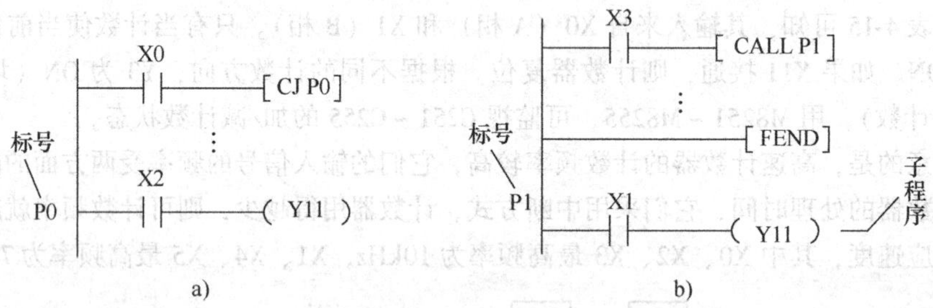

图 4-12　分支指令指针

（2）中断指针 In

中断指针指明某一中断源入口标号，遇 IRET 返回。FX_{2N}的中断源有以下三种类型。

1）输入中断指针。输入中断指针用于即时接收来自特定的输入地址号（X0 ~ X5）的输入信号，它持续在线，不受 PLC 扫描周期的影响。该输入信号被触发产生时，执行该指针标志的中断子程序。

输入中断指针的地址编号为 I00□（X0）、I10□（X1）、I20□（X2）、I30□（X3）、I40□（X4）、I50□（X5），共 6 点，□为 1 时表示上升沿中断，为 0 时表示下降沿中断。只要将某中断指针地址编号标于程序中的某条语句前，相应中断发生后，程序即跳到该语句向下执行。例如，指针 I100，表示输入 X1 从 ON→OFF 变化时，执行标号 I100 以后的中断程序，并由 IRET 指令结束该中断程序。

2）定时器中断指针。程序每隔特定的循环时间（10 ~ 99ms），会执行以定时器中断指针指定的中断子程序。定时器中断指针的地址编号为 I6□□、I7□□、I8□□，共 3 点，□□为 10 ~ 99ms 的中断时间。

例如，I720 表示每隔 20ms 执行一次标号 I720 后面的中断程序，并由 IRET 指令结束该中断程序。

输入中断指针格式如图 4-13 所示。

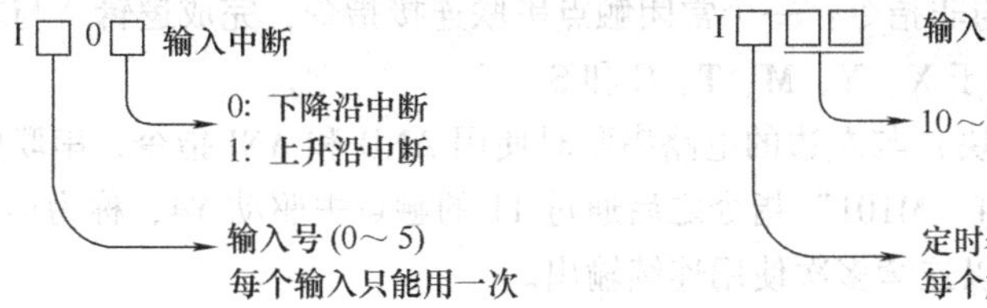

图 4-13　中断指针标号表示方式

3）高速计数器中断指针。根据 PLC 内部的高速计数器的比较结果执行中断子程序时，使用此指针，其地址编号为 I010、I020、I030、I040、I050、I060 共 6 点。

例如，图 4-14 表示当高速计数器 C252 的当前值为 2000 时，执行标号 I020 后面的中断程序。执行完中断程序后（即执行 IRET 指令后），返回到发生中断时的原程序位置。

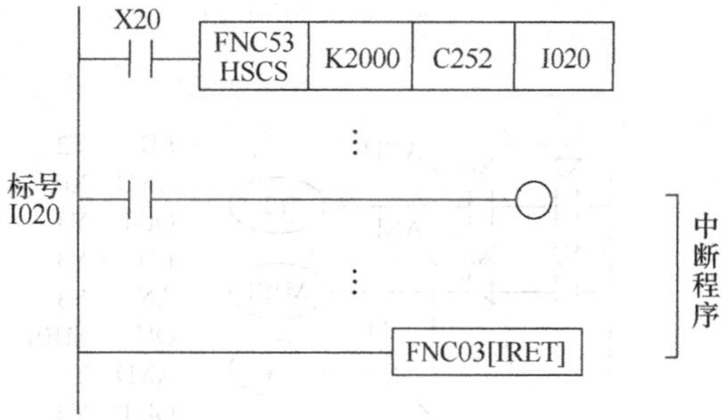

图 4-14　高速计数器中断指针

要注意以下几点：

1）中断指针必须编在 FEND 指令后面作为标号。

2）中断指针中百位数上的数字不可重复使用，如用了 I100 就不能用 I101。

3）用于中断的输入端子，不能再用于 SPD 指令或其他高速处理。

4.3　FX 系列 PLC 的基本逻辑指令与步进指令

4.3.1　FX 系列 PLC 的基本逻辑指令

FX_{2N}系列 PLC 有基本指令 27 条，步进指令 2 条，功能指令 128 种 298 条。本节介绍基本指令。

1. LD、LDI、OUT 指令

LD（Load），取指令：常开触点与母线连接的指令，每一个以常开触点开始的逻辑行都用此指令。

LDI（Load　Inverse），取反指令：常闭触点与母线连接的指令，每一个以常闭触点开始的逻辑行都用此指令。

OUT（out），线圈驱动指令：驱动线圈的输出指令。

LD 与 LDI 指令可以用于 X、Y、M、T、C 和 S，它们还可以与 ANB、ORB 指令配合，用于分支电路的起点。OUT 指令可以用于 Y、M、T、C 和 S，但是不能用于输入继电器。

OUT 指令可以连续使用若干次，相当于线圈的并联。定时器和计数器的 OUT 指令之后应设置常数 K，作为定时器和计数器的设定值，常数占一个步序，也可以指定数据寄存器的元件号，用它里面的数作为设定值。

LD、LDI、OUT 指令的使用如图 4-15 所示。

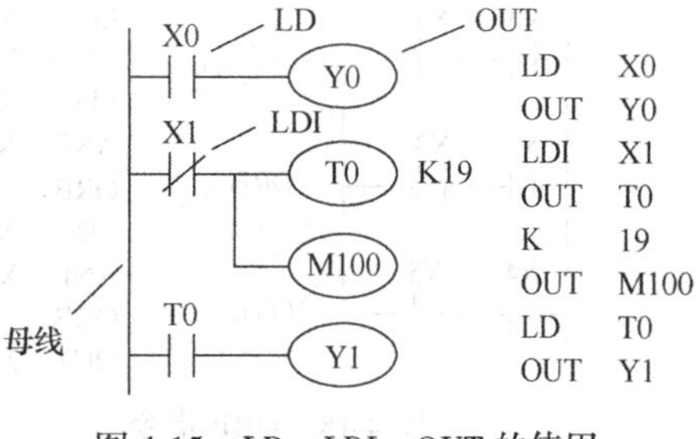

图 4-15　LD、LDI、OUT 的使用

2. AND与ANI指令

AND（And），与指令：一个常开触点串联连接指令，完成逻辑“与”运算。

ANI（And Inverse），与非指令：一个常闭触点串联连接指令，完成逻辑“与非”运算。

AND和ANI指令可以用于X、Y、M、T、C和S。

单个触点（而不是电路块）与左边的电路串联时使用AND和ANI指令，串联触点的个数没有限制。在图4-16中，“OUT M101”指令之后通过T1的触点去驱动Y4，称为连续输出。只要按正确的次序设计电路，可以连续多次使用连续输出。

3. OR与ORI指令

OR（Or），或指令：用于单个常开触点的并联，实现逻辑“或”运算。

ORI（Or Inverse），或非指令：用于单个常闭触点的并联，实现逻辑“或非”运算。

OR、ORI指令可以用于X、Y、M、T、C和S，是从该指令的当前步开始，对前面的LD、LDI指令并联连接。并联的次数无限制。OR、ORI指令的使用如图4-17所示。

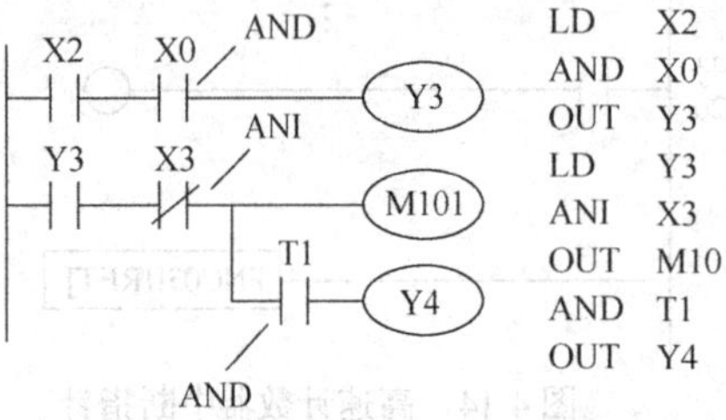

图4-16 AND与ANI指令

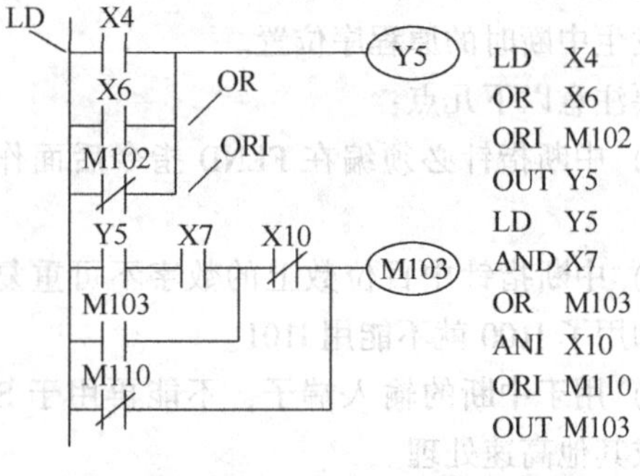

图4-17 OR与ORI指令

4. ORB与ANB指令

ORB（Or Block），串联电路块的并联连接指令。两个以上的触点串联连接而成的电路块称为“串联电路块”，将串联电路块与上面的电路并联时用ORB指令。ORB指令不带元件号，它相当于两个触点间的一条垂直边线。每个串联电路块的起点都要用LD或LDI指令，在整个串联电路块的指令的后面用ORB指令，如图4-18所示。

ANB（And Block），并联电路块的串联连接指令。ANB指令将一个并联电路块与前面的电路串联。在使用ANB指令之前，应先完成并联电路块的内部连接。并联电路块中各支路的起始触点使用LD或LDI指令。在整个并联电路块的指令的后面用ORB指令，如图4-19所示。

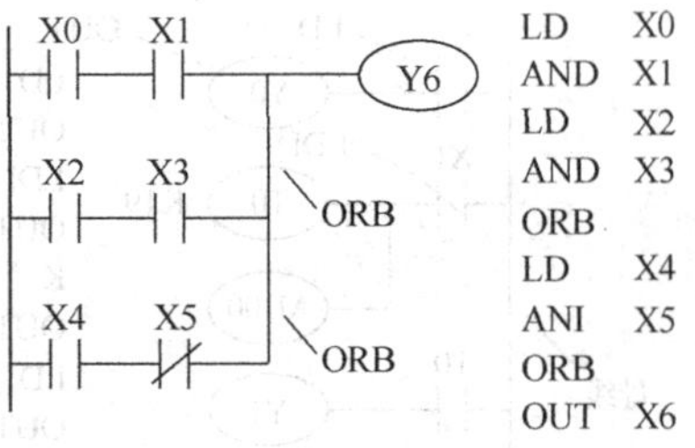

图4-18 ORB指令

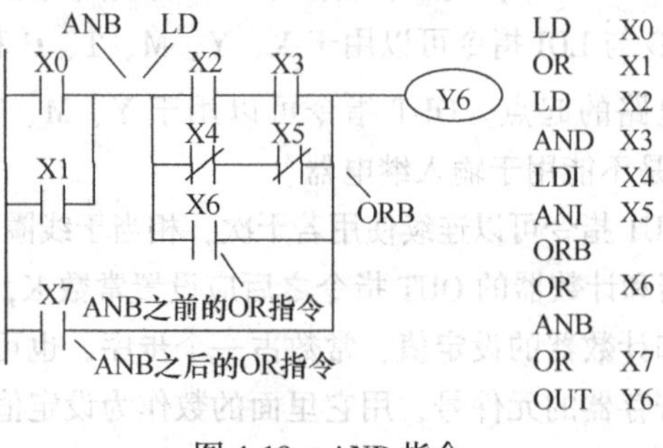

图4-19 ANB指令

编程时，当每个串联/并联的电路块结束后，紧接着就使用ORB/ANB指令，则串联/并联的电路块数无限制。但若将串联/并联的所有电路块都编完后再连续多次使用ORB/ANB，则指令不能连续使用7次，即串联/并联的电路块数不能超过7个。

5. LDP、LDF、ANDP、ANDF、ORP和ORF指令

LDP、ANDP、ORP指令：这些是进行上升沿检测的触点指令，仅在指定位元件由OFF→ON上升沿变化时，使驱动的线圈接通一个扫描周期。

LDF、ANDF、ORF指令：这些是进行下降沿检测的触点指令，仅在指定位元件由ON→OFF下降沿变化时，使驱动的线圈接通一个扫描周期。

脉冲指令使用如图4-20所示。

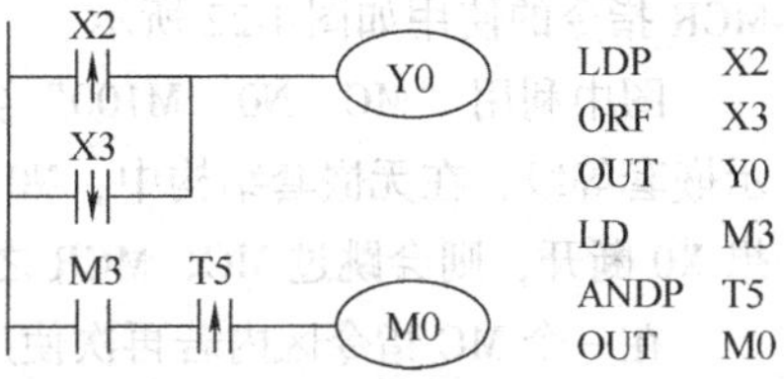

图4-20 脉冲检测指令的使用

6. 堆栈指令（MPS、MRD、MPP）

在FX系列PLC中有11个存储单元，它们专门用来存储程序运算的中间结果，称为栈存储器。

MPS，进栈指令：将运算结果送入栈存储器的第一段，同时将先前送入的数据依次移到栈的下一段。

MRD，读栈指令：将栈存储器的第一段数据（最后进栈的数据）读出，栈内所有数据不因此发生移动。

MPP，出栈指令：将栈存储器的第一段数据（最后进栈的数据）读出且该数据从栈中消失，同时将栈中其他数据依次上移。

堆栈指令的使用方法如图4-21所示。

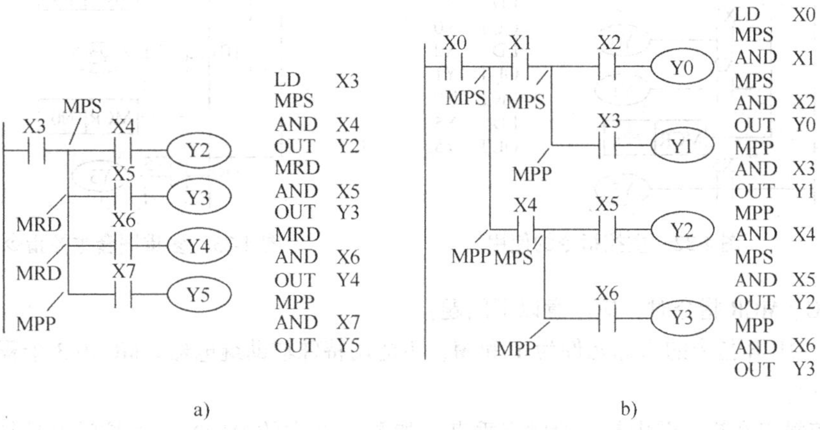

图4-21 堆栈指令的使用

a）一层栈 b）二层栈

图4-21a为一层栈，进栈后的信息可使用无数次，最后一次使用MPP指令弹出信号；图4-21b为二层栈，它使用了两个栈单元。

使用堆栈指令时应注意以下问题：

1）堆栈指令没有目标元件。

2）MPS和MPP必须配对使用。

3）由于栈存储单元只有11个，所以栈的层次最多11层。

7. 主控与主控复位指令（MC、MCR）

MC（Master Control），主控指令：用于公共触点的连接，执行MC后，左母线移到MC触点的后面。

MCR（Master Control Reset），主控复位指令：利用MCR指令恢复原左母线的位置。

在编程时，经常会碰到许多线圈同时受一个或一组触点控制的情况，如果在每个线圈的控制电路中都串入同样的触点，将占用很多存储单元，使用主控指令就可以解决这一问题。MC、MCR指令的使用如图4-22所示。

图中利用“MC N0 M100”实现左母线右移，使Y0、Y1都在X0的控制之下。其中N0表示嵌套等级，在无嵌套结构中，N0的使用次数无限制。利用MCR N0恢复到原左母线状态，如果X0断开，则会跳过MC、MCR之间的指令向下执行。

在一个MC指令区内若再次使用MC指令称为嵌套。嵌套级数最多为8级，编号应该按N0到N7的顺序增加，每级的返回用对应的MCR指令，从编号大的嵌套级开始复位，不可越级复位。图4-23是多重嵌套主控指令的一个应用例子。

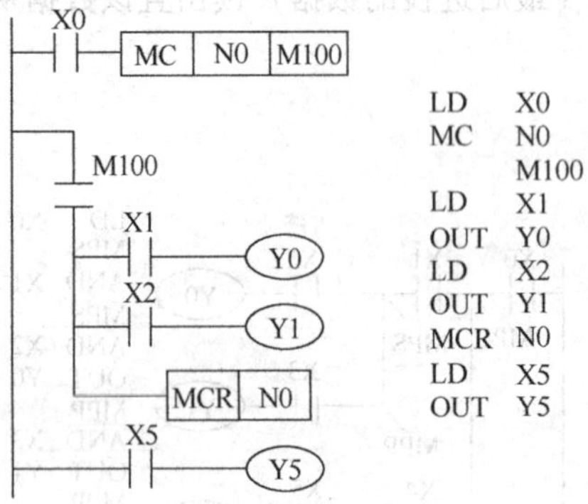

图4-22 主控指令的使用

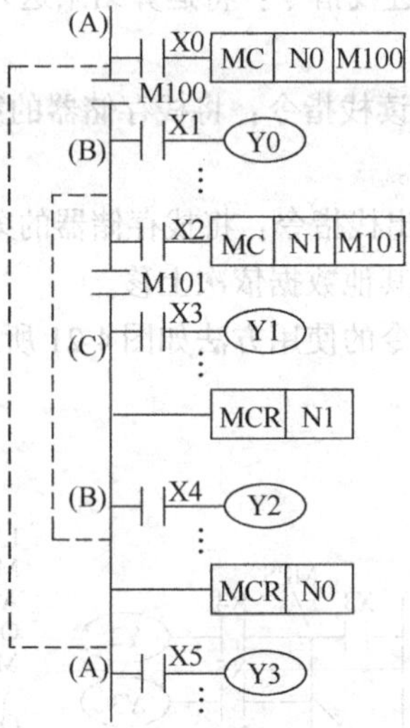

图4-23 多重嵌套主控指令

使用MC、MCR指令时，应注意以下问题：

1）MC、MCR指令的目标元件为Y和M，不能用特殊辅助继电器。MC占3个程序步，MCR占2个程序步。

2）主控触点在梯形图中与一般触点垂直（如图4-23中的M100）。主控触点是与左母线相连的常开触点。

3）MC指令的输入触点断开时，在MC和MCR之内的积算定时器、计数器、用复位/置位指令驱动的元件保持其先前状态不变；非积算定时器和计数器，用OUT指令驱动的元件将复位，如图4-22所示，当X0断开，Y0和Y1即变为OFF。

8. 置位与复位指令（SET、RST）

SET，置位指令：当SET的执行条件满足时，所指定的元件接通。此时，即使SET的执行条件断开，所接通的软元件仍然保持接通状态，直到遇到复位信号为止。SET的目标软元件可为Y、M、S。

RST，复位指令：其目标软元件可为Y、M、S、T、C、D、Z、V。当RST的执行条件满足时，所指定的软元件复位。

SET、RST指令的使用如图4-24所示。

图4-24中，当X0常开触点接通时，Y0变为ON状态并一直保持该状态，即使X0断开，Y0的ON状态仍维持不变。只有当X1的常开触点闭合时，Y0才变为OFF状态并保持，此后即使X1常开触点断开，Y0也仍为OFF状态。

在一个梯形图中，SET和RST指令的编程次序可以任意，但当两条指令的执行条件同时有效时，后编程的指令将优先执行。对于同一目标元件，SET、RST可多次使用。RST指令常被用来对D、Z、V的内容清“0”，还用来复位积算定时器和计数器。

9. 微分指令（PLS、PLF）

PLS，上升沿微分输出指令：在输入信号上升沿产生一个扫描周期的脉冲输出。

PLF，下降沿微分输出指令：在输入信号下降沿产生一个扫描周期的脉冲输出。

微分指令的使用方法如图4-25所示。

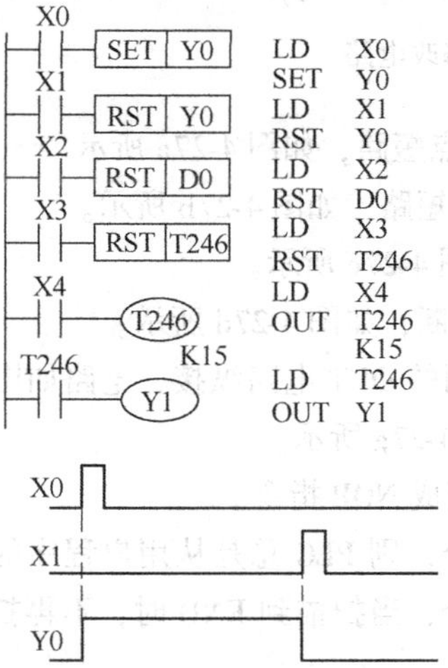

图4-24　SET、RST指令的使用

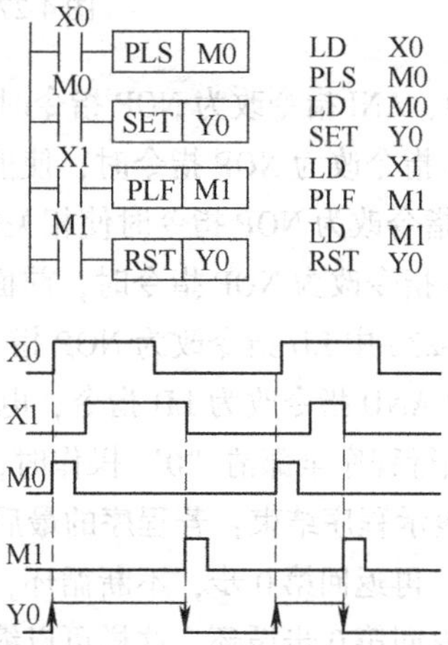

图4-25　微分指令的使用

利用微分指令检测到信号的边沿，通过置位和复位指令控制Y0的状态。PLS和PLF指令只能用于输出继电器和辅助继电器。图4-25中的M0仅在X0的常开触点由断开变为接通（即X0的上升沿）时的一个扫描周期内为ON，M1仅在X1的常开触点由接通变为断开（即X1的下降沿）时的一个扫描周期内为ON。

10. 取反、空操作和结束指令（INV、NOP、END）

INV，取反指令：执行该指令后将原来的运算结果取反。取反指令的使用如图4-26所示。

图4-26中，如果X0断开，则Y0为ON，否则Y0为OFF。使用时应注意INV不能像指令表中的LD、LDI、LDP、LDF那样与母线连接，也不能像指令表中的OR、ORI、ORP、ORF指令那样单独使用。

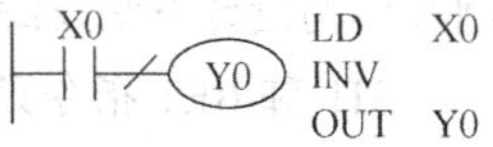

图4-26　取反指令的使用

NOP，空操作指令：使该步无操作。在程序中加入空操作指令，在变更程序或增加指令时可以使步序号不变化。用NOP指令也可以替换一些已写入的指令来修改梯形图程序。但需要注意，若将LD、LDI、ANB、ORB等指令换成NOP指令后，会引起梯形图程序对应的电路结构发生很大的变化，导致出错。用NOP指令修改电路的结果如图4-27所示。

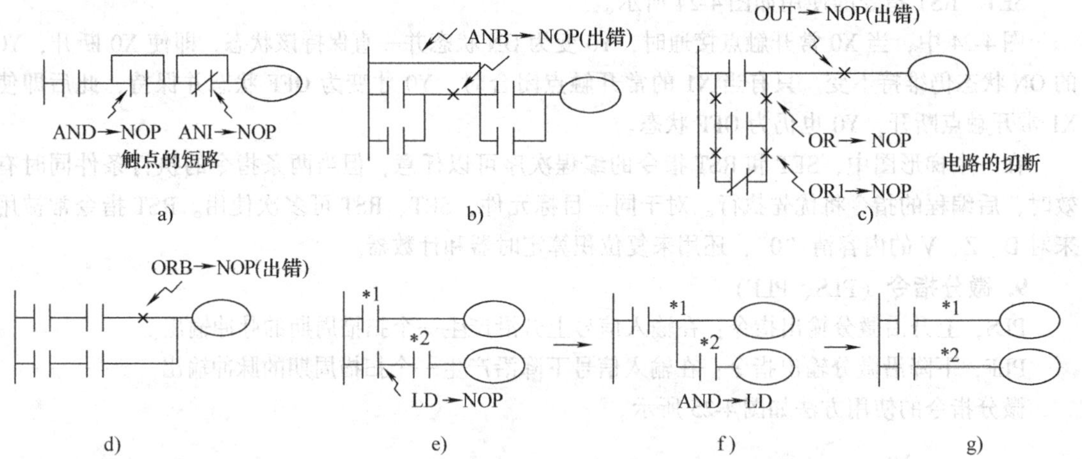

图4-27 用NOP指令修改电路

1）AND、ANI指令改为NOP指令时，会使相关触点短路，如图4-27a所示。

2）ANB指令改为NOP指令时，使前面的电路全部短路，如图4-27b所示。

3）OR指令改为NOP指令时使相关电路切断，如图4-27c所示。

4）ORB指令改为NOP指令时，前面的电路全部切断，如图4-27d所示。

5）图4-27e中LD指令改为NOP指令时，则与上面的OUT电路纵接，电路如图4-27f所示。若图4-27f中AND指令改为LD指令，电路就变成了图4-27g所示。

6）当执行程序全部清“0”操作时，所有指令均变成NOP指令。

END，表示程序结束：若程序的最后不写END指令，则PLC总是从用户程序的第一步执行到最后一步，再返回第0步，不断循环；若有END指令，当扫描到END时，不再扫描后面的程序，将直接返回第0步循环，这样可以缩短扫描周期。

在程序调试时，可在程序中插入若干END指令，将程序划分若干段，在确定前面程序段无误后，依次删除END指令。

4.3.2 FX系列PLC的步进指令

步进指令是专门用于步进控制的指令。所谓步进控制是指在多工步的控制中，按照一定的顺序分步动作，即上一步动作结束后，下一步动作才开始。

FX_{2N}系列PLC中有两条步进指令：STL（步进触点）和RET（步进返回指令）。关于步进控制程序的设计方法及编程规则，将在后面的章节中详细介绍。

STL和RET指令只有与状态器S配合才具有步进功能，即STL指令只可使用状态器S作为其操作数。如STL S200表示状态常开触点，称为STL触点，在梯形图中用符号-□□-表示，它没有常闭触点。通常用状态器S记录一个工步，如STL S200有效（ON状态），则程序进入S200步，执行该段工作，并判断进入下一步的条件是否满足；程序结束本步后，如果进入下一步的条件满足，则关断S200，进入下一步，如S201步。RET指令是用来复位STL指令的，执行RET后，程序重新返回主母线，退出步进状态。

4.3.3　基本逻辑指令的应用

1. 起动和复位控制

在 PLC 的程序设计中，起动和复位控制程序是构成梯形图最基本的程序。可以通过下面几种方法实现起动和复位控制。

（1）起、保、停电路实现

如图 4-28 所示，当输入信号 X0（起动）接通（ON）时，X0 的常开触点闭合，输出继电器 Y0 接通（ON），并由 Y0 的常开触点实现自锁，保持输出继电器 Y0 处于接通状态；当输入信号 X1（停止）接通（ON）时，X1 的常闭触点断开，输出继电器 Y0 断开。

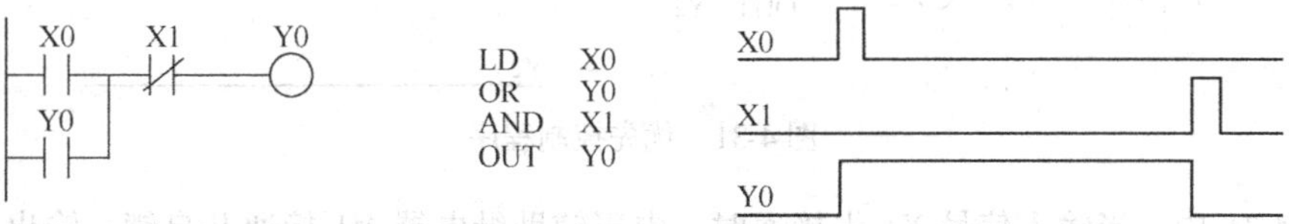

图 4-28　起保停程序

（2）利用置位复位指令实现

如图 4-29 所示，当输入信号 X0 接通（ON）时，X0 的常开触点闭合，输出继电器 Y0 被置位，即接通（ON）并保持；当输入信号 X1 接通（ON）时，X1 的常开触点闭合，使得输出继电器 Y0 被复位，即断开（OFF）。

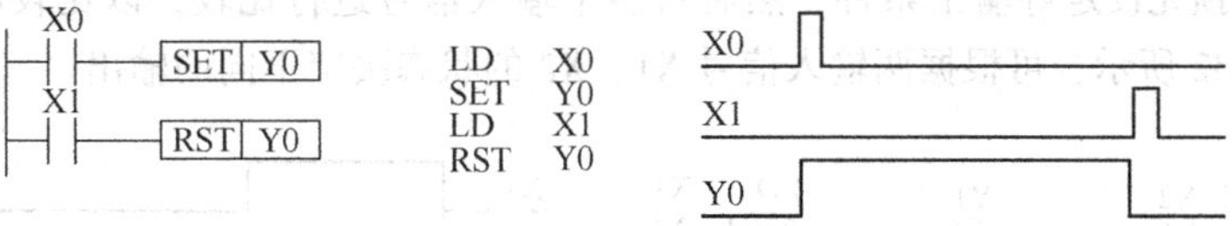

图 4-29　置位复位指令控制程序

（3）利用计数器指令实现

在图 4-30 所示电路中，输入信号 X0 第一次接通时，输出继电器 Y0 接通（ON）并自锁，同时计数器 C0 当前值变为 1；当输入信号 X0 第二次接通时，计数器当前值达到设定值（设定值为 2），计数器输出，C0 的常闭触点断开，输出继电器 Y0 断开，同时 C0 的常开触点闭合，使得计数器 C0 被复位。

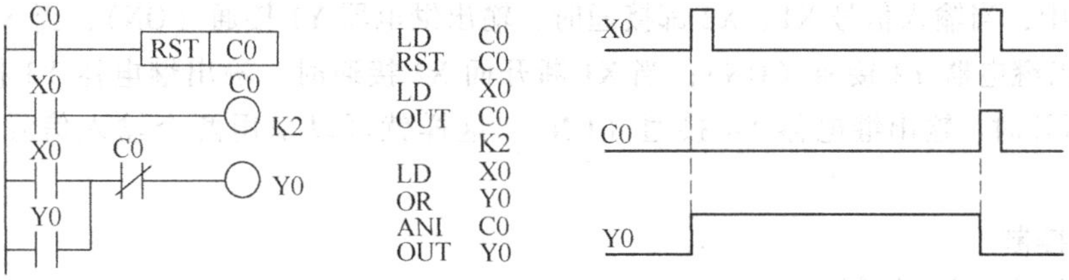

图 4-30　计数器指令控制程序

2. 优先控制

在一些控制系统中（例如抢答器）有多个输入信号，先接通者即获得优先权，而后到者无效。实现这种功能的电路称为优先控制电路。图 4-31 所示为两个输入信号 X1、X2 的优先控制程序。其中 X0 为复位信号，Y1、Y2 分别为输入信号 X1、X2 所控制的对应输出继电器，M1、M2 为内部辅助继电器。

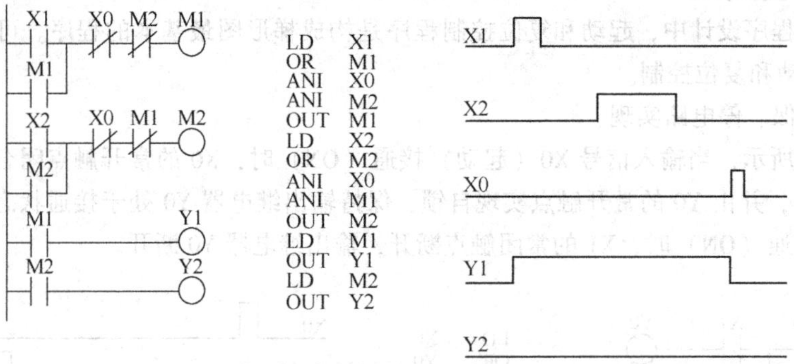

图 4-31　优先控制程序

在图 4-31 中，当输入信号 X1 先接通时，内部辅助继电器 M1 接通并自锁，输出继电器 Y1 接通（ON）。同时由于 M1 的常闭触点断开，即使输入信号 X2 再接通，内部辅助继电器 M2 也无法接通，因此输出继电器 Y2 无输出。同理，如果输入信号 X2 先接通，则输出继电器 Y2 接通而输出继电器 Y1 无输出。这样就保证了先接通者优先保持输出。当输入信号 X0 接通（ON）时，输出继电器 Y1 或 Y2 断开，本次优先选择结束。

3. 比较控制

这种系统是预先设定好输出条件，然后对多个输入信号进行比较，以比较的结果来决定输出状态。如图 4-32 所示，可根据两输入信号 X1、X2 的状态决定不同的输出。

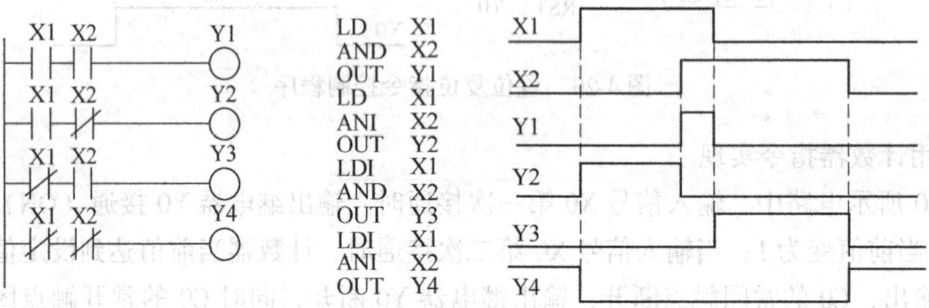

图 4-32　比较控制

图 4-32 中，当输入信号 X1、X2 都接通时，输出继电器 Y1 接通（ON）；当 X1 接通而 X2 断开时，输出继电器 Y2 接通（ON）；当 X1 断开而 X2 接通时，输出继电器 Y3 接通（ON）；X1、X2 都断开时，输出继电器 Y4 接通（ON）。这样就可以采用两个输入信号来控制四路输出。

4. 延时控制

（1）通电延时接通控制

在图 4-33 中，当输入信号 X1 接通时，内部辅助继电器 M100 接通并自锁，同时接通定时器 T200，T200 开始定时。定时 5s 时（从 X1 接通到此刻延时 5s），定时器 T200 的常开触点闭合，输出继电器 Y1 接通。当输入信号 X2 接通时，内部辅助继电器 M100 断电，其常开触点断开，定时器 T200 复位，其常开触点断开，输出继电器 Y1 断电。

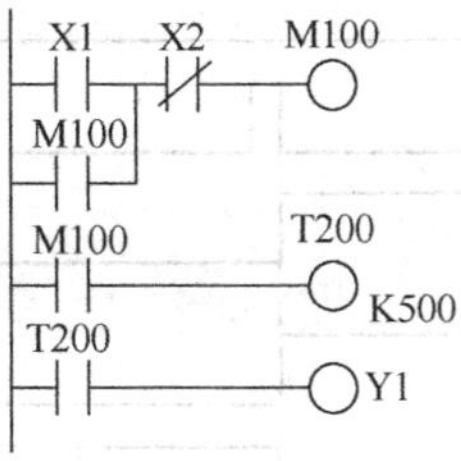


```
LD    X1
OR    M100
ANI   X2
OUT   M100
LD    M100
OUT   T200
      K500
LD    T200
OUT   Y1
```

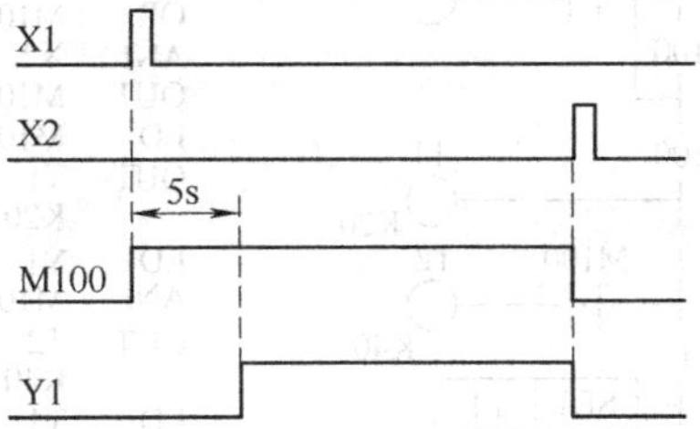

图4-33　通电延时接通控制程序

（2）断电延时接通控制

断电延时接通电路在控制系统中应用也很多，例如Y-Δ降压起动电路，电动机先以Y联结起动，再转换为Δ联结运行，中间转换就是以Y联结运行结束作为延时开始的起点，即从Y联结断开时刻开始计时。图4-34所示为实现断电延时接通功能的程序。

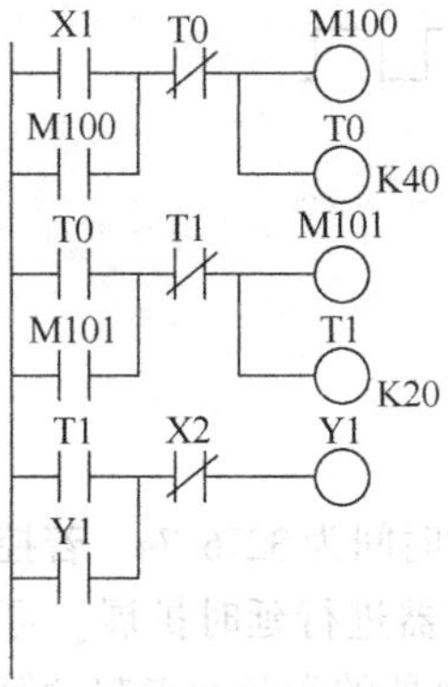


```
LD    X1
OR    M100
ANI   T0
OUT   M100
OUT   T0
      K40
LD    T0
OR    M101
ANI   T1
OUT   M101
OUT   T1
      K20
LD    T1
OR    Y1
ANI   X2
OUT   Y1
```

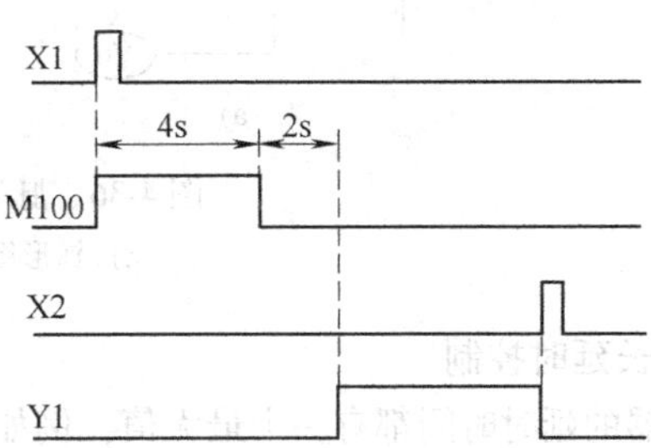

图4-34　断电延时接通控制程序

图4-34中，当输入信号X1接通时，定时器T0和内部继电器M100同时接通并由M100实现自锁，T0开始定时，定时4s后（从X1接通到此刻延时4s），定时器T0的常开触点闭合，定时器T1和内部继电器M101同时接通并由M101实现自锁。同时T0的常闭触点断开，内部辅助继电器M100断开，定时器T0被复位。当T1延时到设定值2s时，T1的常开触点闭合，输出继电器Y1接通并自锁，T1的常闭触点断开，M101断开，T1被复位。当输入信号X2接通时，输出继电器Y1断开。

（3）通电延时接通、断电延时断开控制

在图4-35中，当输入信号X1接通时，内部辅助继电器M100接通并自锁，同时定时器T1接通开始延时，2s后定时器T1的常开触点闭合（输出继电器Y1的置位信号），置位信号使输出继电器Y1接通并保持；当输入信号X2接通时，内部辅助继电器M100断开，同时定时器T1复位，定时器T2接通（此时输出继电器Y1的常开触点闭合，M100的常闭触点闭合）并开始延时，4s后定时器T2的常开触点闭合（复位信号），复位信号使得输出继电器Y1断电。

（4）脉冲信号发生控制

图4-36所示程序采用两个定时器产生连续脉冲信号，脉冲周期为5s，占空比为3∶2（接通时间与断开时间之比）。接通时间由定时器T1设定，断开时间由定时器T0设定，用Y0作为连续脉冲输出端。

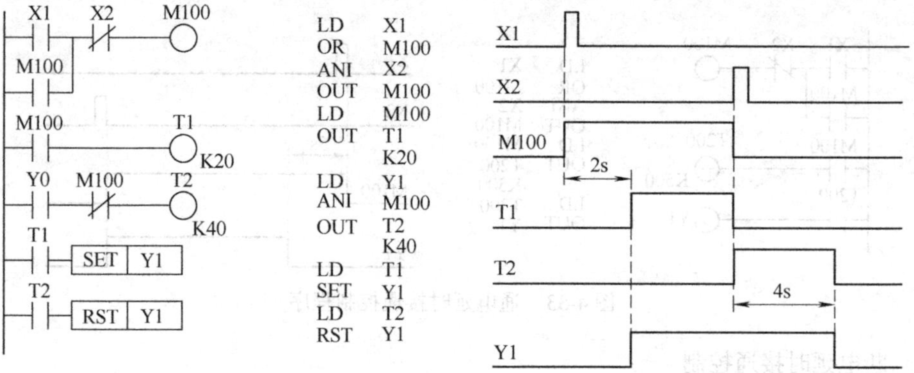

图4-35　通电延时接通断电延时断开控制程序

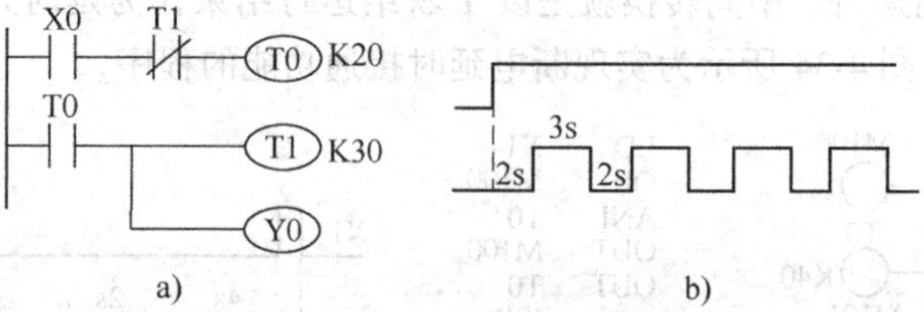

图4-36　脉冲信号发生控制程序

a）梯形图　b）动作时序图

（5）长延时控制

定时器的延时时间都有一个最大值，例如100ms的定时器最大时间为3276.7s。若控制过程中所需要的延时时间大于所选定时器的最大定时值，这就需要对定时器进行延时扩展。可采用多个定时器，如先起动一个定时器计时，计时时间到时，用第一个定时器的常开触点起动第二个定时器，再用第二个定时器起动第三个，最后用一个定时器的触点去驱动控制对象，如图4-37所示。

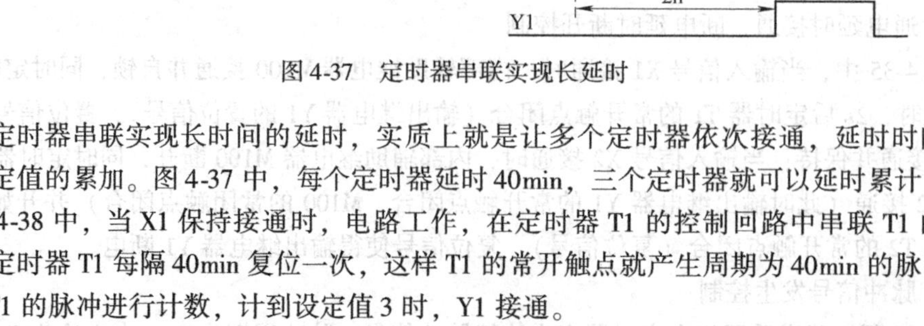

图4-37　定时器串联实现长延时

利用定时器串联实现长时间的延时，实质上就是让多个定时器依次接通，延时时间是多个定时器设定值的累加。图4-37中，每个定时器延时40min，三个定时器就可以延时累计2h。

在图4-38中，当X1保持接通时，电路工作，在定时器T1的控制回路中串联T1的常闭触点，它使定时器T1每隔40min复位一次，这样T1的常开触点就产生周期为40min的脉冲，计数器C1对T1的脉冲进行计数，计到设定值3时，Y1接通。

在图4-39中，以特殊辅助继电器M8014（1min时钟脉冲）作为C1的计数输入脉冲，计满1440时（即1440min）Y1有输出。如果一个计数器不能满足要求，可以将多个计数器串联使用，实现更长时间的延时。

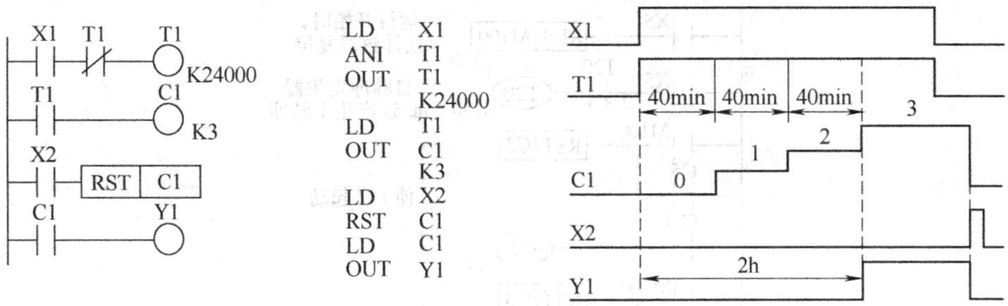

图4-38　利用定时器与计数器实现长延时

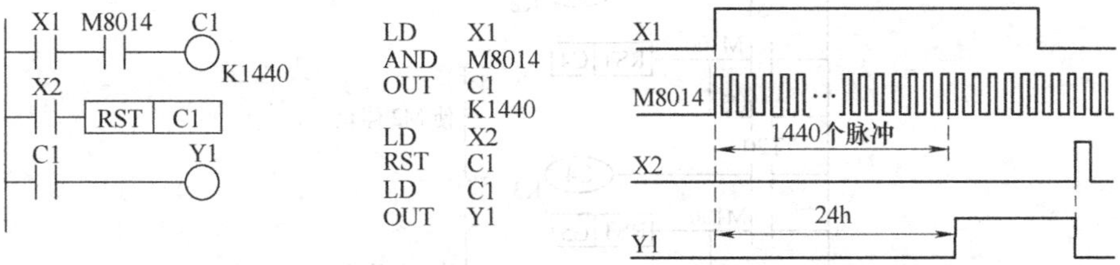

图4-39　利用计数器实现长延时

5. 循环起停控制

假设三台电动机的控制顺序如图4-40所示。M1运行5s后，M2运行；M2运行5s后，M3运行，M1停止；M3运行5s后，M2停止；M3运行10s后，M3停止，M1运行，如此循环动作。

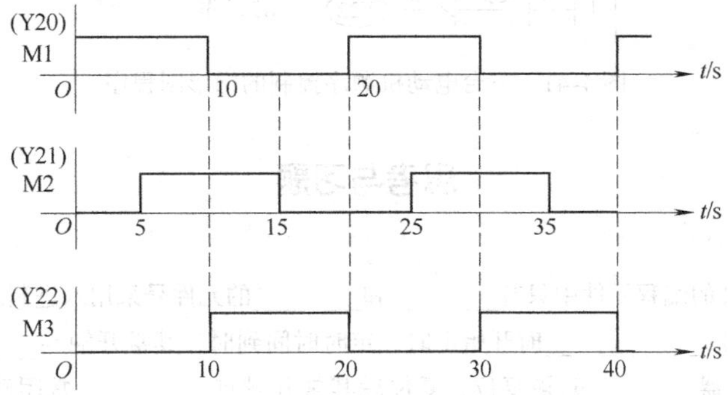

图4-40　三台电动机顺序控制时序图

令PLC的X5接起动开关，输出点Y20~Y22分别连接三台电动机M1~M3的控制接触器的线圈。利用定时器和计数器设计出的梯形图程序如图4-41所示。

梯形图的分析如下：合上起动开关X5时，Y20有输出，M1运行，同时M100产生的脉冲使4个计数器C2~C5复位，定时器T20每5s产生一个脉冲，作为C2~C5的计数输入。当T20产生第一个脉冲（即第一个5s后）时，C2的常开触点闭合，使Y21线圈接通，M2运行。当T20产生第二个脉冲（即第10s后）时，C3的常开触点闭合，使Y22线圈接通，M3运行，同时C3的常闭触点断开，使Y20断开，M1停止。当T20产生第三个脉冲（即第15s后）时，C4的常闭触点断开，使Y21断开，M2停止。当T20产生第四个脉冲（即第20s后）时，C5的常闭触点断开，使Y22断开，M3停止，同时，C5的常开触点闭合，使C2~C5重新复位（其触点也复位），重复上一个周期的运行情况。

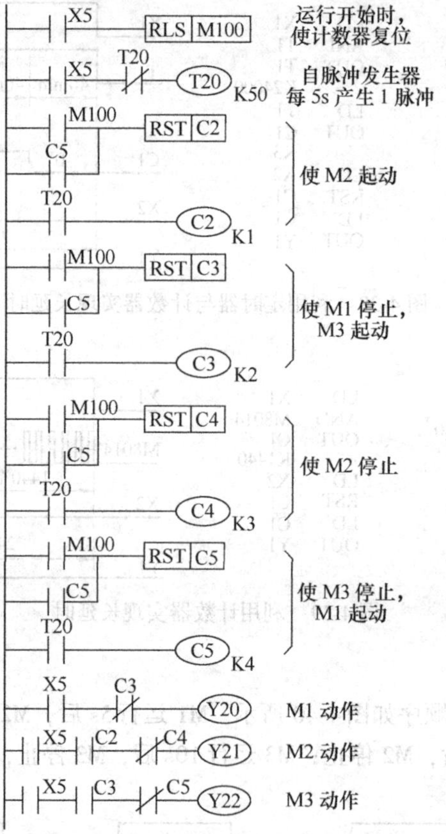

图 4-41　三台电动机顺序控制的梯形图程序

思考与习题

1. 填空题

1）FX 系列 PLC 的编程元件中只有________和________的元件号采用八进制。

2）定时器的线圈____________时开始定时，定时时间到时，其常开触点____________，常闭触点__________。通用定时器________时被复位，复位后其常开触点________，常闭触点________当前值等于________。

3）FX 系列 PLC 的 OUT 指令不能用于________继电器。

4）PLC 辅助继电器的线圈断电时，其常开触点________，常闭触点________。

5）PLC 的外部输入电路接通时，对应的输入映像寄存器为________状态，梯形图中对应的输入继电器的常开触点________，常闭触点________。

6）计数器的复位输入电路________，计数输入电路________时，计数器的当前值加 1，计数当前值等于设定值时，其常开触点________，常闭触点________。再来计数脉冲当前值________。复位输入电路________时，计数器被复位，复位后其常开触点________，常闭触点________，当前值等于________。

2. 判断题

1）输出指令的操作数可以是任意类型的继电器（　）。

2）使用堆栈指令时，最后必须使用 MPP 指令出栈（　）。

3）同一程序段中同一编号的定时器和计数器只能使用一次（　）。

3. 将下列梯形图转换成相应的指令表程序

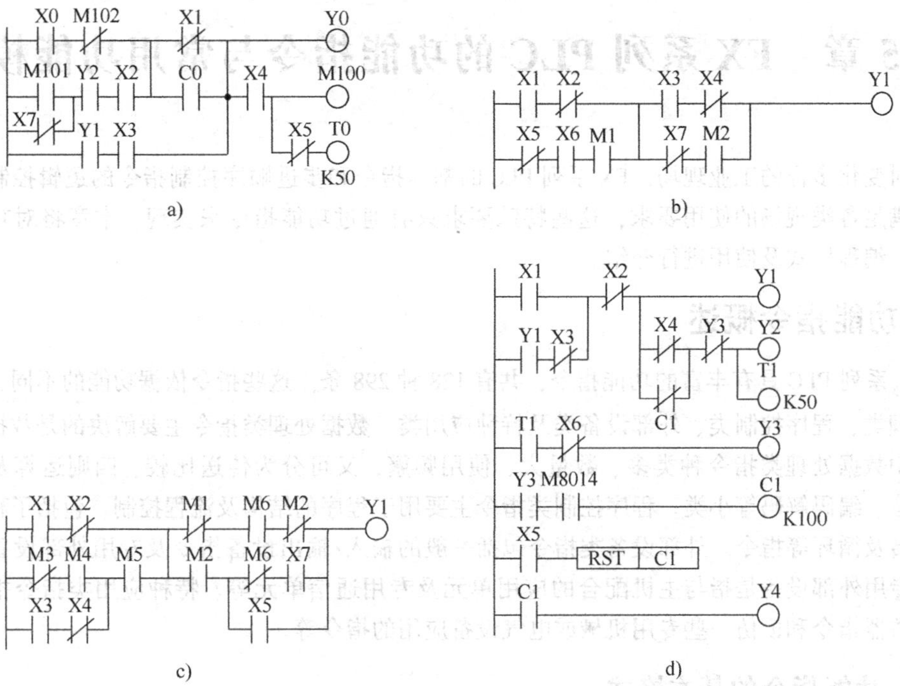

图4-42　梯形图

4. 试写出与梯形图对应的指令表程序

1）

0	LD	X0	5	ANI	M2	10	ANB		15	ANI	X5
1	OR	Y5	6	LD	Y1	11	OR	M0	16	OUT	M1
2	ANI	X5	7	ORI	M1	12	OUT	Y5			
3	OR	X3	8	AND	C5	13	AND	X4			
4	LD	T1	9	ORB		14	OUT	M0			

2）

0	LD	X0	3	AND	M6	6	SET	M6
1	PLS	M0	4	OUT	M1	7	LD	M1
2	LD	M0	5	LD	M0	8	RST	M6

5. 在 FX_{2N} 系列 PLC 中，特殊辅助继电器 M8000、M8002、M8011、M8005 和 M8034 分别有什么功能？

6. 在 PLC 中，输入继电器是用来干什么的？一个输入继电器有多少个可用于 PLC 内部编程的常开触点和常闭触点？它的线圈能否出现在梯形图中？

7. 试设计一个长延时电路，要求在 X0 接通 4000s 后，Y0 才通电动作；在 X0 断开后，Y0 立刻断开。

8. 设计一个振荡电路的控制程序，当输入接通时，输出 Y0 闪烁，接通和断开交替进行，接通时间为 1s，断开时间为 2s。

9. 用 SET、RST 指令和微分指令设计满足图 4-43 的梯形图程序。

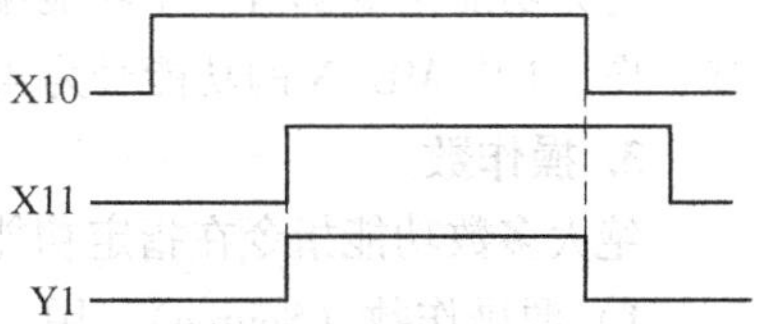

图4-43　梯形图

第 5 章　FX 系列 PLC 的功能指令与常用功能模块

面对变化多样的工业现场，FX 系列 PLC 的基本指令和步进顺序控制指令的逻辑控制功能有时无法满足各类现场的使用要求，这些特殊要求只有通过功能指令来实现。本章将对功能指令的功能、编程格式及使用进行介绍。

5.1　功能指令概述

FX_{2N}系列 PLC 具有丰富的功能指令，共有 128 种 298 条。这些指令依据功能的不同，可分为数据处理类、程序控制类、外部设备类及特种应用类。数据处理类指令主要解决的是数据处理任务，其中数据处理类指令种类多、数量大、使用频繁，又可分为传送比较、四则运算及逻辑运算、移位、编码解码等小类。程序控制类指令主要用于程序的结构及流程控制，包括子程序、中断、跳转及循环等指令。外部设备类指令包括一般的输入/输出设备指令及专用外部设备指令两大类，专用外部设备是指与主机配合的应用单元及专用通信单元等。特种应用类指令指的是如高速计数器指令和模仿一些专用机械或电气设备应用的指令等。

5.1.1　功能指令的基本格式

与基本指令不同的是，应用指令（即功能指令）不含表达梯形图符号间相互关系的成分，而是直接表达本指令要做什么。FX 系列 PLC 采用计算机通用的助记符形式来表示功能指令，一般用指令的英文名称或缩写作为助记符。例如，FNC45 的助记符为 MEAN，指求平均值指令，它在梯形图中的表示方法如图 5-1 所示。

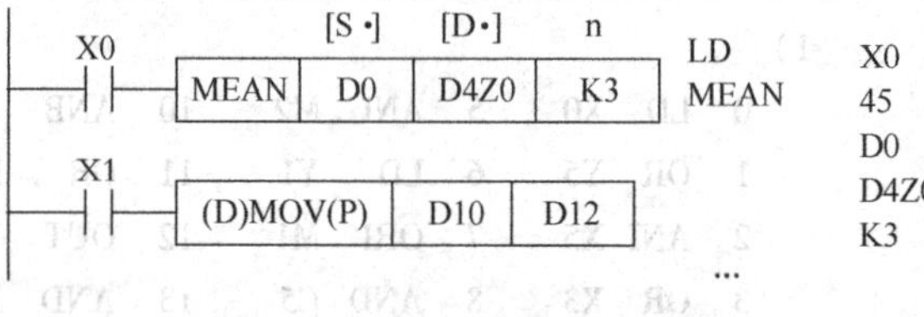

图 5-1　功能指令的表示方法

由图 5-1 可知，功能指令的梯形图结构包括以下三个部分。

1. 执行条件

由输入继电器（X）、输出继电器（Y）、辅助继电器（M）、状态（S）、定时器（T）、计数器（C）等软元件的触点组构成。当执行条件为 ON 时，执行该功能指令。有些功能指令没有执行条件。

2. 功能号和助记符

每条功能指令都有一个功能编号和相应的助记符。功能号不同，功能指令的功能就不同。例如，图 5-1 中 MEAN 的功能号为 45，其功能为求几个数的平均值，MEAN 为指令助记符。

3. 操作数

绝大多数功能指令在指定功能号和助记符的同时，还必须指定操作数。操作数有以下几种：

1）源操作数（Source），用［S·］表示。在执行指令的过程中，源操作数中的内容保持不变。当同时有多个源操作数时，分别用［S1·］、［S2·］等表示。如果可以使用变址功能，可用［S·］表示。

2）目标操作数（Destination），用［D·］表示。在执行指令的过程中，目标操作数中的内容随程序的执行会有所改变。当同时有多个目标操作数时，分别用［D1·］、［D2·］等表示。若可使用变址功能，可用［D·］表示。

3）其他操作数（常数），用m或n表示。很多指令中用到常数，可能是十进制常数K或十六进制常数H。当有多个常数时，可用m1、m2或n1、n2等方式表示。

例如，当图5-1中X0的常开触点接通时，执行的操作为[(D0)+(D1)+(D2)]/3(D4Z0)，即求D0起的n个寄存器的平均值，结果送到目标寄存器D4Z0。D4Z0是变址寄存器，如果Z0的内容为10，则运算结果送到D14。

FX_{0S}和FX_{0N}系列只有两个变址寄存器V和Z，FX_{2N}系列有16个变址寄存器V0～V7和Z0～Z7。

功能指令的功能号和指令助记符占一个程序步，16位操作与32位操作的每一个操作数分别占2个和4个程序步，图5-1同时给出了功能指令MEAN的指令语句表和步序号。

5.1.2　功能指令的执行方式与数据长度

1. 功能指令的连续执行与脉冲执行

功能指令有连续执行和脉冲执行两种类型，在指令助记符后面有“P”的表示脉冲执行，如图5-1中的MOV指令，即该指令仅在X1接通（由OFF到ON）时执行一次，将D10中的数据送到D12中；如果没有“P”则表示连续执行，即该指令在X1接通（ON）的每一个扫描周期都被执行。

2. 数据长度

功能指令可处理16位或32位数据。处理32位数据的指令是在助记符前加“D”表示，无此标志即为处理16位数的指令。如图5-1中助记符MOV之前的“D”即表示处理32位数据，此时相邻的两元件组成元件对，该指令将D11、D10中的数据传送到D13、D12。处理32位数据时，为了避免出现错误，建议使用首地址为偶数的操作数。

5.1.3　功能指令的数据格式

1. 位元件与字元件

只有ON/OFF状态的元件称为位（bit）元件，如X、Y、M和S。处理字的元件称为字元件，一个字由16位二进制数组成，如定时器和计数器的当前值T、C和数据寄存器D等。位元件可以组成字元件来进行数据处理。

2. 位元件的组合

位元件每4位一组，合成一个数字，用Kn加首位元件号来表示，其中n为组数，16位操作数时n=1～4，32位操作数时n=1～8位。例如，K2M0表示由M0～M7组成的两个位元件组，M0为数据的最低位（首位）。K4S10表示由S10～S25组成的16位数据，S10为最低位。当16位数据传送到n=1～3的位元件组时，只传送低位的相应数据，当32位数据传送到n=1～7的位元件组时，也是一样的。但是为了避免混乱，建议采用以0结尾的元件，如X0、X10、X20等。

在作16位数操作时，参与操作的位元件由K1～K4指定。若仅由K1～K3指定，高位的不足部分均作0处理，这意味着只能处理正数（最高位为符号位，正数的符号位为0），在32位数处理时也有类似的情况。

3. 不同长度数据之间的传送

对于字元件和位指定元件之间的数据传送，当数据长度不同时，可按如下规则进行操作：

1）“从长到短”的传送，忽略长位数据的高位；

2）“从短到长”的传送，长位数据的高位为0。

其传送过程如图5-2所示。

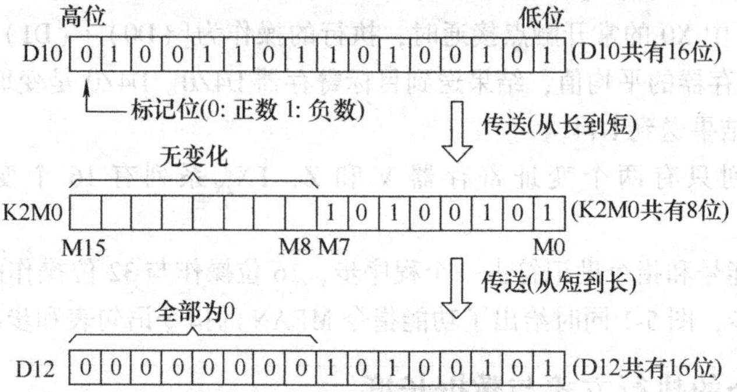

图5-2 不同长度数据之间的传送

4. 变址寄存器V、Z

在传送、比较指令中，变址寄存器V、Z用来修改操作对象的元件号，循环程序中常使用变址寄存器。

［S·］和［D·］表示有变址功能。对32位指令，V为高16位，Z为低16位。32位指令中使用变址指令只需指定Z，随后系统自动分配V所用的寄存器，让V、Z组对工作。

例图5-3中，各触点接通时，常数10送到V0，然后常数20送到Z1，然后ADD指令完成运算(D5V0)+(D15Z1)(D40Z1)，即(D15)+(D35)(D60)。

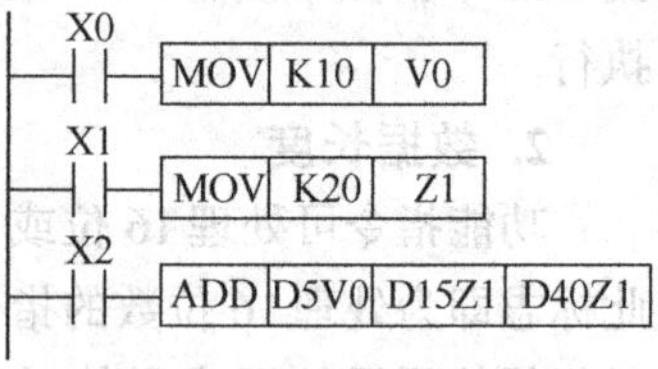

图5-3 变址寄存器的使用

5.2 功能指令分类

5.2.1 程序流程类指令（FNC00～FNC09）

程序流程类指令有条件跳转、子程序调用、中断处理、循环、定时器刷新等共10条。

1. 条件跳转指令（CJ）

条件跳转指令用于跳过顺序控制程序中的某一部分。其编号为FNC00，操作数为指针标号P0～P127，其中P63为END所在步序，不需标记。执行条件跳转指令的意义是，在满足跳转条件之后的各个扫描周期中，PLC将不再扫描和执行跳转指令与跳转指针Pn之间的程序，即跳到以指针Pn为入口的程序段中执行，直到跳转的条件不再满足，跳转停止进行。

跳转指令可用来选择一定的程序段，在工业自动化控制中经常使用。例如，某装置在不同的条件下有两种工作方式，需运行两段不同的程序时，可使用。常见的手动、自动工作方式的转换就是这种情况。设备调试、维修时用手动程序，正常运行时执行自动程序。

下面通过实例对跳转指令执行前后以及跳转区内外各个软元件的状态进行详细的说明。

（1）软元件Y、M、S的状态

发生跳转时，跳过的软元件Y、M、S保持跳转前的状态。图5-4中，当X0为ON时，Y1、M1、S1保持跳转前的状态。

（2）计数器 C 的状态

若发生跳转前，计数器没有计数，发生跳转后，即使计数条件满足，计数器也不工作。若计数器正在计数时发生跳转，计数器停止计数，并保持计数当前值不变。当跳转解除后，计数器继续计数。如图 5-4 中的 C0，X7 为 OFF、X10 为 ON 时，若 X0 为 ON，跳转发生，计数器 C0 计数中断，直到 X0 为 OFF 时，C0 继续计数。

（3）定时器 T 的状态

1）10ms、100ms 定时器的状态。跳转发生前，定时器没有计时，跳转发生后，无论计时条件满足与否，定时器不计时。若定时器正在计时，跳转发生后，计时中断，跳转解除后，定时器继续计时。如图 5-4 中的 T0，当 X4 为 ON 时，若 X0 为 ON，跳转发生，定时器 T0 计时中断，直到 X0 为 OFF 时，T0 继续计时。

2）1ms 定时器的状态。若跳转前定时器正在计时，跳转发生后，该定时器仍在计时，当计时到定时设定值时，其触点不动作，跳转解除后，触点才动作。如图 5-4 中的定时器 T246，当 X5 为 OFF，X6 为 ON 时，X0 为 ON 跳转发生，计时到计时值，触点 T246 不动作，直到 X0 为 OFF 时，T246 的常开触点闭合。

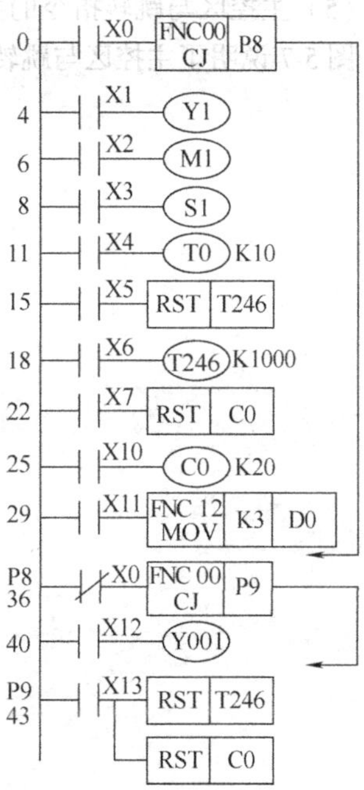

图 5-4　条件跳转指令应用实例

3）定时器 T192 ~ T199、高速计数器的状态。定时器 T192 ~ T199、高速计数器的状态与跳转指令无关。

4）T、C 软元件复位指令 RST 的执行。在跳转区外的 RST 复位指令，只要复位条件满足，无论 T、C 的线圈在跳转区内，还是在跳转区外，都执行复位。如图 5-4 中最下面（第 43 步之后）的 RST　T246、RST　C0 的执行都与跳转指令无关。

（4）使用跳转指令的几点注意

1）由于跳转指令具有选择程序段的功能，因此两个相同编号的线圈在同一程序内，但位于因跳转而不会被同时执行的两个程序段中时，则不被视为双线圈，即允许存在。

2）可以有多条跳转指令使用同一标号。在图 5-5 中，如 X20 接通，第一条跳转指令有效，从这一步跳到标号 P9。如果 X20 断开，而 X21 接通，则第二条跳转指令有效，程序从第二条跳转指令处跳到 P9 处。但在同一程序中不允许存在两个相同的标号，即不允许一个跳转指令对应两个标号的情况。在编写跳转程序的指令表时，标号需占一行。

3）标号一般设在相关的跳转指令之后，也可以设在跳转指令之前，如图 5-6 所示。应该注意的是，从程序执行顺序来看，如果 X24 接通 200ms 以上，造成该程序的执行时间超过了警戒时钟设定值，会发生监视定时器出错。

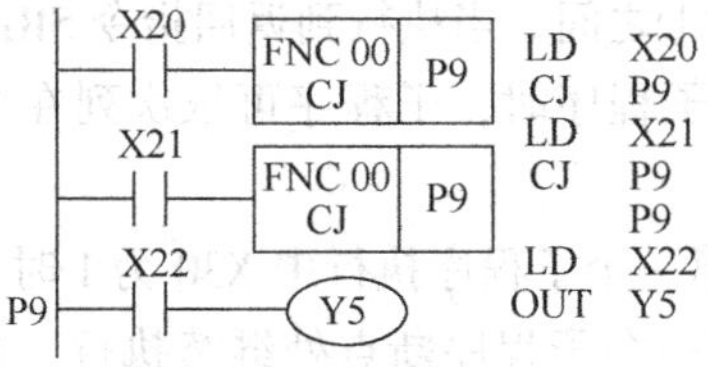

图 5-5　两条跳转指令使用同一指针标号

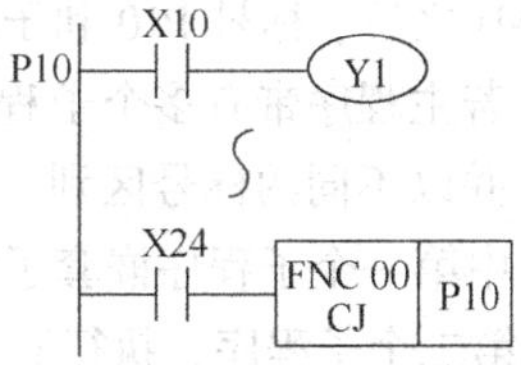

图 5-6　指针标号可以设在跳转指令之前

4）除了 FNC52 ~ FNC58 指令外，在发生跳转时，不执行其他功能指令。例如，图 5-4 中的“FNC12（MOV）”指令，当 X0 为 ON 时，即使 X11 为 ON，也不执行该指令。

（5）主控区与跳转指令的关系

图 5-7 说明了主控区与跳转指令的关系。

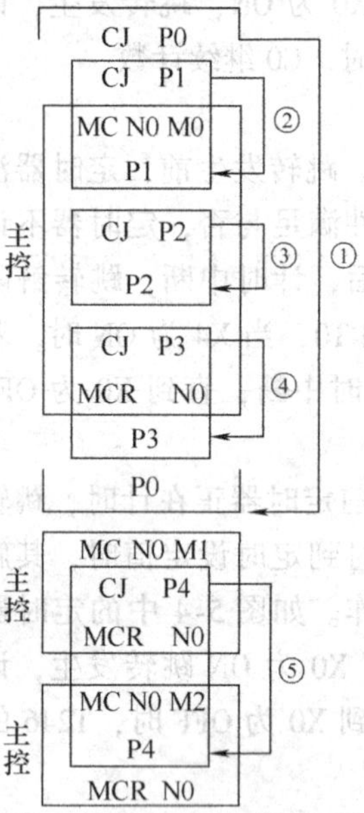

图 5-7 主控区与跳转指令的关系

图中：

① 跳过整个主控区（MC ~ MCR）的跳转不受限制。

② 从主控区外跳到主控区内时，跳转独立于主控操作，CJ P1 执行时，不论 M0 状态如何，均作 ON 处理。

③ 在主控区内跳转时，如 M0 为 OFF，跳转不能执行。

④ 从主控区内跳到主控区外时，M0 为 OFF 时，跳转不能执行；M0 为 ON 时，跳转条件满足，可以跳转，这时 MCR N0 无效，但不会出错。

⑤ 从一个主控区内跳到另一个主控区内时，当 M1 为 ON 时，可以跳转。执行跳转时，不论 M2 的实际状态如何，均看做 ON。MCR N0 被忽略。

2. 子程序调用和子程序返回指令（CALL，SRET）

子程序是为一些特定的控制目的编制的相对独立的程序。子程序调用指令 CALL 的编号为 FNC01，操作数为 P0 ~ P127，此指令用了 3 个程序步。

子程序返回指令 SRET 的编号为 FNC02，无操作数，占用一个程序步。图 5-8 为一个调用子程序的梯形图。

图 5-8 中，当 X1 为 1 时，执行指针标号为 P10 的子程序一次。子程序 P10 安排在主程序结束指令 FEND 之后、标号 P10 和子程序返回指令 SRET①之间。当执行到返回指令 SRET①时，返回主程序。若主程序带有多个子程序或子程序中嵌套子程序时，子程序可依次列在主程序结束指令之后，并以不同的标号区别。

图 5-8 中第一个子程序嵌套了第二个子程序，当第一个子程序执行中 X30 为 1 时，调用标号 P11 开始的第二个子程序，执行到 SRET②时，返回第一个子程序断点处继续执行。在这样的子程序内调用指令可达 4 次，整个程序嵌套最多可达 5 次。在编写调用子程序的指令表时，标号需

占一行。

3. 与中断有关的指令（IRET，EI，DI）

与中断有关的三条功能指令是：中断返回指令 IRET，编号为 FNC03；中断允许指令 EI，编号为 FNC04；中断禁止 DI，编号为 FNC05。它们均无操作数，占用一个程序步。PLC 通常处于禁止中断状态。

由 EI 和 DI 指令组成允许中断范围，在执行到该区间时，如有中断源产生中断，CPU 将暂停执行主程序，转去执行中断服务程序。当遇到 IRET 时，返回断点继续执行主程序。中断指令的梯形图表示方法如图 5-9 所示。从图中可以看出，中断程序作为一种子程序安排在主程序结束指令 FEND 之后，EI 与 DI 间的程序区间表示可以开放中断的程序段。

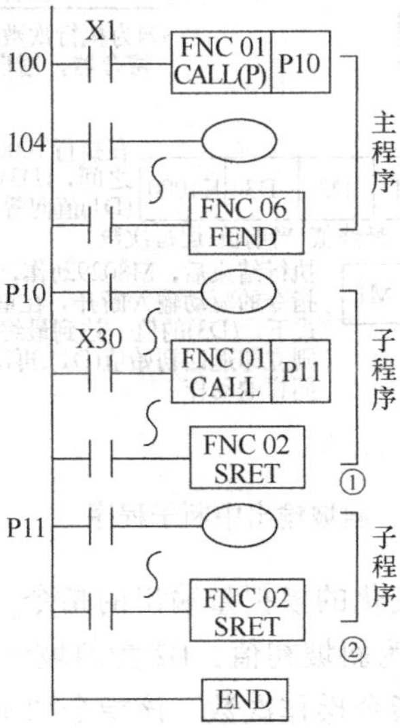

图 5-8　子程序梯形图

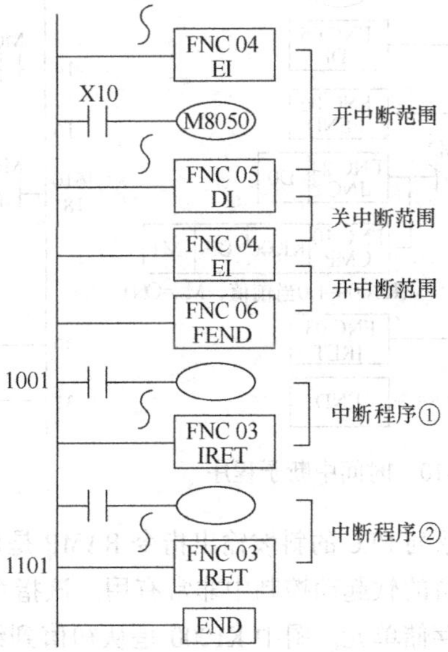

图 5-9　中断指令的梯形图

（1）使用中断相关指令的注意事项

1）如果多个中断依次发生，则以发生先后为顺序，即发生越早，级别越高；如果多个中断源同时发出信号，则中断指针号越小，优先级越高。

2）当 M8050 ~ M8058 为 ON 时，相应地禁止执行 I0 × × ~ I8 × × 的中断，M8059 为 ON 时则禁止所有计数器中断。

3）采用无条件中断禁止时，不必用 DI 指令（只用 EI 指令）。

4）执行一个中断服务程序时，如果在中断服务程序中有 EI 和 DI，可实现二级中断嵌套，否则，禁止其他中断。

（2）中断指令实例

1）时间中断子程序。图 5-10 为一段时间中断子程序。中断标号 I610 的中断序号为 6，是时间周期为 10ms 的定时器中断。从梯形图程序可以看出，每执行一次中断程序将向数据存储器 D0 中加 1，当加到 1000 时，K1000 = D0，于是 M2 为 ON，使 Y2 置 1。为了验证中断程序的正确性，在主程序段中设有定时器 T0，其设定值为 100，并用 T0 的常开触点控制 Y1，这样当 X1 由 ON 变为 OFF，并延时 10s 后，Y1 和 Y2 同时为“1”状态。

2）斜坡输出中断子程序。斜坡输出的中断子程序梯形图如图 5-11 所示。

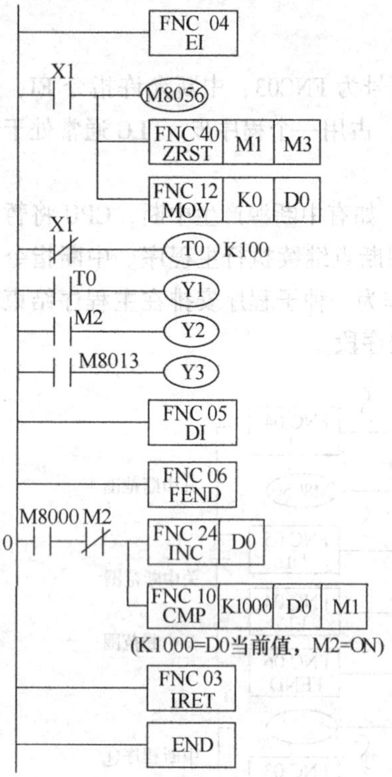

图 5-10　时间中断子程序

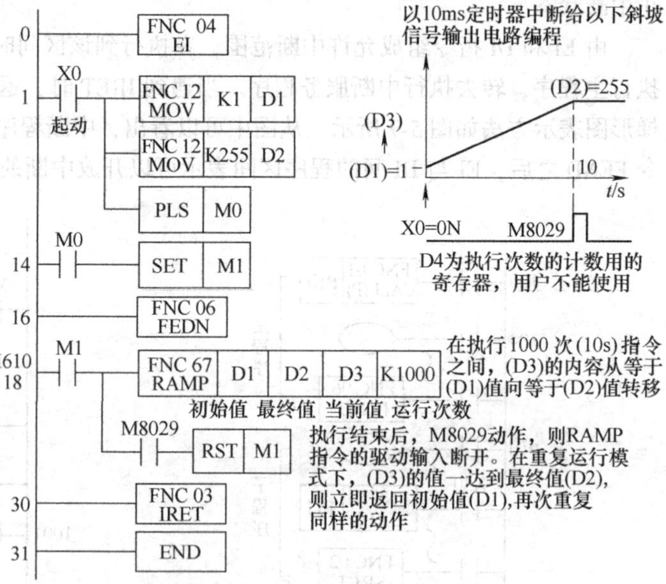

图 5-11　斜坡输出中断子程序

FX_{2N}系列 PLC 的斜坡输出指令 RAMP 是用来产生线性变化的模拟量输出的指令，在交流电动机等设备的软起动控制中非常有用。该指令源操作数 D1 为斜坡初值，D2 为斜坡终值，D3 为斜坡数据存储单元。图中 K1000 是从初值到终值需经过的指令操作次数。该指令如不采取中断控制方式，从初值到终值的时间及变化速率要受到扫描周期的影响。因此使用标号为 I610 的时间中断程序，D3 中数值的变化时间及变化的线性度就有了保障。

4. 主程序结束指令（FEND）

主程序结束指令 FEND 的功能指令编号为 FNC06，无操作数，占用一个程序步。当 CPU 执行到 FEND 指令时，PLC 进行输入/输出处理，监控定时器刷新，完成后返回第 0 步，并继续执行下去。它和 END 指令的区别在于：子程序（包括中断子程序）应放在 FEND 指令之后，END 之前，若子程序放在 END 之后，将无法被调用。CALL 指令调用的子程序必须用 SRET 指令结束，中断子程序必须以 IRET 指令结束。

若 FEND 指令在 CALL 指令执行之后和 SRET 指令执行之前出现，则程序出错。另外，如果 FEND 指令出现在 FOR-NEXT 循环之中，程序也出错。使用多条 FEND 指令时，中断程序应放在最后的 FEND 指令和 END 指令之间。

图 5-12 是 FEND 指令的应用举例。

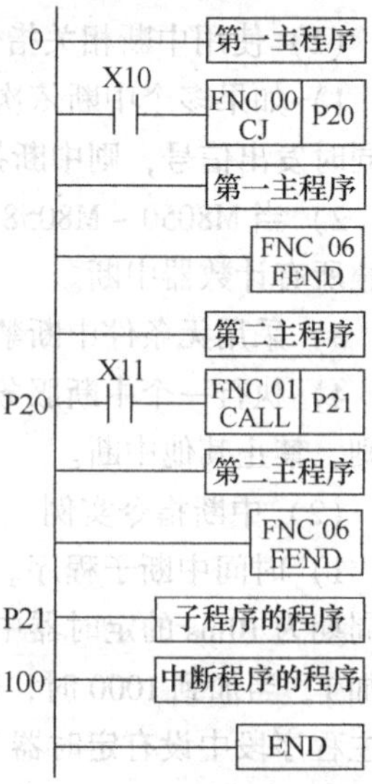

图 5-12　FEND 指令的应用

由图 5-12 可知，当 X10 为 OFF 时，不执行跳转指令，仅执行第一主程序；当 X10 为 ON 时，执行跳转指令，跳到指针标号 P20 处，执行第二主程序。此时，若 X11 为 OFF，仅执行第二主程序，若 X11 为 ON，调用指针标号为 P21 的子程序，结束后，通过 SRET 指令返回原断点，继续执行第二主程序。

5. 监控定时器指令（WDT）

监控定时器指令 WDT（Watch Dog Timer，也称看门狗定时器）的功能指令编号为 FNC07，无操作数，占用一个程序步。监控定时器可防止程序跑飞。

在执行 FEND 和 END 指令时，监控定时器被刷新（复位），而 PLC 正常工作时扫描周期（从 0 步到 FEND 或 END 指令的执行时间）小于监控定时器的定时时间。如果强烈的外部干扰使 PLC 偏离正常的程序执行路线，导致监控定时器在定时时间到时未被复位，那么 PLC 将停止运行，它上面的 CPU－E 发光二极管亮。

监控定时器定时时间的默认值为 200ms，可通过 D8000 来修改定时时间。可将 WDT 指令插入到合适的程序步中以适时刷新监控定时器。如果 FOR　NEXT 循环程序的执行时间可能超过监控定时器的定时时间，可将 WDT 指令插入到循环程序中。若条件跳步指令 CJ 在它对应的标号之后，则程序是往回跳，可能会连续反复跳步，使它们之间的程序被反复执行，总的执行时间超过监控定时器的定时时间会使 PLC 停机，为了避免出现这种情况，可在 CJ 指令和对应的标号之间插入 WDT 指令。

6. 循环指令（FOR，NEXT）

FOR 与 NEXT 指令之间的程序将被反复执行，执行次数由 FOR 指令的源操作数设定，循环设定次之后，执行 NEXT 后面的指令。

循环指令 FOR 用来表示循环区的起点，指令编号为 FNC08，16 位指令占用 3 个程序步，它的源操作数用来表示循环次数 N，可以取任意的数据格式。循环次数 N＝1～32767，如果 N 的值取－32767～0，PLC 将 N 当 N＝1 处理。循环可嵌套 5 层。

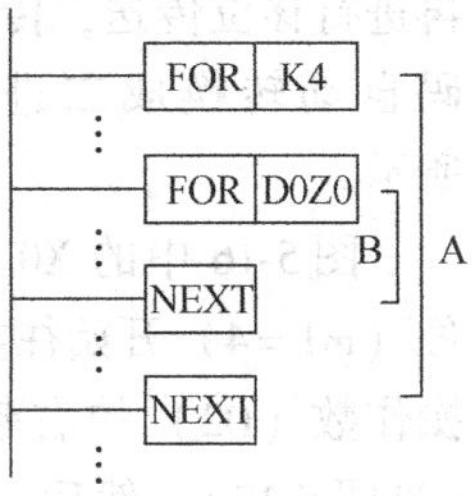

图 5-13　循环程序

NEXT 是循环区终点指令，功能指令编号为 FNC09，占一个程序步，无操作数。

如图 5-13 所示，外层循环程序执行 4 次，如果 D0Z0 中的数据为 6，每执行一次程序 A，就要执行 6 次程序 B，程序 B 一共要执行 24 次。如在循环中设置 CJ 指令，可跳出 FOR－NEXT 之间的循环体。

FOR 与 NEXT 指令总是成对使用的，FOR 指令应放在 NEXT 的前面，如果没有满足上述条件，或 NEXT 指令放在 FEND 和 END 指令的后面，都会出现错误。

5.2.2　传送与比较类指令（FNC10～FNC19）

1. 比较指令（CMP）

CMP 指令的编号为 FNC10。比较指令的功能是将源操作数［S1·］和［S2·］的数据进行比较，比较的结果送到目标操作数［D·］中去。其使用如图 5-14 所示。图中，比较指令将十进制常数 100 与计数器 C10 的当前值比较，比较结果送到 M0、M1、M2。当 X1 为 0 时，不进行比较，M0～M2 的状态保持不变。X1 为 ON 时进行比较，如果［S1·］>［S2·］，则 M0 为 ON 状态；若［S1·］=［S2·］，M1 为 ON；若［S1·］<［S2·］，M2 为 ON。

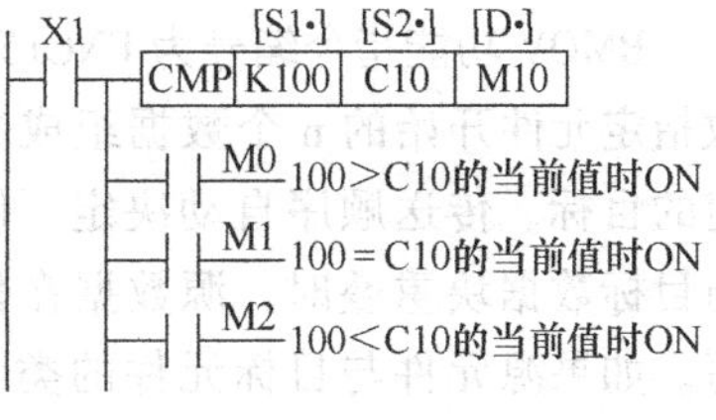

图 5-14　比较指令的使用

2. 区间比较指令（ZCP）

ZCP 功能指令的编号为 FNC11。执行时将源操作数［S·］与［S1·］和［S2·］的内容进行比较，并将比较结果送到目标操作数［D·］中。其使用如图 5-15 所示。图中 X2 为 ON 时，执行 ZCP 指令，将 T3 的当前值与常数 100 和 150 相比较，比较结果送到 M3～M5。

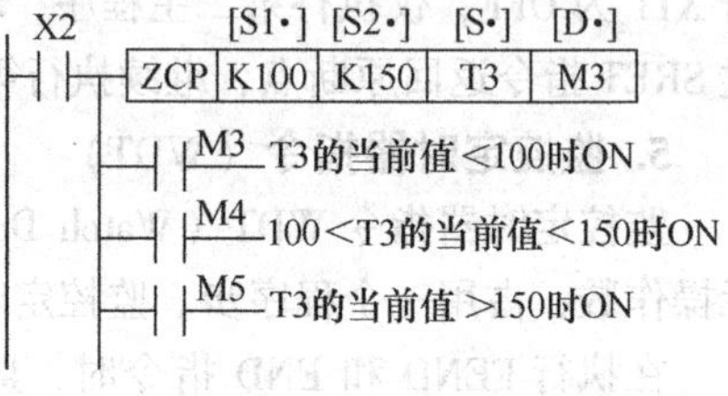

图 5-15 区间比较指令的使用

使用比较指令 CMP/ZCP 时应注意：

1）［S1·］、［S2·］可取任意数据格式，目标操作数［D·］可取 Y、M 和 S。

2）使用 ZCP 时，［S2·］的数值不能小于［S1·］。

3）所有的源数据都被看成二进制值处理。

3. 传送指令（MOV）

MOV 功能指令的编号为 FNC12，该指令的功能是将源数据传送到指定的目标。其使用如图 5-16 所示。图中 X1 为 ON 时，常数 100 被传送到 D10，并自动转换为二进制数。当 X1 为 OFF 时，该指令不执行，数据保持不变。使用 MOV 指令时，源操作数可取所有数据类型，目标操作数可以是 KnY、KnM、KnS、T、C、D、V、Z。

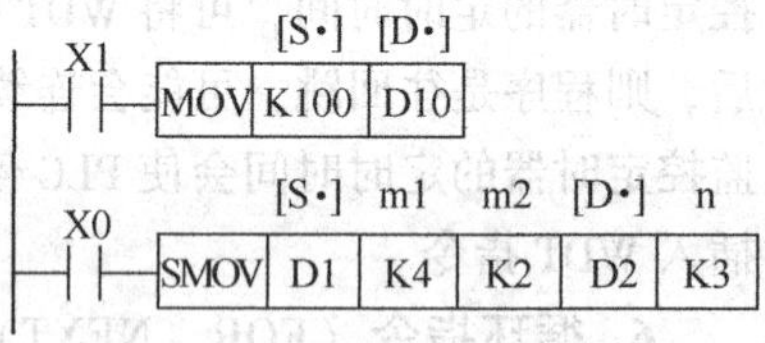

图 5-16 传送指令与移位传送指令

4. 移位传送指令（SMOV）

SMOV 指令的编号为 FNC13。该指令的功能是将源数据（二进制）自动转换成 4 位 BCD 码，再进行移位传送，传送后的目标操作元件的 BCD 码自动转换成二进制数，如图 5-16 和图 5-17 所示。

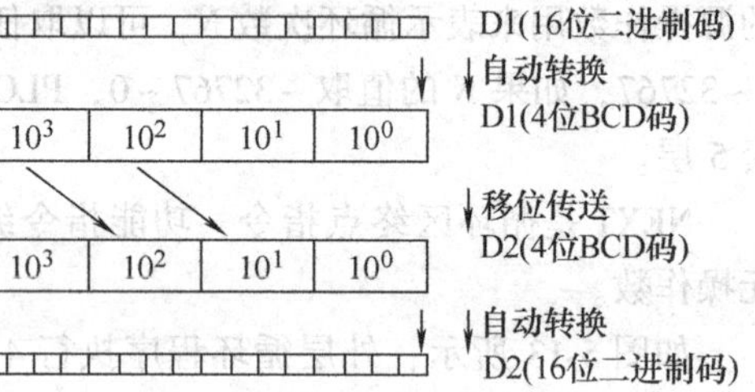

图 5-17 移位传送

图 5-16 中的 X0 为 ON 时，将 D1 中右起第 4 位（m1＝4）开始往左的 2 位（m2＝2）移到目标操作数（D2）的右起第 3 位（n＝3）和第 2 位（见图 5-17），然后，D2 中的 BCD 码自动转换为二进制码，D2 中的第 1 位和第 4 位不受移位传送指令的影响。移位传送指令中源操作数、目标操作数的数据类型与传送指令的类型相同。

5. 取反传送指令（CML）

CML 指令的编号为 FNC14。它是将源操作元件的数据逐位取反并传送到指定目标。若源数据为常数 K，该数据将自动转换为二进制数。如图 5-18 中，CML 指令将 D0 的低 4 位取反后传送到 Y3～Y0 中。

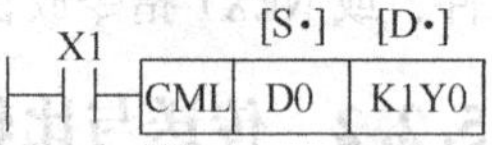

图 5-18 取反传送

6. 块传送指令（BMOV）

BMOV 功能指令编号为 FNC15，它是将源操作数指定元件开始的 n 个数据组成数据块传送到指定的目标。传送顺序自动决定，以防止源数据块与目标数据块重叠时，源数据在传送过程中被改写。如果源元件与目标元件的类型相同，传送顺序如图 5-19 所示。使用块传送指令时应注意：

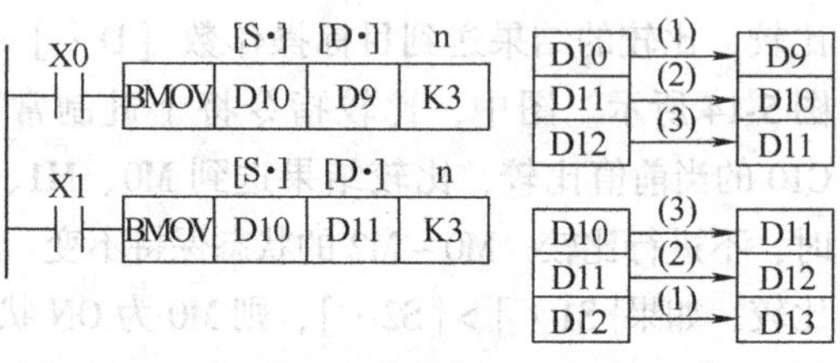

图 5-19 块传送

1）源操作数可取 KnX、KnY、KnM、KnS、T、C、D 和文件寄存器，目标操作数可取 KnT、KnM、KnS、T、C 和 D。

2）如果元件号超出允许范围，传送只在允许范围内的元件间进行。

7. 多点传送指令（FMOV）

FMOV 指令的编号为 FNC16，其功能是将源操作数中的数据传送到指定目标开始的 n 个元件中，传送后 n 个元件中的数据完全相同。指令使用如图 5-20 所示。图中 X2 为 ON 时，将常数 0 传送到 D5 ~ D14 这 10 个（n = 10）数据寄存器中。

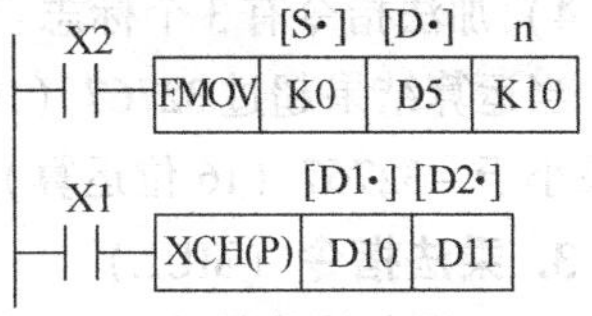

图 5-20　多点数据传送与数据交换

使用 FMOV 指令时应注意：

1）源操作数可取所有的数据类型，目标操作数可取 KnX、KnM、KnS、T、C 和 D，n 小于或等于 512。

2）如果元件号超出允许范围，数据仅送到允许范围的元件中。

8. 数据交换指令（XCH）

XCH 指令的编号为 FNC17，它是将数据在指定的目标元件之间交换。16 位运算占 5 个程序步，32 位运算占 9 个程序步。它的两个目标操作数可取 KnY、KnM、KnS、T、C、D、V 和 Z。指令使用如图 5-20 所示。

执行数据交换指令时，交换指令一般采用脉冲执行方式，否则在每一个扫描周期都要交换一次。

9. 数据变换指令（BCD，BIN）

1）BCD 变换指令。助记符为 BCD，指令编号为 FNC18。它是将源元件中的二进制数转换成 BCD 码送到目标元件中，如图 5-21 所示。

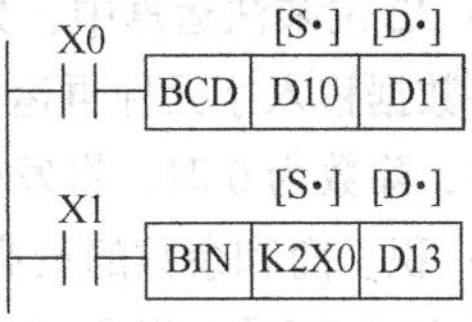

图 5-21　BCD 变换与 BIN 变换

当指令进行 16 位操作时，执行结果超出 0 ~ 9999 范围将会出错；当指令进行 32 位操作时，执行结果超过 0 ~ 99999999 范围也将出错。PLC 中内部的运算为二进制运算，可用 BCD 指令将二进制数变换为 BCD 码，输出到七段显示器中。

2）BIN 变换指令。助记符为 BIN，指令编号为 FNC19。它将源元件中的 BCD 数据转换成二进制数据，传送到目标元件中。可以用 BIN 指令将 BCD 数字开关提供的设定值输入到 PLC，如果源元件中的数据不是 BCD 数，将会出错。常数 K 不能作为本指令的操作元件。BCD 码的范围与 BCD 指令中的相同。

5.2.3　算术与逻辑运算类指令（FNC20 ~ FNC29）

1. 加法指令（ADD）

ADD 指令的编号为 FNC20。它是将指定的源元件中的二进制数相加，结果送到指定的目标元件中去。其使用如图 5-22 所示。图中 X0 为 ON 时，执行(D10) + (D12)→(D14)。

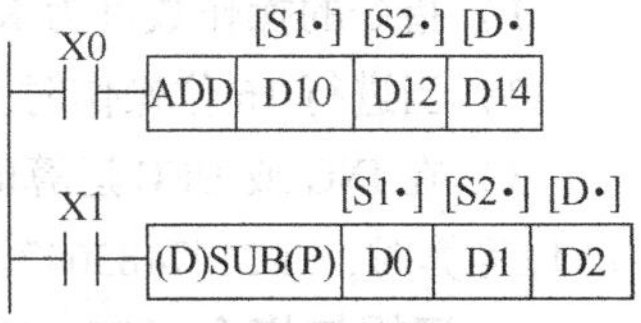

图 5-22　二进制加减法运算

2. 减法指令（SUB）

SUB 指令的编号为 FNC21，它是将［S1·］指定元件的内容以二进制形式减去［S2·］指定元件的内容，其结果存入由［D·］指定的元件中。图 5-22 中，X1 为 ON 时，执行(D0) - (D1)→(D2)。使用加法和减法指令时应注意：

1）源操作数可取所有数据类型，目标操作数可取 KnY、KnM、KnS、T、C、D、V 和 Z。

2）有 16 位运算和 32 位运算两种，16 位运算占 7 个程序步，32 位运算占 13 个程序步。

3）数据为有符号二进制数，最高位为符号位（0 为正，1 为负）。

4）加法指令有 3 个标志：零标志（M8020）、借位标志（M8021）和进位标志（M8022）。

当运算结果超过 32767（16 位运算）或 2147483647（32 位运算）则进位标志置 1；当运算结果小于 –32767（16 位运算）或者说 47483647（32 位运算），借位标志就会置 1。

3. 乘法指令（MUL）

MUL 指令的编号为 FNC22。参与计算的数据均为有符号数，每个数据的最高位为符号位。如图 5-23 中，图中 X0 为 ON 时，执行 16 位乘法(D0)×(D2)→(D4)，即将 D0 和 D2 中的数相乘，乘积的低位字送到 D4，高位字送到 D5。目标位元件（如 KnM）可用 K1 ~ K8 来指定位数。如果用 K4 来指定位数，只能得到乘积的低 16 位。

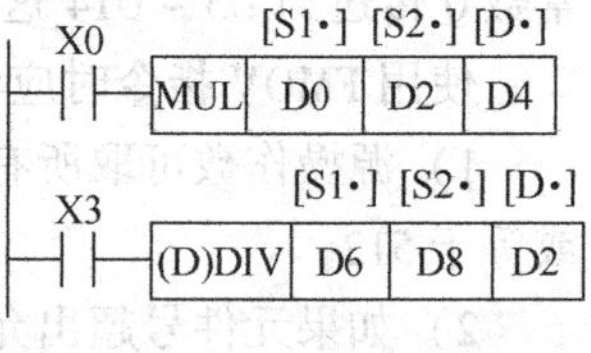

图 5-23　二进制乘除法运算

4. 除法指令（DIV）

DIV 指令的编号为 FNC23。其功能是将［S1·］指定为被除数，［S2·］指定为除数，将除得的结果送到［D·］指定的目标元件中，余数送到［D·］的下一个元件中。在图 5-23 中，X3 为 ON 时，执行（D7，D6）÷（D9，D8），商送到（D3，D2），余数送到（D5，D4）。

使用乘法和除法指令时应注意：

1）源操作数可取所有数据类型，目标操作数可取 KnY、KnM、KnS、T、C、D、V 和 Z，其中 Z 只有在 16 位乘法时能用，在 32 位乘法时不可用。

2）32 位乘法运算中，如用位元件作目标，则只能得到乘积的低 32 位，高 32 位将丢失，如果先将数据移入字元件再运算则不会有此问题；除法运算中将位元件指定为［D·］，则无法得到余数，除数为 0 时，将发生运算错误。

3）积、商和余数的最高位为符号位。

5. 加 1 和减 1 指令（INC 和 DEC）

加 1 指令 INC 的编号为 FNC24；减 1 指令 DEC 的编号 FNC25。INC 和 DEC 指令的功能分别是当条件满足则指定元件的内容加 1 或减 1。其使用如图 5-24 所示。图中 X4 每次由 OFF 变为 ON 时，由［D·］指定的元件（D10）中的数增加 1；X1 每次由 OFF 变为 ON 时，（D11）中的数减 1。如果不用脉冲指令，每一个扫描周期都要加 1 或减 1。

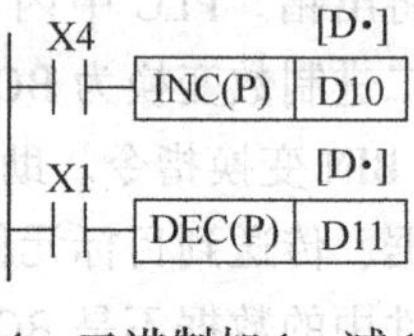

图 5-24　二进制加 1、减 1 运算

使用加 1 和减 1 指令时应注意：

1）指令的操作数可为 KnY、KnM、KnS、T、C、D、V 和 Z。

2）当进行 16 位操作时为 3 个程序步，32 位操作时为 5 个程序步。

3）在 INC 或 DEC 运算时，如果数据为 16 位，32767 再加 1 就变成 –32767，但标志不动作；32 位运算时，+2147483647 再加 1 就会变为 –2147483648，但标志不会动作。

6. 逻辑与指令（WAND）

WAND 指令的编号为 FNC26，它是将两个源操作数按位进行与操作，结果送指定元件。

7. 逻辑或指令（WOR）

WOR 指令的编号为 FNC27。它是对两个源操作数按位进行或运算，结果送指定元件。

8. 逻辑异或指令（WXOR）

WXOR指令的编号为FNC28，它是对源操作数以位为单位进行逻辑异或运算。

9. 求补指令（NEC）

NEC指令的编号为FNC29，其功能是将［D·］指定的元件内容的各位先取反再加1，将结果再存入原来的元件中。WAND、WOR、WXOR和NEG指令的使用如图5-25所示。使用逻辑运算指令时应注意：

1）WAND、WOR、WXOR指令的［S1·］和［S2·］均可取所有的数据类型，目标操作数可取KnY、KnM、KnS、T、C、D、V和Z。

2）NEG指令只有目标操作数，且可取KnY、KnM、KnS、T、C、D、V和Z。

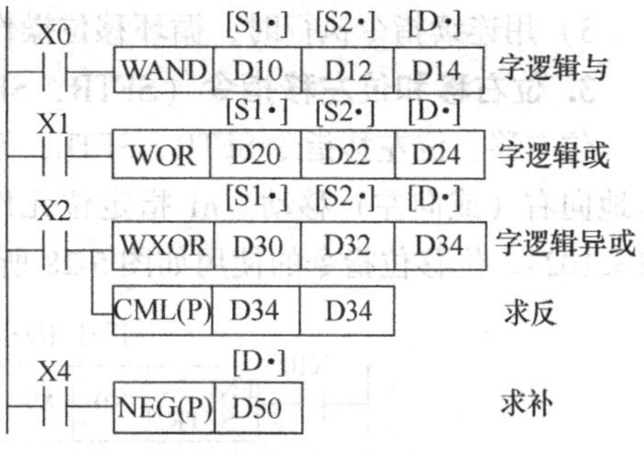

图5-25　字逻辑运算

3）WAND、WOR、WXOR指令16位运算时占7个程序步，32位运算时占13个程序步，NEG在两种情况下分别占3步和5步。

5.2.4 循环与移位类指令（FNC30～FNC39）

1. 循环移位指令（ROR，ROL）

右、左循环移位指令分别为ROR和ROL，指令编号分别为FNC30和FNC31。执行这两条指令时，各位数据向右（或向左）循环移动n位，最后一次移出来的那一位同时存入进位标志M8022中，如图5-26所示。若在目标元件中指定位元件组的组数，只有K4（16位指令）和K8（32位指令）有效，如K4Y10和K8M0。

2. 带进位的循环移位指令（RCR，RCL）

带进位的循环右、左移位指令RCR、RCL编号分别为FNC32和FNC33。执行这两条指令时，各位的数据连同进位位M8022一起向右或（向左）循环移动n位，如图5-27所示。在循环中进位标志被送到目标操作数中。若在目标元件中指定位元件组的组数，只有K4（16位指令）和K8（32位指令）有效。

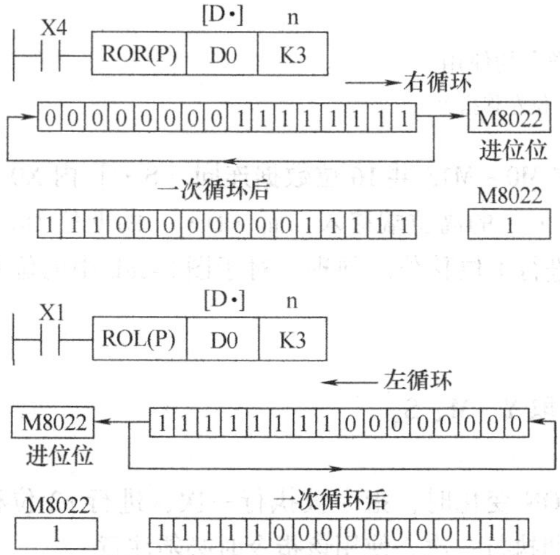

图5-26　右循环和左循环

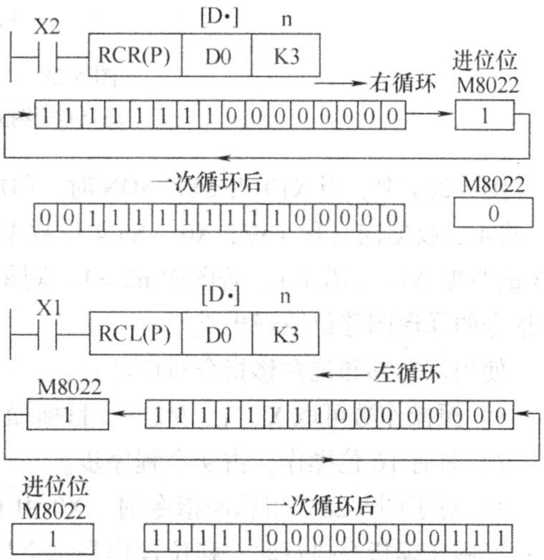

图5-27　带进位的右循环和左循环

使用ROR、ROL、RCR和RCL指令时应注意：

1）目标操作数可取KnY、KnM、KnS、T、C、D、V和Z。

2）16位指令占5个程序步，32位指令占9个程序。

3）用连续指令执行时，循环移位操作每个周期执行一次。

3. 位右移和位左移指令（SFTR，SFTL）

位右移、位左移指令SFTR、SFTL，编号分别为FNC34和FNC35。它们使位元件中的状态成组地向右（或向左）移动。n1指定位元件的长度，n2指定移位位数，对于FX系列PLC，n2≤n1≤1024。位移位指令的使用如图5-28所示。

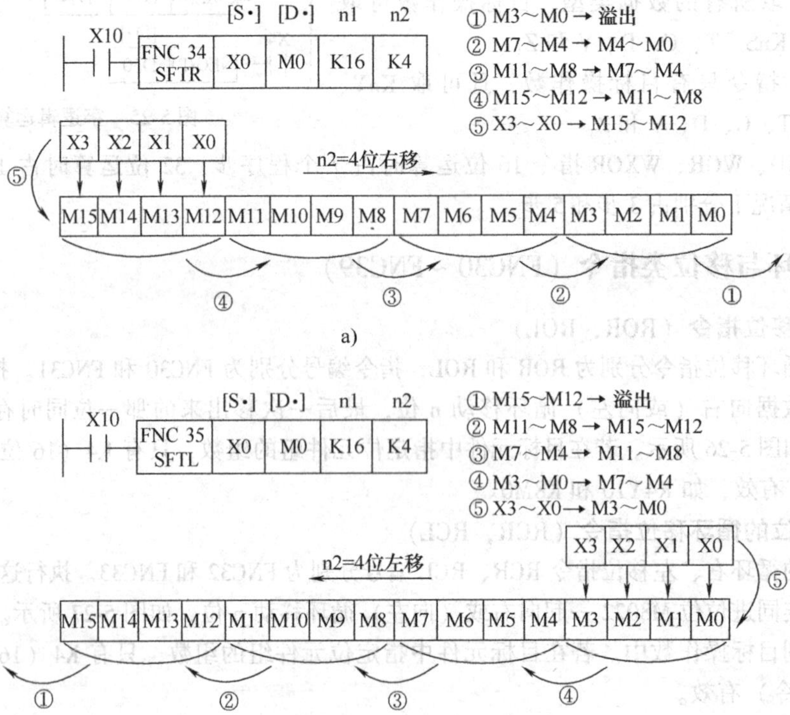

图5-28　位移位指令的使用
a）位右移指令　b）位左移指令

图5-28a中，当X10由OFF→ON时，［D·］内M0～M15共16位数据连同［S·］内X0～X3共4位数据向右移4位，X0～X3 4位数据从［D·］的高位端移入，而［D·］的低位M0～M3的数据移出（溢出）。若图中n2=1，则每次只进行1位移位。同理，对于图5-28b中的位左移指令的梯形图移位原理也类同。

使用位右移和位左移指令时应注意：

1）源操作数可取X、Y、M、S，目标操作数可取Y、M、S。

2）只有16位操作，占9个程序步。

3）对于图5-28，用脉冲指令时，X0由OFF→ON变化时，指令被执行一次，进行n2位移位；而用连续指令执行时，移位操作是每个扫描周期执行一次，使用该指令时必须注意。

4. 字右移和字左移指令（WSFR，WSFL）

字右移和字左移指令WSFR和WSFL编号分别为FNC36和FNC37。字右移和字左移指令以字为单位，其工作过程与位移位相似，是将n1个字右移或左移n2个字。n1和n2的关系为n2≤n1≤512。其使用如图5-29所示。

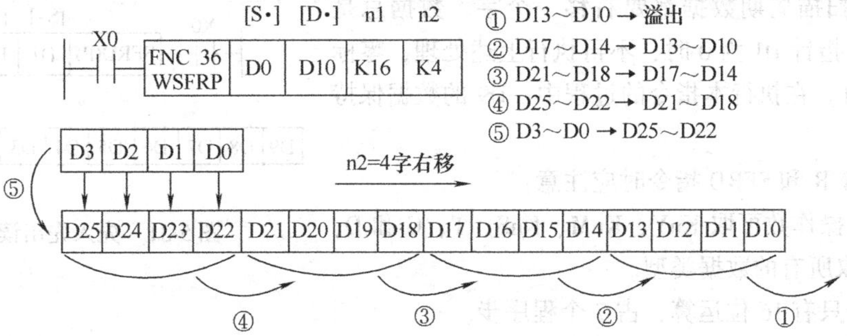

a)

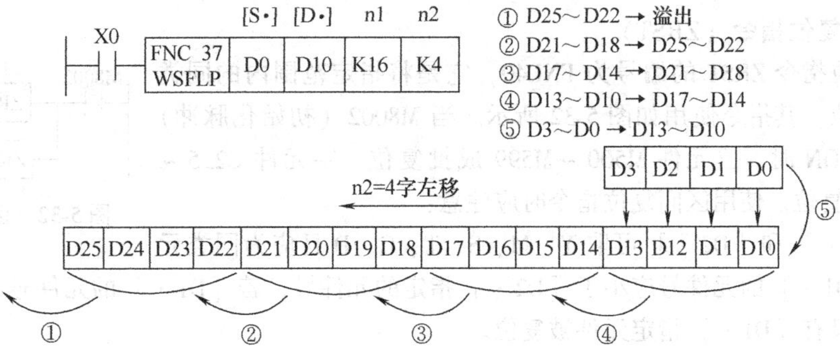

b)

图5-29　字移位指令

a）字右移指令　b）字左移指令

图5-29a中，当X0由OFF变为ON时，［D·］内（D10~D25）16个字数据连同［S·］内（D0~D3）4个字数据向右移4个字，（D10~D13）4个字数据从［D·］的高字端移出（溢出），图5-29b为字左移指令的使用，其原理类同。使用字右移和字左移指令时应注意：

1）源操作数可取KnX、KnY、KnM、KnS、T、C和D，目标操作数可取KnY、KnM、KnS、T、C和D。

2）字移位指令只有16位操作，占用9个程序步。

5. 先入先出写入指令（SFWR）

SFWR指令的功能指令编号为FNC38，其使用如图5-30所示。图中X0由OFF变为ON时，源操作数D0中的数据写入D2，而D1变成了指针，其初值被置为1（之前D1必须先清0）。以后如X0再次由OFF变为ON，D0中的新数据写入D3，D1中的数变为2，依此类推，源操作数D0中的数据依次写入数据寄存器。

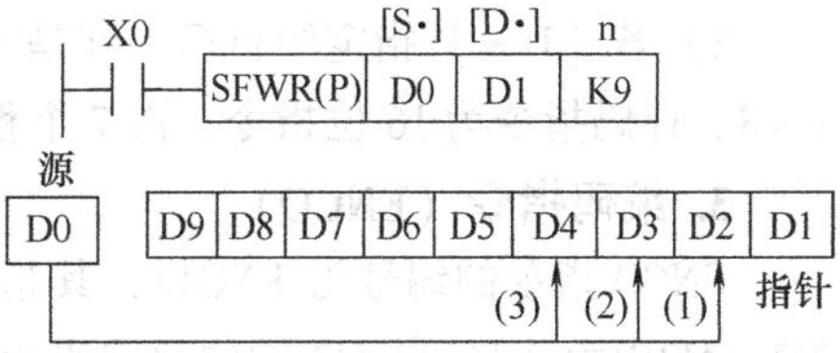

图5-30　先入先出写入指令

可见，数据由最右边的寄存器D2开始顺序存入，源数据写入的次数存入 D1。当 D1 中的数达到 n1 后，不再执行上述处理，进位标志 M8022 置 1。

6. 先入先出读出指令（SFRD）

SFRD 指令的编号为 FNC39，其使用方法如图 5-31 所示。图中的 X0 由 OFF 变为 ON 时，D2 中的数据送到 D20，同时指针 D1 的值减 1，D3 到 D9 的数据向右移一个字，若用连续指令 SFRD，每一扫描周期数据都要右移一个字。数据总是从 D2 读出，指针 D1 为 0 时，不再执行上述处理，零标志 M8020 置 1。在执行本指令的过程中，D9 的数据保持不变。

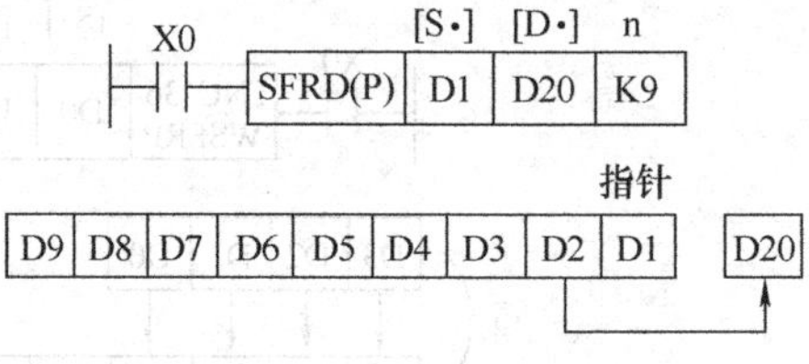

图 5-31　先入先出读出指令

使用 SFWR 和 SFRD 指令时应注意：

1）目标操作数可取 KnY、KnM、KnS、T、C 和 D，源操作数可取所有的数据类型。

2）指令只有 16 位运算，占 7 个程序步。

5.2.5　数据处理指令（FNC40 ~ FNC49）

1. 区间复位指令（ZRST）

区间复位指令 ZRST 的编号为 FNC40，它是将指定范围内的同类元件成批复位。其指令使用如图 5-32 所示。当 M8002（初始化脉冲）由 OFF 变为 ON 时，位元件 M500 ~ M599 成批复位，字元件 C235 ~ C255 也成批复位。使用区间复位指令时应注意：

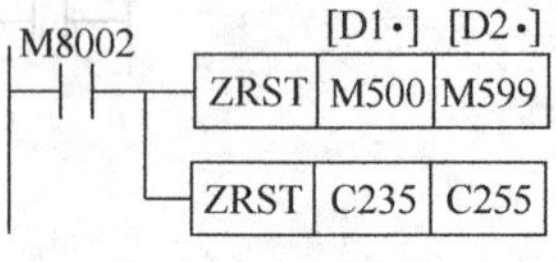

图 5-32　区间复位指令

1）[D1·] 和 [D2·] 可取 Y、M、S、T、C、D 且应为同类元件，同时 [D1·] 的元件号应小于 [D2·] 指定的元件号，若 [D1·] 的元件号大于 [D2·] 元件号，则只有 [D1·] 指定元件被复位。

2）ZRST 指令只有 16 位处理，占 5 个程序步，但 [D1·]、[D2·] 也可以指定 32 位计数器。

2. 译码指令（DECO）

译码指令 DECO 的编号为 FNC41，其指令使用如图 5-33 所示。

图中，n = 3 表示 [S·] 源操作数为 3 位，即 X0、X1、X2。X0、X1、X2 的状态为二进制数，如图 5-33 中值为 011 时相当于十进制数 3。于是，由目标操作数 M7 ~ M0 组成的 8 位排列中的第 3 位（M0 为第 0 位）M3 被置 1，其余各位为 0。如果源数据全为 0，则 M0 置 1。使用译码指令时应注意：

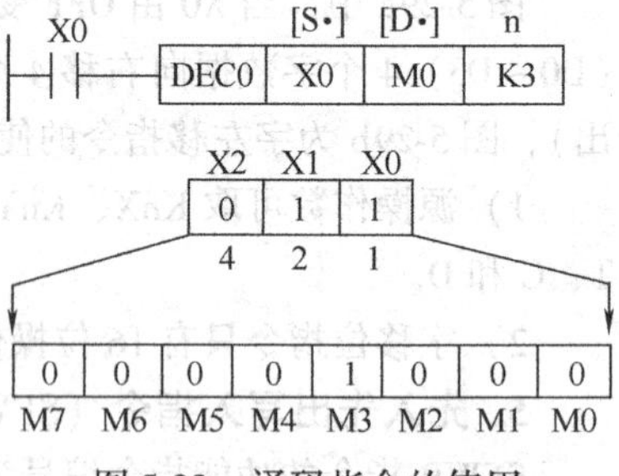

图 5-33　译码指令的使用

1）位源操作数可取 X、T、M 和 S，位目标操作数可取 Y、M 和 S，字源操作数可取 K、H、T、C、D、V 和 Z，字目标操作数可取 T、C 和 D。

2）若 [D·] 指定的目标元件是字元件 T、C、D，则 n≤4；若是位元件 Y、M、S，则 n = 1 ~ 8，译码指令为 16 位指令，占 7 个程序步。

3. 编码指令（ENCO）

ENCO 指令的编号为 FNC42，其指令使用如图 5-34 所示。图中 n = 3，编码指令将源元件 M7 ~ M0 中为“1”的 M3 的位数编码为二进制数 011，并送到目标元件 D10 的低 3 位。使用编码指令时应注意：

1）源操作数是字元件时，可以是T、C、D、V和Z；源操作数是位元件时，可以是X、Y、M、S。目标元件可取T、C、D、V、Z。编码指令为16位指令，占7个程序步。

2）操作数为字元件时，应使n=4；为位元件时，使n=1~8；n=0时不做处理。

3）若指定源操作数中有多个1，则只有最高位的1有效。

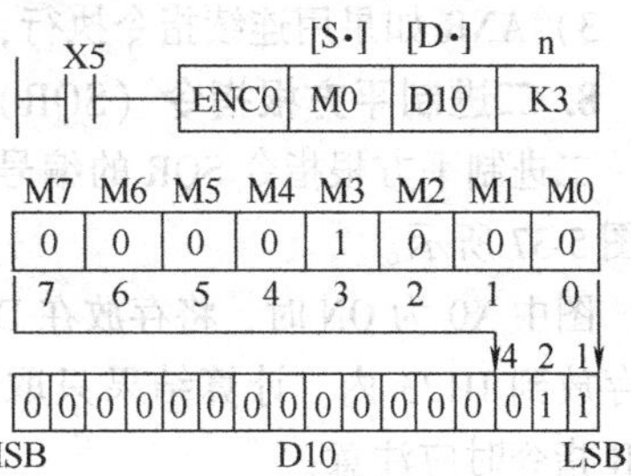

图5-34　编码指令的使用

4. ON位数统计指令（SUM）

SUM指令的编号为FNC43，该指令用来统计指定元件中1的个数。其指令使用如图5-35所示。当X0为ON时，统计源操作数D0中为ON的位的个数，并将结果送入目标操作数D2。若D0的各位均为0，则零标志M8020置1。使用SUM指令时应注意：

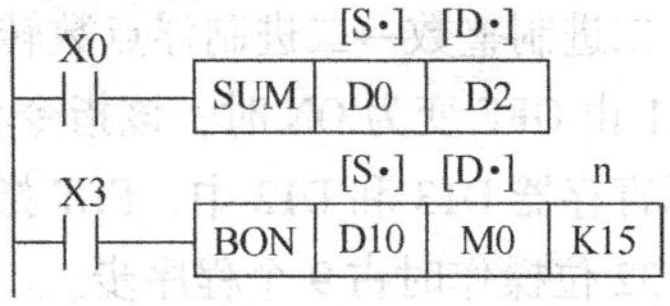

图5-35　ON位统计与ON位判别指令

1）源操作数可取所有数据类型，目标操作数可取KnY、KnM、KnS、T、C、D、V和Z。

2）16位运算时占5个程序步，32位运算时占9个程序步。

5. ON位判别指令（BON）

BON指令的编号为FNC44，它的功能是检测指定元件中的指定位是否为1，如图5-35所示。当X3为ON时，执行BON指令，源操作数D10的第15位为ON（n=15），则目标操作数M0变为ON。

使用BON指令时应注意：

1）源操作数可取所有数据类型，目标操作数可取Y、M和S。

2）进行16位运算时，占7个程序步，n=0~15；进行32位运算时，占13个程序步，n =0~31。

6. 平均值指令（MEAN）

MEAN指令的编号为FNC45，它主要用来求n个源操作数的平均值，并送到指定目标，余数略去。若元件超出指定的范围，n的值会自动缩小。若n的值超出1~64的范围，则出错。

7. 报警器置位复位指令（ANS，ANR）

报警器置位指令（ANS）和报警器复位指令（ANR）的编号分别为FNC46和FNC47，其使用如图5-36所示。如果图中X0为ON的时间超过1s（m=10），则S900置1，而后当X0变为OFF，则定时器复位而S900保持为ON。若X0在1s内变为OFF，则定时器复位。若X1变为ON，S900~S999之间被置1的报警器复位，若多于1个报警器被置1，则元件号最低的那个报警器被复位。若X1再次ON，下一地址的信号报警被复位。

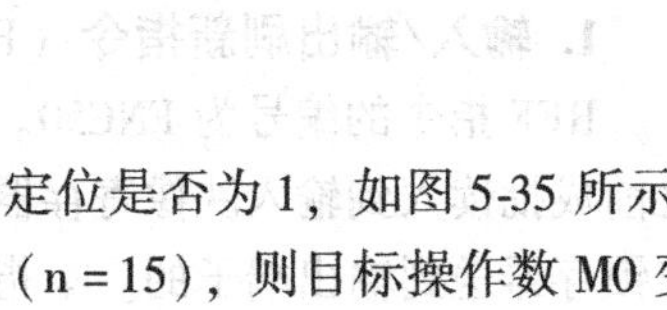

图5-36　报警器置位与复位指令

使用报警器置位与复位指令时应注意：

1）ANS指令的源操作数为T0~T199，目标操作数为S900~S999，n=1~32767（以100ms为单位）。ANR指令无操作数。

2）ANR指令为16位运算指令，占1个程序步。ANR指令为16位运算指令，占1个程序步。

3）ANR 如果用连续指令执行，则会按扫描周期依次逐个将报警器复位。

8. 二进制平方根指令（SQR）

二进制平方根指令 SQR 的编号为 FNC48。其指令使用如图 5-37 所示。

图中 X0 为 ON 时，将存放在 D45 中的数开二次方，结果存放到 D123 内。计算结果只取整数，舍去小数。使用 SQR 指令时应注意：

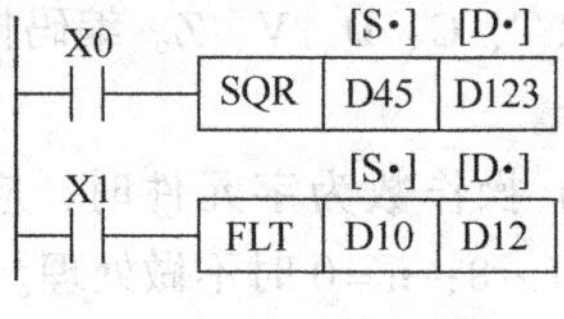

图 5-37　平方根与浮点数转换指令

1）源操作数可取 K、H、D，数据需大于 0，目标操作数为 D。

2）16 位运算时占 5 个程序步，32 位运算时占 9 个程序步。

9. 二进制整数→二进制浮点数转换指令（FLT）

二进制整数→二进制浮点数转换指令 FLT，指令编号为 FNC49，其指令使用如图 5-37 所示。当 X1 由 OFF 变为 ON 时，该指令将存放在源操作数 D10 中的数据转换为浮点数，并将它存放在目标寄存器 D13 和 D12 中，FLT 指令的源操作数和目标操作数均为 D，16 位操作时占 5 个程序步，32 位操作时占 9 个程序步。

5.2.6　高速处理指令（FNC50 ~ FNC59）

1. 输入/输出刷新指令（REF）

REF 指令的编号为 FNC50。FX 系列 PLC 使用 I/O 批处理的方法，即输入信号是在程序处理之前成批读入到输入映像寄存器的，而输出数据是在执行 END 指令后由输出映像寄存器通过输出锁存器送到输出端子的。本指令用于在某段程序处理时立即读入最新信息，以及将操作结果立即输出。如图 5-38 所示，当 X0 接通时，X10 ~ X17 共 8 点将被刷新；当 X1 接通时，Y0 ~ Y7、Y10 ~ Y17 共 16 点输出将被刷新。使用 REF 指令时，目标操作数是最低位为 0 的 X 和 Y 元件，如 X0、X10、Y20 等，n 应为 8 的整倍数，本指令只有 16 位运算，占 5 个程序步。

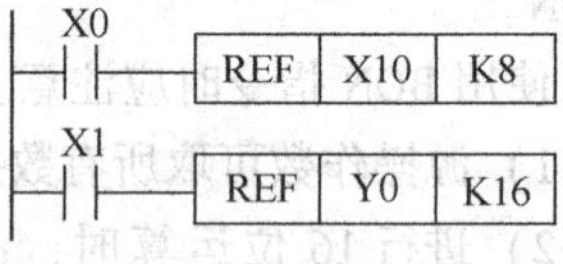

图 5-38　输入/输出刷新指令

2. 滤波调整指令（REFF）

REFF 指令的编号为 FNC51。在 FX 系列 PLC 中，X0 ~ X17 使用了数字滤波器，用 REFF 指令可调整其滤波时间，理论上范围为 0 ~ 60ms（实际上由于输入端有 RL 滤波，所以最小滤波时间为 50μs）。如图 5-39 所示，当 X0 接通时，执行 REFF 指令，滤波时间常数被设定为 1ms。

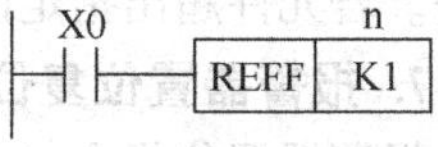

图 5-39　滤波调速指令

使用 REFF 指令时，当 X0 ~ X7 用作高速计数输入时，或使用 FNC56 速度检测指令以及中断输入时，输入滤波器的滤波时间自动设定为 50ms。另外，REFF 为 16 位运算指令，占 7 个程序步。

3. 矩阵输入指令（MTR）

矩阵输入指令 MTR 的编号为 FNC52。使用该指令最大可以用 8 点输入和 8 点晶体管输出存储 64 点输入信号。MTR 指令只能使用一次。MTR 指令的使用如图 5-40 所示。

图 5-40a 指令中，n = 3，8 点输入、3 点输出，可以存储 24 点输入的矩阵。图 5-40b 是指令的矩阵电路，3 点输出 Y20、Y21、Y22 依次反复为 ON，每一次第一列、第二列、第三列的输入依次反复存储，存入 M30 ~ M37、M40 ~ M47、M50 ~ M57 中，存储顺序如图 5-40c 所示。驱动条件应采用 M8000，PLC 运行中，常置于 ON 状态，确保指令正常工作。

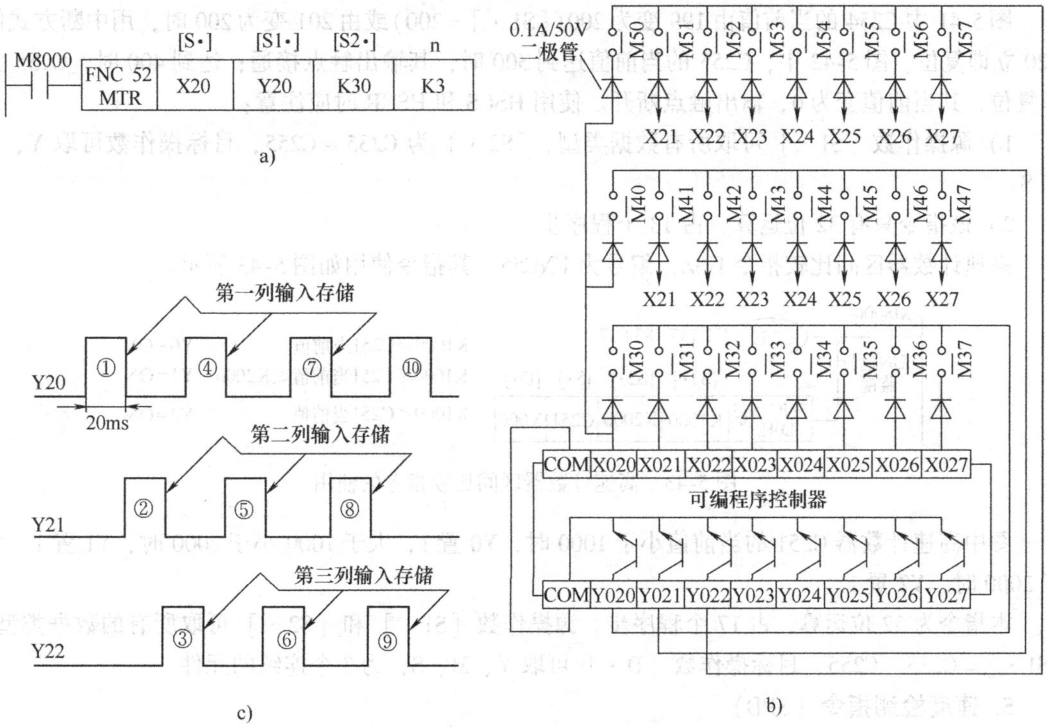

图 5-40　矩阵输入指令的应用

a）矩阵输入指令　b）矩阵电路　c）矩阵输入存储顺序

注：图中①～⑨表示第一次第一列的输入分别为①、②、③；第二次第一列的输入分别是④、⑤、⑥；第三次第一列的输入分别是⑦、⑧、⑨。

本指令的源操作数是最低位为 0 的 X，目标操作数［D1·］是最低位为 0 的 Y，目标操作数［D2·］是最低位为 0 的 Y、M 和 S，n＝2～8。它只有 16 位运算，占 9 个程序步。

4. 高速计数器指令（HSCS，HSCR，HSZ）

高速计数器虽可高数计数，但计数达预置值而动作时，向外部输出仍受扫描周期影响。HSCS 指令（编号为 FNC53）用于在高速计数器的当前值达到预置值时，使目标元件输出触点立即动作，它采用中断方式，而与扫描周期无关。其指令使用如图 5-41 所示。C255 的设定值为 100(［S1·］＝100)，其当前值由 99 变为 100 或由 101 变为 100 时，Y10 立即置 1，不受扫描时间的影响。高速计数器比较复位指令 HSCR，编号为 FNC54。HSCR 指令的源操作数和目标操作数可以是同一个计数器，如图 5-42 所示。

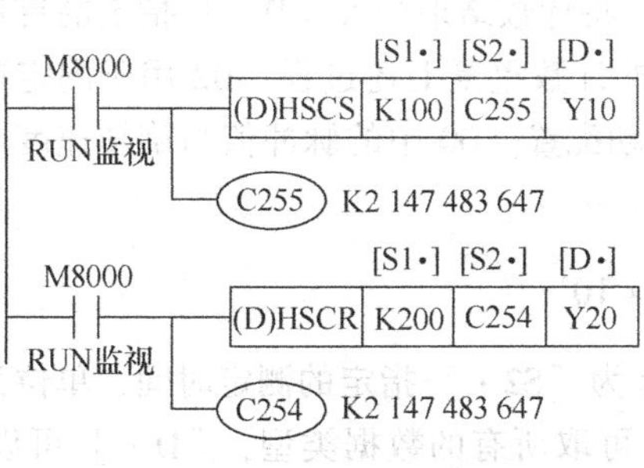

图 5-41　高速计数器置位与复位指令

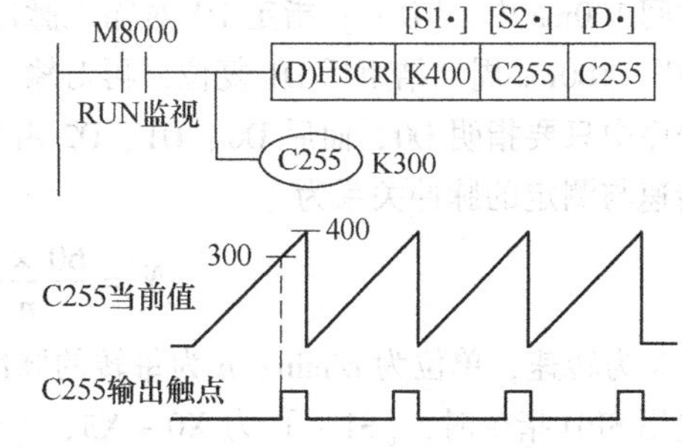

图 5-42　高速计数器比较复位

图5-41中C254的当前值由199变为200（[S1·]=200）或由201变为200时，用中断方式使Y20立即复位。图5-42中，C255的当前值达到300时，其输出触点接通；达到400时，C255立即复位，其当前值变为0，输出触点断开。使用HSCS和HSCR时应注意：

1）源操作数［S1·］可取所有数据类型，［S2·］为C235～C255，目标操作数可取Y、M和S。

2）该指令只有32位运算，占13个程序步。

高速计数器区间比较指令HSZ，编号为FNC55。其指令使用如图5-43所示。

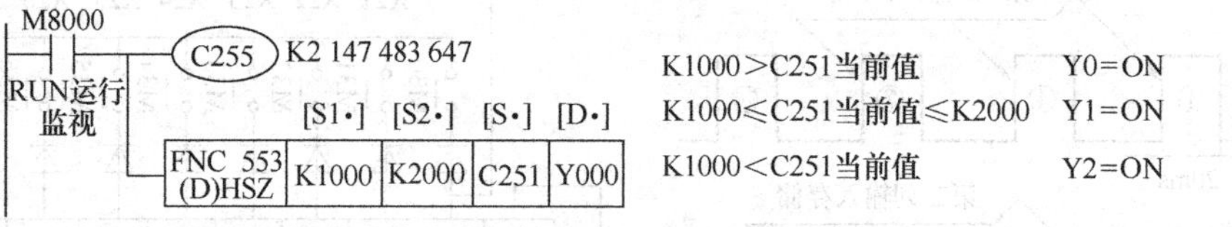

图5-43　高速计数器区间比较指令的使用

图中高速计数器C251的当前值小于1000时，Y0置1，大于1000小于2000时，Y1置1，大于2000时，Y2置1。

本指令为32位运算，占17个程序步。源操作数［S1·］和［S2·］可取所有的数据类型，［S1·］=C235～C255，目标操作数［D·］可取Y、M、S，为3个连续的元件。

5. 速度检测指令（SPD）

SPD指令的编号为FNC56。它用来检测给定时间从编码器输入的脉冲个数，并计算出速度。其使用方法如图5-44所示。

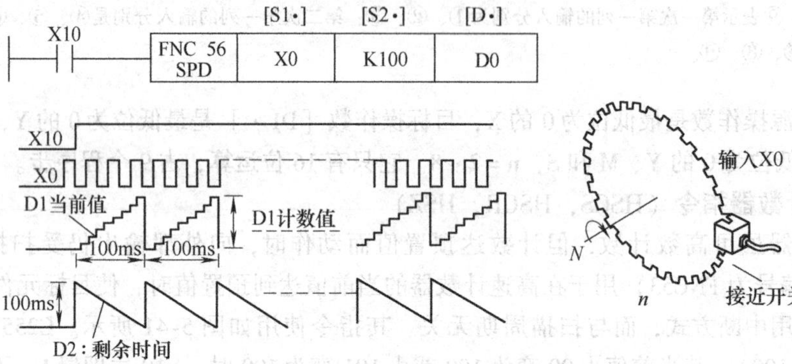

图5-44　速度检测指令的使用

图中在X10由OFF变为ON时，在［S1·］指定的口（X0）输入计算脉冲。在［S2·］指定的时间100ms内，［D·］指定D1对输入脉冲计数，将计数结果存入［D·］指定的首地址单元D0中。100ms周期结束后D1复位，再对输入的脉冲计数重复上述过程。D2用于测定剩余时间。程序中只要指明D0，而后D0、D1、D2由系统自动配置。D0中的脉冲值与旋转速度成正比例，转速与测定的脉冲关系为

$$N=\frac{60\times(\mathrm{D0})}{n\times t}\times 10^3$$

式中，N为转速，单位为r/min；n为每转的脉冲数；t为［S2·］指定的测定时间，单位为ms。

使用SPD指令时，［S1·］为X0～X5，［S2·］可取所有的数据类型，［D·］可以是T、

C、D、V和Z。本指令只有16位操作，占7个程序步。

6. 脉冲输出指令（PLSY）

PLSY指令的编号为FNC57，它用来产生指定数量的脉冲。其指令使用如图5-45所示。

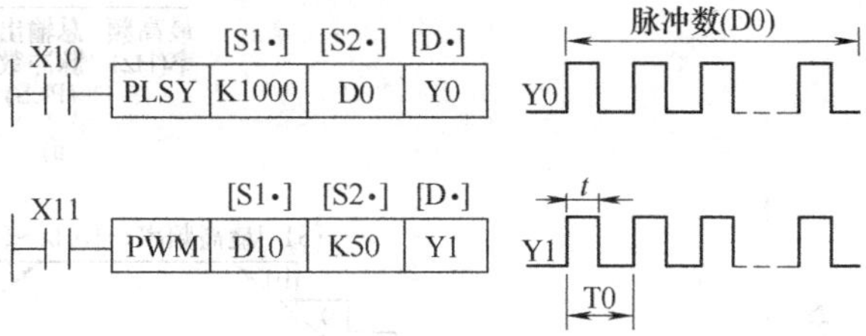

图5-45 脉冲输出与脉宽调制指令的使用

图5-45中［S1·］用来指定脉冲频率（2～20000Hz），［S2·］用来指定产生的脉冲个数，16位指令的脉冲数范围为1～32767，32位指令的脉冲数范围为1～2147483647。若指定脉冲数为0，则持续产生脉冲。［D·］用来指定脉冲输出元件（只能用晶体管输出型PLC的Y0或Y1）。脉冲的占空比为50%，以中断方式输出。指定脉冲数输出完后，指令执行完成标志M8029置1。发生脉冲串期间X10由ON变为OFF时，M8029复位，脉冲输出停止，Y0变为OFF；X10再次变为ON时，脉冲重新开始输出。

使用脉冲输出指令时应注意：

1）［S1·］、［S2·］可取所有的数据类型，［D·］为Y0或Y1。［S1·］中的数据在指令执行过程中可以改变并生效，但［S2·］中的数据的改变在指令执行完成之前不起作用。

2）该指令可进行16和32位操作，分别占用7个和13个程序步。

3）本指令在程序中只能使用一次。

7. 脉宽调制指令（PWM）

PWM指令的编号为FNC58，它用来产生指定脉冲宽度和周期的脉冲串。如图5-45所示，［S1·］用来指定脉冲宽度（t = 10～32767ms），［S2·］用来指定脉冲周期（$T0$ = 1～32767ms），［S1·］应小于［S2·］，［D·］用来指定输出脉冲的元件号（Y0或Y1），输出的ON/OFF状态用中断方式控制。图中D10的值从0～50变化时，Y0输出的脉冲占空比从0～1变化。X11变为OFF时，Y1也变为OFF。

PWM指令操作数的类型与PLSY的相同，该指令只有16位操作，占7个程序步。

8. 可调速脉冲输出指令（PLSR）

PLSR指令的编号为FNC59，用于步进电动机控制，其功能是对所指定的最高频率进行定加速，直到达到所指定的输出脉冲数，再进行定减速。其指令使用如图5-46所示。

图5-46a为指令梯形图，当X10为OFF时，中断输出，再置为ON时，从初始频率开始定加速，达到指定的输出脉冲数时，再进行定减速。如图5-46b所示，加速和减速时的变速级数都固定在10次，每次变速量为最高频率的1/10。

各操作数的设定内容如下：

［S1·］是最高频率，设定范围为10Hz～20kHz，并以10的倍数指定，若指定1位数，则结束运行。一次变速量应在步进电动机不失调的范围内，若超出范围，应降低［S1·］。

［S2·］是单位时间内最大可输出脉冲（PLS）数，设定范围为：16位运算指令，110～32767个脉冲；32位运算指令，110～2147483647个脉冲。若设定不满110，脉冲不能正常输出。

［S3·］是加减速时间，设定范围为5000以下，应按以下1）～3）的条件设定。加速时间和减速时间相等。

1）加减速时间最好设定在PLC的扫描时间最大值（D8012值）的10倍以上。若指定不到

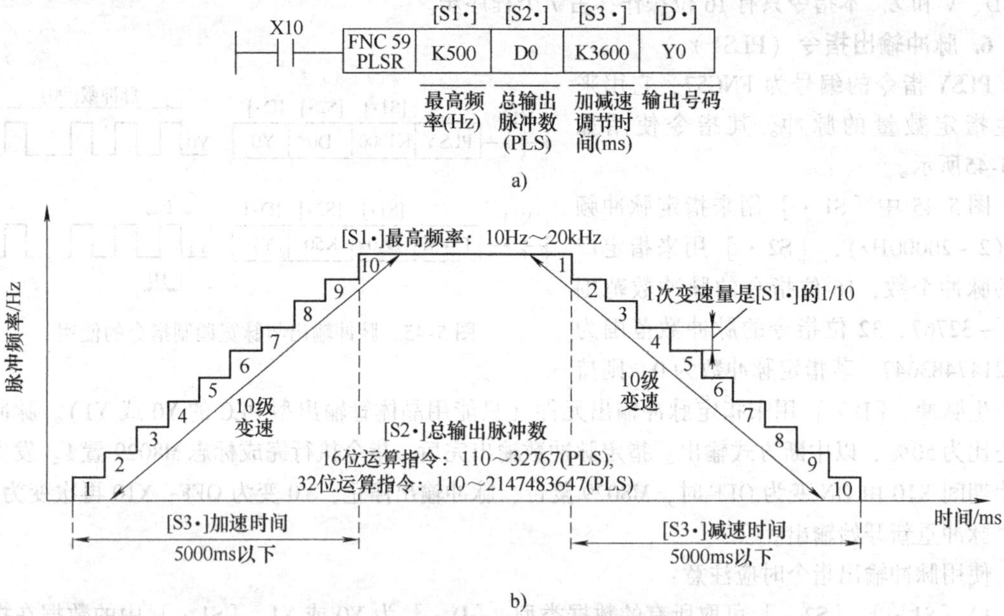

图 5-46　可调速脉冲输出指令的使用

a）可调速脉冲输出指令使用说明　b）可调速脉冲输出指令加、减速原理

10 倍，则加减速时各级时间会不均等。

2）加减速时间可以设定的最小值的计算公式为

$$[S3\cdot] \geqslant \frac{90000}{[S1\cdot]} \times 5$$

设定上述最小值以下的值时，加减速时间的误差增大。此外，设定不到 90000/[S1·]的值时，对 90000/[S1·]四舍五入后运行。

3）加减速时间可以设定的最大值的计算公式为

$$[S3\cdot] \leqslant \frac{[S2\cdot]}{[S1\cdot]} \times 81$$

[D·] 指定脉冲输出 Y 地址号，只能指定 Y0 或 Y1，并且输出要为晶体管输出型。

FNC59（PLSR）指令输出的脉冲数存入以下特殊数据寄存器中：Y0 输出脉冲数存入[D8141（上位），D8140（下位）]；Y1 输出脉冲数存入［D8143（上位），D8142（下位）]；FNC59（PLSR）、FNC57（PLSY）两指令在 Y0、Y1 上输出的脉冲总数存入［D8137（上位）、D8136（下位）]。

5.2.7　方便指令（FNC60 ~ FNC69）

1. 状态初始化指令（IST）

IST 指令的编号为 FNC60，它用于步进阶梯中的状态初始化以及特殊辅助继电器，如图 5-47 所示。

图 5-47　置初始状态指令

图中［S·］指定运行模式的初始输入，各代码的意义是：X20 为手动单机操作；X21 为回原点；X22 为单步运行；X23 为单周期运行；X24 为连续运行；X25 为回原点起动；X26 为自动起动；X27为停止。

［D1·］指定在自动操作模式中，实际用到的最小状态号。

［D2·］指定在自动操作模式中，实际用到的最大状态号。

本指令执行条件变为ON时，下列元件自动受控；其后若执行条件变为OFF，这些元件的状态保持不变。

M8040：禁止转移　　S0：手动操作的初始状态

M8041：转移开始　　S1：原点回归的初始状态

M8042：起动脉冲　　S2：自动运行的初始状态

M8047：STL监控有效

使用该指令时，S10～S19用于回原点操作，因此，在编程中不能将这些状态作为普通状态使用。另外，S0～S9用于状态初始化处理，而S0～S2如上所述可用作手动操作、回原点和自动操作。S3～S9可自由使用。编程时，IST指令必须写在STL指令之前，即在S0～S2之前。若在回原点完成标志M8043未置1之间，在手动（X20）、回原点（X21）和自动（X22、X23、X24）之间改变操作方式，则所有输出将变为OFF。并且，自动操作在回原点操作结束之后，才可以再次驱动。

2. 数据搜索指令（SER）

SER指令的编号为FNC61，该指令可以进行相同一数据、最大值、最小值搜索。其使用如图5-48所示。

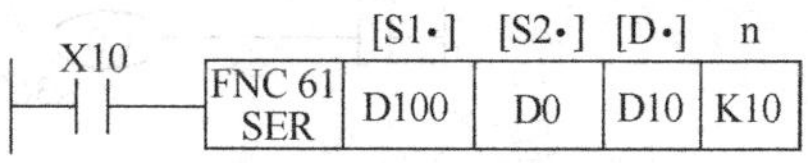

图5-48　数据搜索指令

图中［S1·］指定被搜索元件的起始点；n指定被搜索元件数据的个数；［S2·］指定元件中比较的内容。指令操作的过程是：在以［S1·］为起始的n个数据，搜索与［S2·］中相同的数据，并将搜索结果的内容存入以［D·］指定的元件开始的5个元件中。搜索构成示例表和结果存放表分别见表5-1和表5-2。

表5-1　搜索构成示例表

被检索器件	被检索数据	比较数据	数据位置	最大值	同一数据	最小值
D100	(D100)=K100	(D0=K100)	0		同一	
D101	(D101)=K111		1			
D102	(D102)=K100		2		同一	
D103	(D103)=K98		3			
D104	(D104)=K123		4			
D105	(D105)=K66		5			最小
D106	(D106)=K100		6		同一	
D107	(D107)=K95		7			
D108	(D108)=K210		8	最大		
D109	(D109)=K88		9			

表5-2　搜索结果内容存放表

器件号	内容	备注	器件号	内容	备注
D10	3	相同数据个数	D13	5	最小值最终位置
D11	0	相同数据位置（首次）	D14	8	最大值最终位置
D12	6	相同数据位置（末次）			

由表5-2可知，搜索结果包括相同数据个数及首末次位置，搜索范围内最小值、最大值的位置。若不存在相同数据时，则(D10)～(D12)存入0。需要指出的是，指令只进行代数上的大小比较，若最小值、最大值有复数时，仅在D13、D14中表示它们的位置。

3. 绝对值式凸轮顺控指令（ABSD）

ABSD指令的编号为FNC62，它用来产生一组对应于计数值（在360°范围内变化）的输出波形，输出点的个数由n决定，如图5-49所示。

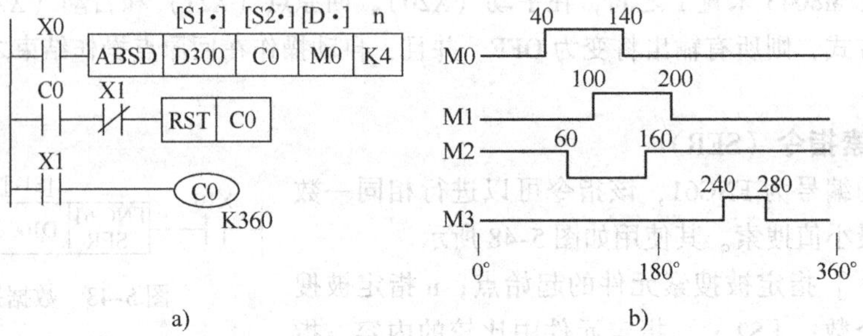

图5-49　绝对值式凸轮顺控指令的使用

图中n为4，表明［D·］有M0～M3共4点输出。本指令之前应先通过MOV指令将对应的数据写入D300～D307中，接通点（由OFF变为ON）数据写入偶数元件，关断点（由ON→OFF）数据存入奇数元件，见表5-3。当执行条件X0由OFF变为ON时，M0～M3将输出如图5-49b所示的波形，通过改变D300～D307的数值可改变波形，若X0为OFF，则各输出点状态不变。本指令在一个程序中只能使用一次。

表5-3　旋转台旋转周期M0～M3状态

开通点	关断点	输出	开通点	关断点	输出
D300=40	D301=140	M0	D304=160	D305=60	M2
D302=100	D303=200	M1	D306=240	D307=280	M3

4. 增量式凸轮顺控指令（INCD）

INCD指令的编号为FNC63，INCD也是用来产生一组对应于几个设定值的变化的输出波形，如图5-50所示。

图中n=4，表明［D·］有M0～M3共4点输出，它们的开/关状态由凸轮提供的脉冲个数控制。从D300开始的4个（n=4）数据寄存器用来存放使M0～M3处于ON状态的脉冲个数，可用MOV指令将它写入D300～D303。图中D300～D303的值分别为20、30、10和40。C0的当前值依次达到D300～D303中的设定值时自动复位，然后又重新开始计数，段计数器C1用来计复位的次数，M0～M3按C1的值依次动作。当指定的最后一段完成后，标志寄存器M8029置1，以后又重复上述过程。若 X0 为 OFF，C0 和 C1 复位（当前值清零），同时 M0～M3 变为 OFF，X0 再为 ON 后重新开始运行。若 X0 为 OFF，各输出点的状态不变。

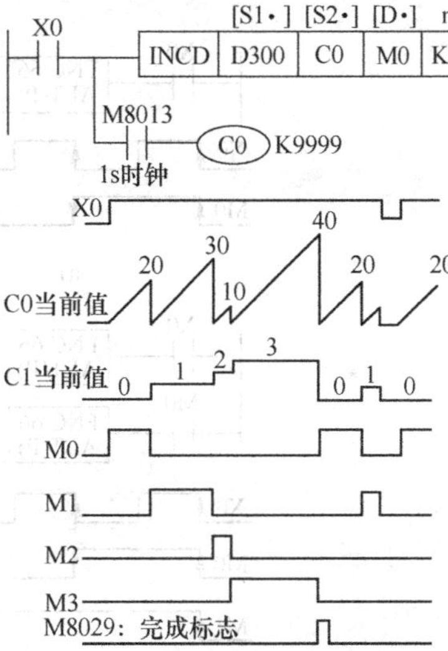

图 5-50 增量式凸轮顺控指令的使用

5. 定时器指令（TTMR，STMR）

定时器指令有示教定时器指令 TTMR（FNC64）和特殊定时器指令 STMR（FNC65）两条。使用示教定时器指令 TTMR，可用一个按钮来调整定时器的设定时间，如图 5-51所示。当 X10 为 ON 时，执行 TTMR 指令，X10 按下的时间由 D301 记录，该时间乘以 10^n后存入 D300。如果按钮按下时间为 t，存入 D300 的值为 $10^n \times t$。X10 为 OFF 时，D301 复位，D300 保持不变。TTMR 为 16 位指令，占 5 个程序步。

特殊定时器指令 STMR 用来产生延时断定时器、单脉冲定时器和闪动定时器，如图 5-52 所示。m = 1～32767，用来指定定时器的设定值；［S·］源操作数取 T0～T199（100ms 定时器）。图中 T10 的设定值为 100ms × 100（m 的值）= 10s。M0 是延时断开定时器，M1 为单脉冲定时器，M2、M3 为闪动而设。

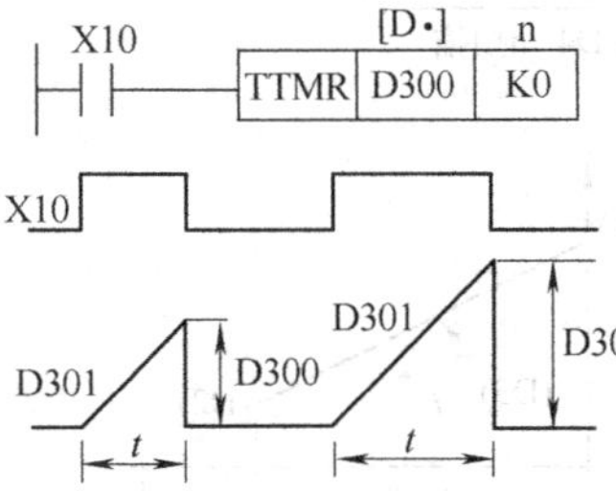

图 5-51 示教定时器指令的使用

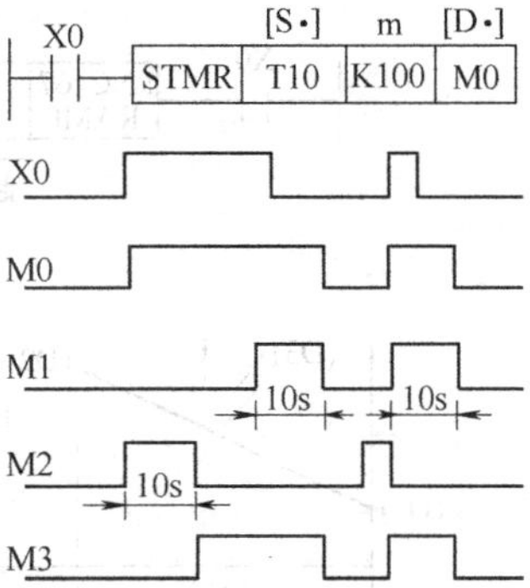

图 5-52 特殊定时器指令的使用

6. 交替输出指令（ALT）

ALT 指令的编号为 FNC66，该指令在每次执行条件由 OFF 变为 ON 的上升沿，［D·］中的输出元件状态总是自身反相变化。利用这一特点，可以实现多级分频输出，用单按钮实现电动机起/停、灯闪烁等功能。ALT 指令的使用方法如图 5-53 所示。

图 5-53a 是用交替输出指令实现二分频的程序及输出波形；图 5-53b 是实现四分频的程序及输出波形；图 5-53c 是用单按钮实现电动机起/停的程序，按下按钮 X0，输出 Y1 得电，电动机起动，再次按下 X0 时，Y0 得电，电动机停止；图 5-53d 是闪烁动作程序及输出波形，当 X6 接通时，定时器 T2 的常开触点每隔 5s 闭合一次，使 Y7 交替接通或断开。

7. 斜坡信号输出指令（RAMP）

RAMP 指令的编号为 FNC67，其使用方法如图 5-54 所示。

图 5-53a 中，［S1·］指定 D1 为斜坡信号的起始值，［S2·］指定 D2 为斜坡信号的终端值；预先将斜坡输出信号的初始值和终端值分别写入 D1 和 D2；［D·］指定以 D3 为起始号的两个连

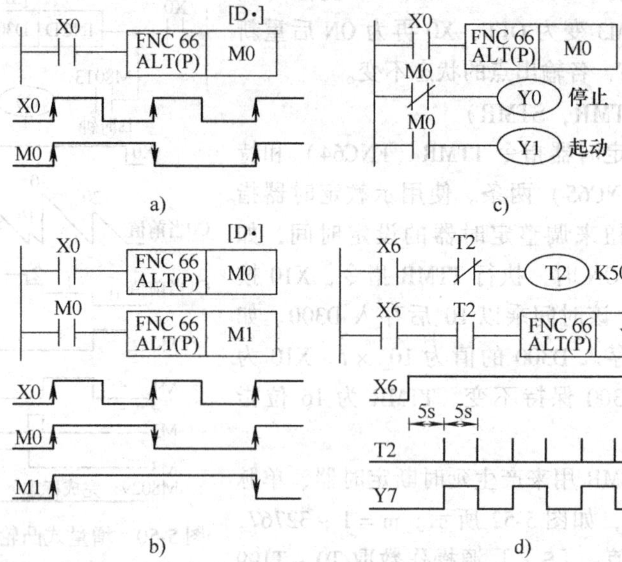

图 5-53 交替输出指令的使用

a）2 分频程序及输出波形 b）4 分频程序及输出波形 c）单按钮起动/停止 d）闪烁动作程序及输出波形

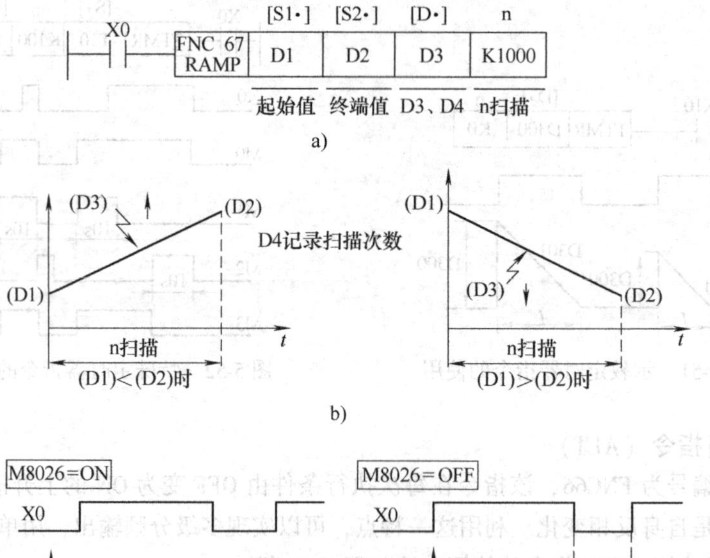

图 5-54 斜坡信号输出指令的使用

a）斜坡信号指令使用说明 b）(D1)<(D2)和(D1)>(D2)两种斜坡信号的变化过程

c）标志寄存器 M8026 对 D3 的影响

号的数据寄存器D3、D4。D3中存放的是变化的实时数据，其变化的快慢取决于n个扫描周期。D4存放扫描次数，若D4是保持型的，应在执行指令前清零。n为设定的扫描周期，实际扫描时间受恒量扫描时间继电器M8039的影响，若M8039中预先写入的值为20ms（应大于或等于PLC扫描周期），实际的扫描时间等于n×20ms。

图5-53b是(D1)>(D2)和(D2)>(D1)两种情况下斜坡信号变化的过程。

使用RAMP指令时应注意：

1）指令执行过程中若X0变为OFF时，指令将处于运行中断状态，D3、D4中的数据保持不变；若再次将X0置于ON时，D3、D4中内容被清除，D3、D4重新从初始值记录数据。

2）D3中变化数据受斜坡信号标志寄存器M8026的影响，若M8026为ON，在X0为ON期间，D3从（D1）变化到（D2）仅一次，之后D3中变化值保持不变，且（D4）=1；若M8026为OFF状态，在X0为ON期间，D3从（D1）变化到（D2）后立即回到起始值（D1），并重复变化，（D4）记录扫描次数，如图5-53c所示。

3）若PLC在X0为ON时进入RUN状态，且D4有断电保持功能，则应在开始运行前清D4。

4）斜坡信号变化结束，标志寄存器M8029会置1，D3的值恢复到D1的起始值。

8. 旋转工作台控制指令（ROTC）

ROTC指令的编号为FNC68，该指令（在程序中只能使用一次）可以对旋转工作台取放工件进行控制。其使用方法和工作原理如图5-55所示。

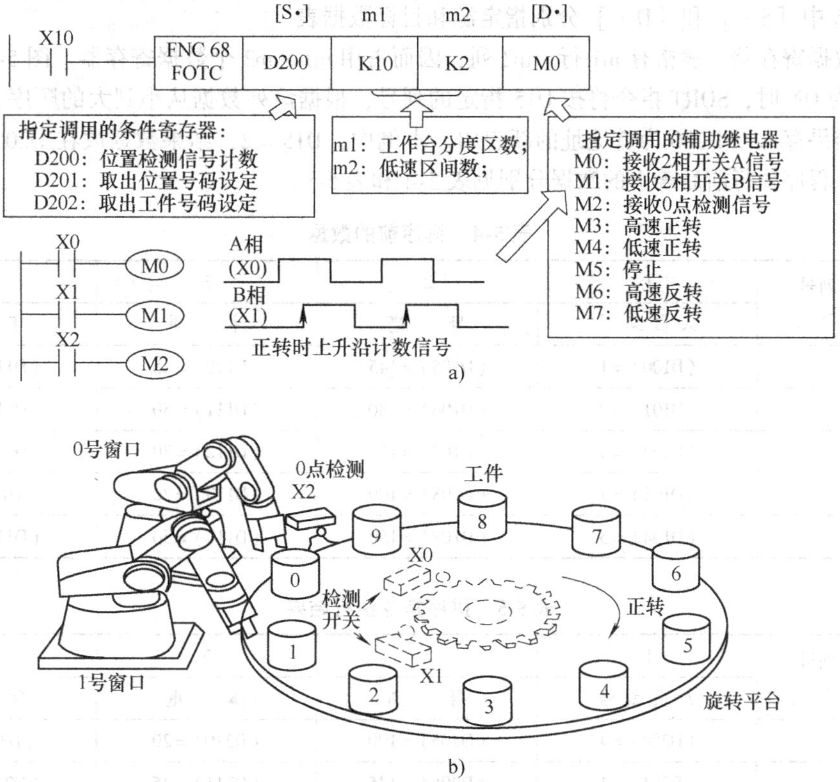

图5-55　旋转工作台控制指令的使用及工作原理

a）旋转工作台控制指令使用说明　b）旋转工作台原理图

图5-55a中的程序指定D200作为旋转工作台位置检测计数器。m1用来指定旋转工作台划分

的位置数（本图为 10 个位置），其取值范围为 2 ~ 32767。m2 用来指定低速区间（本图为两个），其取值范围为 0 ~ 32767。m1 必须大于或等于 m2。[S·] 指定了 D200，就自动将 D201 指定为取出窗口位置号的寄存器，要取出的工作的位置号存放在 D202 中。

图 5-55 中指定 M0 ~ M2 和 M3 ~ M7 分别用来存放输入信号和输出信号。其中 M0、M1 用于接收工作台正/反转的二相开关信号（M0 接收 A 相信号，M1 接收 B 相信号）；M2 接收 0 号工件转到 0 号窗口时，动作开关发出的 0 点检测信号。M0 ~ M2 必须预先由输入点 X0 ~ X2 构成驱动电路。而 M3 ~ M7 分别是高速正转、低速正转、停车、低速反转、高速反转的输出控制继电器，它们在指令执行中自动输出结果。当 X10 断开时，它们的状态全部清除。

当 X10 为 ON、0 点检测信号 X2 = ON（M2 = 1）时，计数寄存器 D200 的内容清零。为工件转到 0 点检测点进行计数。若一个工件区间旋转检测信号（M0、M1）的脉冲数为 10，则分度数、呼唤位置和工件位置号都必须乘以 10。例如，若旋转检测信号为 100 脉冲/周，工作台分成 10 个位置，则 m1 应为 100，工件输入/输出信号应为 0，10，20，…，90。要使低速区为 15 个位置区间，则应使 m2 = 15。

9. 数据排序指令（SORT）

SORT 指令的编号为 FNC69，该指令把源数据表格中指定的列中的数据按从小到大的顺序重新排列后，送到目标数据表格中存放，如图 5-56 所示。

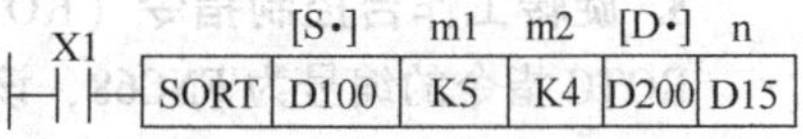

图 5-56　数据排序指令

图 5-56 中 [S·] 和 [D·] 分别指定源和目标数据表格的首个数据寄存器。表格有 m1 行、m2 列，因而占用 m1 × m2 个数据寄存器。图 5-56 中的 X1 由 OFF 变为 ON 时，SORT 指令将按 D15 指定的列号，根据该列数据从小到大的顺序，将各行重新排列，结果存入以 D200 为首地址的新表内。本例中，D15 = 2，结果数据放在 D200 ~ D219 组成的表中。程序执行前后表中的数据分别见表 5-4 和表 5-5。

表 5-4　排序前的数据

列号 / 行号	1	2	3	4
	人员编号	身　高	体　重	年　龄
1	(D100) = 1	(D105) = 145	(D110) = 45	(D115) = 20
2	(D101) = 2	(D106) = 180	(D111) = 50	(D116) = 40
3	(D102) = 3	(D107) = 160	(D112) = 70	(D117) = 30
4	(D103) = 4	(D108) = 100	(D113) = 20	(D118) = 8
5	(D104) = 5	(D109) = 150	(D114) = 50	(D119) = 45

表 5-5　排序指令执行结果

列号 / 行号	1	2	3	4
	人员编号	身　高	体　重	年　龄
1	(D200) = 4	(D205) = 100	(D210) = 20	(D215) = 8
2	(D201) = 1	(D206) = 145	(D211) = 45	(D216) = 20
3	(D202) = 5	(D207) = 150	(D212) = 50	(D217) = 45
4	(D203) = 3	(D208) = 160	(D213) = 70	(D218) = 30
5	(D204) = 2	(D209) = 180	(D214) = 50	(D219) = 40

5.2.8　外部I/O设备指令（FNC70～FNC79）

1. 10键输入指令（TKY）

TKY指令的编号为FNC70，其使用方法和输入波形图分别如图5-57和图5-58所示。

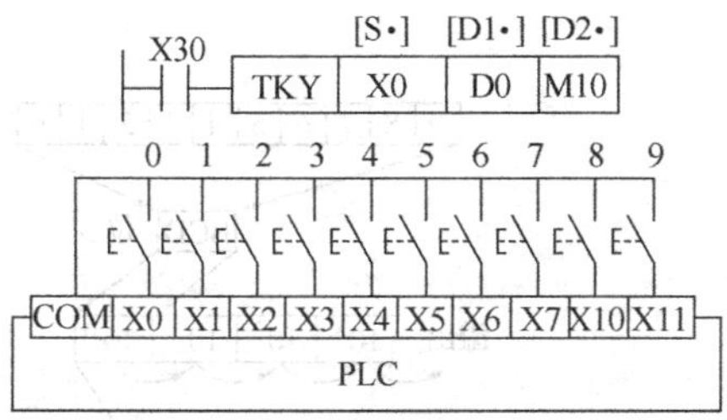

图5-57　10键输入指令的使用

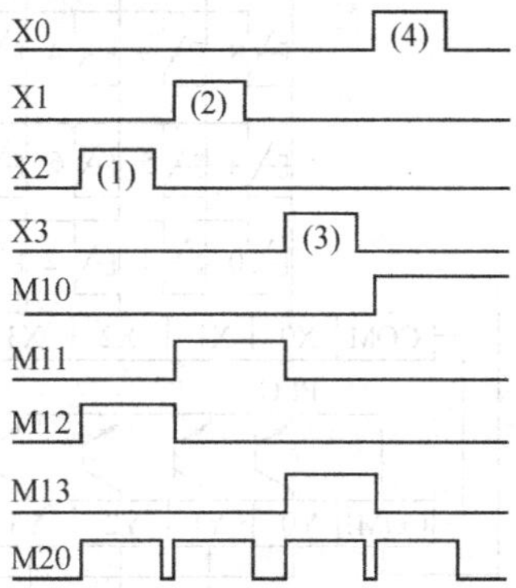

图5-58　10键输入波形图

图5-57中，[S·] 指定输入元件，[D1·] 指定存储元件，[D2·] 指定读出元件。

10个数字键（0～9）与PLC连接时，键输入及其对应的辅助继电器的动作时序如图5-58所示。若以图示的顺序按下数字键，则D0的内容为2130。若输入的数据大于9999，则高位数溢出并丢失（数据以二进制形式存于D0）。使用TEY指令时，D1和D0被组合使用，可输入的数据最大为99999999，超过时，高位数据溢出。

图5-58中可以看到，当X2按下后，M12置1并保持到另一键被按下。其他键也一样。M10～M19的动作对应于X0～X11。任意一键被按下，键信号M20置1，直到该键放开。当两个或更多的键被按下，则首先按下的键有效。X30变为OFF时，D0中数据保持不变，但M10～M20全部变为OFF。

2. 16键输入指令（HKY）

HKY指令的编号为FNC71，该指令用于16键键盘的输入。其使用方法如图5-59所示。

该指令中 [S·] 指定4个输入元件，[D1·] 指定4个扫描输出元件，[D2·] 指定键输入的存储元件，[D3·] 指定读出元件。图中16键键盘包括数字键和功能键。

1）数字键。输入的数字以BIN码存入D0，D0最大可存储的数为9999，大于则溢出，如图5-60所示。

使用HKY指令时，可在D1和D0存放0～99999999的数。多个键同时按下时，最先按下的键有效。Y0～Y3一次循环运行后，标示寄存器M8029置1。

2）功能键。功能键A～F与M0～M5相对应。按下A键时，M0置1并保持；按下D键时M0清0，M3置1并保持。同时按下多个键时，先按下的键有效。

3）键扫描输出。按下功能键A～F中的任意一键时，只在按下期间M6置1。数字键0～9的任何一键被按下时，只在按下期间M7置1。当X4置于OFF时，D0保持不变，而M0～M7全部为OFF。预先将特殊辅助继电器M8167置于ON，然后就可以将0～F的十六进制数据写入 [D2·] 中。例如，[123BF] 输入后，在 [D2·] 中以BIN形式存储 [123BF]。

本指令与PLC的扫描周期同步执行。扫描全部16键需要8个扫描周期。为防止键输入的滤波延迟所造成的存储错误，应使用恒定扫描模式和定时器中断处理。

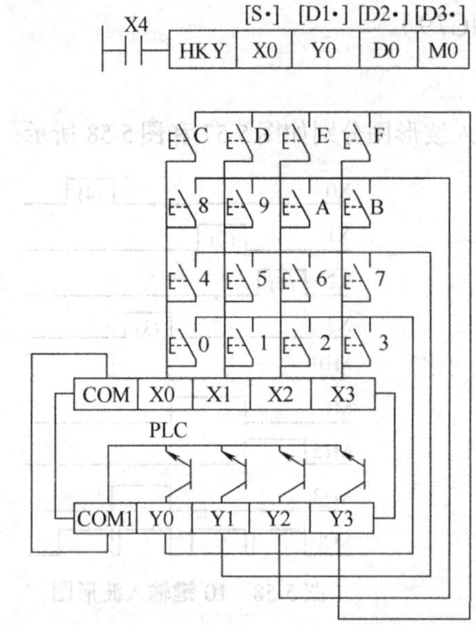

图 5-59　16 键输入指令的使用

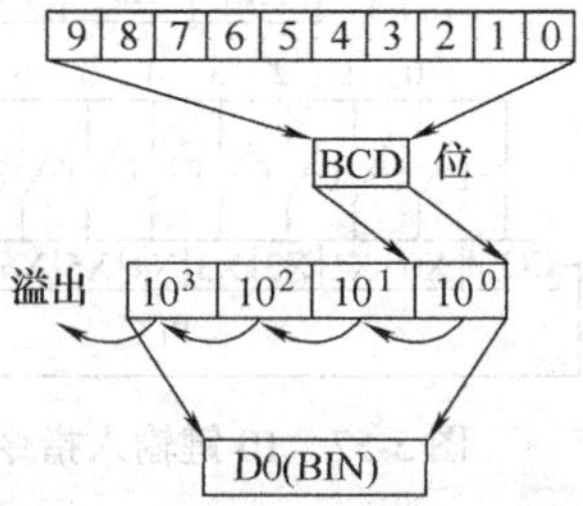

图 5-60　数字键的输入与存储

3. 数字开关指令（DSW）

DSW 指令的编号为 FNC72，该指令用于读入一组（n = 1）或两组（n = 2）数字开关的设定值。其使用方法和 BCD 数字开关与 PLC 的连接如图 5-61 所示。

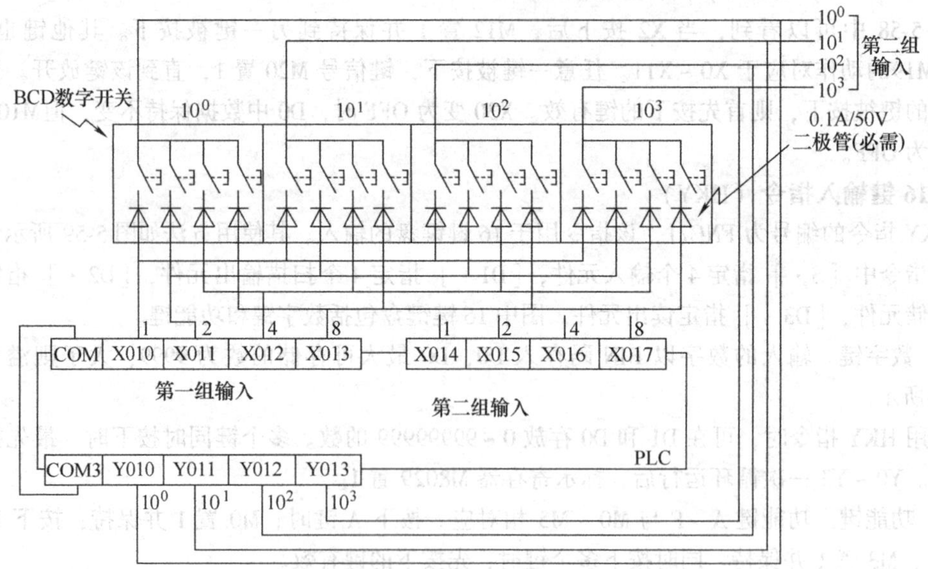

图 5-61　DSW 的使用及 BCD 数字开关与 PLC 的连接

图 5-61 中［S·］指定输入元件，［D1·］指定选通元件，［D2·］指定数据存储元件，n 指定数字开关的组数。图 5-61 为两组数字开关输入。

第 1 组 BCD 码 4 位数字开关接到 X10 ~ X13，由 Y10 ~ Y13 依次选通读入，数据以 BIN 码形式存入 D0 中。

第2组BCD码4位数字开关接到X14～X17，也由Y10～Y13依次选通读入，数据以BIN码形式存入D1中。第2组数据只有在n=2时才有效。当X0为ON时，Y10～Y13依次为ON，一个周期完成后，标志寄存器M8029置1，Y10～Y13的时序如图5-62所示。

为了连续存入DSW的值，必须使用晶体管输出型PLC。如果不需要连续读入，也可以使用继电器输出型的PLC。可用按钮输入和SET指令将M0置位，用M0驱动DSW指令，并用执行完毕标志M8029和复位指令将M0复位。

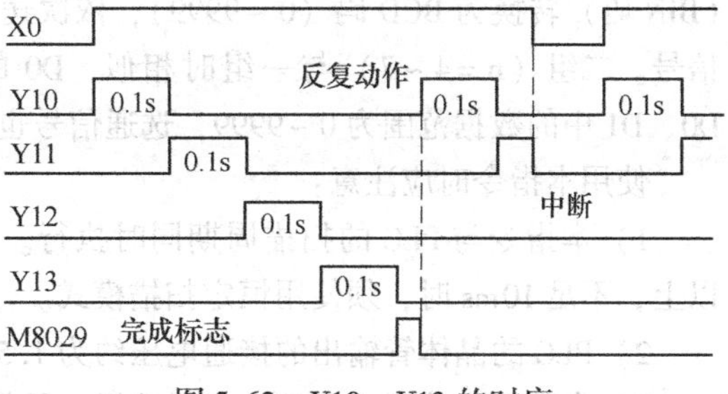

图5-62　Y10～Y13的时序

4. 七段译码指令（SEGD）

SEGD指令的编号为FNC73，其使用方法如图5-63所示。该指令中将［S·］的低4位所指定的十六进制数0～F译成七段码显示的数据格式，存入［D·］指定的元件中。［D·］的高8位不变。七个段的编号如图5-64所示。以“E”为例，其七段码为“01111001”（B1和B2为0不亮）。

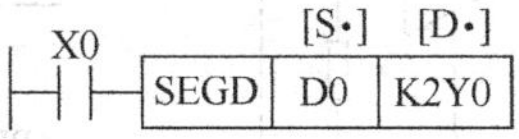

图5-63　七段译码指令的使用

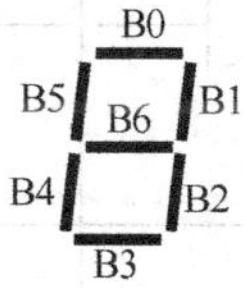

图5-64　七个段的编号

5. 带锁存的七段显示指令（SEGL）

SEGL指令的编号为FNC74，它用于控制一组或两组带锁存的七段码显示。其使用方法及带锁存的七段码显示器与PLC的连接如图5-65所示。

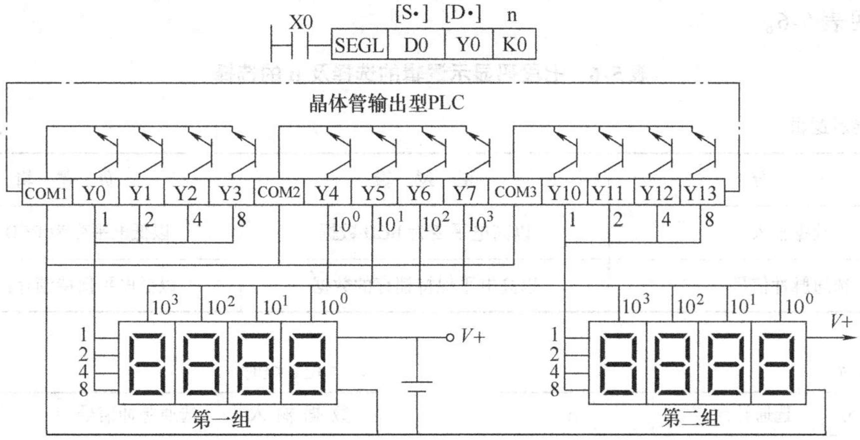

图5-65　SEGL的使用及带锁存的七段码显示器与PLC的连接方法

本指令用12个扫描周期显示4位数据（1或2组），完成4位显示后，标志寄存器M8029置1。

图5-65中，若执行条件满足（X0接通），指令则反复执行。若中途执行条件变为OFF，指令停止执行。执行条件再次满足，从头开始反复执行。要显示的数据放在D0（一组）或D0、D1

（二组）中，数据的传递与选通在一组和二组的情况下稍有不同。一组（n=0~3）D0 中的数据（BIN 码）转换为 BCD 码（0~9999），依次送到 Y0~Y3 输出。Y4~Y7 依次为各组的选通锁存信号。二组（n=4~7）与一组时相似，D0 的数据送到 Y0~Y3，D1 的数据送到 Y10~Y13。D0、D1 中的数据范围为 0~9999，选通信号也用 Y4~Y7。

使用本指令时应注意：

1）本指令与 PLC 的扫描周期同时执行。为实现一系列的显示，PLC 的扫描周期须在 10ms 以上，不足 10ms 时，须使用恒定扫描模式。

2）PLC 的晶体管输出的接通电压约为 1.5V，七段码 LED 应使用与此相同的输出电压。

3）参数 n 的选择：参数 n 用于选择七段数据输入、选通信号的正/负逻辑以及显示单元的组数（1 或 2 组）。

关于 PLC 的逻辑选择，在 NPN 晶体管输出类型中，当内部逻辑为 1 时，输出为低电平，此为负逻辑；在 PNP 晶体管输出类型中，内部逻辑为 1 时，输出为低电平，此为正逻辑。正负逻辑如图 5-66 所示。

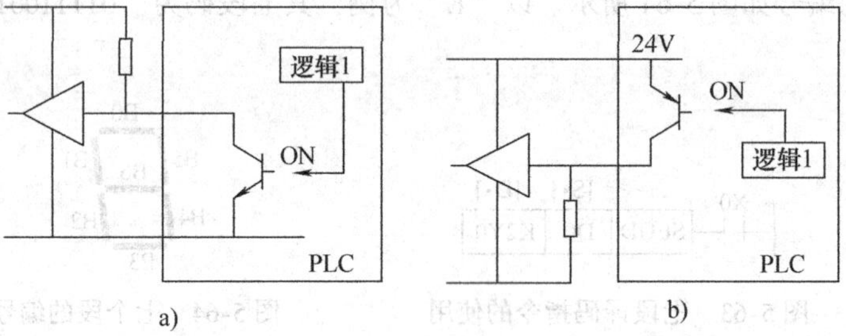

图 5-66　晶体管输出逻辑

a）负逻辑　b）正逻辑

七段码显示逻辑的选择及 n 的选择是依据 PLC 的正负逻辑与七段码的正负逻辑是否一致来进行的，见表 5-6。

表 5-6　七段码显示逻辑的选择及 n 的选择

七段码显示逻辑

区　分	正 逻 辑	负 逻 辑
数据输入	以高电平变为 BCD 数据	以低电平变为 BCD 数据
选通脉冲信号	以高电平保持锁存的数据	以低电平保持锁存的数据

4 位 1 组时

数 据 输 入	选通脉冲信号	n
一致	一致	0
	不一致	1
不一致	一致	2
	不一致	3

4 位 2 组时

数 据 输 入	选通脉冲信号	n
一致	一致	4
	不一致	5
不一致	一致	6
	不一致	7

表中“一致”的为：比如，七段码显示为正逻辑，PLC为PNP输出型，负逻辑，则它们是一致的，因为当PLC内部逻辑为1时，PLC输出为高电平，而七段码显示器也在此时认为相应位为1。

6. 方向开关指令（ARWS）

ARWS指令的编号为FNC75，当通过方向开关的移动，来输入和显示位数，增加和减少数据，使用此指令。方向开关及指令如图5-67所示。

ARWS指令可将目的数据写入D0中，并可在七段显示器上监视写入的数据。D0中存放的是十六进制数，但为了方便常以BCD码表示（0～9999）。

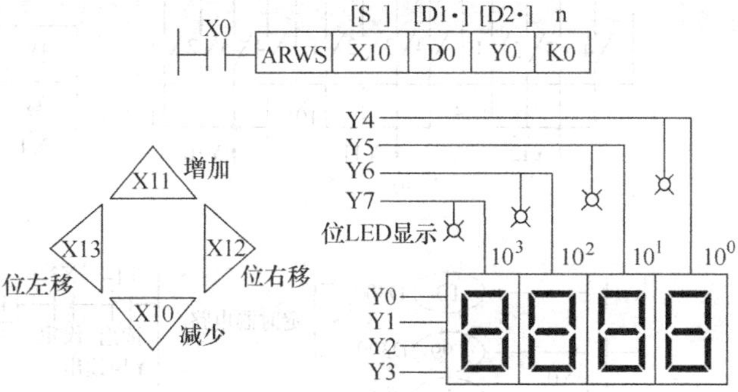

图5-67　方向开关及指令

由图5-67可知，方向开关有4个，进位和退位键用来指定要输入的位，增加和减少键用于对被指定的位的数值进行增减。带锁存的七段显示器可显示当前所设置的数值。图中给出了七段显示器与PLC输出端的连接方法。其中在每一位的选通输出上并联一个指示灯，该灯指示当前被选中的位。当驱动输入X0接通时，指定的位是10^3位。每按一次退位键，被指定位按以下顺序移动并循环：$10^3\to10^2\to10^1\to10^0\to10^3$。按进位键时，被指定位按以下顺序移动并循环：$10^3\to10^0\to10^1\to10^2\to10^3$。被指定位可以根据选通脉冲信号（Y4～Y7）用LED表示。对于被指定位的数值，每按一次增加键，其值按0→1→…→8→9→0→1循环变化；每按一次减少键，其值按0→9→8→7→…→1→0→9循环变化。当前值可由七段显示器显示。

参数n的选择和设定与FNC74指令中参数的选择相同。使用ARWS指令时，必须用晶体管输出型PLC。该指令与PLC的扫描周期（运算时间）同时执行。扫描时间短时，应使用恒定扫描模式与定时中断，按一定时间间隔运行。

图5-68给出了用方向开关修改定时器设定值的外部接线图和程序梯形图。用读写键（X4）和交替输出指令ALT来切换读/写操作。因为位数不多，方向开关左移键未用。T0～T99的设定值由D300～D399提供。读操作时，用3个拨码开关选择定时器的元件号。按设定键X3时，用数字开关指令DSW将元件号读入到Z0中，并通过带锁存的七段显示指令SEGL将指定的定时器的当前值送给七段显示器显示。刚进入写操作时用脉冲方式的MOV（P）传送指令将待设定定时器原来的设定值D300Z0送到D511，操作时用加1键、减1键和右移键（X0～X2）来修改指定定时器的设定值，修改好后按设定键，用MOV（P）指令将D511中的新值送入指定的定时器对应的数据寄存器D300Z0，就完成了一个定时器的设定值修改。

7. ASCⅡ码转换指令（ASC）

ASC指令的编码为FNC76，它用于将字母变换成ASCⅡ码并存放到指定的元件中。图5-69给出的程序是将字母A～H变换成ASC码并送到D300～D303中。该指令适用于在外部显示器上选择显示出错等信息。

若将M8161置ON后执行该指令，则向［D·］中只传送低8位，占有与传送字符相同数量的元件，如此例中为8个，此时高8位为0。

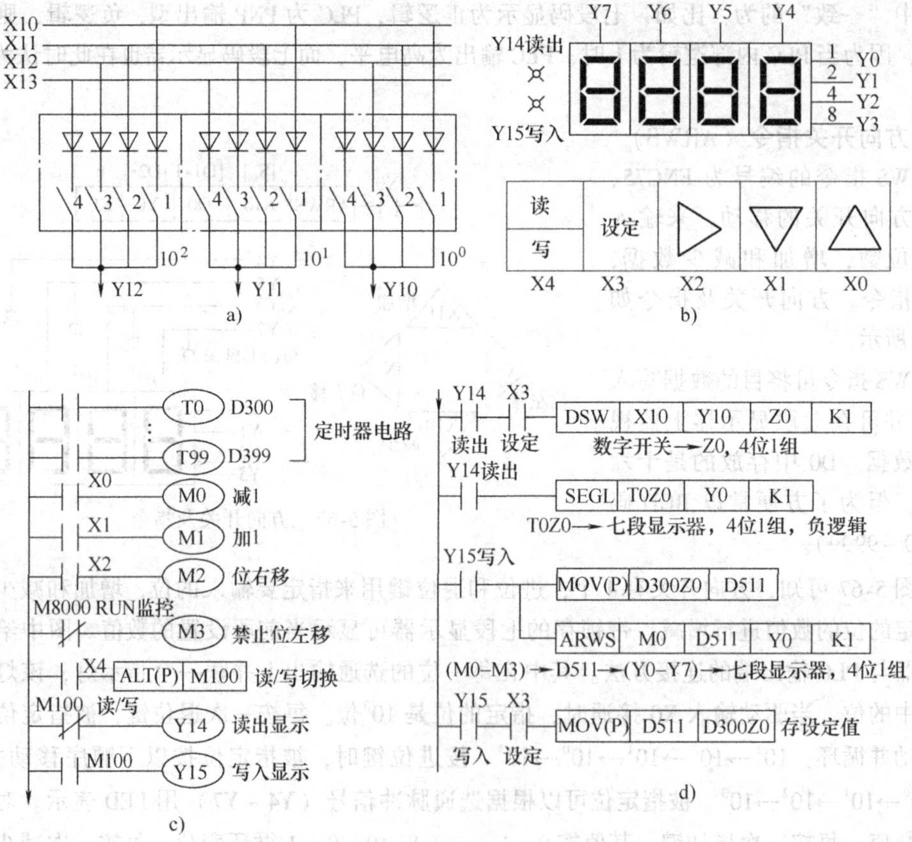

图 5-68　方向开关指令的应用

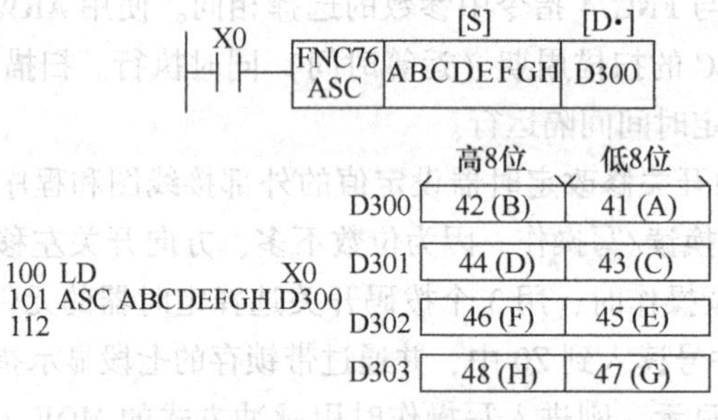

图 5-69　ASC 指令的应用

8. ASC 码打印指令（PR）

PR 指令的编号为 FNC77，它主要用于 ASCII 码的打印输出，其执行过程如图 5-70 所示。图中 PR 指令执行时，D300 ~ D303 中的 8 个 ASC 码送到 Y0 ~ Y7 打印，同时用 Y10 和 Y11 输出选通信号和执行标志信号。PR 指令可使用 2 次，且必须选用晶体管输出型 PLC。标志 M8027 为 ON 时，PR 指令可以一次

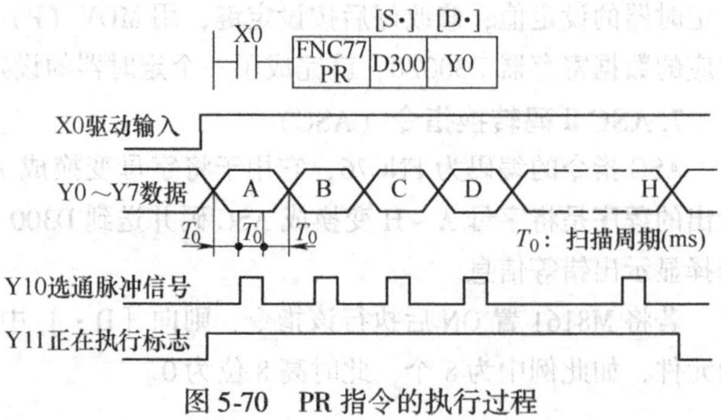

图 5-70　PR 指令的执行过程

送16个ASCII码，当M8027为OFF时，则一次送出8个。

9. 特殊功能模块的BFM的读出指令（FROM）

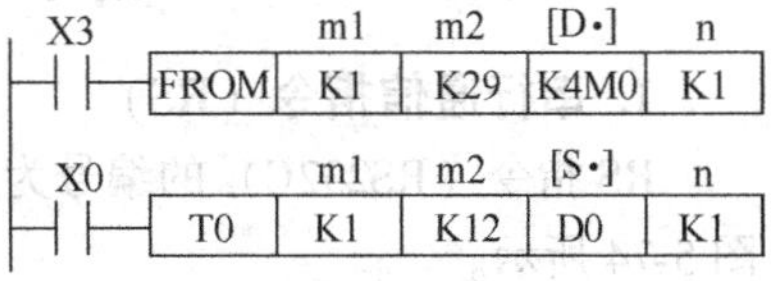

图5-71　读/写特殊功能块

FROM指令的编号为FNC78，该指令用于从特殊功能模块缓冲存储器（BFM）中读出数据，其使用方法如图5-71所示。图中m1是特殊功能模块的编号，m1 = 0 ~ 7。m2是特殊功能模块中缓冲寄存器的首元件号，m2 = 0 ~ 32767，n是待传送数据的字数，n = 1 ~ 32767。

FORM是将编号为m1的特殊功能模块内，从缓冲寄存器（BFM）以m2号为开始的n个数据读入基本单元，并存放在从［D·］开始的个数据寄存器中。当X3 = ON时，执行读出操作。X3 = OFF时，不执行传送，传送地点的数据不变化。

10. 特殊功能模块的BFM的写入指令（TO）

TO指令的编号为FNC79，TO指令用于从PLC向特殊功能模块缓冲存储器（BFM）写入数据。其使用方法如图5-71所示。图中TO是将PLC中从［S·］元件开始的n个字的数据，写到特殊功能模块m1中以m2号为开始的缓冲存储器BFM中。图中当X0 = ON时，执行写入操作，X0 = OFF时，不执行传送，传送地点的数据不变化。

使用FROM/TO指令时应注意：

1）m1：特殊功能模块的模块号从基本单元最近处开始按0、1、2、…顺序编号。

2）m2：缓冲存储器（BFM）号码。特殊功能模块中置有32个16位RAM存储器，即缓冲存储器，缓冲存储器中的内容根据各模块的控制目的而设定。

用32位指令对BFM进行处理时，指定编号的BFM用于存放数据的低16位，其后续编号的BFM自动被用于存放数据的高16位，如图5-72所示。

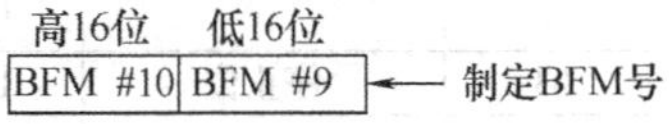

图5-72　BFM的编号

3）n：待传送数据的字数，如图5-73所示。16位指令的n = 2和32位指令的n = 1为相同含义。如果特殊辅助继电器M8164（FROM/TO指令的传送点数可变模式）为ON，执行FROM/TO指令时，以特殊数据寄存器D8164（FROM/TO指令的传送点数指定寄存器）的内容作为传送点数n进行处理。

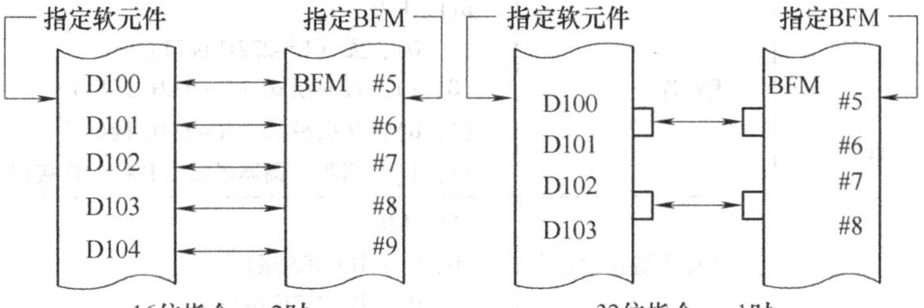

图5-73　读写特殊功能模块的过程

4）特殊辅助继电器M8028的作用（仅适用于FX_{2N}、FX_{2NC}系列PLC）。

当M8028为OFF，FROM、TO指令执行时自动进入中断禁止状态，输入中断或定时器中断将不能执行。这期间发生的中断在FROM、TO指令完成后，立即执行。此外，FROM、TO指令也可以在中断程序中使用。

当M8028为ON，FROM、TO指令执行时如发生中断则执行中断程序，但中断程序中不可使用FROM、TO指令。

5.2.9 外部设备SER指令（FNC80～FNC89）

1. 串行通信指令（RS）

RS指令（RS232C）的编号为FNC80，其使用方法如图5-74所示。

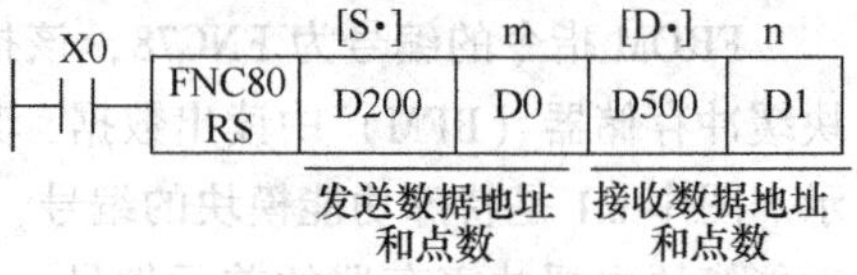

图5-74 RS指令的使用

RS指令是功能扩展板发送和接收串行数据的指令。数据的传送格式（如数据位数、奇偶校验、起始位、停止位、波特率、是否有调制解调等）可以用MOV指令和初始化脉冲写入串行通信用的特殊数据寄存器D8120，但在RS指令的执行过程中，即使改变D8120的设定，也不能改变数据的传送格式。在不进行发送的系统中，须将数据发送点数设定为“K0”；在不进行接收的系统中，将接收点数设定为“K0”。FX_{2N}（V2.00以下版本）PLC采用半双方式进行通信，FX_{2N}（V2.00以上版本）、FX_{2NC}系列PLC采用全双方式进行通信。通信格式D8120根据表5-7设定。

表5-7 计算机链接通信的设定格式

位号	名称	内容		
		0（位OFF）		1（位ON）
b0	数据长	7位		8位
b1 b2	奇偶性	b2，b1 (0，0)：无 (0，1)：奇数（ODD） (1，1)：偶数（EVEN）		
b3	停止位	1位		2位
b4 b5 b6 b7	传送速率/(bit/s)	b7，b6，b5，b4 (0，0，1，1)：300 (0，1，0，0)：600 (0，1，0，1)：1，200 (0，1，1，0) 2，400		b7，b6，b5，b4 (0，0，1，1)：4，800 (1，0，0，0)：9，600 (1，0，0，1)：19，200
b8①	起始符	无		有（D8124）初始值：STX（02H）
b9①	终止符	无		有（D8125）初始值：ETX（03H）
b10 b11	控制线	无顺序	b11，b10 (0，0)：无（RS-232C接口） (0，1)：普通模式（RS-232C接口） (1，0)：互锁模式（RS-232C接口）⑤ (1，1)：调制解调器模式（RS-232C接口，RS-485接口）③	
		计算机链接通信④	b11，b10 (0，0)：RS-485接口 (1，0)：RS-232C接口	
b12	不可使用			
b13②	和校验	不附加		附加
b14②	协议	不使用		使用
b15②	控制顺序	方式1		方式4

① 起始符、终止符的内容可由用户变更。使用计算机通信时，必须将其设定为“0”。

② b13～b15是计算机链接通信连接时的设定项目，使用FNC80（RS）指令时，必须设定为“0”。

③ RS-485未考虑设置控制线的方法，使用FX2N-485-BD、FX0N-485ADP时，请设定（b11，b10）=(1，1)。

④ 是在计算机链接通信连接时设定，与FNC80（RS）没有关系。

⑤ 适应机种是FX_{2NC}及FX_{2N} V2.00以上版本。

2. 八进制数据传送指令（PRUN）

PRUN指令的编号为FNC81，它用于八进制数的传送，如图5-75所示。

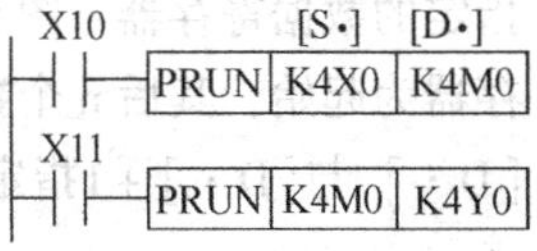

图5-75　PRUN的使用

图5-75中当X10为ON时，将X0～X17内容送至M0～M7和M10～M17。当X11为ON时，则将M0～M7送Y0～Y7，M10～M17送Y10～Y17。源操作数可取KX、KM，目标操作数可取KY、KM，n=1～8，16位和32位运算分别占5个和9个程序步。

3. 十六进制与ASCⅡ码转换指令（ASCI，HEX）

HEX→ASCII转换指令ASCI的编号为FNC82，ASCII→HEX转换指令HEX的编号为FNC83。ASCI指令的功能是将源操作数［S·］中的内容（十六进制数）转换成ASCII码存入目标操作数［D·］中，如图5-76所示。

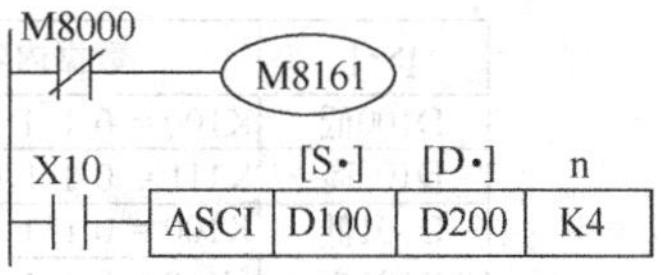

图5-76　ASCI指令的使用

图中n表示要转换的字符数（n=1～256）。M8161控制采用16位模式或8位模式。16位模式时，每4个HEX占用1个数据寄存器，转换后每两个ASCII码占用一个数据寄存器；8位模式时，转换结果传送到［D·］低8位，高8位为0。

PLC运行时，M8000为ON，M8161为OFF，此时为16位模式。当X10为ON则执行ASCI。如果存放在D100中的4个字符为0ABCH，则执行后将其转换为ASCII码送入D200和D201中，D200高位存放A的ASCII码41H，低位存放0的ASCⅡ码30H，D201则存放BC的ASCII码，C放在高位。该指令的源操作数可取所有数据类型，目标操作数可取KnY、KnM、KnS、T、C和D，只有16位运算，占用7个程序步。

HEX指令的功能与ASCI指令相反，是将ASCII码表示的信息转换成16进制的信息，如图5-77所示。本指令为16位运算，占7个程序步。源操作数为K、H、KnX、KnY、KnM、KnS、T、C和D，目标操作数为KnY、KnM、KnS、T、C、D、V和Z。

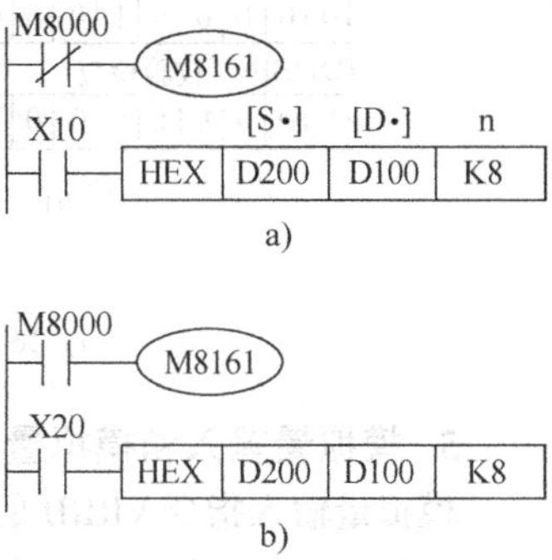

图5-77　HEX指令的使用

HEX指令也分为16位变换和8位变换两种模式。图5-77a为16位变换模式，HEX指令将［S·］中的ASC码转换为4位HEX数，传送给［D·］，每两个ASCⅡ码占一个数据寄存器，每4个ASCII码转换后获得的数值占一个数据寄存器，转换的字符个数由n指定。如设n=8，D200～D203中存放的是0ABC1234H对应的ASCII码字符30H、41H、43H、31H、32H、33H和34H，转换后的十六进制数1234H存放在D100中（其中的4H存放在D100的低4位，其他依此类推），0ABCH存放在D101中。

图5-77b为8位模式，每个ASCII码占一个数据寄存器，如0ABC1234H对应的8个ASCII码占D200～D207，它们转换后的十六进制数的存放方式与16位模式时相同。

4. 校验码指令（CCD）

CCD指令的编号为FNC84，该指令可用于通信数据的校验。指令在M8161的控制状态下也有16位变换模式和8位变换模式两种校验操作。其使用方法如图5-78所示。

图5-78a为16位变换模式校验操作，指令执行时，以［S·］指定的数据寄存器为起始，其

后（n/2）个数据寄存器的高8位、低8位数据的总和与校验码分别存于［D·］与［D·］+1指定的数据寄存器。图5-78b是8位变换模式校验操作，指令执行时，以［S·］指定的数据寄存器为起始，其后n个数据寄存器的低8位数据（无高8位数据）的总和与检验码分别存放到［D·］与［D·］+1指定元件中。

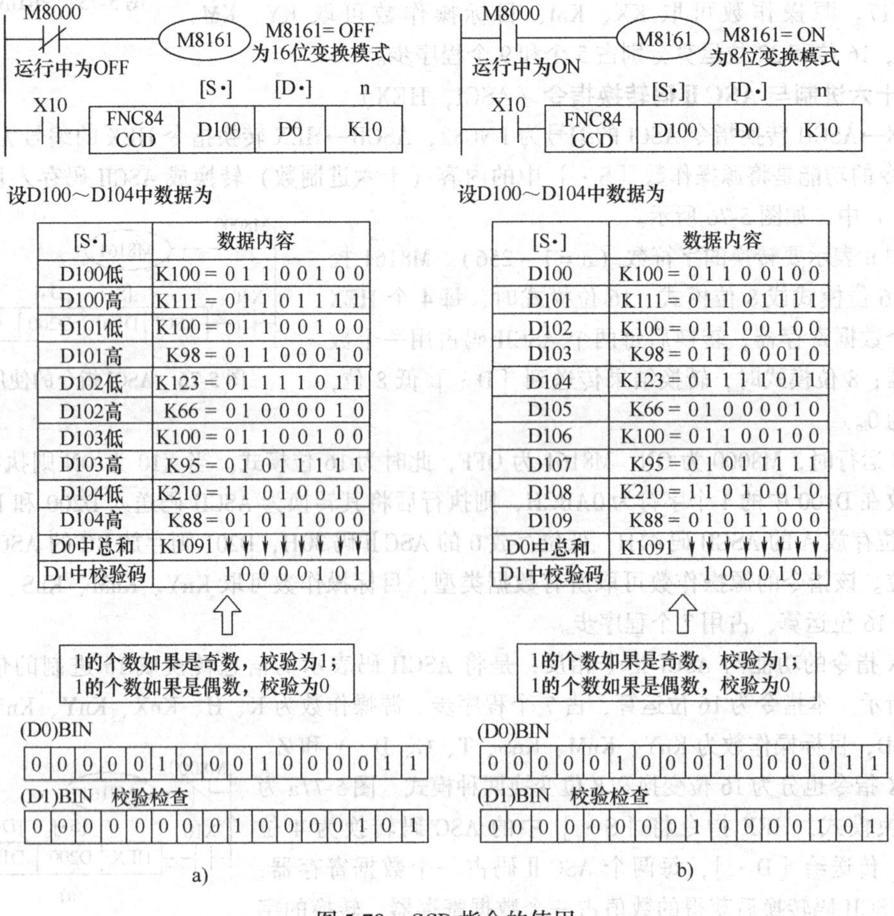

图5-78 CCD指令的使用

a）16位变换模式的校验操作 b）8位变换模式的校验操作

5. 模拟量输入和模拟量开关指令（VRRD，VRSC）

模拟量输入指令VRRD的编号为FNC85，它将来自模拟电位器的模拟量转换为8位BIN数据，并传送到指定的寄存器中，其使用如图5-79所示。

图5-79中X0为ON时，读出0号模拟量的值（［S·］=0），送到D0后作为定时器T0的设定值。D0中数据可以输出，也可以作为定时器、计数器的设定值。若用于定时、计数设定值而数值又要求大于255时，可用乘法指令把存储值乘以常数值，再作间接设定。

模拟量开关设定指令VRSC的编号为FNC86，该指令可以把模拟电位器的旋转刻度转换成BIN值读出（旋转刻度通过四舍五入被化整为0～10的整数值）。其使用方法如图5-80所示。图中用模拟开关根据模拟开关的刻度0～10来分别控制M0～M10的ON/OFF。

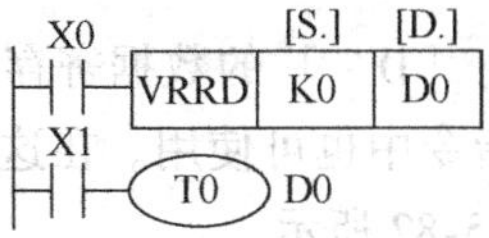

图5-79　VRRD 指令

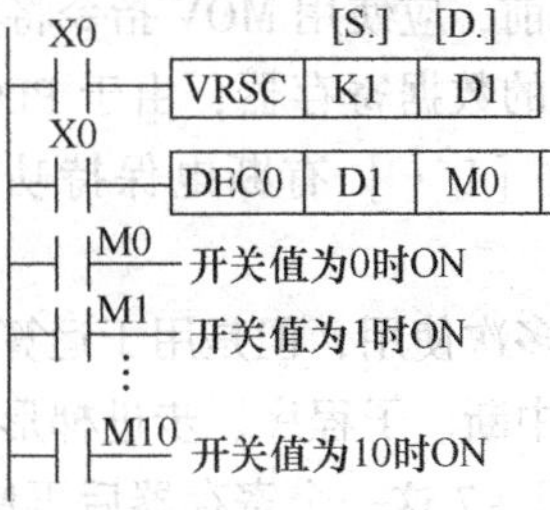

图5-80　VRSC 指令的使用

6. PID 运算指令（PID）

PID 指令编号为 FNC88，如图 5-81 所示。图中源操作数［S1·］、［S2·］、［S3·］和目标操作数单元均为数据寄存器 D，指令 16 位，占用 9 个程序步。［S1·］和［S2·］分别用来存放给定值 SV 和当前测量到的反馈值 PV，［S3·］~［S3·］+24 用来存放 PID 控制参数等，详见表 5-8，运算结果 MV 存放在［D·］中。

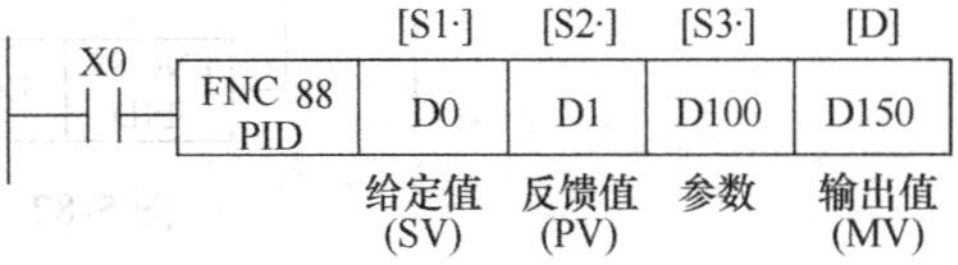

图5-81　PID 指令

表5-8　PID 控制参数及设定

源操作数	参　数	设定范围或说明	备　注
［S3·］	采样周期（T_S）	1~32767ms	不能小于扫描周期
［S3·］+1	动作方向（ACT）	bit0：0 为正作用、1 为反作用 bit1：0 为无输入变化量报警 1 为有输入变化量报警 bit2：0 为无输出变化量报警 1 为有输出变化量报警 bit4：0 为手动调节，1 为自动调节	bit3，bit5~bit15 不用
［S3·］+2	输入滤波常数（L）	0~99（%）	对反馈量的一阶惯性数字滤波环节
［S3·］+3	比例增益（K_P）	1~32767（%）	
［S3·］+4	积分时间（T_I）	0~32767（×100ms）	0 与∝做同样处理
［S3·］+5	微分增益（K_D）	0~100（%）	
［S3·］+6	微分时间（T_D）	0~32767（×10ms）	0 为无微分
［S3·］+7~［S3·］+19	—	—	PID 运算占用
［S3·］+20	输入变化量（增方）警报设定值	0~32767	由用户设定 ACT［S3·］+1 为 K2~K7 时有效，即 ACT 的 bit1 和 bit2 至少有一个为 1 时才有效；当 ACT 的 bit1 和 bit2 都为 0 时，［S3·］+20~［S3·］+24 无效
［S3·］+21	输入变化量（减方）警报设定值	0~32767	
［S3·］+22	输出变化量（增方）警报设定值	0~32767	
［S3·］+23	输出变化量（减方）警报设定值	0~32767	
［S3·］+24	警报输出	bit0：输入变化量（增方）超出 bit1：输入变化量（减方）超出 bit2：输出变化量（增方）超出 bit3：输出变化量（减方）超出	

在 PID 运算开始之前，应使用 MOV 指令将参数设定值预先写入对应的数据寄存器中。如果使用具有断电保持功能的数据寄存器，由于 PLC 断电后，设定值也能保持，来电后就不需要再写入。如果目标操作数［D·］有断电保持功能，应使用初始化脉冲 M8002 的常开触点将其复位。

PID 指令可以同时多次使用，但是用于运算的［S3·］、［D·］的数据寄存器元件号不能重复。PID 指令在定时器中断、子程序、步进梯形图、跳转指令中也可使用。在这种情况下，执行 PID 指令前要清除［S3·］+7 这一个寄存器后再使用，如图 5-82 所示。

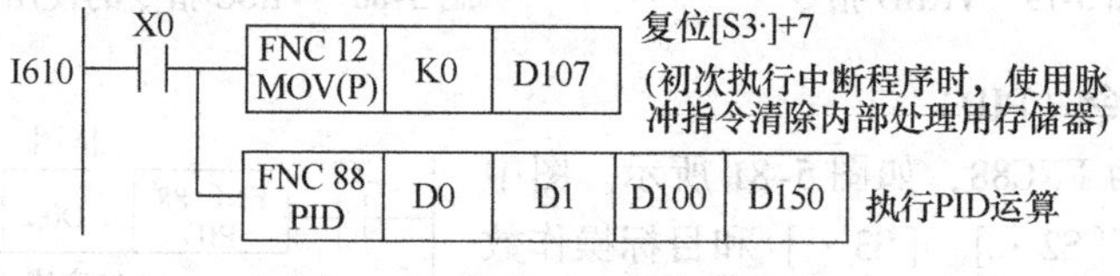

图 5-82　执行 PID 指令前清零

控制参数的设定值或 PID 运算中的数据发生错误时，运算错误标志 M8067 为 ON，按照错误内容，M8067 中存有表 5-9 所示错误代码。PID 运算实行前必须将正确的测定值写入 PV 存储单元。在 PID 对模拟输入模块 FX_{2N}-4AD 的输入值进行运算时，要注意其转换时间。

表 5-9　PID 错误代码的意义

代　码	错 误 内 容	处 理 状 态	处 理 方 法
K6705	应用指令的操作数在对象软元件范围外	PID 命令运算停止	确认控制数据的内容
K6706	应用指令的操作数在对象软元件范围外		
K6730	采样时间（T_S）在对象软元件范围外（$T_S<0$）		
K6732	输入滤波常数在对象（α）范围外（$\alpha<0$ 或 $100\leqslant\alpha$）		
K6733	比例增益（K_P）在对象范围外（$K_P<0$）		
K6734	积分时间（T_I）在对象范围外（$T_I<0$）		
K6735	微分增益（K_D）在对象范围外（$K_D<0$ 或 $201\leqslant K_D$）		
K6736	微分时间（T_D）在对象范围外（$K_D<0$）		
K6740	采样时间（T_S）$\leqslant$运算周期	PID 命令运算继续	
K6742	测定值变化量超过（$P_V<-32768$ 或 $32767<$（P_V））		
K6743	偏差超过（$E_V<-32768$ 或 $32767<E_V$）		
K6744	积分计算值超过（-32768～32767 以外）		
K6745	由于微分增益（K_P）超过微分值超过		
K6746	微分计算值超过（-32768～32767 以外）		
K6747	PID 运算结果超过（-32768～32767 以外）		
K6750	自调整结果不良	自调整结束	具体情况是：在自动调谐开始时，测定值和目标值的差为 150 以下，或在自动调谐进行到开始时的测定值和目标值的差的 1/3 以上时，即结束确认测定值、目标值请再次进行自动调谐

（续）

代　码	错误内容	处理状态	处理方法
K6751	自调整动作方向不一致	自调整继续	具体情况是：通过自动调谐开始时的测定值预测的动作方向，与自动调谐输出动作方向不一致 请使目标值、自动调谐用输出值、测定值的关系正确后，再次进行自动调谐
K6752	自调整动作不良	自调整结束	具体情况是：自动调谐中，因测定值上下变化，不能正确动作 请使采样时间远远大于输出的变化周期，增大输入滤波常数。设定变更后，请再次进行自动调谐

这里的PID指令采用增量式PID算法，控制算法中还综合使用了反馈量一阶惯性数字滤波、不完全微分和反馈量微分等措施，从而比普通的PID算法具有更好的控制效果。

PID控制是根据“动作方向”（［S3·］+1）的设定内容，进行正作用或反作用。PID运算公式如下：

$$\Delta MV = K_P\left\{(EV_n - EV_{n-1}) + \frac{T_S}{T_I}EV_n + D_n\right\} \tag{5-1}$$

$$EV_n = PV_{nf} - SV(\text{正动作});\quad EV_n = SV - PV_{nf}(\text{反动作}) \tag{5-2}$$

$$D_n = \frac{T_D}{T_S + \alpha_D T_D}(2PV_{nf-1} - PV_{nf} - PV_{nf-2}) + \frac{\alpha_D + T_D}{T_S + \alpha_D T_D}D_{n-1} \tag{5-3}$$

$$PV_{nf} = PV_n + L(PV_{nf-1} - PV_n) \tag{5-4}$$

$$MV_n = \sum \Delta MV \tag{5-5}$$

式中，ΔMV是本次和上一次采样时PID输出量的差值；MV_n是本次的PID输出量；EV_n和EV_{n-1}分别是本次和上一次采样时的误差；SV为设定值；PV_n是本次采样的反馈值，PV_{nf}、PV_{nf-1}和PV_{nf-2}分别是本次、前一次和前两次滤波后的反馈值；K_P是比例增益；D_n和D_{n-1}分别是本次和上一次采样时的微分部分；T_S是采样周期；T_I和T_D分别是积分时间和微分时间的比值；α_D是不完全微分的滤波时间常数与微分时间T_D的比值；L是惯性数字滤波系数。

为了使PID控制得到良好的效果，必须求得适合于控制对象的3个常数（比例增益K_P、积分时间T_I、微分时间T_D）的最佳值。工程上常常采用阶跃响应法求出这3个常数（仅适用于FX_{2N}系列PLC的V2.00版本以上）。

阶跃响应法是，使控制系统产生0～100%的阶跃输出，而后测量反馈输入值的变化特性参数：无用时间L(s)、最大斜率R，最后换算出PID的三个常数，如图5-83所示。

PID指令具有自动调节功能，使用它可以得到最佳的PID控制，调节方法如下：

1）传送自动调节用的（采样时间）输出值至［D·］中。自动调节用的输出值应根据输出设备在输出可能最大值的50%～100%范围内选用。

2）设定自动调节用的采样时间、输入滤波、微分增益以及目标值等。为了正确执行自动调

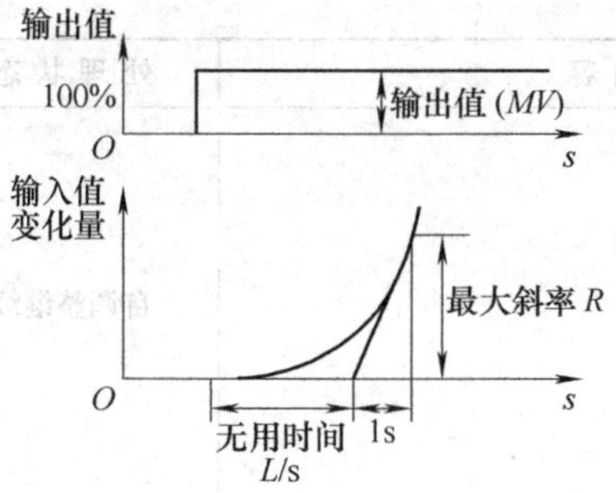

a)

	比例增益 (K_P)%	积分时间 (T_I)(0.1s)	微分时间 (T_D)(0.1s)
仅有比例控制 (P 动作)	(1/R×L)× 输出值 (MV)	—	—
PI 控制 (PI 动作)	(0.9/R×L)× 输出值 (MV)	33L	—
PID 控制 (PID 动作)	(1.2/R×L)× 输出值 (MV)	20L	50L

b)

图 5-83　PID 三个常数的求法

a）用阶跃响应法检测输入变化的动作特性

b）输入动作特性与 3 个常数的关系

节，目标值的设定方面，应保证自动调节开始时的测定值与目标值之差大于 150 以上。若不能满足此条件，可以先设定自动调节目标值，待自动调节完成后，再次设定目标值。自动调节时的采样时间应大于 1s 以上，并且要大于输出变化的周期时间。

3）[S3·] +1动作方向（ACT）的 bit4 设定为 ON 后，则自动调节开始。自动调节开始时的测定值到目标值的变化量变化在 1/3 以上，则自动调节结束，[S3·] +1（ACT）的 bit4 自动变为 OFF。

必须指出的是，自动调节应在系统处于稳态时进行，否则不能正确进行。

图 5-84 是一个温度控制系统中的 PID 参数功能指令应用。控制系统的组成如图 5-84a 所示。PLC 驱动电加热器给温度槽加温，热电偶检测温度槽温度并将信号经模拟量输入模块传 PLC，PLC 执行程序，保持温度槽温度在 +50℃。图中模拟量输入模块 FX_{2N}-4AD-TC 与 PLC 基本单元相连接，编号为 0，它有 4 个通道，程序中选用第 2 通道对热电偶检测输出的模拟电压采样，因此，模拟量输入模块 FX_{2N}-4AD-TC 的 BFM#0 中设定值应为 H3303（从最低位到最高位数字分别控制通道 1 ~ 通道 4，每位数字可由 0 ~ 3 表示，0 表示设定输入电压范围为 -10 ~ +10V）。

表 5-10 是自动调节和 PID 控制参数设定内容。由控制参数设定内容可知，设定目标值为 500（即温度保持在 500 × 0.1℃/单位变化量 = +50℃），要求输入/输出变化量报警有效，有输出上下限设定，自动调节 + PID 控制，则［S3·］+ 1 动作方向（ACT）的 bit0 = 0（大于 0℃的正方向动作），bit1 ~ bit5 均为 1，即动作方向（ACT）单元的设定参数为 $(0\sim011110)_{BIN}$ = K30。

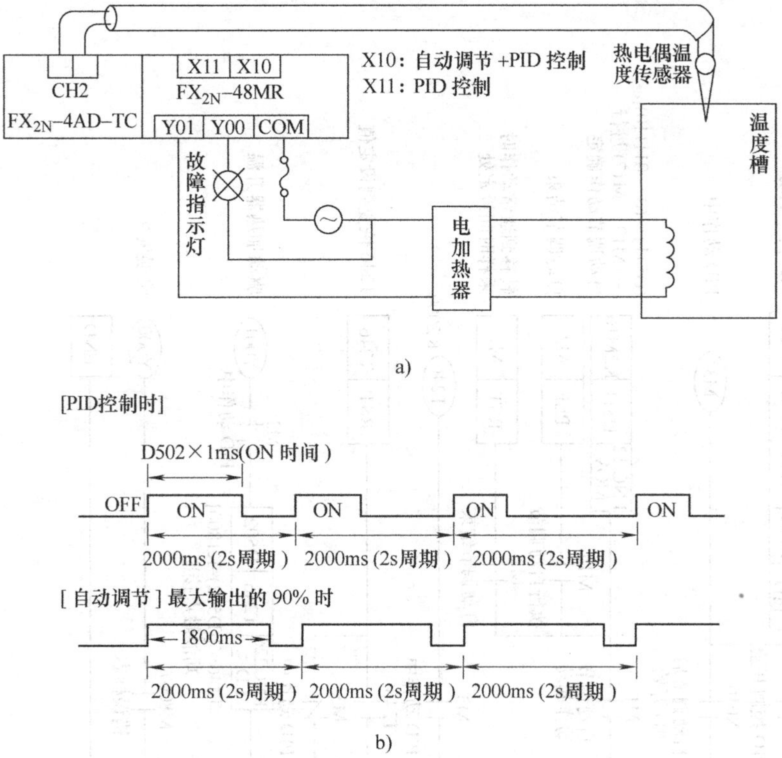

图 5-84　温度自动控制系统中 PID 指令的应用

a）温度自动控制系统　b）电加热器动作时序

表 5-10　自动调节与 PID 控制参数设定内容

PID 控制设定内容				自动调节中参数	PID 控制中参数
目标值（SV）			[S1·]	500（+50℃）	500（+50℃）
参数设定	采样时间（T_S）		[S3·]	3000ms	500ms
	输入滤波（α）		[S3·]+2	70%	70%
	微分增益（K_D）		[S3·]+5	0	0
	输出值上限		[S3·]+22	2000（2s）	2000（2s）
	输出值下限		[S3·]+23	0	0
	动作方向（ACT）	输入变化量报警	[S3·]+1bit1	有效	有效
		输出变化量报警	[S3·]+1bit2	有效	有效
		输出值上下限设定	[S3·]+bit5	有	有
输出值（*MV*）			[D·]	1800ms	根据运算

图 5-84b 是 PID 控制下和自动调节的电加热器的动作时序图。D502 为自动调节输出值设定存储单元。

系统的自动调谐程序如图 5-85 所示。程序中，X010 为 ON，X011 为 OFF 时，先执行自动调节，然后进行 PID 控制（实际为 PI 控制）；若 X010 为 OFF，X011 为 ON，仅执行 PID 控制。

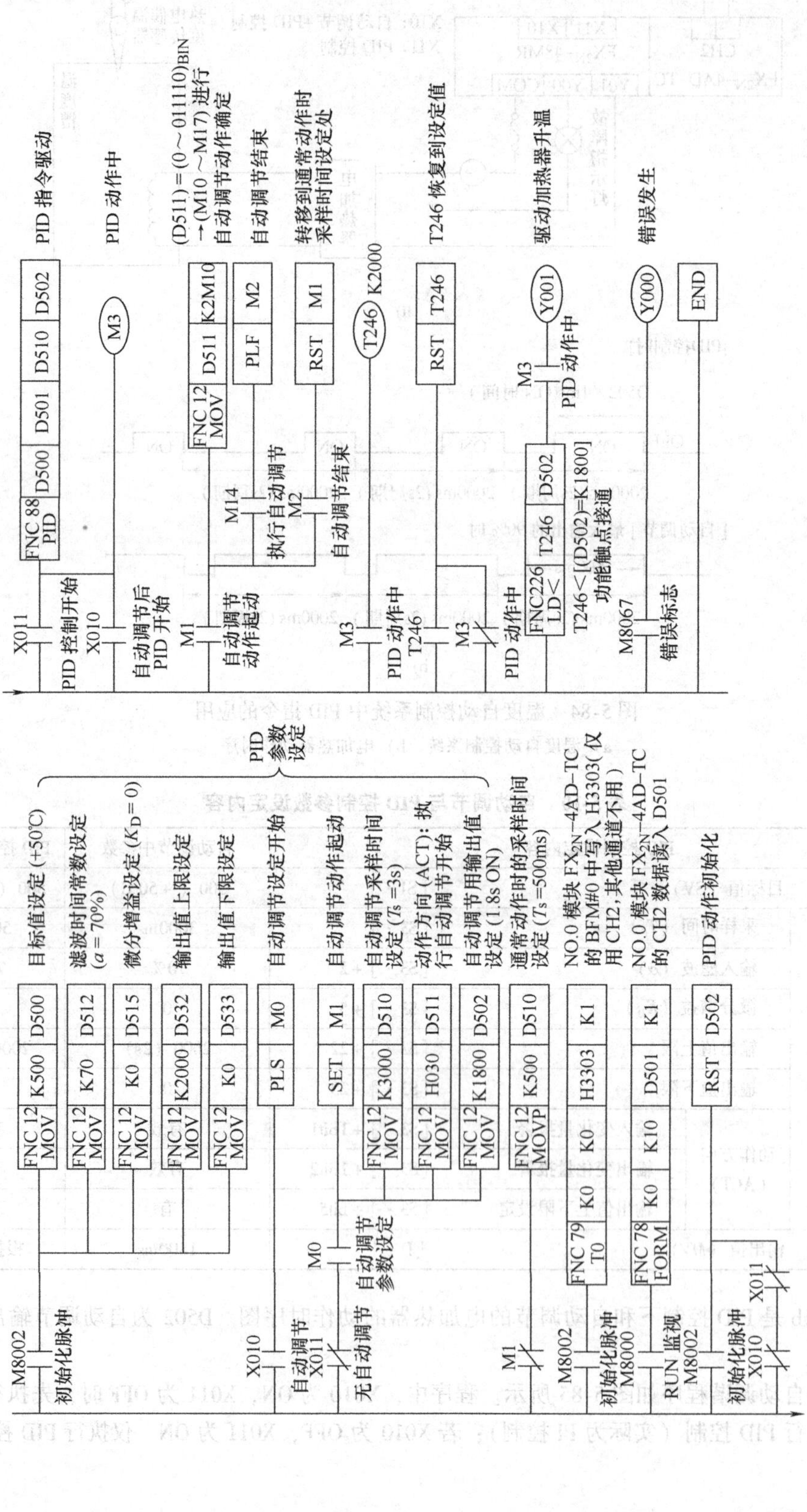
M8002
初始化脉冲
FNC 12 MOV K500 D500 目标值设定 (+50℃)
FNC 12 MOV K70 D512 滤波时间常数设定 (α = 70%)
FNC 12 MOV K0 D515 微分增益设定 (K_D = 0)
FNC 12 MOV K2000 D532 输出值上限设定
FNC 12 MOV K0 D533 输出值下限设定
X010
自动调节
PLS M0 自动调节设定开始
X011
无自动调节
M0
自动调节参数设定
SET M1 自动调节动作起动
FNC 12 MOV K3000 D510 自动调节采样时间设定 (Ts =3s)
FNC 12 MOV H030 D511 动作方向 (ACT)：执行自动调节开始
FNC 12 MOV K1800 D502 自动调节用输出值设定 (1.8s ON)
PID 参数设定
M1
FNC 12 MOVP K500 D510 通常动作时的采样时间设定 (Ts =500ms)
M8002
初始化脉冲
FNC 79 TO K0 K0 H3303 K1 NO.0 模块 FX2N-4AD-TC 的 BFM#0 中写入 H3303(仅用 CH2，其他通道不用)
M8000
RUN 监视
FNC 78 FROM K0 K10 D501 K1 NO.0 模块 FX2N-4AD-TC 的 CH2 数据读入 D501
M8002
初始化脉冲
X010
X011
RST D502 PID 动作初始化
X011
PID 控制开始
X010
自动调节后 PID 开始
FNC 88 PID D500 D501 D510 D502 PID 指令驱动
M3 PID 动作中
M1
自动调节动作起动
FNC 12 MOV D511 K2M10 (D511) = (0～011110)BIN →(M10～M17) 进行自动调节动作确定
M14
执行自动调节
PLF M2 自动调节结束
M2
自动调节结束
RST M1 转移到通常动作时的采样时间设定处
M3
PID 动作中
T246 K2000
T246
RST T246 T246 恢复到设定值
M3
PID 动作中
FNC226 LD< T246 D502
T246<[(D502)=K1800] 功能触点接通
M3
PID 动作中
Y001 驱动加热器升温
M8067
错误标志
Y000 错误发生
END
图 5-85 自动调谐程序

5.2.10　浮点数运算指令（FNC110～FNC139）

1. 二进制浮点数比较指令（ECMP）

ECMP指令的编号为FNC110。其使用方法如图5-86所示。图中程序将二进制浮点数[S1·]和［S2·］（均占两个寄存器）作比较，并将比较结果送到目标［D·］中。M0、M1、M2根据［D·］中的比较结果而动作：[S1·]>[S2·]时，M0为ON；[S1·]=[S2·]时，M1为ON；[S1·]<[S2·]时，M2为ON。

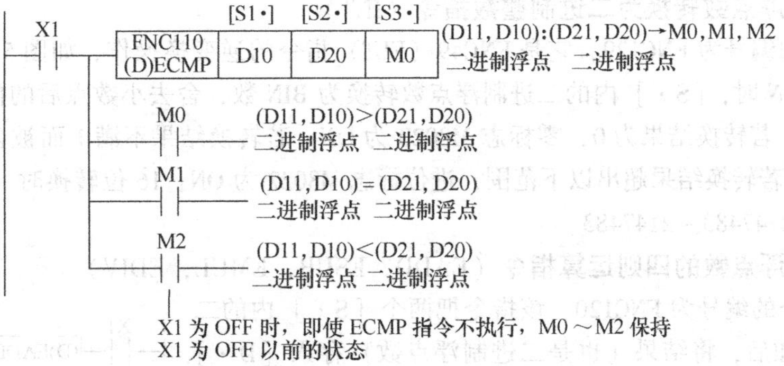

图5-86　二进制浮点数比较

常数参与比较时，被自动转换为二进制浮点数。

2. 二进制浮点数区间比较指令（EZCP）

EZCP指令的编号为FNC111，该指令将二进制浮点数［S·］与［S1·］、［S2·］进行比较，比较结果送到［D·］。其使用方法如图5-87所示。图中M0、M1、M2根据［D·］中的比较结果而动作：（D1，D0）<（D21，D20）时，M3=ON；（D21，D20）≤（D1，D0）≤（D31，D30）时，M4=ON；（D1，D0）>（D31，D30）时，M5=ON。三个源数据［S·］、［S1·］、［S2·］都必须为二进制浮点数，常数参与比较时，被自动转换为二进制浮点数。

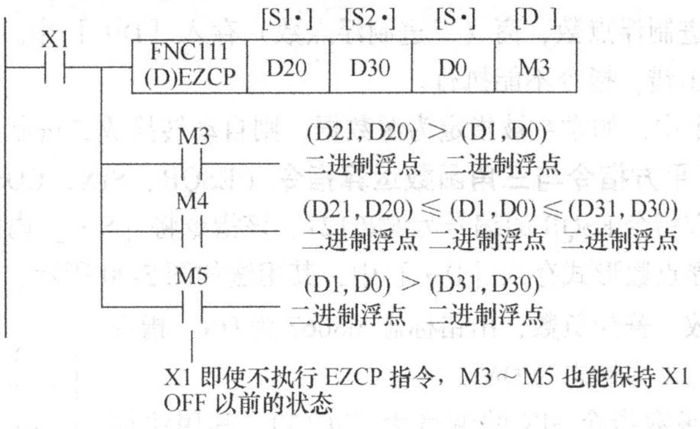

图5-87　二进制浮点数区间比较

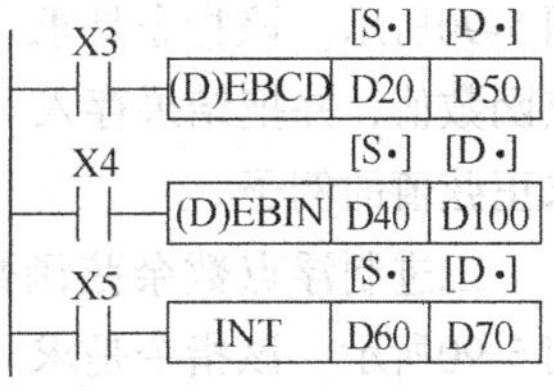

图5-88　浮点数转换指令

3. 二进制浮点数转换为十进制浮点数（EBCD）

EBCD指令的编号为FNC118，该指令把源［S·］内的二进制浮点数转换为十进制浮点数，存入目标［D·］中。其使用方法如图5-88所示。指令中，源［S·］和目标［D·］都占两个字，目标［D·］中，D50存放尾数，D51存放以10为底的指数。

浮点运算在 PLC 内全部以二进制浮点数的形式进行，但由于二进制浮点数不易判别，所以将其变换为十进制浮点数，以便监控。

4. 十进制浮点数转换为二进制浮点数指令（EBIN）

EBIN 指令的编号为 FNC119，该指令将［S·］内的十进制浮点数转换为二进制浮点数，存入［D·］。其使用方法如图 5-88 所示。源操作数［S·］和目标操作数［D·］的寄存器均为 D 寄存器，运算方式为 32 位，占 9 个程序步。使用该指令，可将含有小数点的十进制数直接转换为二进制浮点数。

5. 二进制浮点数转换为二进制整数指令（INT）

INT 指令的编号为 FNC129，它是 FNC49（FLT）指令的逆变换操作，如图 5-88 所示。当驱动条件 X5 为 ON 时，［S·］内的二进制浮点数转换为 BIN 数，舍去小数点后的值，取其整数存入［D·］中。若转换结果为 0，零标志 M8020 为 ON。若转换结果不满 1 而被舍掉，借位标志 M8021 为 ON。若转换结果超出以下范围，进位标志 M8022 为 ON：16 位转换时 -32768 ~ 32767；32 位转换时 -2147483 ~ 2147483。

6. 二进制浮点数的四则运算指令（EADD，ESUB，EMUL，EDIV）

EADD 指令的编号为 FNC120，该指令把两个［S·］内的二进制浮点数相加后，将结果（也是二进制浮点数）存入［D·］中，用法如图 5-89 所示。源和目标可采用相同的元件号，此时，如用连续执行型指令，则在每个扫描周期均执行加法运算，结果会不断变化。

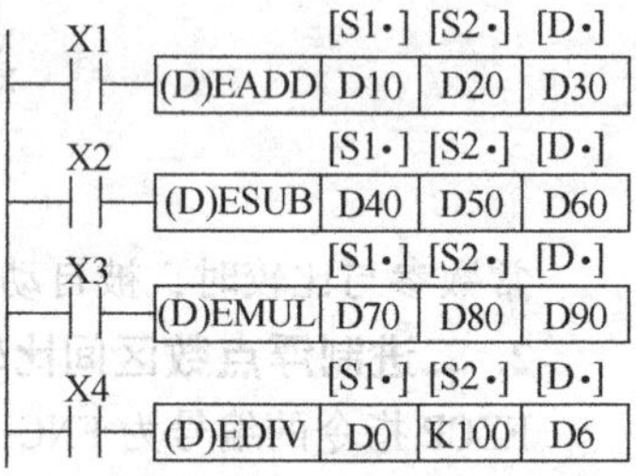

图 5-89　浮点数四则运算

二进制浮点数减法指令 ESUB 的编号为 FNC121，执行该指令时，［S1·］内的二进制浮点数减去［S2·］内的二进制浮点数，差（二进制浮点数）存入［D·］中，用法如图 5-89 所示。

二进制浮点数乘法指令 EMUL 的编号为 FNC122，该指令将两个［S·］内的二进制浮点数相乘，积（二进制浮点数）存入［D·］中，用法如图 5-89 所示。

二进制浮点数的除法指令 EDIV 的编号为 FNC123，执行该指令时，［S1·］内的二进制浮点数除以［S2·］内的二进制浮点数，商（二进制浮点数）存入［D·］中。用法如图 5-89 所示。除数［S2·］为零时会出错，指令不能执行。

以上的四则运算指令中，如常数被指定为源数据，则自动转换成二进制浮点数处理。

7. 二进制浮点数开平方指令与三角函数运算指令（ESQR，SIN，COS，TAN）

二进制浮点数开平方指令 ESQR 的编号为 FNC127，该指令将［S·］内的二进制浮点数开平方，平方根也以二进制浮点数形式存入［D·］中，其用法如图 5-90 所示。

源操作数必须为正数，若为负数，出错标志 M8067 为 ON，指令不执行。运算结果为零时，零标志为 ON。

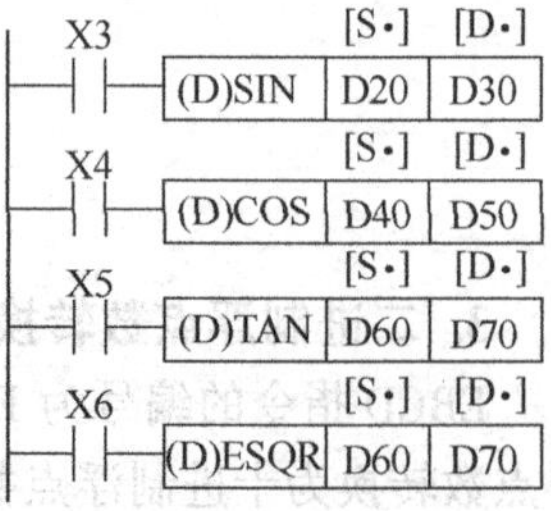

图 5-90　浮点数三角函数与开平方指令

二进制浮点数正弦函数指令 SIN 的编号为 FNC130，其用法如图 5-90所示。该指令是求［S·］指定的角度（弧度值 RAD）的正弦函数值，并把结果存入［D·］。图 5-91 给出了一个角度值换算并求正弦值的例子。

二进制浮点数余弦函数指令 COS 的编号为 FNC131。其用法如图 5-90所示。该指令是求［S·］指定的角度（弧度值 RAD）的余弦函数值，并把结果存入［D·］。

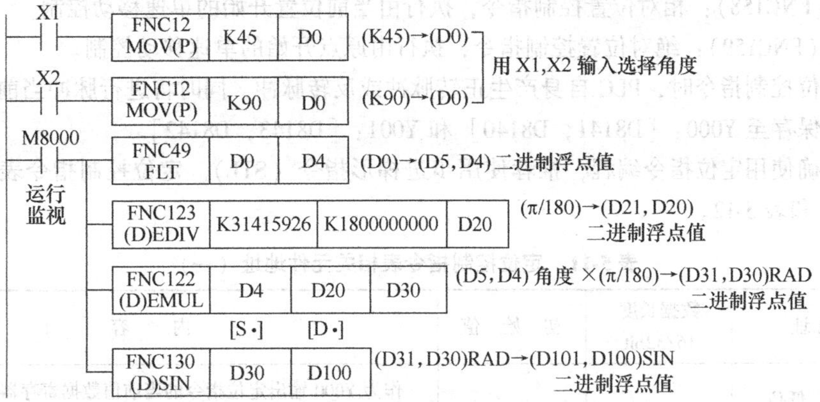

图 5-91　求正弦值

二进制浮点数正切函数指令 TAN 的编号为 FNC132，其用法如图 5-90 所示。该指令是求［S·］指定的角度（弧度值 RAD）的正切函数值，并把结果存入［D·］。

以上指令的源操作数为常数时，自动转换为二进制浮点数。

5.2.11　数据处理指令 2（FNC140 ~ FNC149）

在 FNC140 ~ FNC149 中只有编号为 FNC147 的高低位交换指令 SWAP，该指令的使用如图 5-92所示。

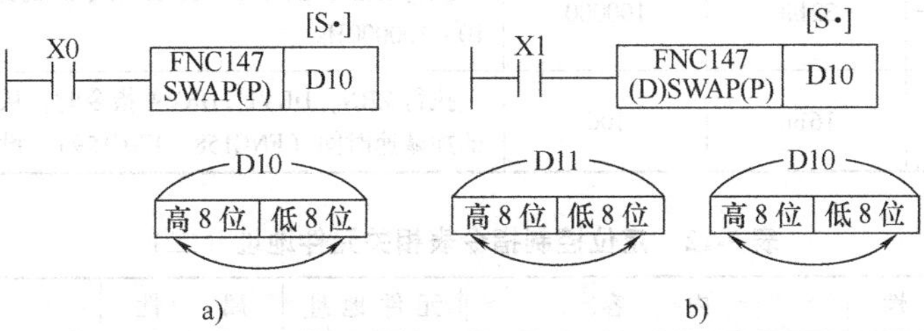

图 5-92　SWAP 指令的使用

a）16 位指令高低字节交换　b）32 位指令高低字节交换

图 5-92a 为 16 位高低字节交换指令，当 X0 为 ON 时，16 位指令将 D10 中高 8 位与低 8 位字节交换；图 5-92b 为 32 位高低字节交换指令，当 X1 为 ON 时，32 位指令将 D11、D10 中的高 8 位与低 8 位字节交换。若使用连续执行型指令，各运算周期都将进行变换。

5.2.12　定位控制指令（FNC155 ~ FNC159）

FNC155 ~ FNC159 为定位控制指令，可用于执行 PLC 内置式脉冲输出功能，按一定方向和速度输出一定数量的脉冲给步进电动机，从而控制伺服系统的速度和位置。

DABS（FNC155）：ABS 当前值读取指令（32 位），当连接三菱的 MR-H 或 MR-J2 伺服电动机时，可使用该指令读取绝对位置（ABS）数据。

ZRN（FNC156）：原点回归指令，在初始运行时或上电时，必须执行原点回归，以确认机械运动的原点位置。

PLSV（FNC157）：带旋转方向的可调速脉冲输出指令。

DRVI（FNC158）：相对位置控制指令，执行由当前位置开始的单速移动控制。

DRVA（FNC159）：绝对位置控制指令，执行由原点开始的单速移动控制。

执行定位控制指令时，PLC自身产生正转脉冲或反转脉冲，同时将进行脉冲当前值的相应增减，并将其保存至Y000：［D8141，D8140］和Y001：［D8143，D8142］。

为了正确使用定位指令编程，推荐使用步进梯形指令（STL）。定位控制指令表相关元件地址见表5-11和表5-12。

表5-11　定位控制指令表相关元件地址（一）

元件地址		数据长度 16/32bit	初始值	内容
D8140	低位	32bit	0	作为Y000输出定位指令的当前值数据寄存器使用 另外，由于PLSY（FNC57）、PLSR（FNC59）指令也使用相同当前值寄存器，因此当执行这些指令时，寄存器内数值为脉冲输出数的累加值
D8141	高位			
D8142	低位	32bit	0	作为Y001输出定位指令的当前值数据寄存器使用 另外，由于PLSY（FNC57）、PLSR（FNC59）指令也使用相同当前值寄存器，因此当执行这些指令时，寄存器内数值为脉冲输出数的累加值
D8143	高位			
D8145		16bit	0	执行ZRN，DRVI，DRVA指令时的基底速度。设定范围：最高速度的1/10以下
D8146	低位	32bit	100000	执行ZRN，DRVI，DRVA指令时的最高速度。设定范围：10～100000Hz
D8147	高位			
D8148		16bit	100	执行ZRN，DRVI，DRVA指令时，从基底速度到最高速度的加减速时间（FNC158，FNC159）。设定范围：50～5000ms

表5-12　定位控制指令表相关元件地址（二）

元件地址	属性	内容	元件地址	属性	内容
M8145	读/写	Y000脉冲输出停止标志（立即停止）	M8147	只读	Y000脉冲输出中监控（BUSY/READY）
M8146	读/写	Y001脉冲输出停止标志（立即停止）	M8148	只读	Y001脉冲输出中监控（BUSY/READY）

5.2.13　时钟处理指令（FNC160～FNC169）

1. 时钟数据比较指令（TCMP）

TCMP指令的编号为FNC160，其使用方法如图5-93所示。它将源数据｛［S1·］，［S2·］，［S3·］｝的时间与以［S·］起始的3点时间数据进行比较，根据“大于”、“小于”、“等于”三种比较结果，驱动［D·］，［D·］+1，［D·］+2三点的ON/OFF状态。源操作数［S1·］、［S2·］和［S3·］用来存放指定时间的时、分、秒，可

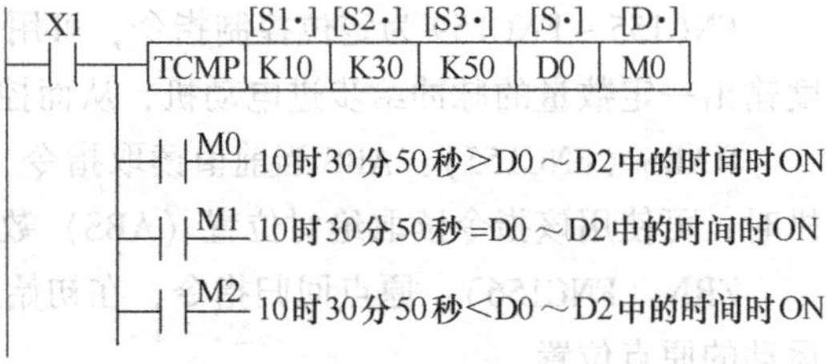

图5-93　时钟数据比较指令

取任意的数据类型，“时”的设定范围为0~23，“分”的设定范围为0~59，“秒”的设定范围为0~59；［S·］可取T、C和D型；目标操作数［D·］可取自Y、M和S型。本指令只有16位运算，占11个程序步。可使用PLC内置的实时计时器的数据作为时钟数据，这时可利用时钟数据读取指令（FNC166）读取特殊数据寄存器中的数据，然后为［S1·］、［S2·］、［S3·］分别指定有关字元件。

2. 时钟数据区间比较指令（TZCP）

TZCP指令的编号为FNC161，该指令将［S1·］起始的3点内的时钟数据同两个源时间数据作区间比较，比较结果驱动［D·］起始的3点ON/OFF状态，其应用格式如图5-94所示。

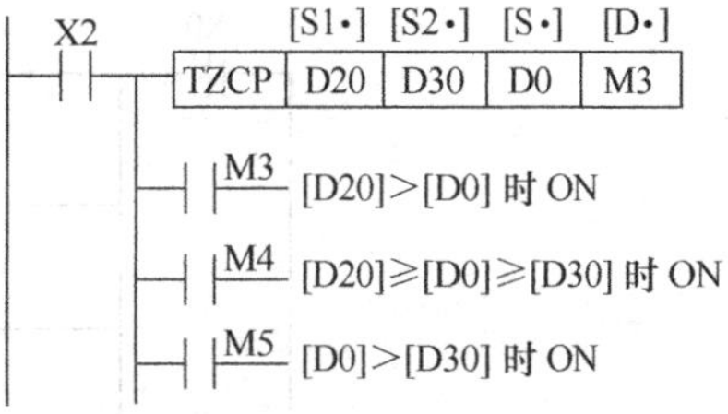

图5-94　时钟数据区间比较指令

图中［S1·］、［S1·］+1、［S1·］+2以“时”、“分”、“秒”方式指定比较时间下限；［S2·］、［S2·］+1、［S2·］+2以同样方式指定比较时间上限；［S·］、［S·］+1、［S·］+2以同样方式指定时钟数据；［D·］、［D·］+1、［D·］+2根据比较结果生成ON/OFF状态。“时”的设定范围为0~23，“分”的设定范围为0~59，“秒”的设定范围为0~59。［S·］、［S·］+1、［S·］+2的时钟数据可使用PLC内置的实时时钟数据。这时，可利用指令FNC166读取实时时钟数据，然后为本指令的相应操作数指定有关字元件。

3. 时钟数据加减法指令（TADD，TSUB）

时钟数据加减法指令TADD的编号为FNC162，该指令将保存于以［S1·］起始的3点内的时钟数据相加，并将其结果存入以［D·］起始的3点元件内，其用法如图5-95所示。

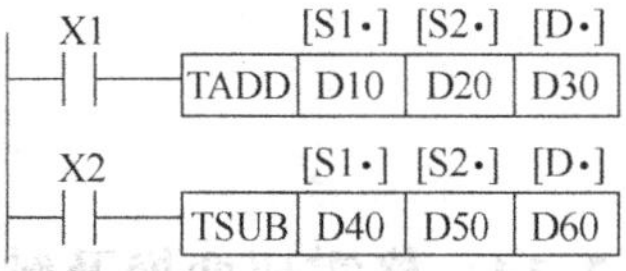

图5-95　时钟数据加减法指令

图中TADD指令将D10~D12和D20~D22的时钟数据相加后存入D30~D32中。若运算结果超过24h，则进位标志ON，其和减去24h后存入目标地址。

时钟数据减法指令TSUB的编号为FNC163，该指令将保存于以［S1·］起始的3点内的时钟数据减去以［S2·］起始的3点元件内，其用法如图5-95所示。图中TSUB将D40~D42和D50~D52的时钟数据相减后存入D60~D62中。运算结果如果小于零，借位标志位变为ON，并将减法运算的结果加上24小时作为运算结果保存；如果运算结果为0（0时0分0秒），零标志M8020变为ON。

4. 时钟数据读写指令（TRD，TWR）

时钟数据读出指令TRD的编号为FNC166，该指令将PLC内置的实时时钟的数据读入7点数据寄存器。其使用如图5-96所示。

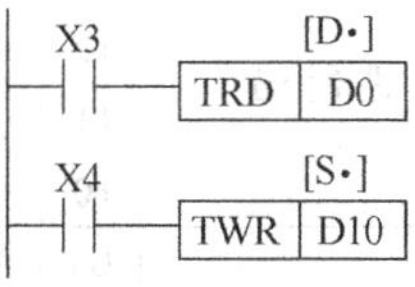

图5-96　时钟数据读写指令

读取源为保存时钟数据的特殊数据寄存器D8013~D8019。D8018~D8013中分别存放年、月、日、时、分和秒值，D8019中存放星期值。图中X3为ON时，D8018~D8013中存放的6个时钟数据分别读入D0~D5，D8019中的星期值读入D6。

时钟数据写入指令TWR的编号为FNC167，该指令用来将时间设定值写入内置的实时时钟中，写入的数据预先存放在［S·］开始的7个单元内。执行TWR指令后，立即将实时时钟的时钟数据变更为新设定的时间。因此，应提前数分钟向源数据传送时钟数据，这样当到达正确时间时，无须控制特殊辅助继电器M8015（时钟停止和时间校准）。

图 5-96 中 D10 ~ D15（D11 ~ D15 自动隐含）分别存放年、月、日、时、分和秒，D16 存放星期，X4 为 ON 时，D10 ~ D15 中的预置分别写入 D8018 ~ D8013，D16 中的数写入 D8019。

图 5-97 所示的程序功能是将 PLC 内置的实时计时器内容设定为 2003 年 8 月 25 日（星期一）15 时 20 分 30 秒。程序在 X1 接通时，利用 FX_{2N} 系列 PLC 内置的实时时钟 M8017 进行 ±30s 的修正操作，即 OFF 变为 ON 的上升沿修正秒，0 ~ 29s 内，秒为 30，30 ~ 59s 向分进位，秒为 0。

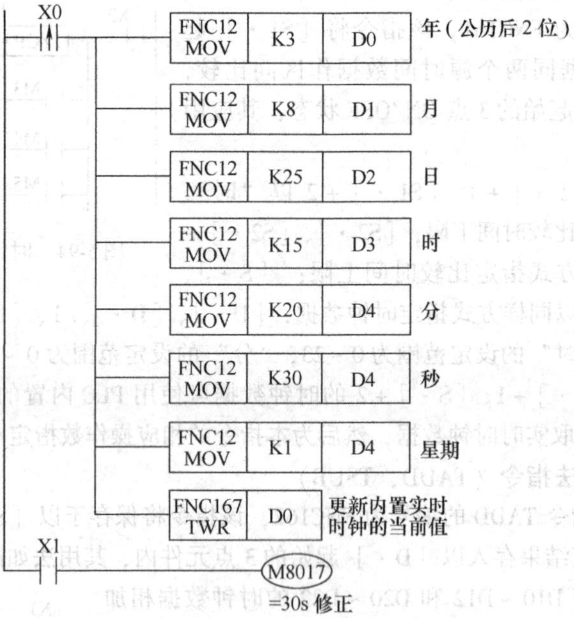

图 5-97　内置实时时钟的设定

5.2.14　格雷码变换及触点型比较指令

1. 格雷码指令（GRY，GBIN）

格雷码是一种常见的无权码，其编码见表 5-13。这种码的特点是相邻的两组码之间仅改变一位，它与其他码同时改变两位或多位的情况相比，更为可靠，出错的可能性大大减少，因此常用于模拟模块的模拟量转换、光电码盘编码器的绝对位置检测等情况。

表 5-13　格雷码编码表

二进制码	b3	0	0	0	0	0	0	0	0	1	1	1	1	1	1	1	1
	b2	0	0	0	0	1	1	1	1	0	0	0	0	1	1	1	1
	b1	0	0	1	1	0	0	1	1	0	0	1	1	0	0	1	1
	b0	0	1	0	1	0	1	0	1	0	1	0	1	0	1	0	1
格雷码（Cray）	G3	0	0	0	0	0	0	0	0	1	1	1	1	1	1	1	1
	G2	0	0	0	0	1	1	1	1	1	1	1	1	0	0	0	0
	G1	0	0	1	1	1	1	0	0	0	0	1	1	1	1	0	0
	G0	0	1	1	0	0	1	1	0	0	1	1	0	0	1	1	1

格雷码变换指令 GRY 和格雷码逆变换指令 GBIN 的编号分别为 FNC170 和 FNC171，其使用方法如图 5-98 所示。

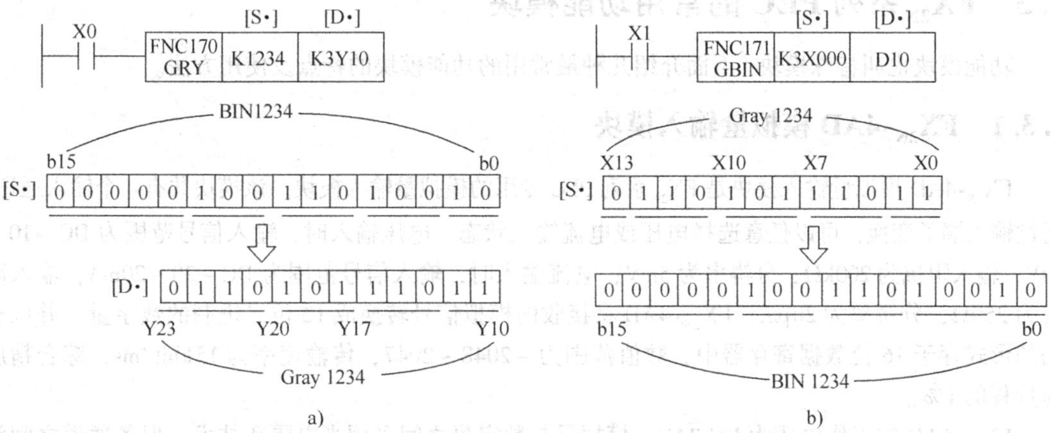

图 5-98　格雷码变换与逆变换指令的使用

a）格雷码变换指令使用说明　b）格雷码逆变换指令使用说明

图 5-98a 中，当 X0 为 ON 时，GRY 指令将源操作数［S·］指定的二进制码转换为格雷码，传送到［D·］指定的目标单元。图 5-98b 中，当 X1 为 ON 时，GBIN 指令将源操作数［S·］指定的格雷码转换为二进制码，传送到［D·］指定的目标地址单元。

格雷码数据从指定的输入继电器（X）输入的应答滞后时间为“PLC 扫描时间 + 输入滤波时间常数”，如果希望去除滤波时间常数的延迟，可通过 FNC51（REFF）滤波调整指令或 D8020 进行滤波时间常数调整。［S·］指定的各个进制码或格雷码的有效范围为：16 位转换：0 ~ 32767；32 位转换：0 ~ 2147483647（范围值为十进制数字）。

2. 触点型比较指令

触点型比较指令是对［S1·］与［S2·］两个源数据进行二进制数比较，根据比较结果，决定后面程序是否运行。由于它具有触点的功能，故简称为触点型比较指令。触点型比较指令有 3 类，每类根据比较的内容又有 6 种。触点型比较指令若与左母线连接，则具有普通触点与左母线连接相同的“LD”功能，这类指令称为 LD 触点型比较指令；若触点型比较指令串联在其他触点之后，具有“AND”功能，则称为串联触点型比较指令；触点型比较指令若与其他触点并联连接，具有“OR”功能，则称为并联触点型比较指令。LD 触点型比较指令与串/并联触点型比较指令分别如图 5-99 和图 5-100 所示。

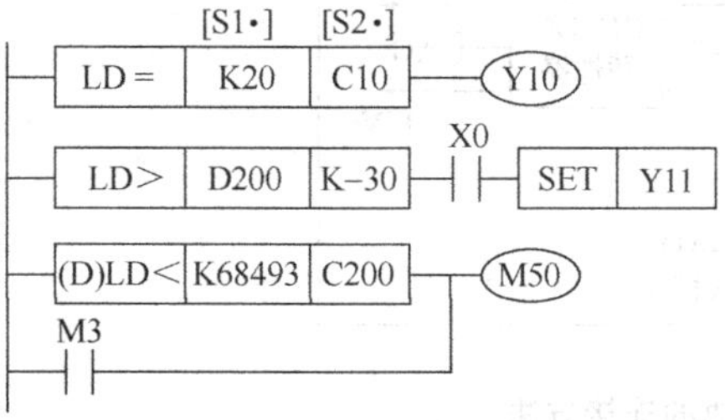

图 5-99　LD 触点型比较指令

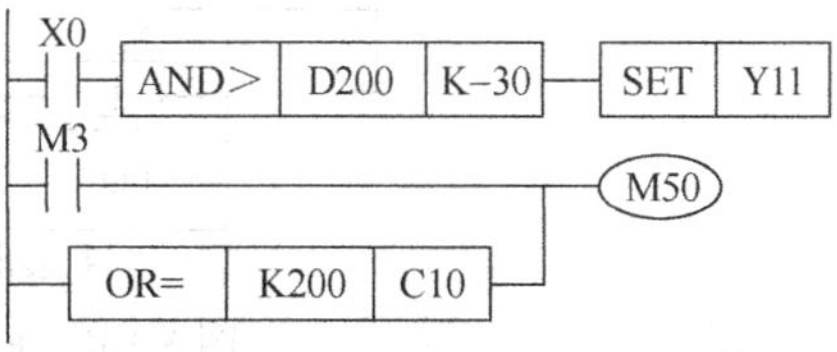

图 5-100　串/并联触点型比较指令

图 5-99 中 C10 的当前值等于 20 时，Y10 被驱动，D200 的值大于 − 30 且 X0 为 ON 时，Y11 被置位。32 位计数器 C200 的当前值小于 68493，或 M3 为 ON 时，M50 被驱动。

5.3 FX_{2N} 系列 PLC 的常用功能模块

功能模块也叫特殊模块，下面介绍几种最常用的功能模块的特点及使用方法。

5.3.1 FX_{2N}-4AD 模拟量输入模块

FX_{2N}-4AD 模拟量输入模块是 FX_{2N} 系列 PLC 专用的模拟量输入模块。该模块共有 4 个输入通道，通过输入端子变换，可以任意选择电压或电流输入状态。电压输入时，输入信号范围为 DC −10 ~ 10V，输入阻抗为 200kΩ，分辨率为 5mV；电流输入时，输入信号范围为 DC −20 ~ 20mA，输入阻抗为 250Ω，分辨率为 20μA。FX_{2N}-4AD 将接收的模拟信号转换成 12 位二进制的数字量，并以补码的形式存于 16 位数据寄存器中，数值范围为 −2048 ~ 2047，传输速率为 15kbit/ms，综合精度为量程的 1%。

FX_{2N}-4AD 的工作电压为 DC 24V，模拟量与数字量之间采用光电隔离技术，但各通道之间没有隔离。FX_{2N}-4AD 消耗 PLC 主单元或有源扩展单元 5V 电源槽 30mA 的电流。FX_{2N}-4AD 占用基本单元的 8 个映像表，即软件上占 8 个 I/O 点数，在计算 PLC 的 I/O 时，可以将这 8 个点作为 PLC 的输入点来计算。

1. FX_{2N}-4AD 的接线

FX_{2N}-4AD 的接线如图 5-101 所示。图中模拟输入信号采用双绞屏蔽电缆与模块相连接，电缆应远离电源线或其他可能产生电气干扰的导线。如果输入电压波动，或在外部接线中有电气干扰，可以接一个 0.1 ~ 0.47μF、25V 的电容。如果是电流输入，应将端子 V + 与 I + 短接。FX_{2N}-4AD 接地端与 PLC 主单元接地端连接，如果存在过多的电气干扰，再将外壳地端 FG 与 FX_{2N}-4AD 接地端连接。

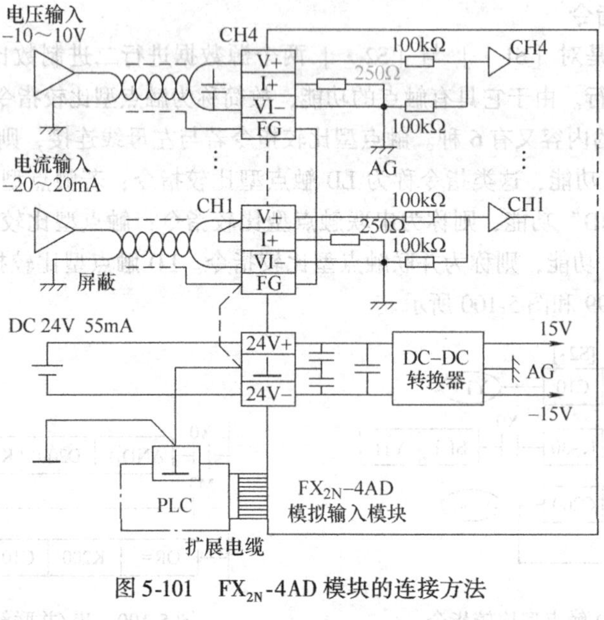

图 5-101 FX_{2N}-4AD 模块的连接方法

2. 缓冲寄存器（BFM）的分配

FX_{2N}-4AD 模拟量模块内部有一个数据缓冲寄存器区，它由 32 个 16 位的寄存器组成，编号为 BFM#0 ~ #31，其内容和功能见表 5-14。数据缓冲寄存器区内容，可以通过 PLC 的 FROM 和

TO指令来读出或写入。

表5-14　FX_{2N}-4AD缓冲寄存器（BFM）分配表

BFM编号	内　容		备　注
#0 *	通道初始化，用4位十六位数字H××××表示，4位数字从右至左分别控制1、2、3、4四个通道		每位数字取值范围为0~3，其含义如下： 0表示输入范围为-10~+10V 1表示输入范围为+4~+20mA 2表示输入范围为-20~+20mA 3表示该通道关闭 默认值为H0000
#1 *	通道1	采样次数设置	采样次数是用于得到平均值，其设置范围为1~4096，默认值为8
#2 *	通道2		
#3 *	通道3		
#4 *	通道4		
#5	通道1	平均值存放单元	根据#1~#4缓冲寄存器的采样次数，分别得出的每个通道的平均值
#6	通道2		
#7	通道3		
#8	通道4		
#9	通道1	当前值存放单元	每个输入通道读入的当前值
#10	通道2		
#11	通道3		
#12	通道4		
#13~#14	保留		
#15 *	A/D转换速度设置		设为0时：正常速度，15ms/通道（默认值）；设为1时：高速度，6ms/通道
#16~#19	保留		
#20 *	复位到默认值和预设值		默认值为0；设为1时，所有设置将复位默认值
#21 *	禁止调整偏置和增益值		b1、b0位设为1、0时，禁止； b1、b0位设为0、1时，允许（默认值）
#22 *	偏置、增益调整通道设置		b7与b6、b5与b4、b3与b2、b1与b0分别表示调整通道4、3、2、1的增益与偏置值
#23 *	偏置值设置		默认值为0000，单位为mV或μA
#24 *	增益值设置		默认值为5000，单位为mV或μA
#25~#28	保留		
#29	错误信息		表示本模块的出错类型
#30	识别码（K2010）		固定为K2010，可用FROM读出识别码来确认此模块
#31	禁用		

注：带*的缓冲寄存器可用TO指令写入，其他可用FROM指令读出。偏置值是指当数字量输出为0时的模拟量输入值，增益值是指当数字量输出为+1000时的模拟量输入值。

3. 应用编程举例

FX_{2N}-4AD 模块的应用主要是程序的编制，下面提供两段应用程序供读者参考。

假设 FX_{2N}-4AD 模块连接在 0 号特殊功能模块位置。通道 1 和通道 2 用 4～20mA 的电流输入，采样平均次数为 6，用 D10 和 D11 接收采样平均值，则对应基本程序如图 5-102 所示。

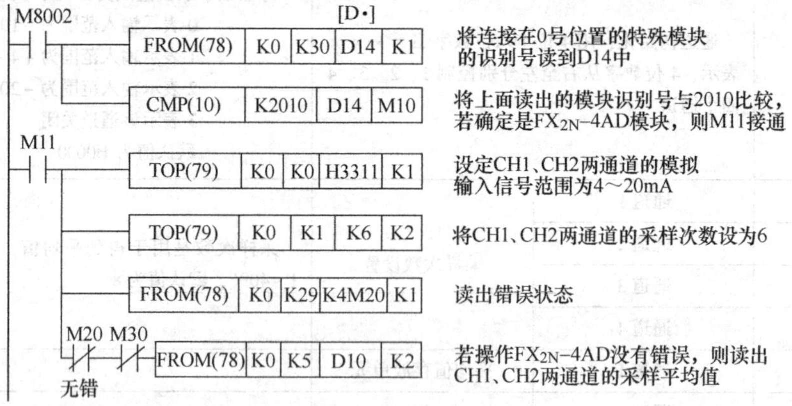

图 5-102 FX_{2N}-4AD 模块的基本程序

假设 FX_{2N}-4AD 模块连接在 0 号特殊功能模块位置，通道 1、通道 2 均接 -10V ～ +10V 的电压输入，则将输入通道 1 的偏置和增益分别调整为 0V 和 2.5V，其程序梯形图如图 5-103 所示。

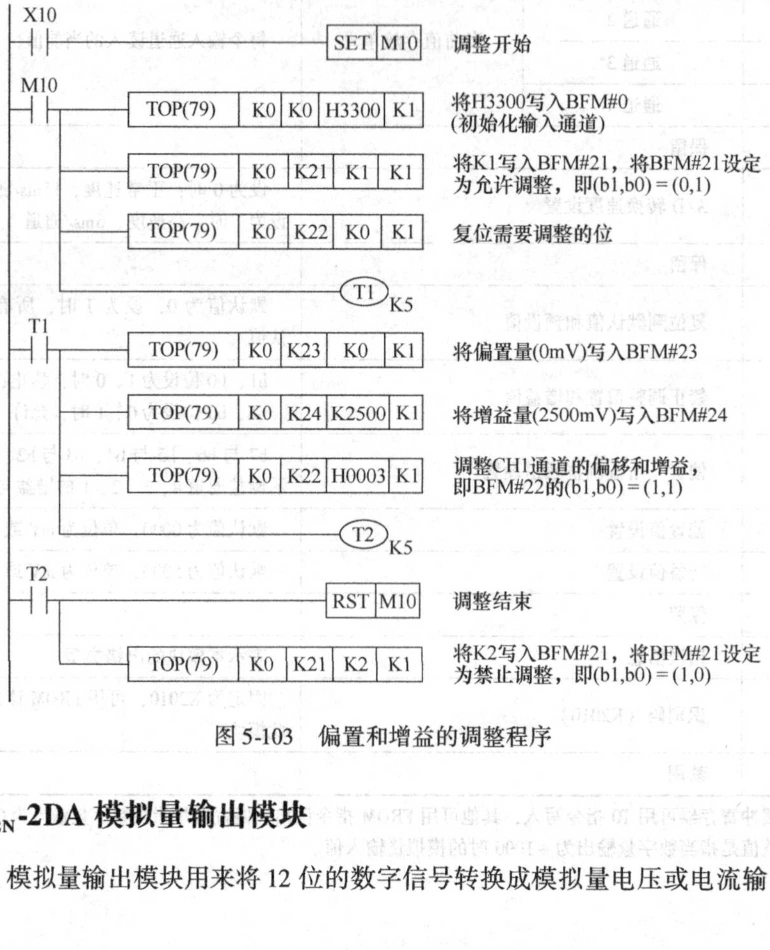

图 5-103 偏置和增益的调整程序

5.3.2 FX_{2N}-2DA 模拟量输出模块

FX_{2N}-2DA 模拟量输出模块用来将 12 位的数字信号转换成模拟量电压或电流输出。它具有两个模拟输出通道。这两个通道可以输出的信号为DC -10~10V（分辨率为5mV）、DC0~5V（分辨率为1.25mV）的电压信号或DC4~20mA（分辨率为20μA）的电流信号。

1. FX_{2N}-2DA的接线

FX_{2N}-2DA的接线如图5-104所示。图中模拟输出信号采用双绞屏蔽电缆与外部执行机构连接，电缆应远离电源线或其他可能产生电气干扰的导线。当电压输出有波动或存在大量噪声干扰时，双绞屏蔽电缆两线间可以接一个0.1~0.47μF、25V的电容。当选择电压输出时，应将端子I+和VI-短接，FX_{2N}-2DA接地端与PLC主单元接地端连接。

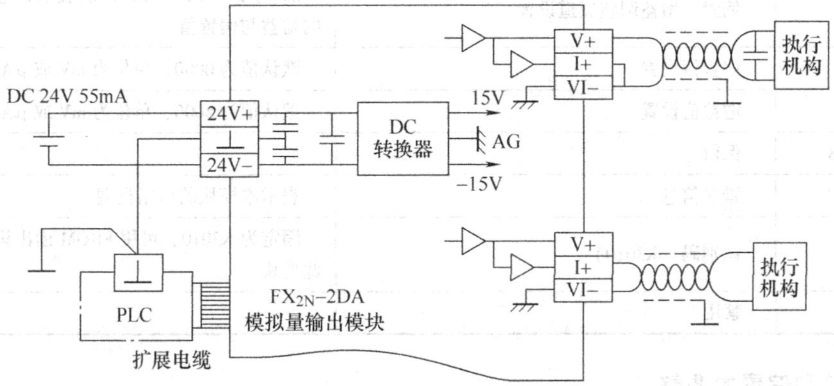

图5-104 FX_{2N}-2DA的接线图

2. FX_{2N}-2DA缓冲寄存器（BFM）的分配

FX_{2N}-2DA模拟量模块内部有一个数据缓冲寄存器区，它由32个16位的寄存器组成，编号为BFM#0~#31，其内容和功能见表5-15。数据缓冲寄存器区内容可以通过PLC的FROM和TO指令来读写。

表5-15 FX_{2N}-2DA缓冲寄存器（BFM）的分配

BFM编号	内　　容		备　　注
#0	通道初始化，用两位十六进制数字H××表示，两位数字从右至左分别控制CH1、CH2两个通道		每位数字取值范围为0、1，其含义如下： 0表示输出范围为-10~+10V 1表示输入范围为+1~+20mA
#1	通道1	存放输出数据	
#2	通道2		
#3~#4	保留		
#5	输出保持与复位 缺省值为H00		H00表示CH2保持、CH1保持 H01表示CH2保持、CH1复位 H10表示CH2复位、CH1保持 H11表示CH2复位、CH1复位
#6~#15	保留		
#16	输出数据的当前值		8位数据存于b7~b0
#17	转换通道设置		将b0由1变成0，CH2的D-A转换开始 将b1由1变成0，CH1的D-A转换开始 将b2由1变成0，D-A转换的低8位数据保持

（续）

BFM 编号	内　容	备　注
#18 ~ #19	保留	
#20	复位到默认值和预设值	默认值为 0；设为 1 时，所有设置将复位默认值
#21	禁止调整偏置和增益值	b1、b0 位设为 1、0 时，禁止；b1、b0 位设为 0、1 时，允许（默认值）
#22	偏置、增益调整通道设置	b3 与 b2、b1 与 b0 分别表示调整 CH2、CH1 的增益与偏置值
#23	偏置值设置	默认值为 0000，单位为 mV 或 μA
#24	增益值设置	默认值为 5000，单位为 mV 或 μA
#25 ~ #28	保留	
#29	错误信息	表示本模块的出错类型
#30	识别码（K3010）	固定为 K3010，可用 FROM 读出识别码来确认此模块
#31	禁用	

3. 增益和偏置的调整

FX_{2N}-2DA 模块在出厂时，其偏置和增益是经过调整的，数字值为 0 ~ 400，电压输出为 0 ~ 10V。若用于电流输出，则须利用 FX_{2N}-2DA 上的容量调节器对偏置值和增益值重新进行调整。容量调节器顺时针方向旋转时，数字值增加。

（1）增益的调整

增益可以设置为任意值，但为了将 12 位分辨率展示到最大，可使用的数字范围为 0 ~ 4000。所以，当使用 0 ~ 10V 的电压输出或使用 0 ~ 5V 的电压输出时，或使用 4 ~ 20mA 的电流输出时，最大模拟输出值对应的数字值应调整到 4000，如图 5-105 所示。也就是说，0 ~ 10V、0 ~ 5V、4 ~ 20mA 对应的增益值分别为 10V、5V、20mA。

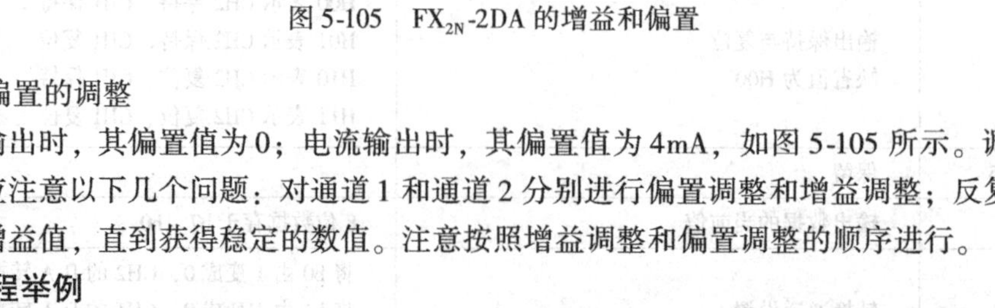

图 5-105　FX_{2N}-2DA 的增益和偏置

（2）偏置的调整

电压输出时，其偏置值为 0；电流输出时，其偏置值为 4mA，如图 5-105 所示。调整偏置与增益时，应注意以下几个问题：对通道 1 和通道 2 分别进行偏置调整和增益调整；反复交替调整偏置值和增益值，直到获得稳定的数值。注意按照增益调整和偏置调整的顺序进行。

4. 编程举例

假设 FX_{2N}-2DA 模块被连接到 FX_{2N} 系列的 PLC 的 1 号特殊模块位置，通道 1 和通道 2 的数字数据分别被存放在数据寄存器 D10 和 D11 中。当输入 X0 接通时，通道 1 进行 D-A 转换；当输入

X1接通时，通道2进行D-A转换。图5-106为通道1进行D-A转换的程序梯形图。

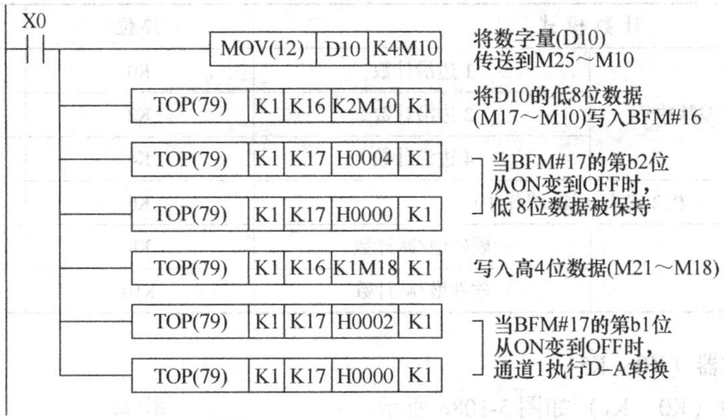

图5-106 FX_{2N}-2DA的编程

5.3.3 FX_{2N}-1HC高速计数模块

FX_{2N}-1HC模块是一个二相50Hz的硬件高速计数器模块，其计数速度比PLC的内置高速计数器快，可高达500kHz，而且可以直接进行比较和输出。它的输入信号源必须是一相或二相编码器，可以使用5V、12V或24V电源；也可以使用初始值设置命令（PRESET）输入和计数禁止命令（DISABLE）输入。该模块有两个输出，当计数值与输出比较值一致时，输出为ON。

FX_{2N}-1HC模块有32个缓冲存储器，它与FX_{2N}系列PLC基本单元之间的数据交换是通过这些缓冲存储器进行的，输入信号通过双绞屏蔽电缆接收，其连接方法如图5-107所示。

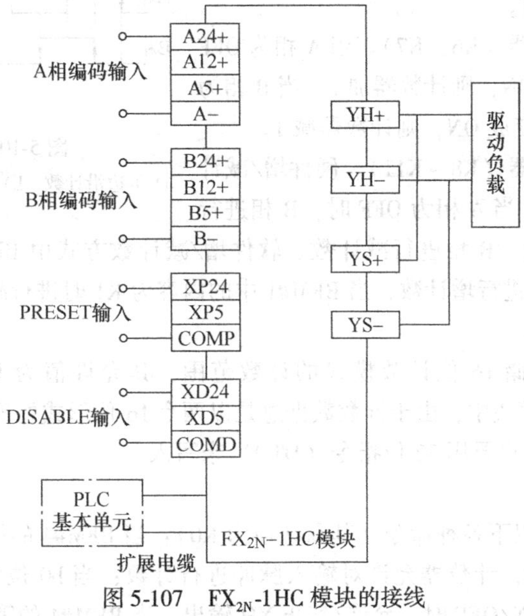

图5-107 FX_{2N}-1HC模块的接线

1. FX_{2N}-1HC缓冲存储器（BFM）的分配

FX_{2N}-1HC模块有32个缓冲存储器（BFM）。

（1）BFM #0

用来设置K0～K11（共12种）计数模式（默认值为K0），见表5-16。

表5-16　计数模式

计数模式		32位	16位
二相输入（相位差脉冲）	1边沿计数	K0	K1
	2边沿计数	K2	K3
	4边沿计数	K4	K5
一相2输入（加/减脉冲）		K6	K7
一相1输入	硬件增/减计数	K8	K9
	软件增/减计数	K10	K11

1）二相计数器（K0～K5）。

- 1边沿计数（K0，K1）如图5-108a所示。

当A相为ON时，若B相由OFF变成ON，则计数器加1；当A相为ON时，若B相由ON变成OFF，则计数器减1。

- 2边沿计数（K2，K3）如图5-108b所示。当A相为ON时，若B相由OFF变成ON，或者当A相为OFF时，若B相由ON变成OFF，则计数器均加1；反之，计数器均减1。
- 4边沿计数（K4，K5）如图5-108c所示。在A、B两相的每个上升沿或下降沿（4个边沿），计数器均计一次数。

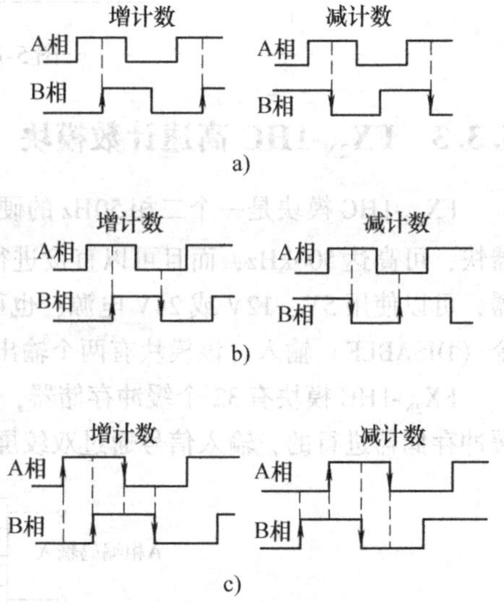

图5-108　二相计数器
a）1边沿计数　b）2边沿计数　c）4边沿计数

2）一相2输入计数器（K6，K7）。当A相为OFF时，若B相从OFF变成ON，则计数器加1；当B相为OFF时，若A相从OFF变成ON，则计数器减1。

3）一相1输入计数器（K8～K11）。硬件增/减计数方式由A相状态决定，当A相为OFF时，B相进行增计数，当A相为ON时，B相进行减计数。软件增/减计数方式由BFM#1中的内容决定，当BFM#1中的内容为K0时进行增计数，当BFM#1中的内容为K1时进行减计数。

（2）BFM#2，BFM#3

这两个BFM用来存储16位计数模式的计数范围，其允许值为K2～K65536（默认值为K65536）。在FX_{2N}-1HC模块中，由于计数数据总是以两个16位形式处理，因此，即使对16位环形计数器的计数范围值，也要用32位指令（DTO）来写入。

（3）BFM#4

这个BFM用来存储以下各种命令（其默认值为K0）：当BFM#4的第b0位为ON，同时DISABLE输入端子为OFF时，计数器允许对输入脉冲进行计数；当b0位为OFF时，计数被禁止。当BFM#4的第b1位为ON/OFF时，允许/禁止YH输出。当BFM#4的第b2位为ON/OFF时，允许/禁止YS输出。当BFM#4的第b3位为ON时，YH和YS输出互锁（即当YH为1时，YS为0；当YS为1时，YH为0）；当b3位为OFF时，YH和YS输出相互独立。当BFM#4的第b4位为ON/OFF时，允许/禁止预先设置（PRESET）数据。当BFM#4的第b8位为ON时，所有的错误标志被复位。当BFM#4的第b9位为ON时，YH输出被复位。当BFM#4的第b10位为ON时，

YS输出被复位。当BFM#4的第b11位为ON时，YH输出被置位。当BFM#4的第b12位为ON时，YS输出被置位。

（4）BFM#10、BFM#11

这两个BFM用来存放计数器的预先设定值。此设定值只有在BFM#4的第b4位为ON，同时，当PRESET输入端由OFF变成ON时才有效，其默认值为K0。

（5）BFM#12、BFM#13

这两个BFM用来存放YH输出比较值，其默认值为K32767。当计数当前值等于此比较值时，若BFM#4的第b1位为ON，则YH输出ON并保持，直到BFM#4的第b9位为ON时，YH方复位。

（6）BFM#14、BFM#15

这两个BFM用来存放YS输出比较值，其默认值为K32767。当计数当前值等于此比较值时，若BFM#4的第b2位为ON，则YS输出ON并保持，直到BFM#4的第b10位为ON时，YS才复位。

（7）BFM#20、BFM#21

它们用来存放计数器的当前值，其默认值为K0。

（8）BFM#22、BFM#23

它们用来存放最大计数值，其默认值为K0。

（9）BFM#24、BFM#25

它们用来存放最小计数值，其默认值为K0。

（10）BFM#26

它们用来存放比较结果，如表5-17所示。

表5-17　BFM#26各位取值的含义

BFM#26		"0"（OFF）	"1"（ON）	BFM#26		"0"（OFF）	"1"（ON）
YH	b0	设定值≤当前值	设定值>当前值	YS	b3	设定值≤当前值	设定值>当前值
	b1	设定值≠当前值	设定值=当前值		b4	设定值≠当前值	设定值=当前值
	b2	设定值≥当前值	设定值<当前值		b5	设定值≥当前值	设定值<当前值

（11）BFM#27

当预先置位输入（PRESET）为ON/OFF时，BFM#27的第b0位为ON/OFF；当失效输入（DISABLE）为ON/OFF时，BFM#27的第b1位为ON/OFF；当YH输出为ON/OFF时，BFM#27的第b2位为ON/OFF；当YS输出为ON/OFF时，BFM#27的第b3位为ON/OFF；BFM#27的b4~b15没有定义。

（12）BFM#29

它用来存放各种错误信息。错误标志可通过BFM#4的b8位复位。

（13）BFM#30

它用来存放FX_{2N}-1HC模块的标识码K4010。在上述BFM中，BFM#0~BFM#15只可用TO指令写入数据；BFM#20~BFM#25既可读出，也可写入数据；BFM#26~BFM#30只可用FROM指令读出数据。

2. 编程举例

假设FX_{2N}-1HC模块为FX_{2N}系列PLC的第2号特殊功能模块，其计数模式为一相一输入16

位软件计数方式，则 FX_{2N}-1HC 模块的梯形图程序如图 5-109 所示。

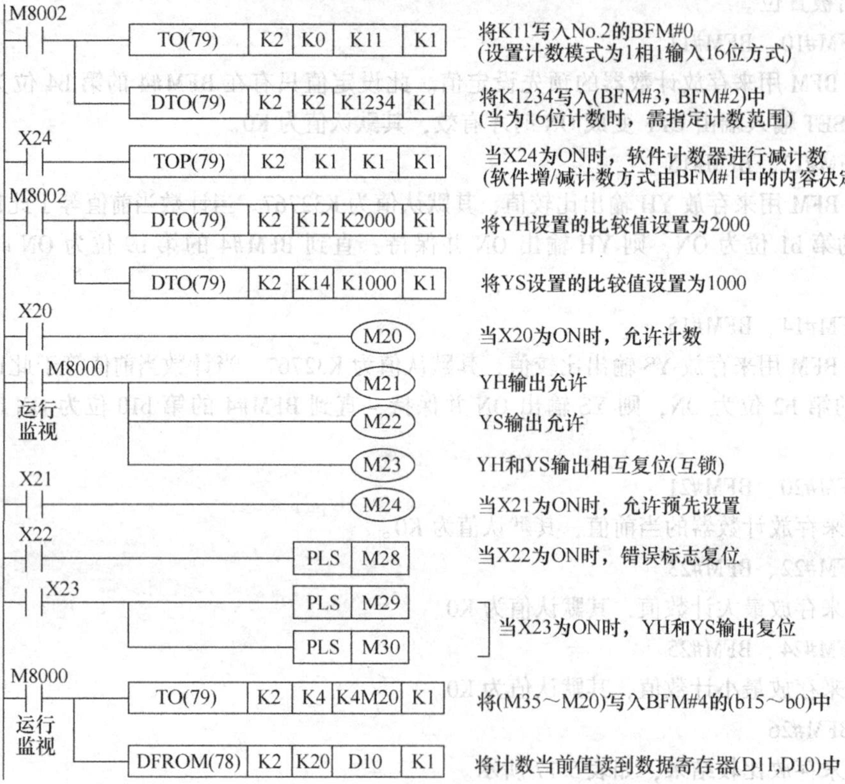

图 5-109 FX_{2N}-1HC 模块的梯形图程序

思考与习题

1. 什么是功能指令？与基本逻辑指令相比较有哪些不同？
2. 三菱 FX 系列 PLC 的功能指令的表示格式是什么？
3. 功能指令中如何区分连续执行和脉冲执行？
4. 功能指令分为几大类？
5. 位元件和字元件有何区别？
6. FX 系列 PLC 有哪两类中断？各有几个中断源？试指出 I792 的含义？
7. 根据题意，完成如下几项：

(1) 根据图 5-110 写出指令表。

(2) P 的意义是什么？

(3) 当 X1 为 ON 时，(D10) = ?

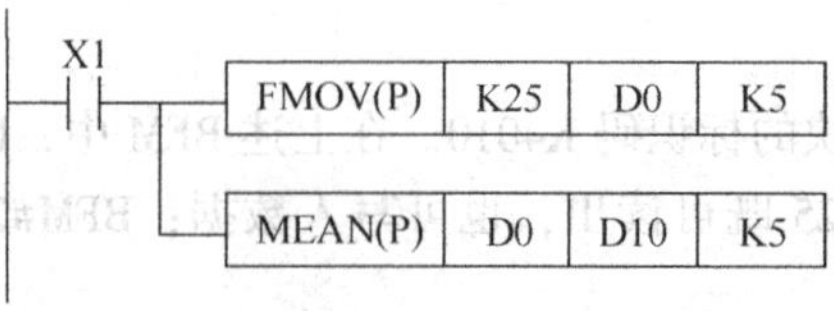

图 5-110 题 7 图

8. 根据题意，完成如下几项：

（1）根据图 5-111 解释每条指令的功能。

（2）当 X2 为 ON 时，（D0）= ?

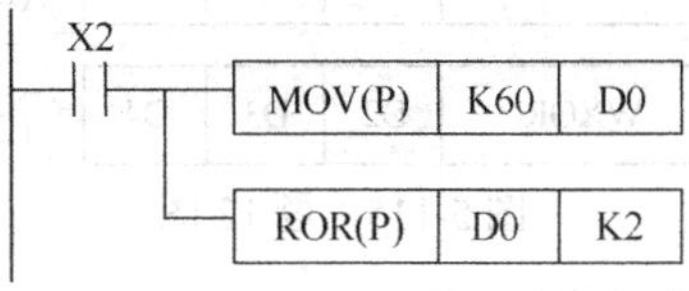

图 5-111　题 8 图

9. 根据题意，完成如下几项：

（1）写出图 5-112 的指令表。

（2）解释每条指令的功能。

（3）当 X3 为 ON 时，Y0 ~ Y13 中哪个被置位？（D4）= ?

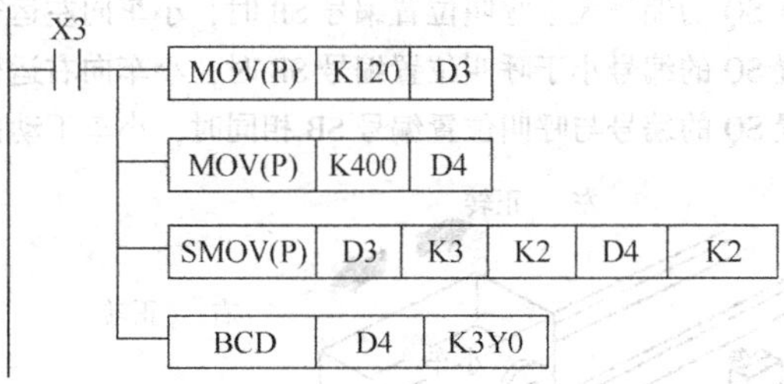

图 5-112　题 9 图

10. 根据题意，完成如下几项：

（1）写出图 5-113 的指令表。

（2）解释每条指令的功能。

（3）当 X4 为 ON 时，哪个 Y 被置位？（D14）= ?

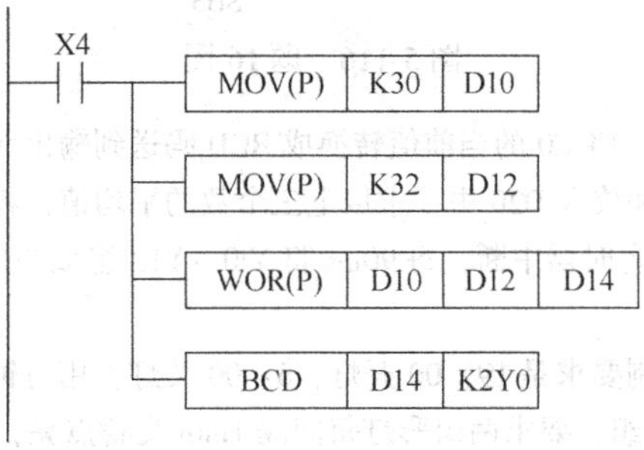

图 5-113　题 10 图

11. 试根据图 5-114，说出（D）、（P）、D0 和 D10 的含义，该指令的功能是什么？

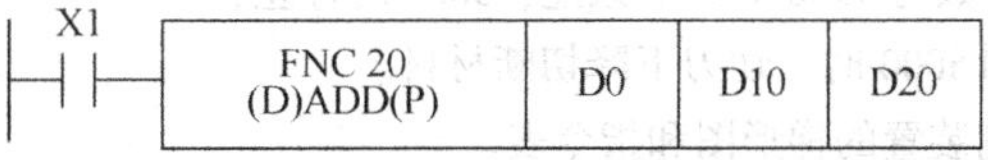

图 5-114　题 11 图

12. 在图 5-115 中，已知（D0）= 01010011，（D1）= 00110101，当 X0 由 OFF→ON 时，（D2）、（D3）、（D4）的结果各是多少？

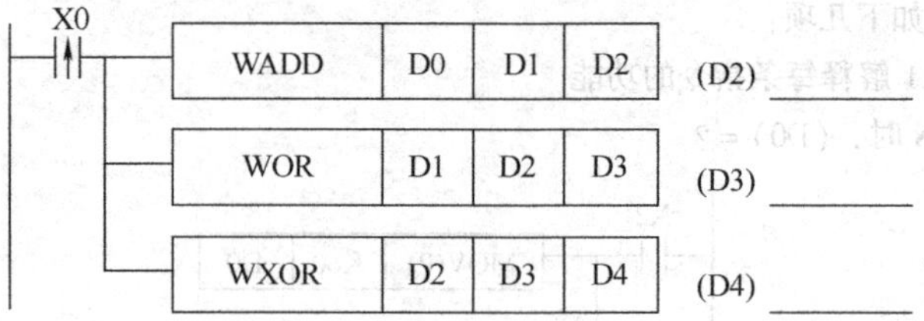

图 5-115　题 12 图

13. 设计两个数据相减之后得到绝对值的程序。

14. 设计用一个按钮控制起动和停止交替输出的程序。

15. 设计一段程序，当输入条件满足时，依次将计数器 C0 ~ C9 的当前值转换成 BCD 码后送到输出元件 K4Y0 中去，画出梯形图，写出指令表。·

16. 用功能指令设计一个自动控制小车运行方向的系统，如图 5-116 所示。请根据要求设计梯形图和指令表。工作要求如下：

（1）当小车所停位置 SQ 的编号大于呼叫位置编号 SB 时，小车向左运行至等于呼叫位置时停止。

（2）当小车所停位置 SQ 的编号小于呼叫位置编号 SB 时，小车向右运行至等于呼叫位置时停止。

（3）当小车所停位置 SQ 的编号与呼叫位置编号 SB 相同时，小车不动作。

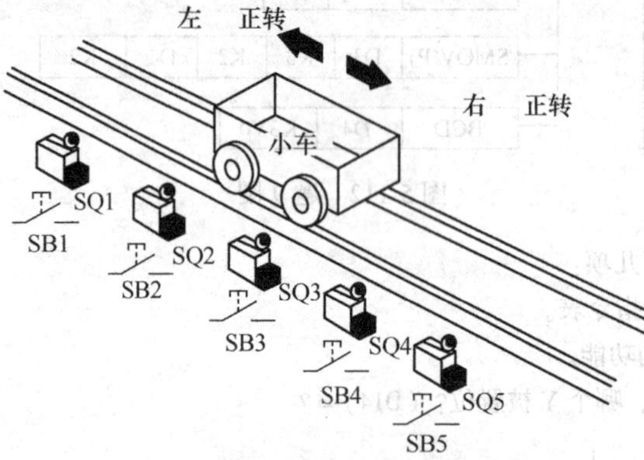

图 5-116　题 16 图

17. 当输入条件 X10 满足时，将 C0 的当前值转换成 BCD 码送到输出元件 K4Y10 中，画出梯形图。

18. 计算 D5、D7、D9 之和并放入 D20 中，求以上三个数的平均值，将其放入 D30 中。

19. 当 X1 为 ON 状态时，用定时器中断，每 90ms 将 Y10 ~ Y13 组成的位元件组 K1Y10 加 1，设计主程序和中断子程序。

20. 路灯定时接通、断开控制要求是 19：00 开灯，6：00 关灯，用时钟运算指令控制，画出梯形图。

21. 现有 16 盏彩灯均分为两组，要求两组彩灯每间隔 1min 交替点亮，试用功能指令编程实现。

22. 某定位及减速控制装置精确定位控制切刀下降将材料切断，工作要求如下：

（1）多齿凸轮与控制电动机同轴转动，由接近开关检测凸齿产生的脉冲信号；

（2）电动机转至脉冲数为 4900 时开始减速，5000 时停止；

（3）当脉冲信号达到 5000 时，切刀下降切断材料。

根据上述要求，设计控制装置的梯形图和指令表。

第6章 PLC的程序设计方法

PLC的控制逻辑是通过程序设计实现的，因此，熟练掌握程序设计方法是学习并应用PLC的关键所在。根据控制系统的复杂程度和生产工艺流程，程序设计方法主要分为经验设计法和顺序控制设计法两种。由于PLC是在继电器—接触器控制系统基础上发展起来的，因此许多典型设计环节都可以应用到PLC的程序设计中来。本章首先介绍程序设计的典型环节，然后进一步讨论程序设计方法。

6.1 梯形图的编程规则

6.1.1 梯形图的编程方法

PLC使用的梯形图语言沿用了传统继电器—接触器控制系统中的电气术语和图形符号，并在编程元件数量、使用功能上得到了加强。在编制梯形图程序的过程中，可以直接借鉴许多经典的继电器—接触器控制系统的电路设计原则和设计方法，根据常用基本程序设计范例，经过适当改造而形成PLC程序，习惯上称此种方法为经验设计法。

对于控制功能和生产工艺较为复杂的控制对象，采用经验设计法往往很难下手，设计周期长，分析、修改和维护工作量很大，不利于充分发挥PLC的特点。因此，PLC在不断增强硬件功能的同时，也从编程方法上提出了更为先进的解决办法——顺序控制设计法。其中，顺序功能指令就是专门为顺序控制设计法设计的，三菱FX_{2N}系列PLC有专门的步进梯形指令（STL）。

经验设计法和顺序控制设计法往往需要结合起来，各自发挥在程序设计方面的优点，如设备的手动控制要求通常都比较简单，功能单一，可以考虑使用经验设计法完成，而自动控制则相对比较复杂，可以使用顺序控制设计法编程实现。

采用经验设计法设计梯形图程序通常是直接建立输入、输出关系。在一些典型电路的基础上，根据被控对象对控制系统的具体要求，不断地修改和完善梯形图，有时需要多次反复地调试和修改梯形图，增加很多辅助触点和中间编程元件，最后才能得到较为满意的结果。经验设计法的试探性和随意性很强，解决问题的结果不唯一，设计步骤包括：① 根据被控设备的工作原理和生产工艺，配置输入、输出的元件编号；② 制定输入、输出的控制逻辑关系，理清输出负载的起动条件、停止条件的逻辑组合，利用起、保、停电路或置位/复位指令编写梯形图。

顺序控制设计法在后续章节中将详细介绍。

6.1.2 梯形图的基本概念

梯形图与电器控制系统的电路图很相似，具有直观易懂的优点，很容易被工厂电气人员掌握，特别适用于开关量逻辑控制。梯形图编程中，常用到以下四个基本概念。

1. 软继电器

PLC梯形图中的某些编程元件沿用了继电器这一名称，如输入继电器、输出继电器、内部辅助继电器等，但是它们不是真实的物理继电器，而是一些存储单元（软继电器），每一个软继电器与PLC存储器中映像寄存器的一个存储单元相对应。该存储单元如果为状态“1”，则表示梯形图中对应软继电器的线圈“通电”，其常开触点接通，常闭触点断开，称这种状态是该软继电器的“1”或“ON”状态。如果该存储单元为状态“0”，对应软继电器的线圈和触点的状态与上述的相反，称该软继电器为“0”或“OFF”状态。使用中也常将这些软继电器称为编程元件。

2. 能流

如图 6-1 所示触点 1、触点 2 接通时，有一个假想的“概念电流”或称能流（Power Flow）从左向右流动，这一方向与执行用户程序时的逻辑运算的顺序是一致的。能流只能从左向右流动。利用能流这一概念，可以帮助我们更好地理解和分析梯形图。图 6-1a 中可能有两个方向的能流流过触点 5（经过触点 1、5、4 或经过触点 3、5、2），这不符合能流只能从左向右流动的原则，因此应改为如图 6-1b 所示的梯形图。

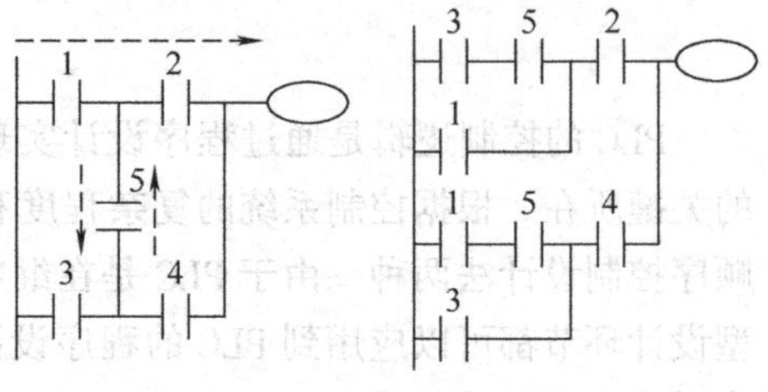

a) b)

图 6-1 梯形图
a）错误的梯形图 b）正确的梯形图

3. 母线

梯形图两侧的垂直公共线称为母线（Bus bar）。在分析梯形图的逻辑关系时，为了借用继电器电路图的分析方法，可以想象左右两侧母线（左母线和右母线）之间有一个左正右负的直流电源电压，母线之间有能流从左向右流动（右母线可以不画出）。

4. 梯形图的逻辑解算

根据梯形图中各触点的状态和逻辑关系，求出与图中各线圈对应的编程元件的状态，称为梯形图的逻辑解算。梯形图中逻辑解算是按从左至右、从上到下的顺序进行的。解算的结果，马上可以被后面的逻辑解算所利用。逻辑解算是根据输入映像寄存器中的值，而不是根据解算瞬时外部输入触点的状态来进行的。

6.1.3 梯形图的编程规则

尽管梯形图与继电器电路图在结构形式、元件符号及逻辑控制功能等方面相类似，但它们又有许多不同之处，梯形图具有自己的编程规则。

1）每一逻辑行总是起于左母线，然后是触点的连接，最后终止于线圈或右母线（右母线可以不画出）。注意：左母线与线圈之间一定要有触点，而线圈与右母线之间则不能有任何触点。

2）梯形图中的触点可以任意串联或并联，但继电器线圈只能并联而不能串联。

3）触点的使用次数不受限制。

4）一般情况下，在梯形图中同一线圈只能出现一次。如果在程序中，同一线圈使用了两次或两次以上，称为双线圈输出。对于双线圈输出，有些 PLC 将其视为语法错误，这样绝对不允许；有些 PLC 则将前面的输出视为无效，只有最后一次输出有效，如图 6-2a 所示；而有些 PLC，在含有跳转指令或步进指令的梯形图中允许双线圈输出。

5）对于不可编程梯形图必须做等效变换，变成可编程梯形图，如图 6-1 所示。

6）程序结构优化。

- 图 6-2b 中的改进可以简化语句，省略 MPS、MPP 指令。
- 并联多的电路应尽量靠近母线，如图 6-2c 所示。
- 串联多的电路应尽量放在上部，如图 6-2d 所示。
- 图 6-2e 的左边电路结构不合理。

另外，在设计梯形图时，输入继电器的触点状态最好按输入设备全部为常开的情形进行设

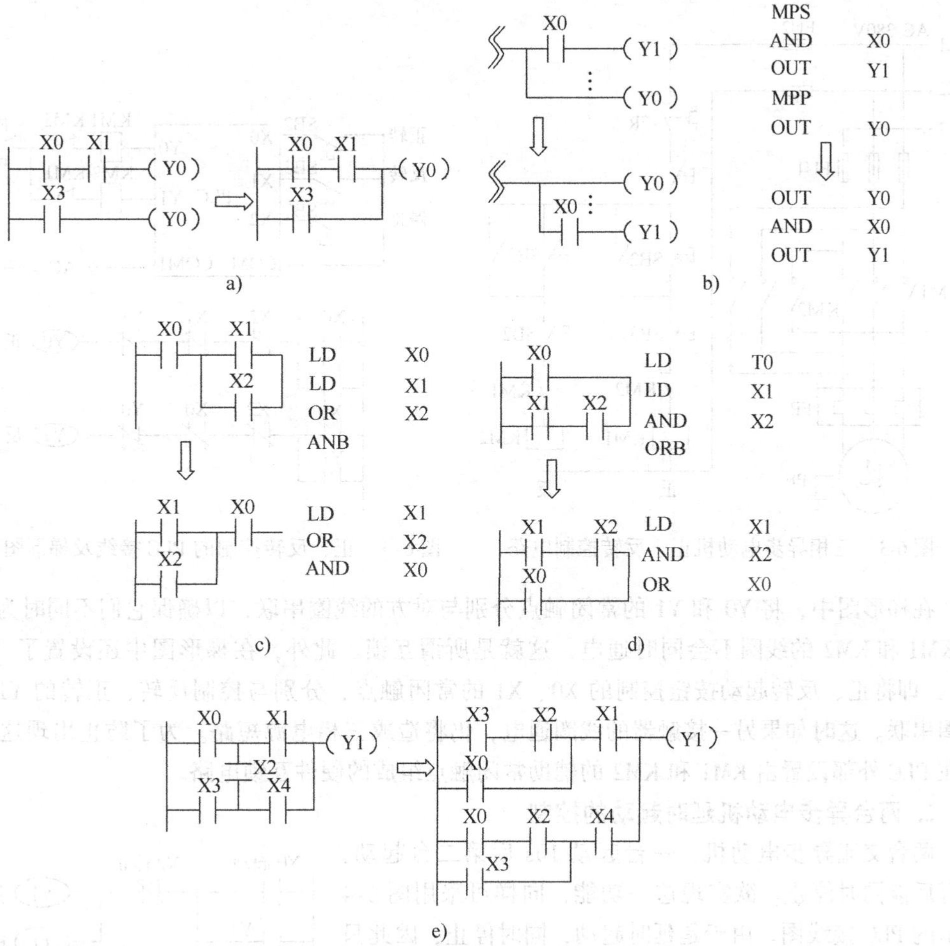

图6-2 梯形图编程注意事项

a）避免双线圈输出 b）结构优化（一） c）结构优化（二） d）结构优化（三） e）结构优化（四）

计，这样更为合适，不易出错。建议读者尽可能用输入设备的常开触点与PLC输入端连接，如果某些信号只能用常闭输入，可先按输入设备为常开来设计，然后将梯形图中对应的输入继电器触点取反（常开改成常闭、常闭改成常开）。

6.2 经验设计法

6.2.1 经验设计法应用举例

1. 具有互锁功能的可逆运转控制

利用两个或多个常闭触点来保证线圈不会同时通电的功能称为互锁，同一时刻不能同时发生的两个运动必须用互锁；三相异步电动机的可逆控制电路即为典型的互锁电路，如图6-3所示。其中，KM1和KM2分别是控制电动机正转运行和反转运行的交流接触器。图6-4所示为采用PLC控制三相异步电动机正、反转的I/O接线图和梯形图。

图6-4中，按下正转起动按钮SB2，X0变为ON，其常开触点接通，Y0线圈得电，并自锁，使KM1的线圈通电，电动机开始正转运行。按下停止按钮SB1，X2变为ON，其常闭触点断开，使Y0线圈失电，电动机停止运行。反转控制同理。

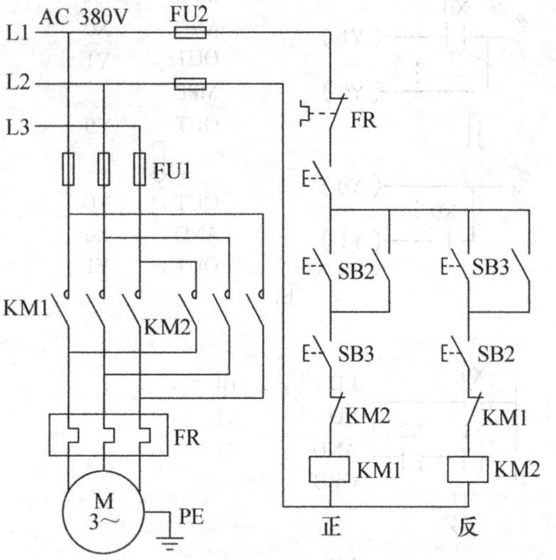

图 6-3 三相异步电动机正、反转控制电路

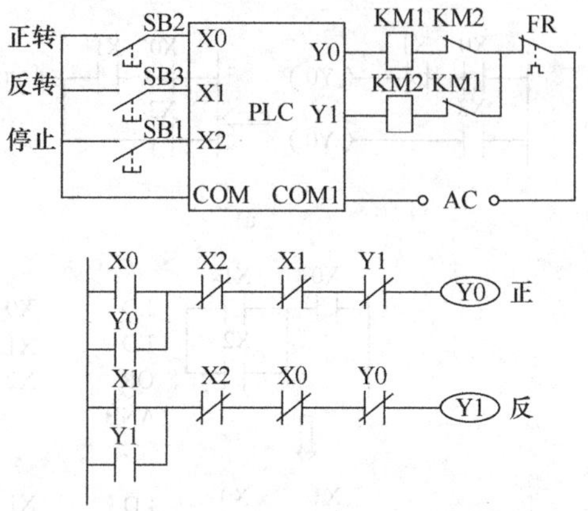

图 6-4 正、反转控制的 PLC 接线及梯形图程序

在梯形图中，将 Y0 和 Y1 的常闭触点分别与对方的线圈串联，以确保它们不同时为 ON，因此 KM1 和 KM2 的线圈不会同时通电，这就是所谓互锁。此外，在梯形图中还设置了“按钮互锁”，即将正、反转起动按钮控制的 X0、X1 的常闭触点，分别与控制反转、正转的 Y1、Y0 的线圈串联。这时如果另一接触器的线圈通电，仍将造成三相电源短路。为了防止出现这种情况，应在 PLC 外部设置由 KM1 和 KM2 的辅助常闭触点组成的硬件互锁电路。

2. 两台异步电动机延时起动的控制

两台交流异步电动机，一台起动 10s 后第二台起动，运行后能同时停止。欲实现这一功能，同样可采用图 6-4 所示的 PLC 接线图。由于是延时起动，同时停止，因此只需要一个起动按钮和一个停止按钮就够了（即可取消图 6-4中的 SB3），设计梯形图程序时，第一台电动机使用起动按钮起动，第二台电动机使用定时器的常开触点起动，以第一台电动机的起动作为计时起点，故将定时器的线圈并接在第一台电动机的输出线圈上，如图 6-5 所示。

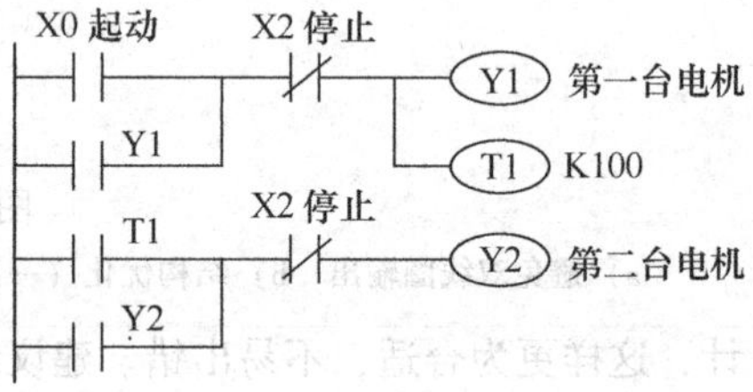

图 6-5 两台电动机延时起动控制

3. 送料小车自动控制程序

如图 6-6a 所示，送料小车在限位开关 X4 处装料，20s 后装料结束，小车开始右行，碰到 X3 后停下来卸料，25s 后左行，碰到 X4 后又停下来装料，这样不停地循环，直到按下停止按钮 X2 后，小车才停止。按钮 X0 和 X1 分别用来起动小车右行和左行。根据经验设计出的控制程序梯形图如图 6-6b 所示。

小车的工作过程如下：设小车在起动时是空车，按下左行起动按钮 X1，Y1 得电，小车开始左行，碰到左限开关 X4 时，X4 的常闭触点断开，使 Y1 失电，小车停止左行。X4 的常开触点接通，使 Y2 和 T0 的线圈得电，开始装料，20s 后 T0 的常开触点闭合，Y0 得电，小车开始右行。小车离开左限位开关后，X4 线圈失电，Y2 和 T0 的线圈也失电，装料停止，T0 复位。右行和卸料过程的分析与左行及装料过程基本相同。如果小车正在运行时按停止按钮 X2，小车将停止运动，系统停止工作。

在梯形图中，为使小车自动停止，将 X3 和 X4 的常闭触点分别串联在 Y0 和 Y1 的控制电路中；为了使小车自动起动，将控制装、卸料延时用的定时器T0和T1的常开触点，分别与手动起动、右行和左行的按钮X0、X1的常开触点并联，并用与两个限位开关对应的X4和X3的常开触点分别接通装料、卸料电磁阀和相应的定时器。

4. 两处卸料小车自动控制程序

两处卸料的小车运行路线如图6-7a所示。与图6-6所示一样，小车仍然在限位开关X4处装料，但在X5和X3两处轮流卸料。小车在一个工作循环中有两次右行都要碰到X5，第一次碰到时停下卸料，第二次碰到时则继续前进，因此，应设置一个具有记忆功能的编程元件，用它来区分是第一次还是第二次碰到X5。根据新的控制要求，在图6-6b的基础上修改，设计出的梯形图程序如图6-7b所示。

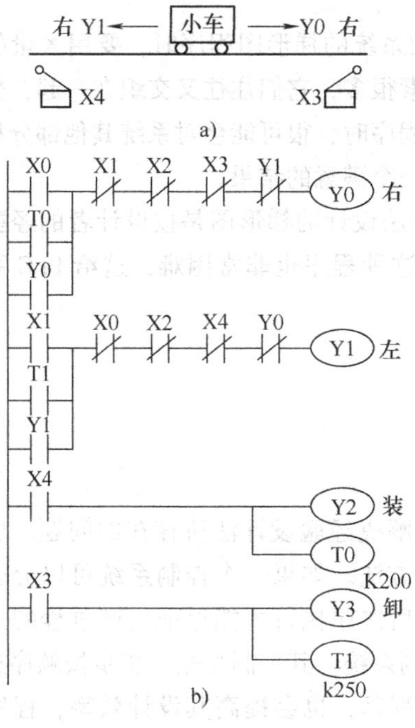

图6-6　送料小车的自动控制

a）小车运行示意图　b）梯形图

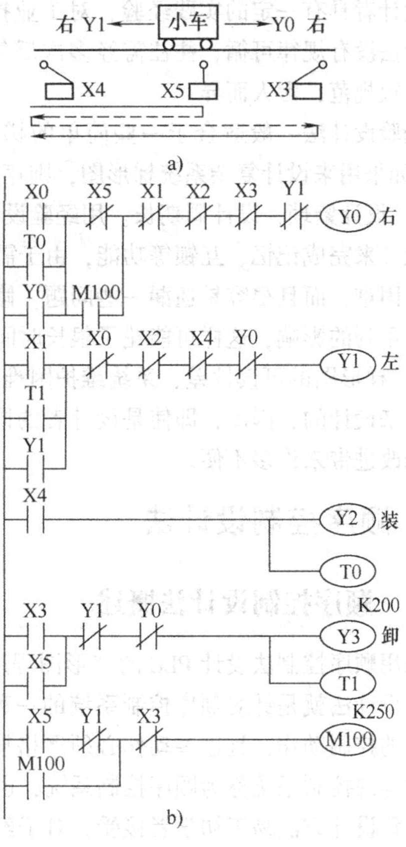

图6-7　两处卸料的小车自动控制

a）小车运行示意图　b）梯形图

小车在第一次碰到X5和碰到X3时都应停止右行，所以X5和X3的常闭触点与Y0的线圈串联。其中X5的触点并联了辅助继电器M100的触点，使X5停止右行的作用受到M100的约束，M100的作用是记忆X5是第几次被碰到，它只在小车第二次右行经过X5时起作用。为了利用PLC已有的输入信号，用起、保、停电路来控制M100，它的起动条件和停止条件分别是小车碰到限位开关X5和小车碰到X3，即M100在图6-7a中虚线所示路线内为ON，在这段时间内M100的常开触点将Y0控制电路中X5常闭触点短接，因此小车第二次经过X5时不会停止右行。

为了实现两处卸料，将X3和X5的触点并联后驱动Y3和T1。调试时发现小车从X3处左行后，经过X5时M100也被置位，使小车下一次右行到达X5时无法停止运行，因此在M100的起动电路中串入 Y1 的常闭触点。另外还发现小车往返经过 X5 时，虽然不会停止运动，但是出现了短暂的卸料动作，为此，将 Y1 和 Y0 的常闭触点与 Y3 的线圈串联，就可解决这个问题。

6.2.2 经验设计法的特点

“经验设计法”顾名思义是依据设计者的设计经验进行设计的方法，用此方法设计起、保、停控制电路所对应的梯形图，每个起、保、停控制电路一般只针对一个输出，这个输出可以是系统的实际输出，也可以是中间变量。

经验设计法对于一些比较简单的程序设计很奏效，可以收到快速、简单的效果。但是，由于这种方法主要是依靠设计人员的经验进行设计，所以对设计人员的专业要求也比较高，特别是要求设计者具有一定的实践经验，对工业控制系统和工业上常用的各种典型环节比较熟悉。经验设计法没有规律可循，往往需经多次反复修改和完善才能符合设计要求，所以设计的结果往往不是很规范，因人而异。

经验设计法一般适合于一些简单的梯形图程序或复杂系统的某一局部程序（如手动程序等）。如果用来设计复杂系统梯形图，则存在以下问题：

1）设计繁琐，设计周期长。用经验设计法设计复杂系统的梯形图程序时，要用大量的中间编程元件来完成记忆、互锁等功能，由于需要考虑的因素很多，它们往往又交织在一起，分析起来非常困难，而且很容易遗漏一些问题。修改某一局部程序时，很可能会对系统其他部分程序产生预想不到的影响，这样可能花了很长时间，还得不到一个满意的结果。

2）梯形图的可读性差，系统维护困难。用经验设计法设计的梯形图是按设计者的经验和习惯思路来设计的，因此，即使是设计者的同行，要分析这种程序也非常困难，这给 PLC 系统的维护和改进带来许多不便。

6.3 顺序控制设计法

6.3.1 顺序控制设计法概述

采用顺序控制法设计 PLC 的梯形图程序，可以有效解决经验设计法所存在的问题。所谓顺序控制设计法就是针对顺序控制系统的一种专门的设计方法。如果一个控制系统可以分解成几个独立的控制动作，且这些动作必须严格按照一定的先后次序执行才能保证生产过程的正常运行，这样的控制系统称为顺序控制系统，也称为步进控制系统。其控制总是一步步按顺序进行。

这种设计方法易于初学者接受，对于经验丰富的工程师，也会提高其设计效率，程序的调试、修改和阅读也很容易。PLC 的设计者们为顺序控制系统的程序编制提供了大量通用和专用的编程元件，开发了专门供编制顺序控制程序使用的功能图，使这种先进的设计方法成为当前 PLC 程序设计的主要方法。

6.3.2 顺序控制设计法的设计步骤

采用顺序控制设计法进行程序设计的基本步骤及内容如下：

1. 步的划分

步是控制系统中一个相对不变的性质，它对应于一个稳定的状态。在功能流程图中，步通常表示某个执行元件的状态变化，用矩形框表示，框中的数字是该步的编号，编号可以是该步对应的工步序号，也可以是与该步相对应的编程元件（如 PLC 内部的通用辅助继电器 M 或状态器

S)。如图6-8a所示，步的这种划分方法使代表各步的编程元件与PLC各输出状态之间有着极为简单的逻辑关系。步也可根据被控对象工作状态的变化来划分，但被控对象工作状态的变化应该由PLC输出状态的变化引起。如图6-8b所示，某液压滑台的整个工作过程可划分为停止（原位）、快进、工进、快退四步。但这四步的状态改变都必须由PLC输出状态的变化引起，否则就不能这样划分。例如，从快进转为工进与PLC输出无关，因此快进和工进只能算一步。

2. 转换条件的确定

在功能流程图中，会发生步的活动状态的进展。该进展按有向连线的规定路线进行，这种进展是由转换的实现来完成的，并与控制过程的发展相对应。使系统由当前步转入下一步的信号称为转换条件。转换条件可能是外部输入信号，如按钮、指令开关、限位开关的接通/断开等，也可能是PLC内部产生的信号，如定时器、计数器触点的接通/断开等，转换条件也可能是若干个信号的与、或、非逻辑组合。如图6-8b所示的SB、SQ1、SQ2、SQ3均为转换条件。

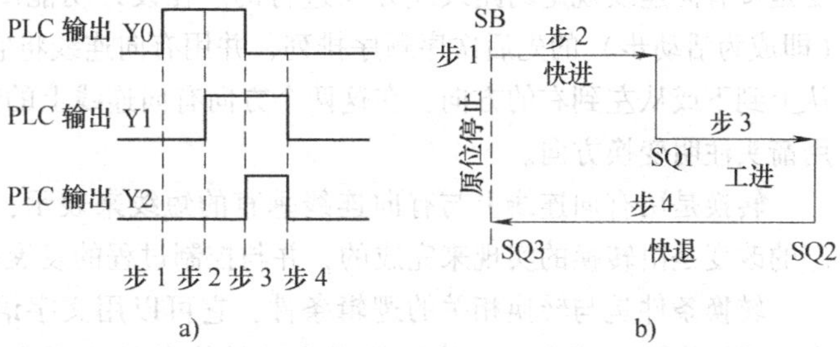

图6-8　步的划分
a）划分方法一　b）划分方法二

顺序控制设计法用转换条件控制代表各步的编程元件，让它们的状态按一定的顺序变化，然后用代表各步的编程元件去控制各输出继电器。

3. 功能图的绘制

根据以上分析和被控对象工作内容、步骤、顺序和控制要求画出功能图。绘制功能图是顺序控制设计法中最为关键的一个步骤，其绘制方法将在后面详细介绍。

4. 梯形图的编制

根据功能图，按某种编程方式写出梯形图程序。有关编程方式将在本章中介绍。如果PLC支持功能图语言，则可直接使用该功能图作为最终程序。

6.3.3　功能图的绘制

功能流程图，简称功能图，又叫状态流程图或状态转移图。它是专用于工业顺序控制程序设计的一种功能说明性语言，可以完整地描述控制系统的工作过程、功能和特性，是分析、设计电气控制系统控制程序的重要工具。

功能图并不涉及所描述的控制功能的具体技术，它是一种通用的技术语言，可以用于和不同专业人员之间的技术交流。

功能图主要由步、有向连线、转换、转换条件和动作（或命令）组成。

1. 步与动作

在功能图中用矩形框表示步，方框内是该步的编号。编程时，一般用PLC内部编程元件来代表各步，且经常直接用代表该步的编程元件的元件号作为该步的编号，如M20、S20等。这样在以后用顺序功能图设计梯形图时较为方便。在所有步中，与系统的初始状态相对应的步称为初始步，初始状态一般是系统等待起动命令时的相对静止的状态，初始步用双线方框表示，每一个顺序功能图中至少应该有一个初始步。

对于被控系统，在某一步中要完成某些动作，这些动作或命令（由施控系统向被控系统发出的某些指令）简称为动作，并用矩形框中的文字或符号表示，该矩形框应与相应的步的符号相连。当系统正处于某一步时，该步处于活动状态，称为“活动步”。步处于活动状态时，相应的动作被执行。若代表该步的编程元件为断电保持型元件，则该步不活动时继续执行该动作；若为非断电保持型元件，则该步不活动时，动作也停止执行。

2. 有向连线、转换和转换条件

在顺序功能图中，随着时间的推移和转换条件的改变，各步的活动状态将发生改变，这种改变是按有向连线规定的路线或方向进行的。在设计功能图时，将代表各步的方框按它们被激活（即成为活动步）的先后次序顺序排列，并用有向连线将它们连接起来。步的活动状态习惯上按从上到下或从左到右的方向，在这两个方向有向连线上的箭头可以省略，否则，应在有向连线上用箭头注明变换方向。

转换是用有向连线上与有向连线垂直的短线来表示，转换将相邻两步分隔开。步的活动状态的改变是由转换的实现来完成的，并与控制过程的发展相对应。

转换条件是与转换相关的逻辑条件，它可以用文字语言、布尔代数表达式或图形符号标注在表示转换的短线旁边。使用得最多的转换条件表示方法是布尔代数表达式，例如转换条件 X0 · C0表示 X0 的常开触点与 C0 的常开触点同时闭合，在梯形图中则用两个触点的串联来表示这样一个“与”转换条件。

在顺序功能图中，转换的实现必须具备下述两个条件：

1）该转换所有的相邻前级步都是活动步。

2）相应的转换条件得到满足。

转换的实现应完成两个功能：

1）使所有由有向连线与相应转换符号相连的后续步都变为活动步。

2）使所有由有向连线与相应转换符号相连的前级步都变为不活动步。

3. 功能图绘制举例

某组合机床液压滑台进给运动示意图如图 6-9b 所示。其工作过程分为原位、快进、工进、快退 4 步，相应的转换条件为 SB、SQ1、SQ2、SQ3。液压滑台系统各液压元件动作情况见表 6-1。根据上述功能图的绘制原则，液压滑台系统的功能图如图 6-9a 所示。

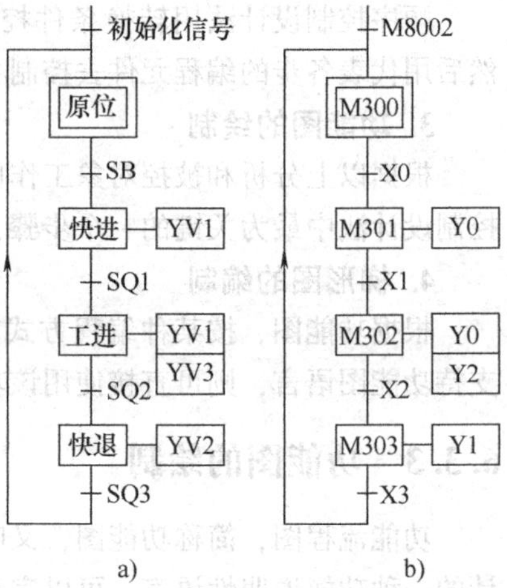

图 6-9 液压滑台系统的功能图

表 6-1 液压元件动作表

工步 \ 元件	Y0	Y1	Y2
原位	–	–	–
快进	+	–	–
工进	+	–	+
快退	–	+	–

如果已确定好 PLC 型号，可直接用编程元件 M300 ~ M303 来代表这四步，假设输入/输出设

备与 PLC 的 I/O 点对应关系如表 6-2 所示，则可直接画出如图 6-9b 所示功能图，图中 M8002 为初始化脉冲。

表 6-2 输入/输出设备与 PLC I/O 对应关系

PLC I/O	X0	X1	X2	X3	Y0	Y1	Y2
输入/输出设备	SB	SQ1	SQ2	SQ3	YV1	YV2	YV3

4. 功能图的基本结构

（1）单序列

单序列是由一系列相继执行的工步组成的单条流程。其特点是：每一个工步的后面只能有一个转移的条件，每一个转换的后面只有一个步，且代表每一步的编程元件不必按顺序编号，如图 6-10a 所示。

图 6-11 所示为小车来回自动往返控制的单序列功能图，Y0 得电，小车右行，Y1 得电，小车左行，X3 为起动按钮，X0、X1、X2 为三个行程开关，为节省篇幅，将行程开关与起动按钮的波形画在一个图上，表示它们得电的先后顺序。

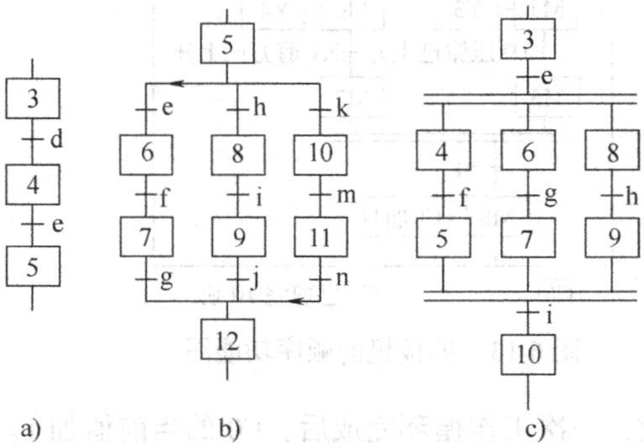

图 6-10 功能图的基本结构

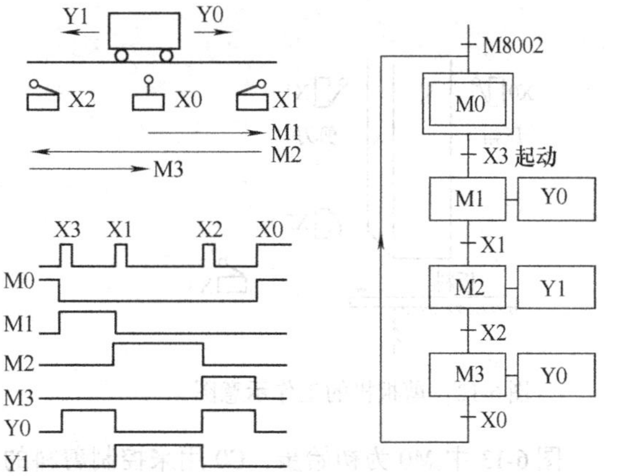

图 6-11 单序列功能图

（2）选择序列

从多个分支流程中根据条件选择某一个或几个分支，系统转移到该分支执行，如图 6-10b 所示。图中如果步 5 是活动步，并且转换条件 e = 1，则系统由步 5 转移到步 6。如果步 5 是活动的，并且 h = 1，则步 5 转移到步 8。一般情况下，只允许同时选择一个序列。

选择性分支的结束称为汇合，几个选择性分支汇合到一个公共序列时，用与分支数量相同的转换条件和水平连线来表示。图 6-10b 中，如果步 7 是活动步，且转换条件 g = 1，则步 7 转移到步 12；如果步 9 是活动步，且条件 j = 1，则步 9 转换到步 12。

（3）并行序列

当满足某个条件后使多个流程分支同时执行的程序结构称为并行分支，如图 6-10c 所示。图 6-10c 中，当步 3 是活动步，并且转换条件 e = 1，则步 4、6、8 同时被激活，同时步 3 变为不活动步。一般同步实现的水平连线用双线表示，水平双线之上只允许有一个转换符号。并行序列的结束称为汇合，图 6-10c 中，当直接连在水平双线上的所有前级步（步 5、7、9）都处于活动状态，且转换条件 i = 1 时，步 5、7、9 转移到步 10，即步 5、7、9 同时变为不活动步，而步 10

变为活动步。

图 6-12 是某剪板机的工作过程示意图。开始时压钳和剪刀在上限位置，限位开关 X0 和 X1 处于接通状态。按下起动按钮 X10，板料右行（Y0 为 ON），碰到限位开关 X3 时，压钳下行（Y1 为 ON 并保持），压紧板料后，压力继电器 X4 为 ON，压钳保持压紧状态，剪刀开始下行（Y2 为 ON）。剪断板料后，X2 变为 ON，压钳和剪刀同时上行（Y3 和 Y4 为 ON，Y1 和 Y2 为 OFF），它们分别碰到限位开关 X0 和 X1 后，均停止上行，然后又开始下一周期的工作，剪完 10 块料后停止工作并停在初始状态。系统的顺序功能图如图 6-13 所示。

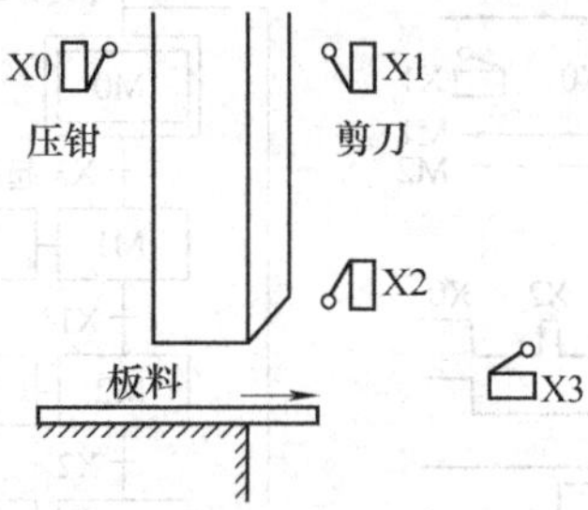

图 6-12 剪板机的工作示意图

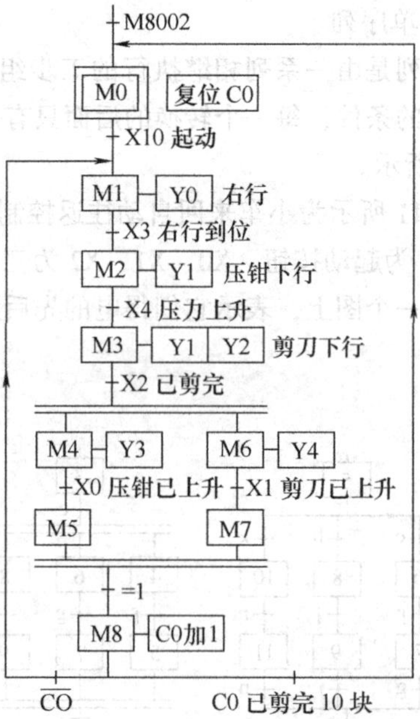

图 6-13 剪板机的顺序功能图

图 6-13 中 M0 为初始步，C0 用来控制剪料的次数，一次工作循环完成后，C0 的当前值加 1。没有剪完 10 块料时，C0 的当前值小于设定值 10，其常闭触点闭合，转换条件 C【TX-】满足，系统返回 M1 步，重新开始工作。剪完 10 块料后，C0 的当前值等于设定值 10，其常开触点闭合，转换条件 C0 满足，系统返回初始步 M0，等待下一次起动命令。图中步 M5、M7 是等待步，它们用来同时汇合两个并行分支序列。水平双线下的转换条件“=1”表示转换条件总是满足，即只要步 M5、M7 都是活动步，就会转移到步 M8。

6.4 顺序控制梯形图的编程技术

6.4.1 使用起、保、停电路的编程方法

起、保、停电路编程方法使用的编程元件是任意型号的 PLC 都有的辅助继电器，设计思路主要是围绕代表步的编程线圈的起动电路、停止电路展开，是一种通用的编程方法。

任何复杂的顺序功能图均由单序列、选择序列和并行序列组成，在处理复杂控制系统时，分析这三种结构的编程设计方法，可以将其分解为基本结构并转换为梯形图。

1. 单序列的编程方法

编程时使用辅助继电器 M 来代表步，某一步为活动步时，对应的辅助继电器 M 为“1”状

态，当该步下面的转换条件满足时，其后续步被激活，如图6-14为所示。

图6-14中，M（i-1）、Mi和M（i+1）是功能图中顺序相连的三步，Xi是步Mi前面的转换条件。设计梯形图时，首先要确定起动条件和停止条件。根据转换实现的基本规则，转换实现的条件是它的前级步为活动步，且满足相应的转换条件，所以步Mi变为活动步的条件是M（i-1）为活动步，转换条件Xi=1，这样在梯形图中应将M（i-1）和Xi的常开触点串联后作为Mi线圈的起动条件。当Mi和X（i+1）均为“1”状态时，步M（i+1）变为活动步，这时步Mi变为不活动步，因此将M（i+1）的常闭触点作为停止条件，串联在Mi线圈的控制电路中。

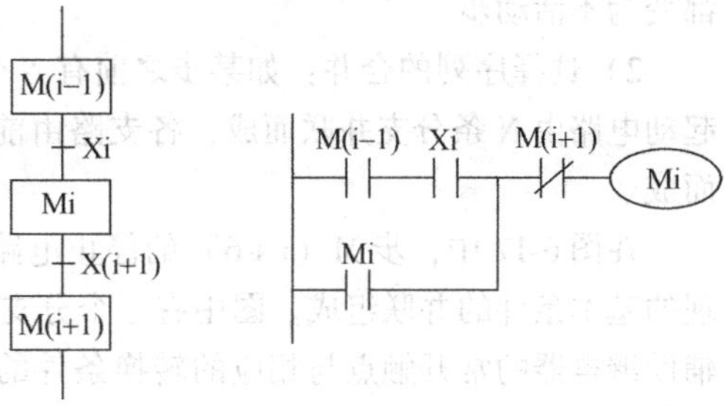

图6-14 单序列的编程

图6-15为使用起、保、停电路的单序列编程示例，图6-16为液压滑台系统的功能图（见图6-9）对应的梯形图程序。

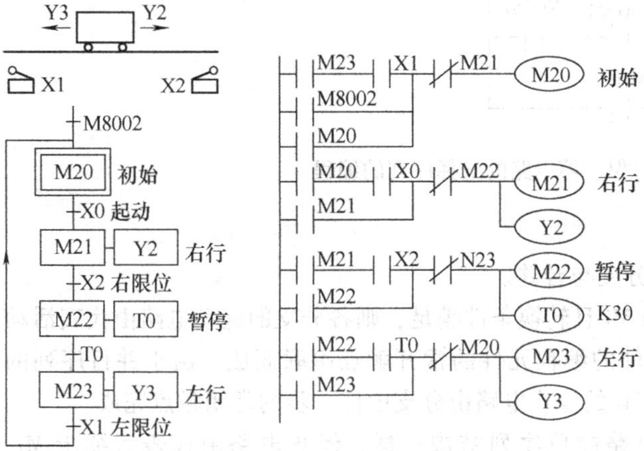

图6-15 使用起、保、停电路的单序列编程示例

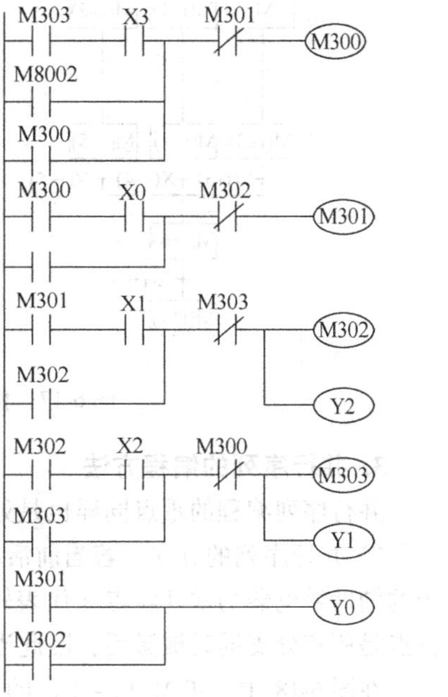

图6-16 液压滑台系统的梯形图程序

图6-16中，由于Y1和Y2的线圈在程序中只出现一次，所以可以将Y1线圈与M303线圈并联，Y2线圈与M302线圈并联。而Y0线圈在快进、工进步中均为状态“1”，所以将M301和M302的常开触点并联后控制Y0线圈，这样就避免了双线圈现象的发生。

2. 选择序列的编程方法

选择序列编程的关键是根据转换规则处理好分支与合并。

1）选择序列的分支：如果某一步Mi的后面有N条分支，则该步Mi的停止电路是将N个后续步对应的辅助继电器的常闭触点串联。

在图6-17中，步M（i-1）的起动电路同单序列结构一样，停止电路由代表后续步Mi、

M（i－1）、M（i－2）的编程元件的常闭触点的串联电路组成，即任何一个分支被激活，M（i－1）都变为不活动步。

2）选择序列的合并：如某步之前有 N 个转换（即分支合并），则代表该步的辅助继电器的起动电路由 N 条分支并联而成，各支路由前级步的辅助继电器的常开触点与相应转换条件串联而成。

在图 6-17 中，步 M（i＋6）的停止电路同单序列结构一样，而起动电路由所有分支转换实现的基本条件的并联组成。图中有三个分支，代表前级步 M（i＋3）、M（i＋4）、M（i＋5）的辅助继电器的常开触点与相应的转换条件的常开触点串联后再并联组成，即任何一个分支都能够将M（i＋6）激活。

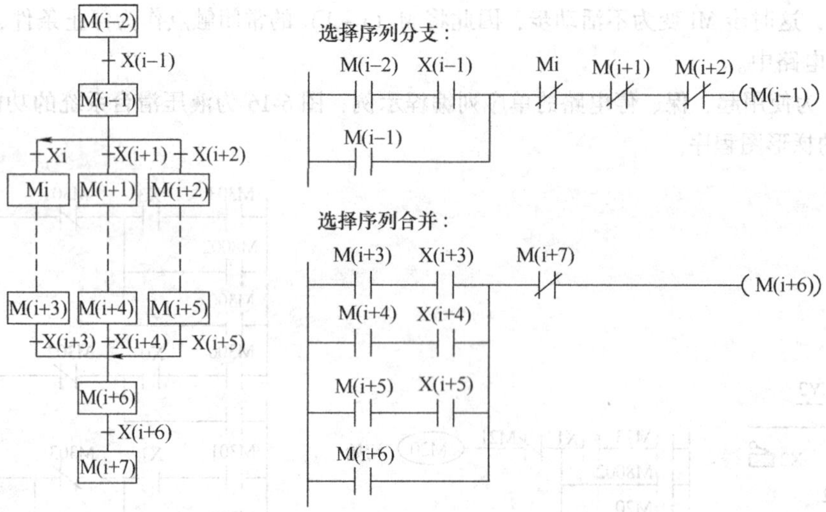

图 6-17 使用起、保、停电路的选择序列的编程

3. 并行序列的编程方法

并行序列编程的重点同样也是处理好分支与合并。

1）并行序列的分支：若当前活动步为 Mi 且转换条件满足，则各分支的起动电路由代表活动步的辅助继电器的常开触点和代表转换条件的编程元件的常开触点串联而成。由于并行序列的特点是所有分支同时被激活，因此当前步 Mi 的停止电路由分支中任一步的常闭触点完成。

在图 6-18 中，步 M（i－1）的起动电路同单序列结构一样，停止电路由代表后续步 Mi、M（i＋1）、M（i＋2）的任意一个编程元件的常闭触点组成，即任意一个分支的活动状态都使 M（i－1)变为不活动步。而步 M（i）、M（i＋1）、M（i＋2）的起动电路都由步 M（i－1）和转换条件 X（i－1）的常开触点串联而成，停止电路为后续步的常闭触点。

2）并行序列的合并：各并行序列的结束步与转换条件串联作为合并步的起动电路，停止电路由后续步的常闭触点完成。

在图 6-18 中，步 M（i＋9）的停止电路同单序列结构一样，为后续步的常闭触点。起动电路由三个分支的结束步 M（i＋6）、M（i＋7）、M（i＋8）的常开触点与转换条件 X（i＋3）的常开触点串联组成。

4. 编程注意事项

使用起、保、停电路编程方法编程时必须注意：

1）梯形图中不允许出现双线圈现象。

2）如果在功能图中仅有由两步组成的小闭环，如图6-19a所示，则相应的辅助继电器线圈将不能通电。

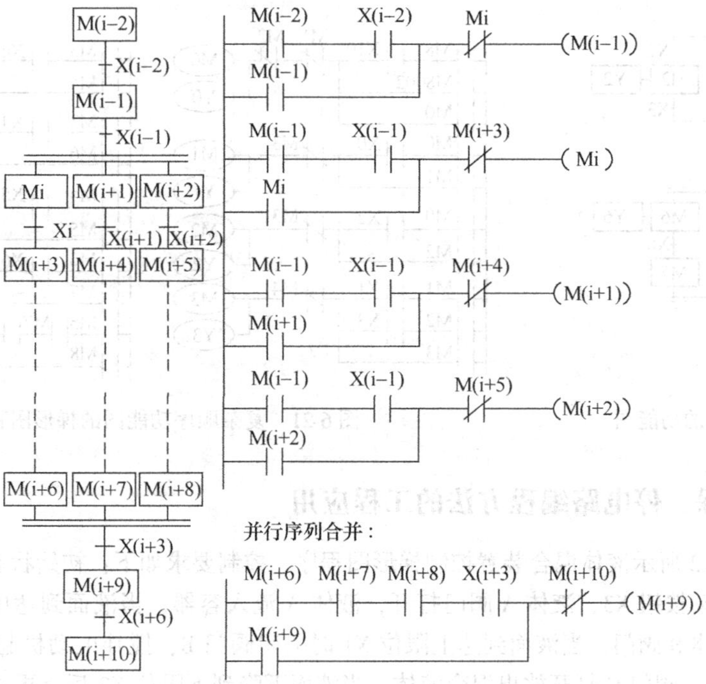

图6-18　使用起、保、停电路的并行序列的编程

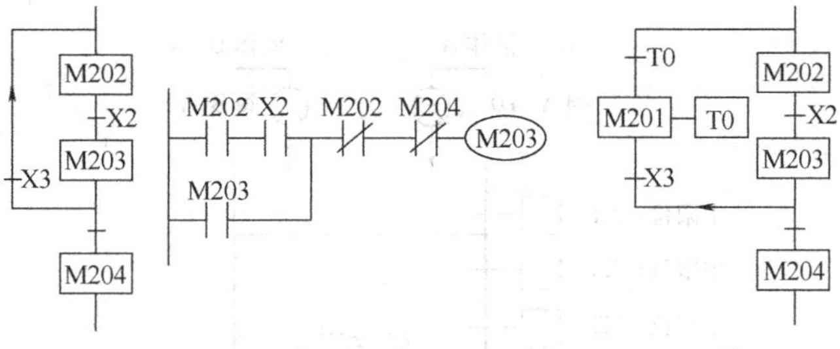

图6-19　仅有两步的小闭环的处理

图6-19中，当M202的常开触点和X2的常开触点均为状态“1”时，M203线圈的起动电路才能接通，但由于起动电路中还串联了M202的常闭触点，因此M203的线圈将不能通电。出现这种现象的原因是由于步M202既是步M203的前级步，又是它的后续步。此时，在小闭环中增设一步就可以解决这个问题，如图6-19b中的步M210，这一步仅仅起延时的作用，延时时间可以取得足够短，这样对系统的运动不会有什么影响。

3）对于复杂的功能表图编程时，应注意转换的实现条件。复杂的功能图一般包含了跳步、循环、选择分支和并行分支等基本环节。图6-20是一个较复杂的顺序功能图，图中M5、M7称为“等待步”，只有当M5、M7全部“得电”且转换条件X7满足，M8才能得电，如果X7处没有条件，可用“=1”表示，即条件总是满足，通常“等待步”没有相应的驱动动作。图 6-21 是采用起、保、停控制电路编程方法编写的与之对应的梯形图。

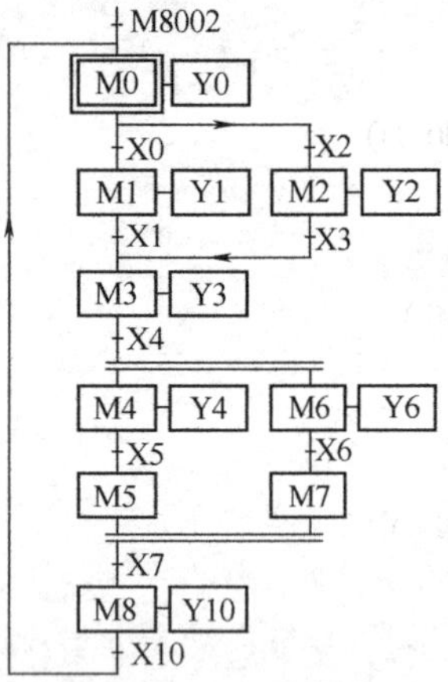

图 6-20　复杂的功能图

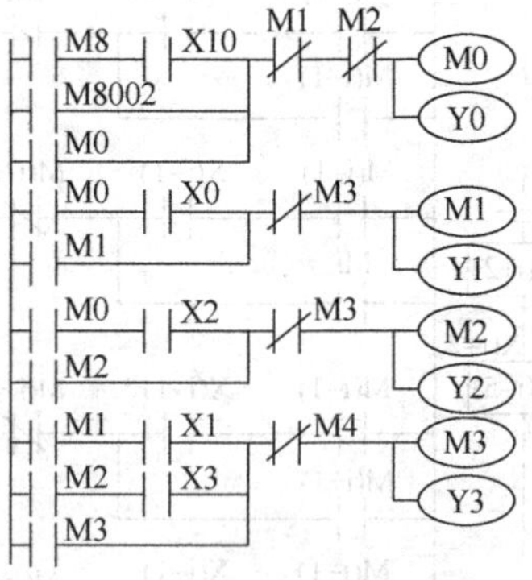

图 6-21　复杂顺序功能图的梯形图程序

6.4.2　起、保、停电路编程方法的工程应用

设计如图 6-22 所示液体混合装置控制梯形图程序。控制要求如下：初始状态，液体 A、B 阀门关闭，按下起动按钮 X3，液体 A 阀门打开，液体 A 流入容器，当液面到达中限位 X0 时关闭阀门 A，打开液体 B 阀门，当液面到达上限位 X1 时关闭阀门 B，搅拌电动机起动开始搅拌，工作 6s 后停止搅拌，阀门 C 打开放出混合液体，当液面下降到下限位 X2 后，再过 2s 关闭阀门 C，开始下一循环。停止按钮 X4 按下，系统完成当前工作周期后停止。

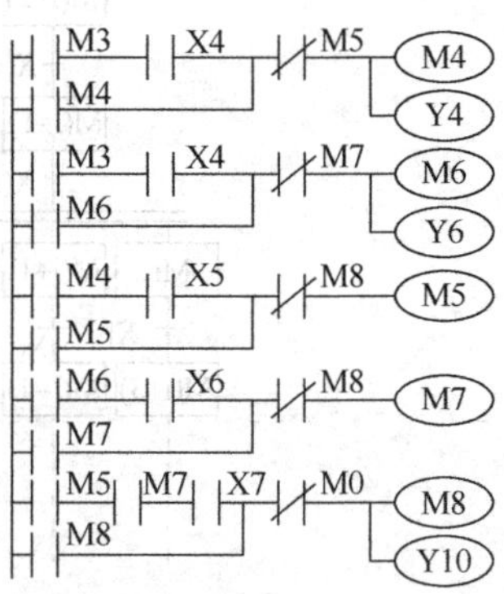

图 6-22　液体混合装置示意图

分析：该控制装置工艺流程很清晰，单周期顺序功能图很容易给出，而在处理循环操作时可以使用常见的起、保、停电路驱动一个辅助继电器，如 M10。利用该电路的记忆特点来实现起动按钮和停止按钮的动作信息，即 M10 = 0 时表示停止，这种停止通常叫“预停”，即系统必须完成本周期的工作后，才停在初始位置，不是立即停止当前的工作。M10 = 1 时表示起动，该电路在梯形图中单独处理。以后对于有类似控制要求的系统都可以采用这个办法。

系统的顺序功能图如图 6-23 所示，梯形图程序如图 6-24 所示。

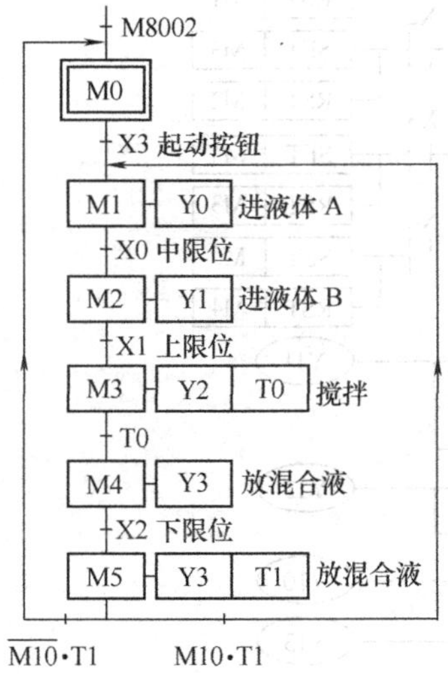

图 6-23 液体混合装置顺序功能图

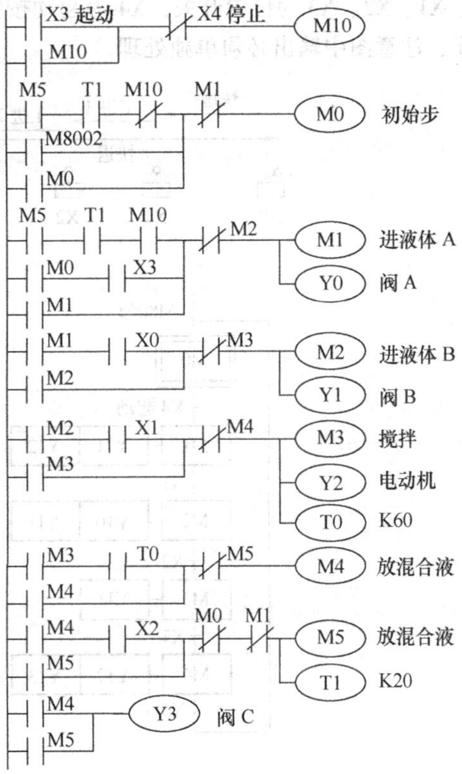

图 6-24 液体混合装置控制梯形图程序

6.4.3 以转换为中心的编程方法

在顺序功能图中，如果某一转换所有的前级步都是活动步，而且相应的转换条件也满足，则转换实现，即所有由有向连线与相应转换符号相连的后续步都变为活动步，而所有由有向连线与相应转换符号相连的前级步都变为不活动步。在以转换实现为中心的编程方式中，用该转换所有前级步对应的辅助继电器的常开触点与转换对应的触点或电路串联，作为使所有后续步对应的辅助继电器置位（用 SET 指令）和使所有前级步对应的辅助继电器（用 RST 指令）复位的条件。每一个转换对应一个这样的控制置位和复位的电路块，如图 6-25 所示。

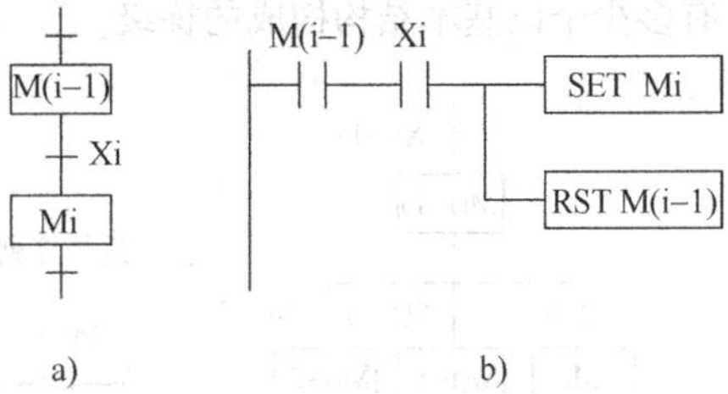

图 6-25 以转换实现为中心的编程方法

a）转换 b）对应电路块

图 6-25 中要实现 Xi 对应的转换必须同时满足两个条件：前级步 M（i－1）＝1 和转换条件 Xi＝1，图中用 M（i－1）和 Xi 的常开触点串联组成的电路来表示。两个条件同时满足时用 SET Mi 指令将 Mi 置位，即激活 Mi，用 RST M（i－1）指令将 M（i－1）复位，将 M（i－1）变为不活动步。这种编程方式比较有规律，有多少个转换就有多少个这样的电路块，在设计复杂顺序功能图的梯形图程序时较方便，不容易出现错误。

1. 单序列的编程方法

图 6-26 所示为单序列例子，某动力头的工作分为快进、工进一、工进二和快退四个部分，

X0、X1、X2、X3 为位置开关，X4 为起动按钮，按照以转换实现为中心的编程方法设计梯形图程序，注意图中输出必须单独处理。

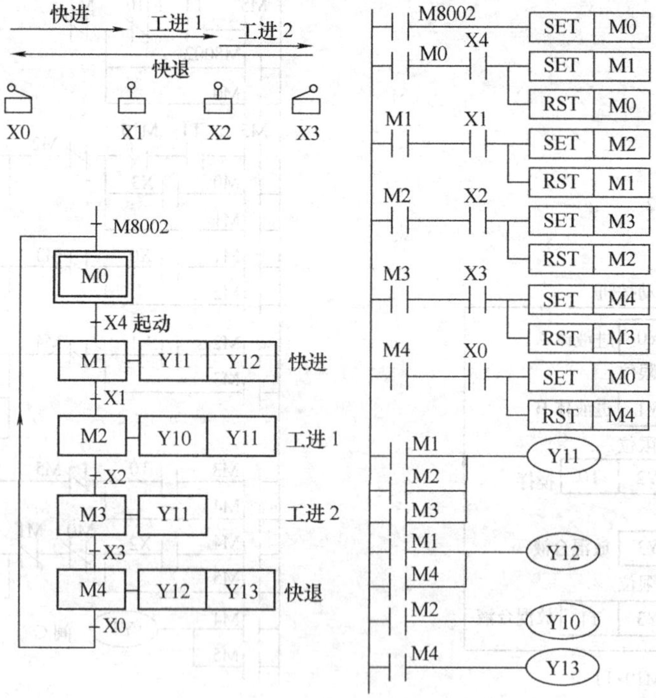

图 6-26 动力头控制系统

2. 选择序列的编程方法

1）选择序列的分支：由于选择序列的实质就是单序列结构，因此以转换为中心的编程方法在选择序列的处理上同单序列相同，如图 6-27 所示。在分支处有多少个转换，对应的梯形图就有多少个以基本结构构成的梯级。

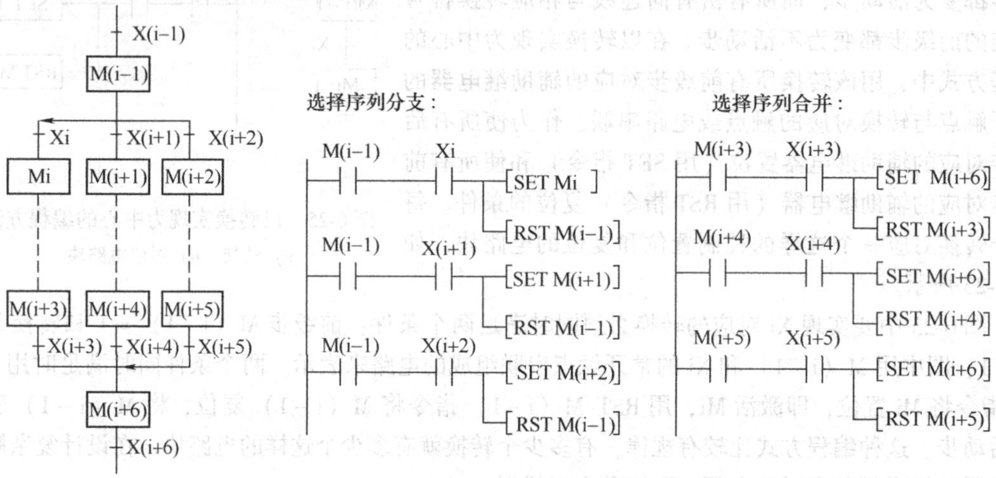

图 6-27 以转换实现为中心的选择序列编程方法

2）选择序列的合并：选择序列的合并处理和分支处理相同，也是根据转换的个数确定梯形图的梯级数，每个梯级结构均是以转换为中心的基本结构。

3. 并行序列的编程方法

并行序列编程时同样是一个转换对应一个梯级，只是在分支与合并处稍有不同。

1）并行序列的分支：若某步为一并行分支的开始，当该步变为活动步，且转换条件满足时，用SET指令并联输出，将对应的并行序列激活，用RST指令复位前级步。

如图6-28所示分支处的转换，若其前级步M（i-1）为活动步，且转换条件满足，则用SET指令并联输出，分别激活后续步Mi、M（i+1）、M（i+2），用RST指令复位前级步。一个转换对应一个梯级。

2）并行序列的合并：各序列转换前的活动步常开触点与转换条件“与”作为执行转换的条件，用SET指令置位后续步，并用并联的RST指令将前级步复位。

如图6-28所示合并处的转换，其前级步为M（i+6）、M（i+7）、M（i+8），若均为活动状态，且转换条件X（i+3）为真，则用SET指令置位步M（i+9），用RST指令复位步M（i+6）、M（i+7）、M（i+8）。

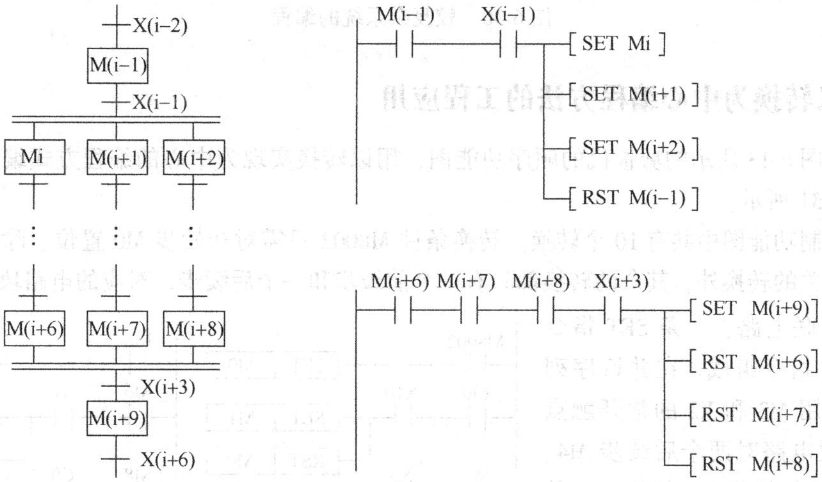

图6-28 以转换实现为中心的并行序列编程方法

4. 转换的同步实现与复杂系统的编程

如图6-29所示，对于有些需要同步实现的转换，可用SET、RST指令同时输出。图中，当M10、M11均为“1”，$\overline{X0}$和X1满足任意一个条件，M12、M13同时输出。

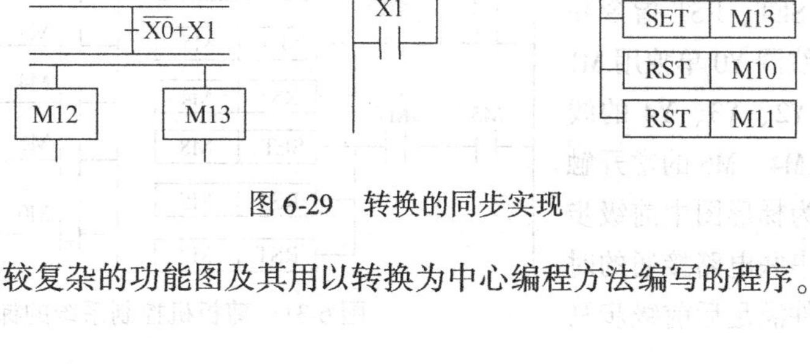

图6-29 转换的同步实现

图6-30所示为较复杂的功能图及其用以转换为中心编程方法编写的程序。

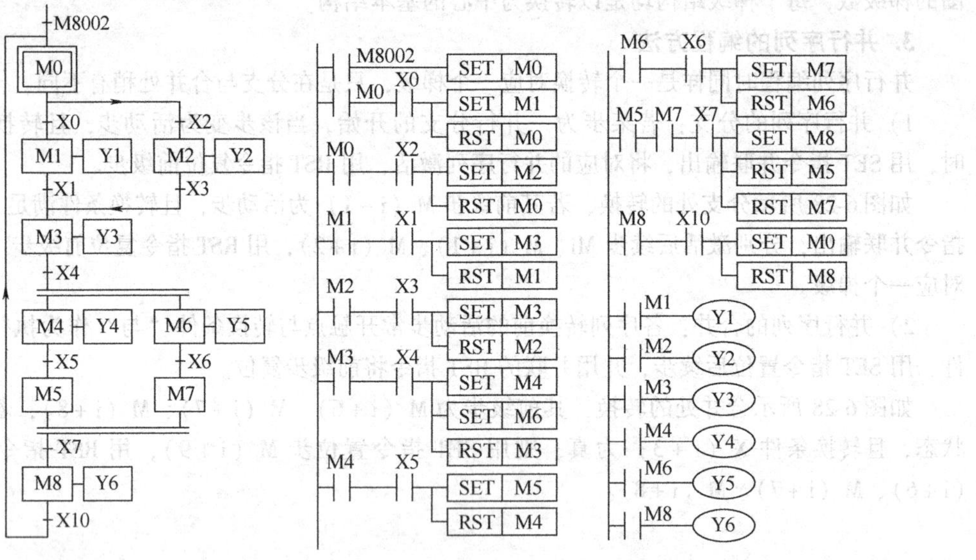

图6-30 较复杂系统的编程

6.4.4 以转换为中心编程方法的工程应用

例如，图6-13所示的剪板机的顺序功能图，用以转换实现为中心的编程方式编制的梯形图程序如图6-31所示。

顺序控制功能图中共有10个转换。转换条件M8002只需对初始步M0置位。除了与并行分支、汇合有关的转换外，其余的转换都只有一个前级步和一个后续步，对应的电路块均由两个触点组成的串联电路、一条SET指令和一条RST指令组成。在并行序列的分支处，用M3和X2的常开触点组成的串联电路对两个后续步M4、M6置位，对前级步M3复位。在并行分支的汇合处，由于转换条件“=1”表示总是满足，因此只需要用M5和M7的常开触点组成的串联电路对后续步M8置位，对前级步M5、M7复位。

使用这种方式编程时，不能将输出继电器的线圈与SET、RST指令并联，如图6-30中，线圈Y0单独用M1的常开触点驱动，Y2、Y3、Y4的线圈单独分别用M3、M4、M6的常开触点驱动等。这是因为梯形图中前级步和转换条件对应的串联电路接通的时间相当短，转换条件满足后前级步马

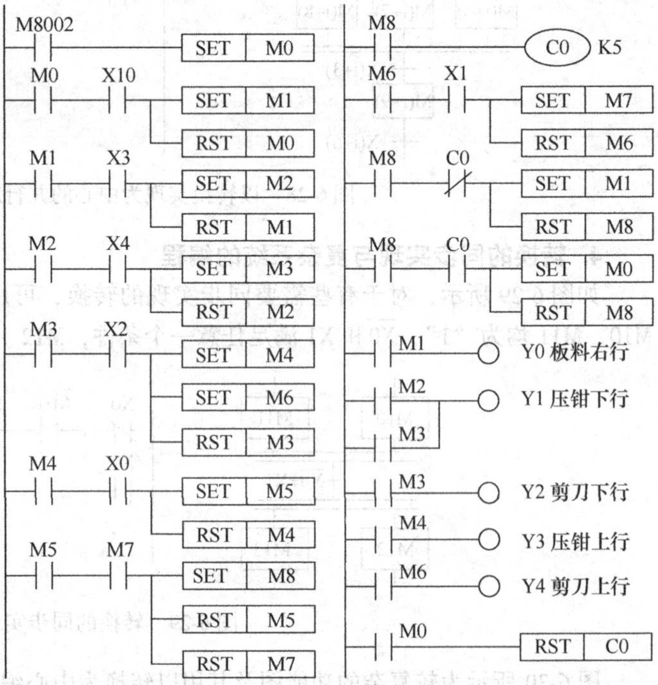

图6-31 剪板机控制系统的梯形图

上被复位，该串联电路断开，而输出继电器线圈至少应该在某一步活动的全部时间内接通。

如图6-32所示为某信号灯控制系统的时序图、功能图和梯形图。初始步时仅红灯亮，按下起动按钮X0，4s后红灯灭、绿灯亮，6s后绿灯和黄灯亮，再过5s后绿灯和黄灯灭、红灯亮。按时间先后顺序，将一个工作循环划分为4步，并用定时器T0～T2来为3段时间定时。开始执行用户程序时，用M8002的常开触点将初始步M300置位。按下起动按钮X0后，梯形图第2行中M300和X0的常开触点均接通，转换条件X0的后续步对应的M301被置位，前级步对应的辅助继电器M300被复位。M301变为状态“1”后，控制Y0（红灯）仍然为状态“1”，定时器T0的线圈通电，4s后T0的常开触点接通，系统将由第2步转换到第3步，依此类推。

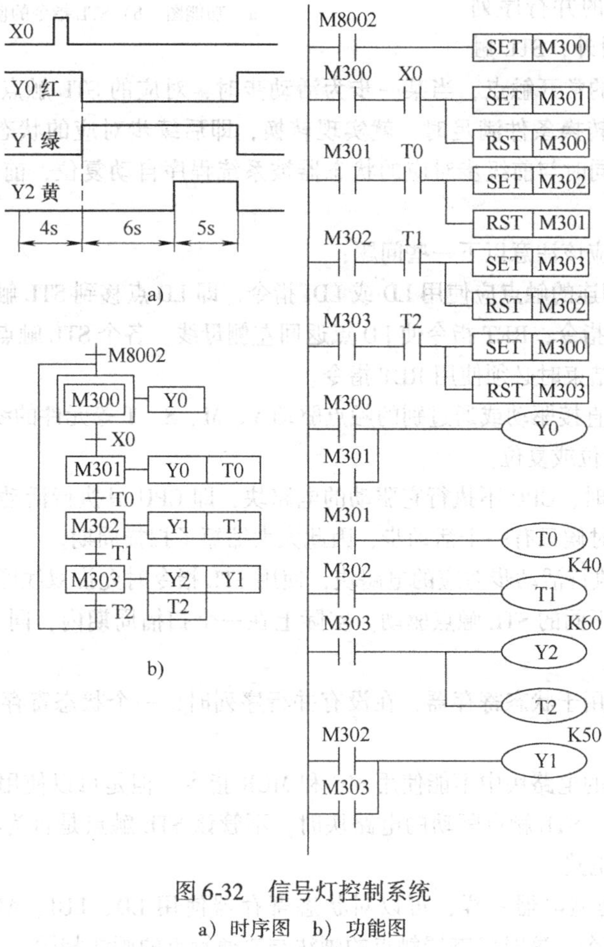

图6-32 信号灯控制系统

a）时序图 b）功能图

6.4.5 使用STL指令的编程方法

步进顺控（Step Ladder Instruction，STL）指令简称STL指令，FX系列PLC有STL指令和RET复位指令，利用这两条指令，可以很方便地编制顺序控制梯形图程序。

如4.2.2节所述，FX_{2N}系列PLC的状态器S0～S9用于初始步，S10～S19用于返回原点，S20～S499为通用状态，S500～S899有断电保持功能，S900～S999用于报警。用它们编制顺序控制程序时，应与步进梯形指令一起使用。新系列还有许多用于步进顺控编程的特殊辅助继电器以及使状态初始化的功能指令IST，使用STL指令设计顺序控制程序更加方便。

使用 STL 指令状态器的常开触点称为 STL 触点，它们在梯形图中的元件符号如图 6-33 所示。图中可以看出功能图与梯形图之间的对应关系，STL 触点驱动的电路块具有三个功能：对负载的驱动处理、指定转换条件和指定转换目标。

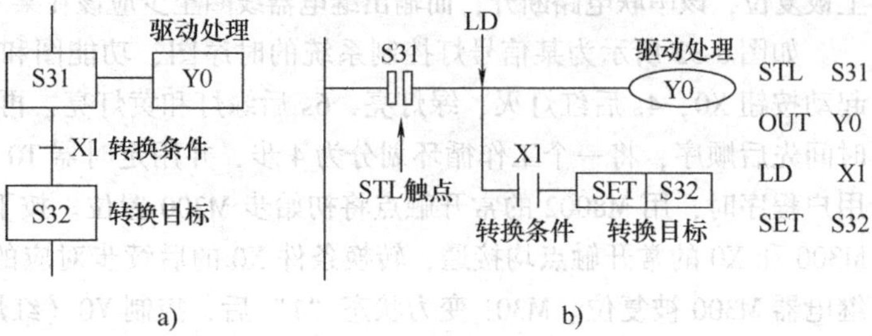

图 6-33 STL 指令与功能表图

a）功能图 b）STL 指令的使用

除了后面要介绍的并行序列的合并对应的梯形图外，STL 触点是与左侧母线相连的常开触点，当某一步为活动步时，对应的 STL 触点接通，该步的负载被驱动。当该步后面的转换条件满足时，就实现转换，即后续步对应的状态器被 SET 指令置位，后续步变为活动步，同时与前级步对应的状态器被系统程序自动复位，前级步对应的 STL 触点断开。

使用 STL 指令时应该注意以下一些问题：

1）与 STL 触点相连的触点应使用 LD 或 LDI 指令，即 LD 点移到 STL 触点右侧，直到出现下一条 STL 指令或 RET 指令，RET 指令使 LD 点返回左侧母线。各个 STL 触点驱动的电路一般放在一起，最后一个电路结束时必须使用 RET 指令。

2）STL 触点可以直接驱动或通过别的触点驱动 Y、M、S、T 等元件的线圈，STL 触点也可以使 Y、M、S 等元件置位或复位。

3）STL 触点断开时，CPU 不执行它驱动的电路块，即 CPU 只执行活动步对应的程序。在没有并行序列时，任何时候只有一个活动步，因此大大缩短了扫描周期。

4）由于 CPU 只执行活动步对应的电路块，使用 STL 指令时允许双线圈输出，即同一元件的几个线圈可以分别被不同的 STL 触点驱动。实际上在一个扫描周期内，同一元件的几条 OUT 指令中只有一条被执行。

5）STL 指令只能用于状态寄存器，在没有并行序列时，一个状态寄存器的 STL 触点在梯形图中只能出现一次。

6）STL 触点驱动的电路块中不能使用 MC 和 MCR 指令，但是可以使用 CJP 和 EJP 指令。当执行 CJP 指令跳到某一 STL 触点驱动的电路块时，不管该 STL 触点是否为状态“1”，均执行对应的 EJP 指令之后的电路。

7）与普通的辅助继电器一样，可以对状态寄存器使用 LD、LDI、AND、ANI、OR、ORI、SET、RST、OUT 等指令，这时状态器触点的画法与普通触点的画法相同。

8）使状态器置位的指令如果不在 STL 触点驱动的电路块内，执行置位指令时系统程序不会自动将前级步对应的状态器复位。

9）OUT 指令与 SET 指令有相同的功能，即都能使转移源自动复位，但 OUT 指令只用于向分离的状态转移，而不是向相邻的状态转移，当需要从某一步返回到初始步时，用 OUT 指令。

1. 单序列的编程方法

单序列顺序功能图如图 6-34 所示，编程时需要注意初始步的激活，图中用初始脉冲 M8002 将初始步接通，同时注意 STL 区必须用 RET 指令结束，否则系统将由于堆栈问题而导致出错。

本例中，小车一个周期内的运动路线由 4 段组成，分别对应 S31 ~ S34 所代表的 4 步，假设小车位于原点（最左端），系统处于初始步，S0为状态“1”。按下起动按钮X4，系统由初始步S0转换到步S31，S31的STL触点接通，Y0的线圈通电，小车右行，行至最右端时，限位开关X3接通，使S32置位，S31被系统程序自动置为状态“0”，小车变为左行，小车将这样一步一步地顺序工作下去，最后返回起始点，并停留在初始步。

2. 选择序列的编程方法

1）选择序列的分支：如果某一步的后面有N条选择序列分支，则该步的STL触点开始的电路块中应有N条分别指明各转换条件和转换目标的电路并联。

如图6-34所示，步S（i-1）后有三条分支，那么在梯形图中S（i-1）的顺控区中有三个分别指向Si、S（i+1）、S（i+2）分支支路的电路并联。

2）选择序列的合并：各序列的合并是在正确地确定每一步的转换条件和转换目标后“自然”完成的。

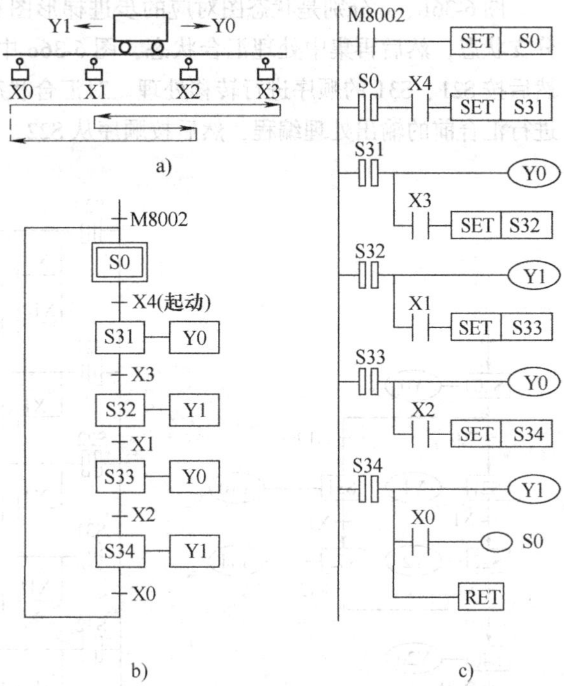

图6-34　单序列的STL指令编程方法

a）小车运行示意图　b）功能图　c）梯形图

图6-35中任何一个分支满足转换实现条件都可以将S（i+6）置为活动步，而前级步的复位操作（由活动步变为不活动步）由系统程序自动完成。由于S（i+3）、S（i+4）、S（i+5）触点分别具有各自独立的顺控区，因此不能像起、保、停电路中那样将转换条件并联。

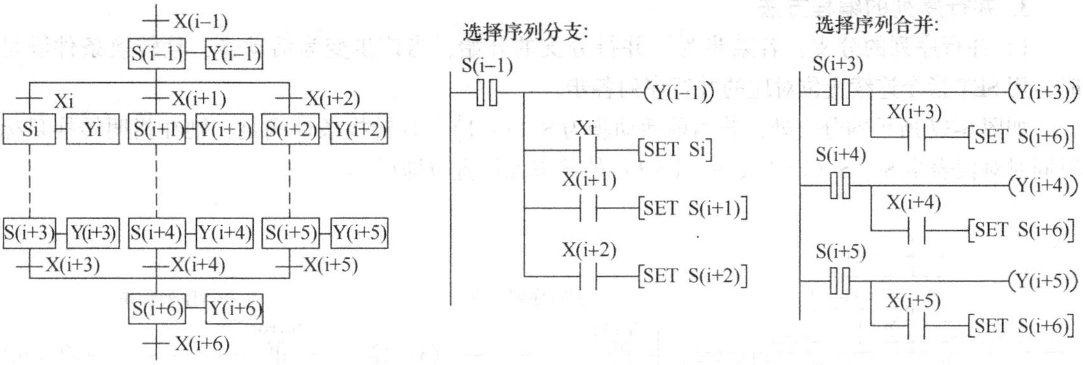

图6-35　选择序列的STL指令编程方法

图6-36a为选择性分支的状态转移图，它有两个步进过程，用选择条件X0和X10来决定其分支走向，哪个条件满足就执行哪个分支。这种程序结构的特点是在同一时刻只允许选择一条分支。当X0先接通时，就执行左边分支，状态S20向S21转移（S21置位，S20自动复位），以后即使X10接通，S31也不会动作（因为此时转移源S20已复位）。若执行的是左边分支，汇合状态S40就由状态S22驱动；若执行的是右边分支，汇合状态S40就由状态S32驱动。

图 6-36b、c 分别是状态图对应的步进梯形图和指令表。这种结构的编程原则是先集中处理分支状态，然后再集中处理汇合状态，图 6-36c 中先对分支状态 S20 进行驱动处理（OUT Y0），然后按 S21、S31 的顺序进行转移处理。对汇合状态编程时，先依次对 S21、S22、S31、S32 状态进行汇合前的输出处理编程，然后按顺序从 S22、S32 向汇合状态 S40 转移编程。

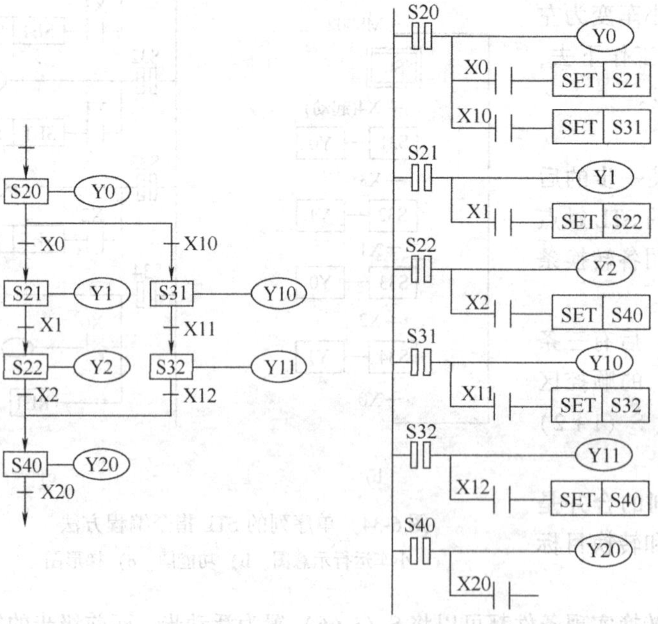

STL	S20	LD	X2
OUT	Y0	SET	S40
LD	X0	STL	S31
SET	S21	OUT	Y10
LD	X10	LD	X11
SET	S31	SET	S32
STL	S21	STL	S32
OUT	Y1	OUT	Y11
LD	X1	LD	X12
SET	S22	SET	S40
STL	S22	STL	S40
OUT	Y2	OUT	Y20

c)

图 6-36　选择序列的 STL 指令编程示例

a）状态转移图　b）梯形图　c）指令表

3. 并行序列的编程方法

1）并行序列的分支：若某步为一并行分支的开始，当该步变为活动步，且转换条件满足时，用 SET 指令连续置位对应的并行序列各步。

如图 6-37 所示的分支处，若当前活动步为 S（i－1），且转换条件满足，则在指明转换目标时同时对代表步 Si、S（i＋1）、S（i＋2）的状态元件置位即可。

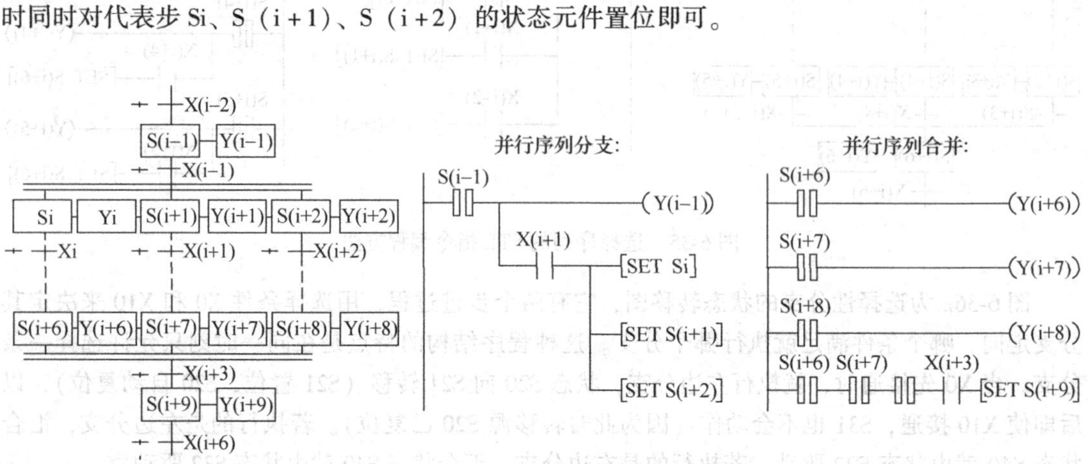

图 6-37　并行序列的 STL 指令编程方法

2）并行序列的合并：各序列合并前应满足各序列确保同步（可设置等待步），将各序列转换前的步元件STL触点与转换条件常开触点“与”作为合并的条件，同步时应注意各序列结束时将输出线圈切断（可将转换条件的常闭触点串入输出线圈）。

图6-37合并处电路将步S(i+6)、S(i+7)、S(i+8)的STL触点和转换条件X(i+3)的常开触点串联后作为合并条件，当S(i+6)、S(i+7)、S(i+8)为活动步，且转换条件X(i+3)满足时，步S(i+9)被激活，前级步由PLC自动复位。

并行序列的功能表图编程示例如图6-38a中，当转移条件X0满足时，同时转向两个分支，即状态S20同时向状态S21和S31转移，然后转移源S20自动复位。若右边分支先执行到状态S31，还不能进行转移，必须到状态S22和S31都置位且转移条件X10接通时，才转移到汇合状态S40处，之后，S22和S31自动复位。

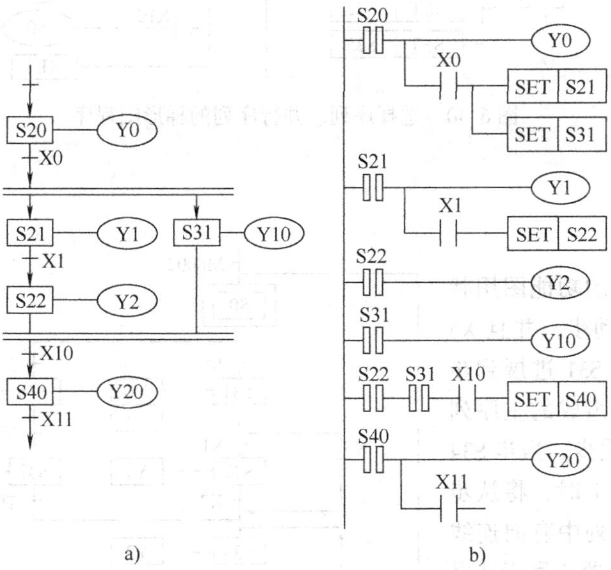

STL　S20	OUT　Y2
OUT　Y0	STL　S31
LD　X0	OUT　Y10
SET　S21	STL　S22
SET　S31	STL　S31
STL　S21	LD　X10
OUT　Y1	SET　S40
LD　X1	STL　S40
SET　S22	OUT　Y20
STL　S22	LD　X11

c)

图6-38　并行序列的功能图编程举例

a）状态转移图　b）梯形图　c）指令表

并行分支、汇合编程时应注意：

1）对并行分支编程时，先对分支状态进行驱动处理，然后按分支顺序进行状态转移处理。对汇合编程时，先对汇合前状态进行驱动处理，然后进行汇合状态的转移处理，如图6-38所示。

2）并行分支的汇合最多能实现8个分支的汇合。

3）并行分支与汇合流程结构中，并联分支后面不能使用选择性转移条件，在转移条件后不允许并行汇合。

图6-39所示为既有选择序列，又有并行序列的控制功能图，图6-40为使用STL指令编程的梯形图程序。

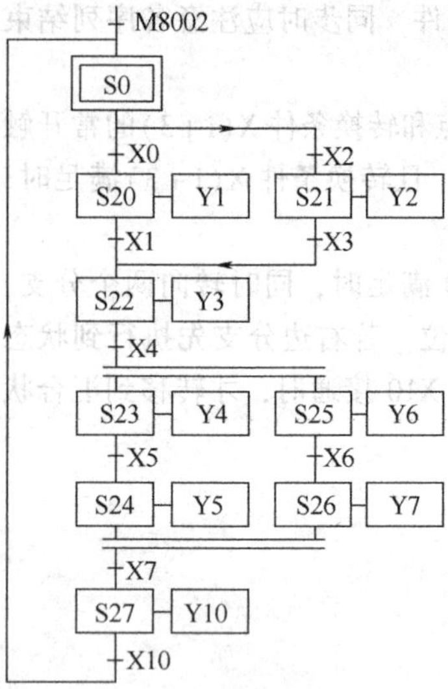

图6-39 含有选择序列、并行序列的控制功能图

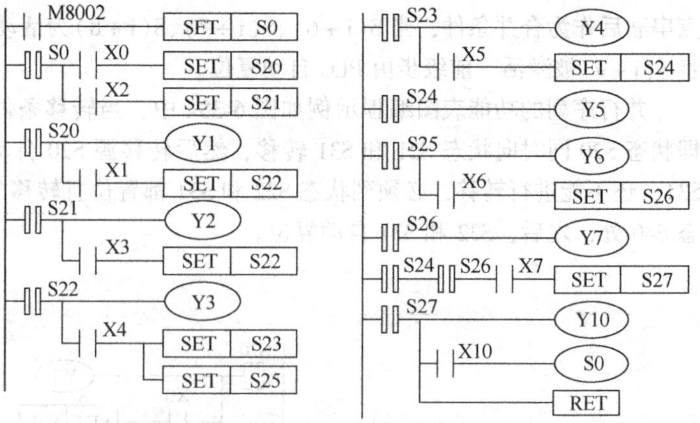

图6-40 选择序列、并行序列的梯形图程序

4. 跳步与循环

(1) 跳步

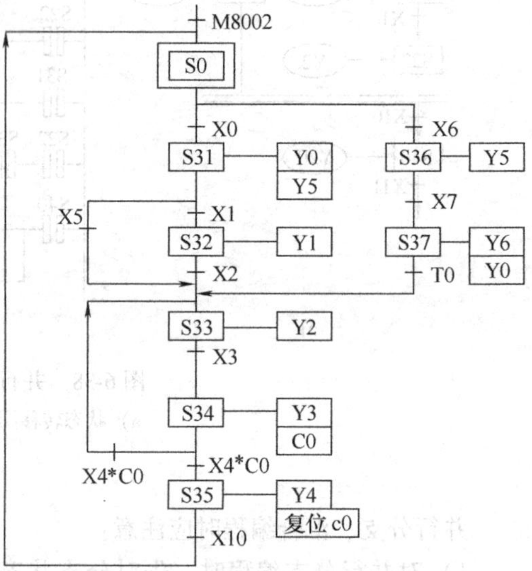

图6-41 含有跳步和循环的功能图

如图6-41所示含有跳步和循环的功能图用状态元件来代表各步，当步S31是活动步，并且X5变为“1”时，将跳过步S32，由步S31进展到步S33。这种跳步与S31→S32→S33等组成的主序列中有向连线的方向相同，称为正向跳步。当步S34是活动步，并且转换条件X4 · $\overline{C0}$ = 1时，将从步S34返回到步S33，这种跳步与主序列中有向连线的方向相反，称为逆向跳步。显然，跳步属于选择序列的一种特殊情况。

(2) 循环

设计梯形图程序时，经常遇到一些需要多次重复的操作，如果一次次地编程，显然非常烦琐。常常采用循环的方式来设计功能图和梯形图，如图6-41所示。假设要求重复执行10次由步S33和步S34组成的工艺过程，用C0控制循环次数，其设定值等于循环次数10。每执行一次循环，在步S34中使C0的当前值减1，这一操作是通过将S34的常开触点接在C0的计数脉冲输入端来实现的，当步S34变为活动步时，S34的常开触点由断开变为接通，使C0的当前值减1。每次执行循环的最后一步，都根据C0的当前值是否为0来判别是否应结束循环，图中用步S34之后选择序列的分支来实现。假设X4为“1”，如果循环未结束，C0的常闭触点闭合，转换条件X4 · $\overline{C0}$满足并返回步S33，当C0的当前值减为0，其常开触点接通，满足转换条件X4 · C0，将由步S34进展到步S35。

在循环程序执行之前或执行之后，应将控制循环的计数器复位，才能保证下次循环时循环计数。复位操作应放在循环之外，图6-41中计数器复位在步S0和步S35显然比较方便。

5. 使用STL指令编程方法的规则

1）有些分支、汇合组成的状态转移图（功能图），它们连续直接从汇合线转移到下一个分支线，而没有中间状态，如图6-42所示。这样的流程组合既不能直接编程，也不能采用先转换后编程，这时需要在汇合线到分支线之间插入一个状态，加入该状态后的状态转移图就可以进行编程了。在实际工艺控制过程中，这个状态并不存在，所以只能虚设，这种状态称为虚设状态。

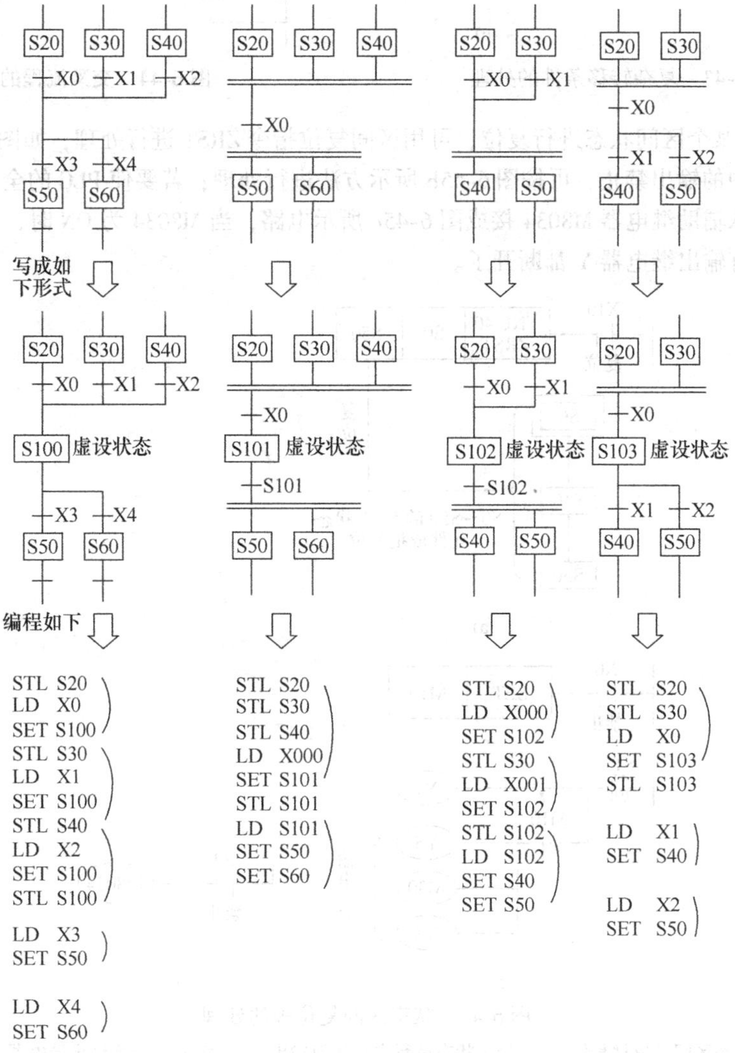

图6-42 虚设状态的设置

2）状态转移图中的转移条件不能使用ANB、ORB、MPS、MRD、MPP指令，应按图6-43所示的复杂转移条件的处理条件来确定转移条件。

3）状态转移图中流程不能交叉，如图6-44所示。

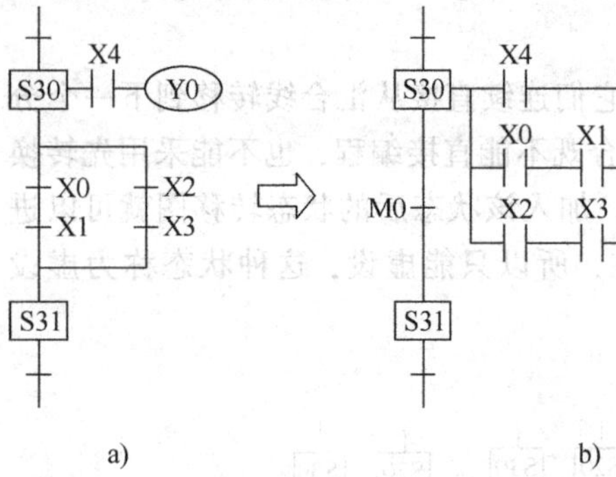

图6-43　复杂转移条件的处理

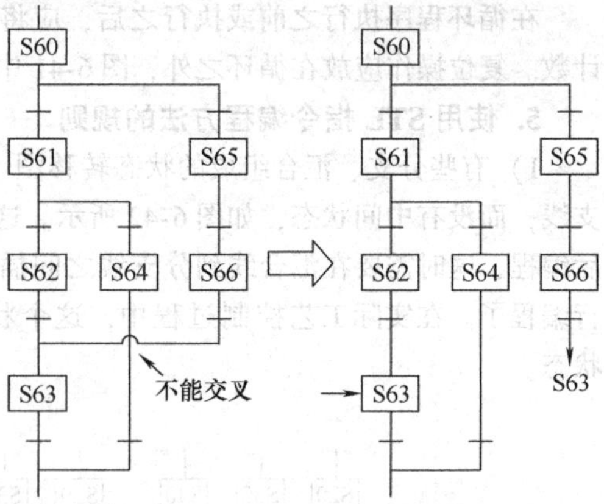

图6-44　交叉流程的处理

4）若要对某个区间状态进行复位，可用区间复位指令ZRST进行处理，如图6-45a所示；若要使某个状态中的输出禁止，可按图6-45b所示方法进行处理；若要使PLC的全部输出继电器Y断开，可用特殊辅助继电器M8034接成图6-45c所示电路，当M8034为ON时，PLC继续进行程序运算，但所有输出继电器Y都断开了。

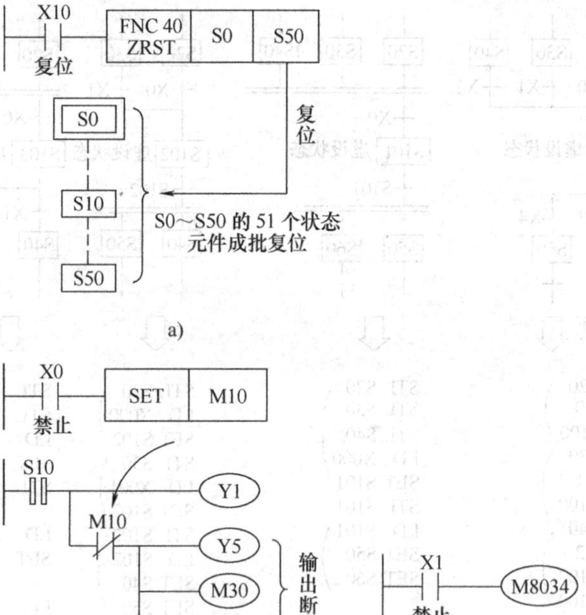

图6-45　状态区间复位等的处理

a）状态区间的成批复位　b）禁止状态运行中有任何输出　c）使PLC全部输出继电器都断开

6.4.6　使用STL指令编程方法的工程应用

1. 机械手的控制

图6-46为某机械手的动作过程示意图。当机械手处于原点时（即左限位和上限位开关均处

于接通状态)，按下起动按钮 X0 后，机械手下降到 A 点，夹紧工件后上升到原位，然后向右移到右限位开关 X3，下降到 B 点后放下工件，再回到原位即完成一个工作循环。机械手就这样反复地将工件从 A 点移到 B 点，其对应的状态转移图如图 6-47 所示。

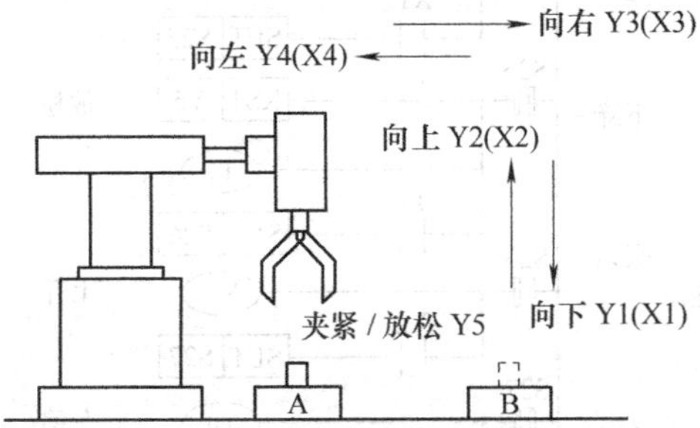

图 6-46　机械手的动作过程示意图

图 6-47 中，Y1 ~ Y5 分别为下降、上升、右移、左移和夹紧动作的控制电磁阀地址（Y5 断开时，机械手松开），X1 ~ X4 分别为下降、上升、右移和左移限位开关地址，X0 接起动按钮。S0 为初始状态，此时，机械手位于左限位 X4 和上限位 X2 处，Y5 断开，机械手松开。当 PLC 运行时，初始化脉冲 M8002 接通一个扫描周期，状态 S0 被置位。按下起动按钮 X0 时，S0 的状态（接通状态）转移到 S20，即状态 S20 置位，S0 自动复位，下降电磁阀 Y1 接通，机械手向下移动。当机械手下降到下限位开关 X1 时，状态 S20 转移到下一个状态 S21，即 S21 置位，S20 自动复位，夹紧电磁阀 Y5 接通，机械手将 A 位置的工件夹紧，并通过置位指令 SET 保持夹紧状态（从 S21 到 S24，工件都必须被夹紧，如果不用 SET 指令，当状态转移到 S22 时，S21 自动复位，Y5 就断开了）。经过 3s 延时后，S22 被置位，S21 自动复位，上升电磁阀 Y2 接通，机械手向上移动。当机械手上升到上限位开关 X2 时，状态 S22 转移到 S23，右移电磁阀 Y3 接通，机械手向右移动，当右移到右限位开关 X3 时，状态 S23 转移到 S24，下降电磁阀 Y1 得电，机械手向下移动。当机械手下降到下限位开关 X1 时，状态 S24 转移到 S25，通过复位指令 RST 使 Y5 断开，机械手在 B 处释放工件。经过 2s 的延时，状态 S25 转移到 S26，上升电磁阀 Y2 接通，机械手向上移动。当机械手上升到上限位开关 X2 时，状态 S26 转移到 S27，左移电磁阀 Y4 接通，机械手向左移动。当移到左限位开关 X4 时，一个工作周期完成。一个工作周期后，若工作方式开关切在 X5（X5 接通），则状态 S27 转移到 S0，机械手停止动作，要重复上述动作，须再按一次起动按钮 X0，这种工作方式为单周期工作方式。若工作方式开关切在 X6，则状态 S27 转移到 S20，机械手反复多次循环以上动作，这种方式为连续工作方式。

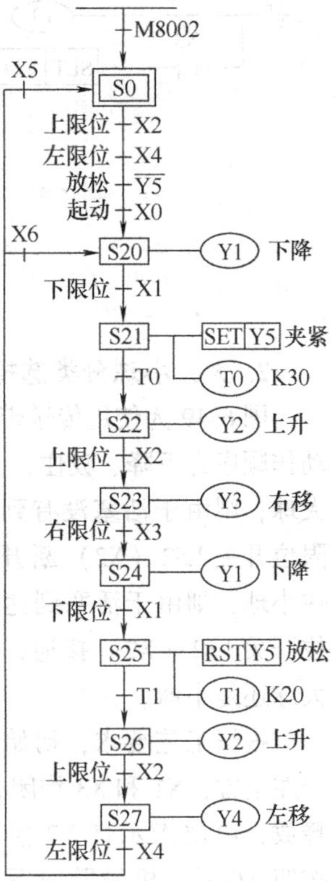

图 6-47　机械手控制系统的状态转移图

图 6-48 为机械手控制系统的梯形图程序。

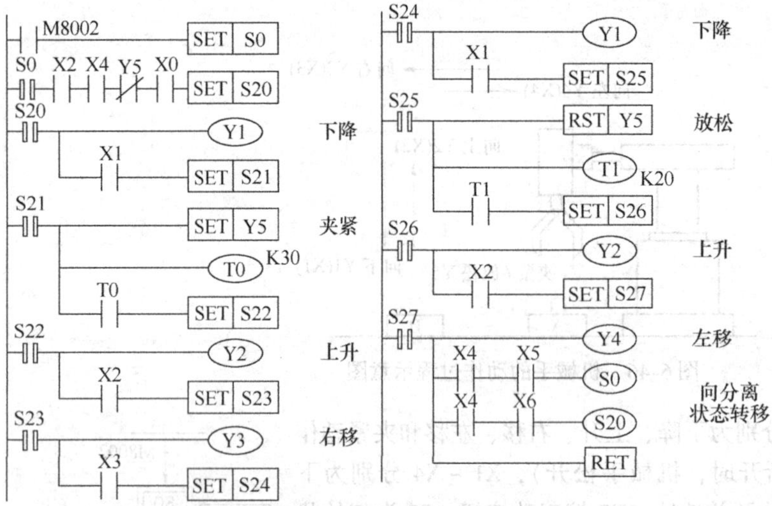

a)

```
LD   M8002      LD   X3
SET  S0         SET  S24
STL  S0         STL  S24
LD   X2         OUT  Y1
AND  X4         LD   X1
ANI  Y5         SET  S25
AND  X0         STL  S25
SET  S20        RST  Y5
STL  S20        OUT  T1
OUT  Y1              K20
LD   X1         LD   T1
SET  S21        SET  S26
STL  S21        STL  S26
SET  Y5         OUT  Y2
OUT  T0         LD   X2
     K30        SET  S27
LD   T0         STL  S27
SET  S22        OUT  Y4
STL  S22        LD   X4
OUT  Y2         AND  X5
LD   X2         OUT  S0
SET  S23        LD   X4
STL  S23        AND  X6
OUT  Y3         OUT  S20
                RET
                END
```

b)

图 6-48　机械手控制系统步进梯形图及指令表

a）梯形图　b）指令表

2. 大、小球分类选择控制

图 6-49 为使用传送带的大、小球分类选择传送装置的示意图。图中左上为原点，机械臂的动作顺序为下降、吸住、上升、右行、下降、释放、上升、左行。机械臂下降时，若电磁铁吸住大球，则由于活塞没有到达下限，故下限位开关 LS2（X2）断开；反之，若吸住小球，则由于活塞到达下限而使下限位开关 LS2（X2）接通，据此可判断是大球还是小球。

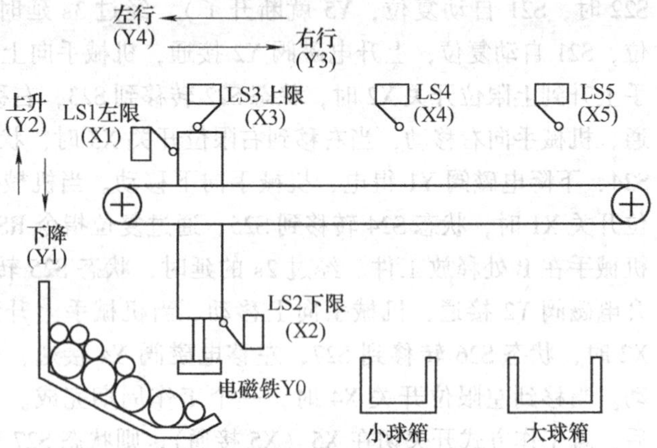

图 6-49　大、小球分类选择传送装置示意图

根据工艺要求，初始时，机械臂位于左上方，X1 和 X3 均闭合，电磁铁 Y0 释放，原位指示灯 Y7 接通。按下起动按钮 X0 后，机械臂向下行，碰到下限位开关 LS2 时，电磁铁 Y0 吸住小球，臂向上行，碰到上限位开关 LS3 后再向右行，碰到小球右限位开关 LS4 时，臂向下行，碰到下限位开关 LS2 时，将小球释放在小球箱子里之后，机械臂再向上升并左行到原位。若臂下行时没有碰到下限位开关 LS2，则电磁铁吸住大球，经上升、右行，碰到大球右限位开关 LS5 后再下行，碰到下限位开关 LS2 时，将大球放在大球箱子里。这种流程结构属于选择性结构。其状态转移图如图 6-50 所示。

请读者自己画出图6-50对应的梯形图程序与指令表。

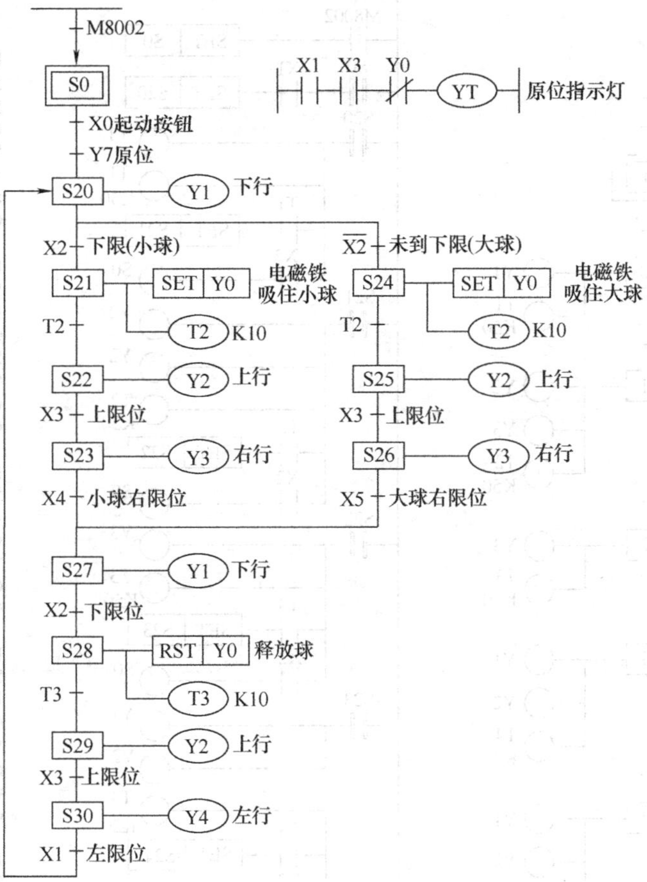

图6-50　系统的状态转移图

3. 喷泉控制

喷泉组及状态分配如图6-51所示。其中X1、X2分别为起动和停止输入信号。Y1、Y2、Y3分别为A组、B组、C组喷头的输出控制信号。喷泉控制的功能图和STL指令梯形图程序和指令如图6-52所示。

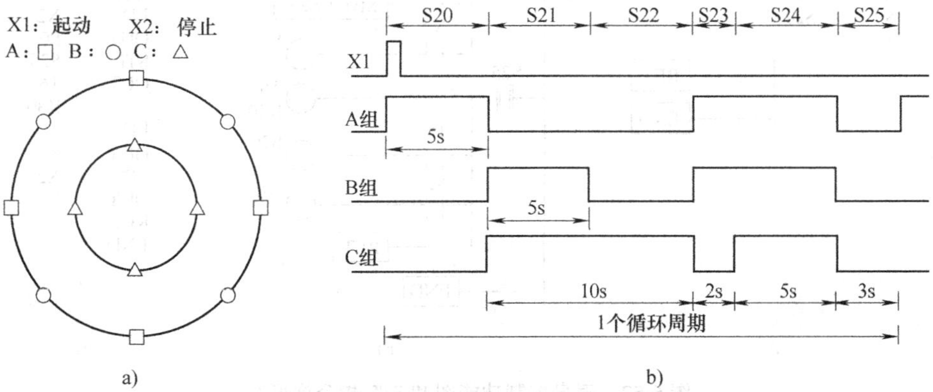

图6-51　喷泉组及状态分配

a）喷泉组　b）时序图及状态分配

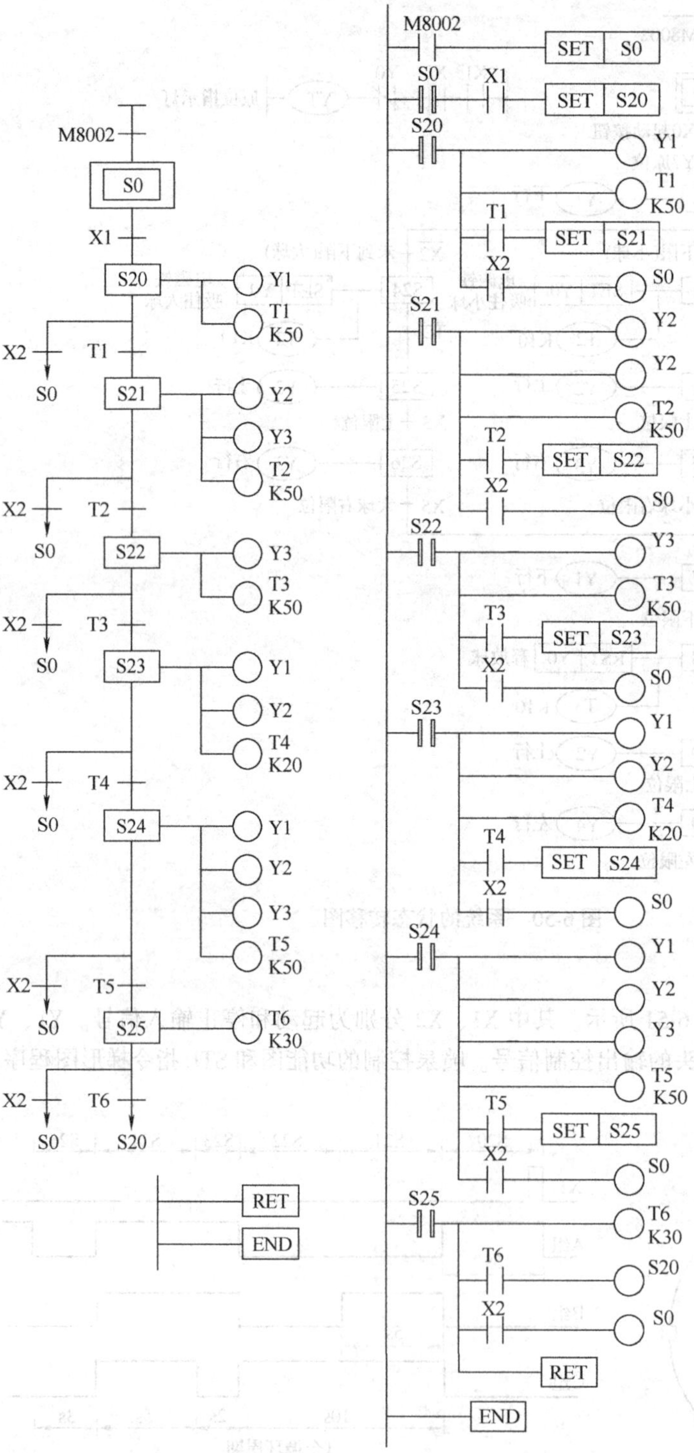


```
LD    M8002
SET   S0
STL   S0
LD    X1
SET   S20
STL   S20
OUT   Y1
OUT   T1
      K50
LD    T1
SET   S21
LD    X2
OUT   S0
STL   S21
OUT   Y2
OUT   Y3
OUT   T2
      K50
LD    T2
SET   S22
LD    X2
OUT   S0
STL   S22
OUT   Y3
OUT   T3
      K50
LD    T3
SET   S23
LD    X2
OUT   S0
STL   S23
OUT   Y1
OUT   Y2
OUT   T4
      K20
LD    T4
SET   S24
LD    X2
OUT   S0
STL   S24
OUT   Y1
OUT   Y2
OUT   Y3
OUT   T5
      K50
LD    T5
SET   S25
LD    X2
OUT   S0
STL   S25
OUT   T6
      K30
LD    T6
OUT   S20
LD    X2
OUT   S0
RET
END
```

a)　　b)　　c)

图 6-52　喷泉控制功能图和 STL 指令梯形图

6.5 PLC应用程序的设计与调试

6.5.1 互锁控制程序的设计

在生产机械的各种运动之间，往往存在着某种相互制约的关系，通常采用互锁控制的方法来实现。互锁控制的关键是正确选择和使用互锁信号。

1. 不能同时发生的运动的互锁控制

图6-53为不能同时发生的运动的互锁控制梯形图程序，为了确保运动A与运动B不会发生，选择的互锁信号为M0、M1的常闭触点，将它们分别串入M1和M0的控制回路中。当M0和M1中有任何一个要起动时，另一个必须首先已被关断，反之，两者中任何一个起动之后都首先将另一个的控制回路断开，从而保证任何时间两者不可能同时起动。即使由于外部某种原因，运动A和运动B同时发生了，M2线圈马上得电，其常开触点立即起动报警、停机程序，PLC即刻停止工作，这样大大提高且保证了控制系统的可靠性。这种程序设计方法最典型的应用是同一台电动机的正、反转控制，龙门刨床的横梁升降与工作台运动之间的控制，等等。

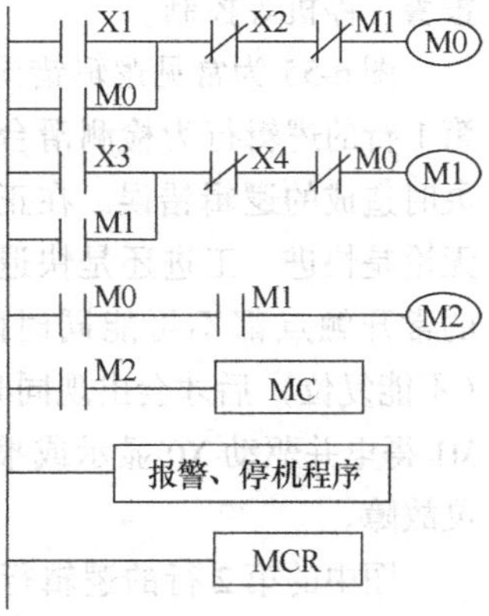

图6-53 不能同时发生的运动互锁控制

2. 顺序步进互锁控制

在顺序依次发生的运动之间，宜采用顺序步进互锁控制的方式，具体做法是选择前一个运动的常开触点，串联在下一个运动的起动电路中，同时选择后一个运动的常闭触点串入前一个运动的关断控制回路中。这样，只有上一个运动发生了，下一个运动才可以进行，且一旦后一个运动发生了，立即迫使前一个运动停止。因此，这种程序设计方法可以实现各运动严格地依预定的顺序逐步地发生和转换，保证不会发生顺序的错乱。其程序梯形图及工作循环示意图如图6-54所示。这种方法在机加工自动线铣端面、镗孔、钻孔等工序的程序设计中得到了广泛的应用。

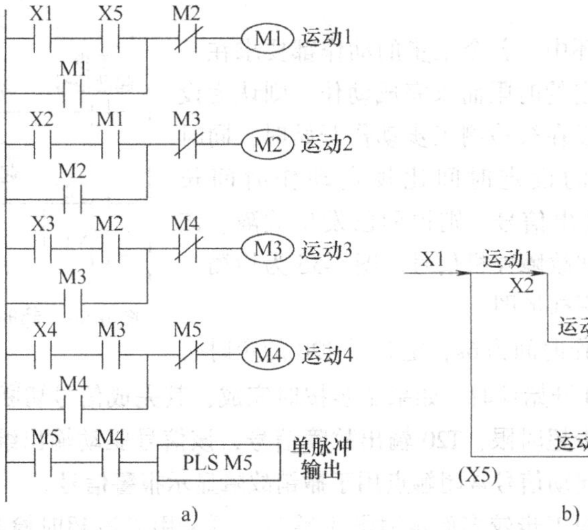

图6-54 顺序步进互锁控制梯形图及工作循环示意图

6.5.2 故障检测程序的设计

1. 逻辑错误故障检测程序

在被控设备工作正常的情况下，控制系统的各个输入、输出信号和内部继电器（编程元件）的信号相互之间存在确定的逻辑关系。一旦出现异常逻辑关系，必定是控制系统出了故障。因此，我们可以事先编制好一些常见故障的逻辑关系加进用户程序中，当这种逻辑关系状态为“1”，就必然出现了相应的设备故障，即可将此逻辑关系状态的输出作为故障信号，进一步实现报警、停机等控制。

图6-55为常见逻辑错误的故障检测程序，图中的第1行的逻辑行为检测滑台的原位开关和终点开关失灵时造成的逻辑错误。在正常工作情况下，机床滑台无论是快进、工进还是快退，其原位开关和终点开关的常开触点都不可能同时闭合。只有两者之一失灵（不能复位）后才会出现同时闭合的情况。所以，一旦M1得电并驱动Y0显示或报警，必然是出现了开关失灵故障。

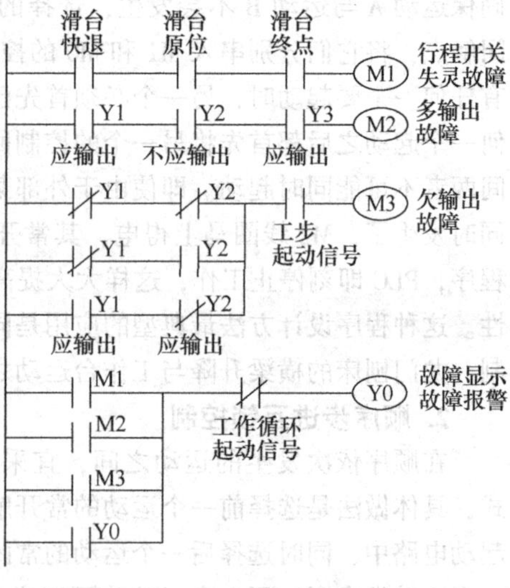

图6-55 逻辑错误检测程序

图中的第2行的逻辑行为检测控制系统的过多输出故障状态。按控制要求，只允许Y1、Y3同时输出，而不允许Y1、Y2、Y3同时输出。如果Y1、Y2、Y3同时得电，则辅助继电器M2得电并驱动Y0显示或报警。图中第3～5行的并联逻辑阶梯用来检测控制系统的欠输出故障状态。按要求，在某工步Y1和Y2应同时输出，一旦出故障时，可能有三种情况：Y1和Y2都不得电；Y1不得电而Y2得电；Y1得电而Y2不得电。若出现其中之一，M3便得电并驱动Y0显示或报警。

2. 超时限检测程序

机械装置在自动工作循环中，各个工步的动作都要求在一定的时间内完成，超过了规定的时限而未完成动作，则认为设备运行出现故障。因此，可以在被检测工步动作开始时，同时起动一个定时器，定时器的设定时间比规定动作时间长30%～40%，如果定时器有输出信号，则说明已发生故障。该信号可用作故障显示、报警和故障停机信号。图6-56为检测一个工步超时限的故障检测程序梯形图。

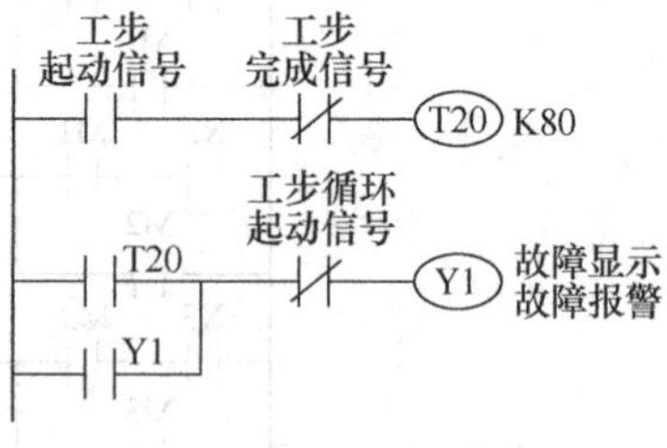

图6-56 超时限故障检测程序

图6-56中工步的正常动作时间为6s，定时器T20的定时时间为8s。当工步起动时，T20开始计时，如果工步按时完成，其完成信号切断T20的输入，T20无输出而无故障信号。若工步超时限，T20输出故障信号，该信号驱动输出继电器Y1，使之显示和报警，图中的工作循环起动信号常闭触点用于撤销故障显示报警信号。

若控制系统中要求监视的工步较多而定时器不够时，可采用阶段超时检测设计法，即对几个相邻步共同设置一个总的时间限值，用一个定时器监视，或对几个时间限值相同的步共用一个定时器。

3. 首发故障自检程序

在PLC控制系统中，往往一个故障发生，随后会有多个故障发生。此时，如果能及时找出第一个故障信号，就能有效抑制后来故障的发生。这就要求在设计PLC控制程序时增加首发故障自检程序。

图6-57为某PLC控制系统首发故障自检程序梯形图，该系统共有8个故障信号，分别记为X0~X7，状态为1时表示故障，M0~M7为与故障信号相对应的中间变量。一旦有故障发生，就在M0~M7中记录该信号，若相对应的输入为首发故障信号，则该位为1，如M1的状态为1，则M1为首发故障信号。图中8组支路的结构是相同的，以第1个支路为例，当X0为1，M0置位，若首发故障已存在，那么M1~M7中已有一个变量为1，则M0复位，表明X0不是首发故障信号；若首发故障不存在，那么M1~M7中没有一个值为1，则M0为1，表明X0为首发故障信号。各支路原理相同，这样一旦有故障发生，就在M0~M7中记录了最先发生的故障，而排斥后继故障的记录。

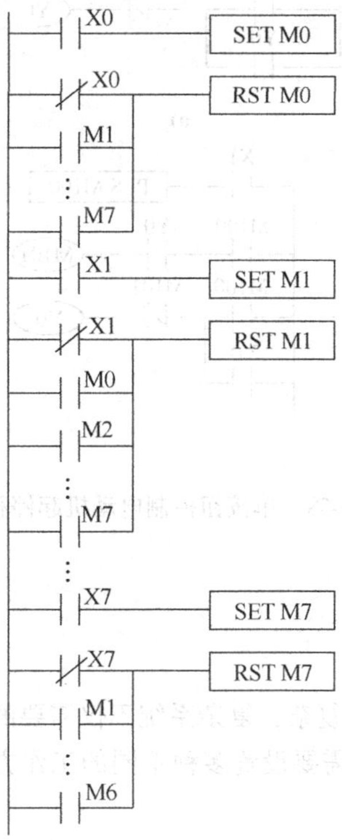

图6-57　首发故障自检程序

6.5.3　单按钮控制起停程序的设计

通常，我们用两个按钮控制电动机的起动和停止，但当电动机台数较多或控制地点较多时，需要的按钮和引线较多，这时利用一个按钮多点远程控制电动机的起停，则可减少控制电路，且节省I/O点数，其程序梯形图如图6-58所示。

图6-58a中，当按钮X1按下时，辅助继电器M103线圈得电，其主控触点闭合，同时使M100得电并自锁；M100的常开触点闭合，Y0线圈接通并自锁；同时，Y0的常开触点闭合，为M101接通作准备。X1按钮松开后，M103的线圈断电，其常开触点也断开，M100和M101的线

圈断开，但电动机继续运行。当 X1 按钮第二次接通时，M101 线圈得电，其常闭触点断开，Y0 线圈被断电，电动机停止。当然，用单按钮控制电动机起停的程序设计方法还有很多，如图 6-58b 所示的梯形图程序就是一种。

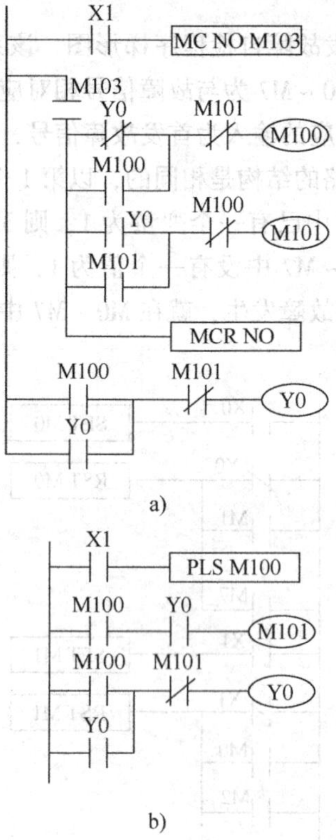

图 6-58 单按钮控制电动机起停程序

6.5.4 PLC 程序及调试

1. 复杂程序的设计方法

实际的 PLC 应用系统往往比较复杂，复杂系统不仅需要的 PLC 输入/输出点数多，而且为了满足生产的需要，很多工业设备都需要设置多种不同的工作方式，常见的有手动和自动（连续、单周期、单步）等工作方式。

在设计这类具有多种工作方式的系统程序时，经常采用以下的程序设计思路与步骤。

(1) 确定程序的总体结构

将系统的程序按工作方式和功能分成若干部分，如公共程序、手动程序、自动程序等部分。手动程序和自动程序是不同时执行的，所以用跳转指令将它们分开，用工作方式的选择信号作为跳转的条件。如图 6-59 所示为一个典型的具有多种工作方式的系统程序的总体结构。选择手动工作方式时，X10 为状态“1”，将跳过自动程序，执行公用程序和手动程序；选择自动工作方式时，X10 为状态“0”，将跳过手动程序，执行公用程序和自动程序。确定了系统程序的结构形式，然后分别对每部分程序进行

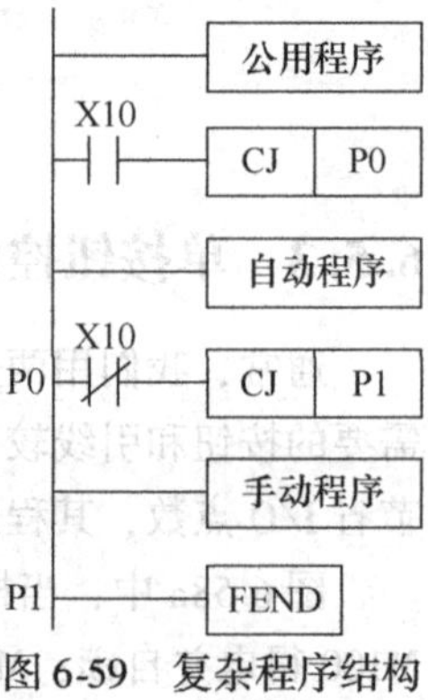

图 6-59 复杂程序结构的一般形式

设计。

(2) 设计局部程序

公共程序和手动程序相对较为简单，一般采用经验设计法进行设计。自动程序相对比较复杂，对于顺序控制系统一般采用顺序控制设计法，先画出其自动工作过程的功能图，再选择某种编程方式来设计梯形图程序。

(3) 程序的综合与调试

进一步理顺各部分程序之间的相互关系，并进行程序的调试。

2. PLC程序的内容和质量

(1) PLC程序的内容

PLC应用程序应最大限度地满足被控对象的控制要求，在构思程序主体的框架后，要以它为主线，逐一编写实现各控制功能或各子任务的程序。经过不断地调整和完善。使程序能完成所要求的控制功能。另外，PLC应用程序通常还应包括以下几个方面的内容：

1) 初始化程序。在PLC上电后，一般都要做一些初始化的操作。其作用是为起动做必要的准备，并避免系统发生误动作。初始化程序的主要内容为：将某些数据区、计数器进行清零；使某些数据区恢复所需数据；对某些输出量置位或复位；显示某些初始状态等。

2) 检测、故障诊断、显示程序。应用程序一般都设有检测、故障诊断和显示程序等内容。这些内容可以在程序设计基本完成时再进行添加。它们也可以是相对独立的程序段。

3) 保护、互锁程序。各种应用程序中，保护和互锁是不可缺少的部分。它可以杜绝由于非法操作而引起的控制逻辑混乱，保证系统的运行更安全、可靠。因此要认真考虑保护和互锁的问题。通常在PLC外部也要设置互锁和保护措施。

(2) PLC程序的质量

对同一个控制要求，即使选用同一个机型的PLC，用不同设计方法所编写的程序，其结构也可能不同。尽管几种程序都可以实现同一控制功能，但是程序的质量都可能差别很大。程序的质量可以由以下几个方面来衡量：

1) 程序的正确性。应用程序的好坏，最根本的一条就是正确。所谓正确的程序必须能经得起系统运行实践的考验，离开这一条对程序所做的评价都是没有意义的。

2) 程序的可靠性高。好的应用程序可以保证系统在正常和非正常（短时掉电再复电，某些被控量超标，某个环节有故障等）工作条件下都能安全可靠地运行，也能保证在出现非法操作（如按动或误触动了不该动作的按钮）等情况下不至于出现系统控制失误。

3) 参数的易调整性好。PLC控制的优越性之一就是灵活性高，容易通过修改程序或参数而改变系统的某些功能。例如，有的系统在一定情况下需要变动某些控制量的参数（如定时器或计数器的设定值等），在设计程序时必须考虑怎样编写才能易于修改。

4) 程序要简练。编写的程序应尽可能简练，减少程序的语句，以便减少程序扫描时间，提高PLC对输入信号的响应速度。当然，如果过多地使用那些执行时间较长的指令，有时虽然程序的语句较少，但是其执行时间也不一定短。

5) 程序的可读性好。程序不仅仅给设计者自己看，系统的维护人员也要读。另外，为了有利于交流，也要求程序有一定的可读性。

3. PLC程序的调试

PLC程序的调试可以分为模拟调试和现场调试两个调试过程，在此之前首先对PLC外部接线做仔细检查，这一个环节很重要。外部接线一定要准确无误。也可以用事先编写好的试验程序对外部接线做扫描通电检查来查找接线故障。不过，为了安全考虑，最好将主电路断开。当确认接线无误后再连接主电路，将模拟调试好的程序送入用户存储器进行调试，直到各部分的功能都正常，并能协调一致地完成整体的控制功能为止。

(1) 程序的模拟调试

将设计好的程序写入 PLC 后，首先逐条仔细检查，并改正写入时出现的错误。用户程序一般先在实验室模拟调试，实际的输入信号可以用按钮来模拟，各输出量的通/断状态用 PLC 上有关的发光二极管来显示，一般不用接 PLC 实际的负载（如接触器、电磁阀等）。可以根据功能图，在适当的时候用按钮来模拟实际的反馈信号，如限位开关触点的接通和断开。对于顺序控制程序，调试程序的主要任务是检查程序的运行是否符合功能图的规定，即在某一转换条件实现时，是否发生步的活动状态的正确变化，如所有的前级步是否变为不活动步，所有的后续步是否变为活动步，以及各步被驱动的负载是否发生相应的变化。

在调试时应充分考虑各种可能的情况，对系统各种不同的工作方式、有选择序列的功能图中的每一条支路、各种可能的进展路线，都应逐一检查，不能遗漏。发现问题后应及时修改梯形图和 PLC 中的程序，直到在各种可能的情况下输入量与输出量之间的关系完全符合要求。

如果程序中某些定时器或计数器的设定值过大，为了缩短调试时间，可以在调试时将它们减小，模拟调试结束后再写入它们的实际设定值。

在设计和模拟调试程序的同时，可以设计、制作控制台或控制柜，PLC 之外的其他硬件的安装、接线工作也可以同时进行。

(2) 程序的现场调试

完成上述的工作后，将 PLC 安装在控制现场进行联机总调试，在调试过程中将暴露出系统中可能存在的传感器、执行器和硬接线等方面的问题，以及 PLC 的外部接线图和梯形图程序设计中的问题，应对出现的问题及时加以解决。如果调试达不到指标要求，则对相应硬件和软件部分作适当调整，通常只需要修改程序就可能达到调整的目的。全部调试通过后，经过一段时间的考验，系统就可以投入实际的运行了。

思考与习题

1. 用 PLC 设计一个先输入优先电路。辅助继电器 M200 ~ M203 分别表示接收 X0 ~ X3 的输入信号（若 X0 有输入，M200 线圈接通，依此类推）。电路功能如下：

1）当未加复位信号时（X4 无输入），这个电路仅接收最先输入的信号，而对以后的输入不予接收。

2）当有复位信号时（X4 加一短脉冲信号），该电路复位，可重新接收新的输入信号。

2. 编程实现“通电”和“断电”均延时的继电器功能。具体要求是：若 X0 由断变通，延时 10s 后 Y1 得电，若 X0 由通变断，延时 5s 后 Y1 断电。

3. 按一下起动按钮，灯亮 10s，暗 5s，重复 3 次后停止工作。试设计梯形图。

4. 粉末冶金制品压制机如图 6-60 所示。装好粉末后，按一下起动按钮 X0，冲头下行。将粉末压紧后，压力继电器 X1 接通。保持压力延时 5s 后，冲头上行至 X2 接通。然后模具下行至 X3 接通。取走成品后，工人按一下按钮 X5，模具上行至 X4 接通，返回初始状态。画出功能图并设计出梯形图（要使用三种不同的编程方式将功能图转换成梯形图）。

5. 某动力头按如图 6-61a 所示动作，步骤为：快进、工进 1、工进 2、快退。输出 Y0 ~ Y3 在各步的状态如图 6-61b 所示，表中的“1”、“0”分别表示接通和断开。设计该动力头系统的梯形图程序。

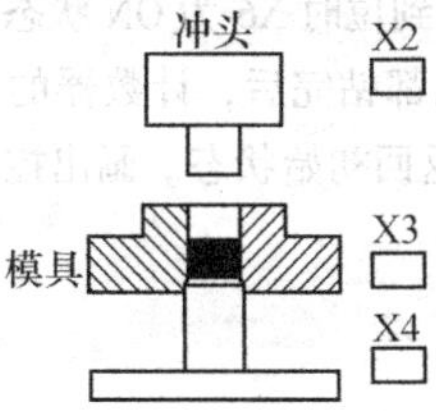

图6-60　第4题图

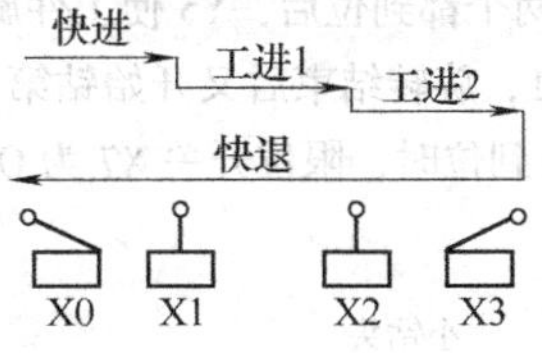

a)

	Y0	Y1	Y2	Y3
快进	0	1	1	0
工进1	1	1	0	0
工进2	0	1	0	0
快退	0	0	1	1

b)

图6-61　第5题图

6. 若传送带产品检测器（X0）在30s内没有检测到产品通过，则蜂鸣报警（Y0），开关X1为报警停止键，其中产品通过时，X0接通，报警输出要求通500ms，断1s，用经验设计法设计该程序。

7. 试设计电动机1和电动机2的互锁控制程序，要求：只有在电动机1起动后，电动机2才能动作，电动机1和电动机2同时停止，当电动机1运行后，电动机2可以自行起动和停止，设计梯形图。

8. 设计一个单按钮电动机起停控制程序，电动机的起动和停止采用同一个按钮，按一下，电动机起动，再按一下，电动机停止。

9. 按下按钮X0后，红灯、绿灯、黄灯（Y0～Y2）按图6-62所示时序变化，请设计梯形图。

10. 设计如图6-63所示的顺序功能图的梯形图程序。

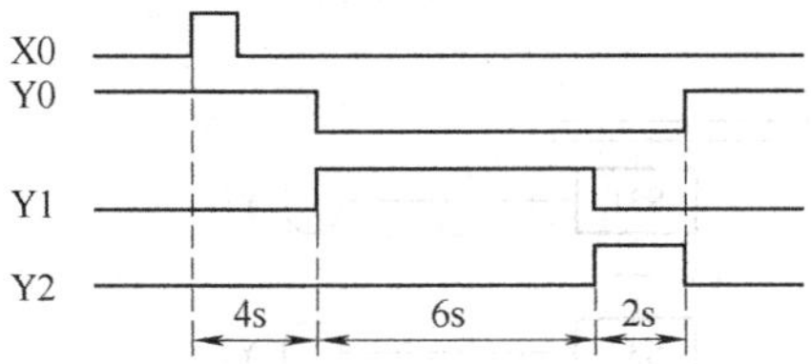

图6-62　第9题图

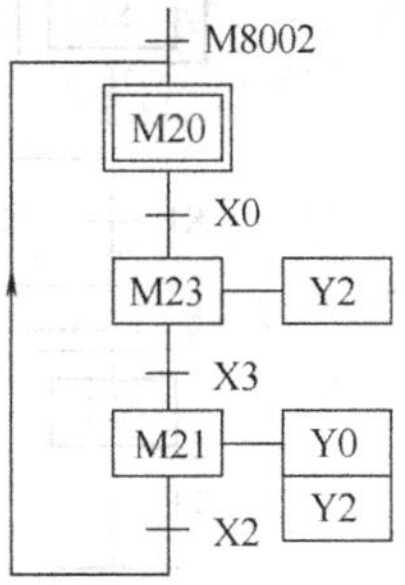

图6-63　第10题图

11. 设计如图6-64所示的顺序功能图的梯形图程序。

12. 设计如图6-65所示的顺序功能图的梯形图程序。

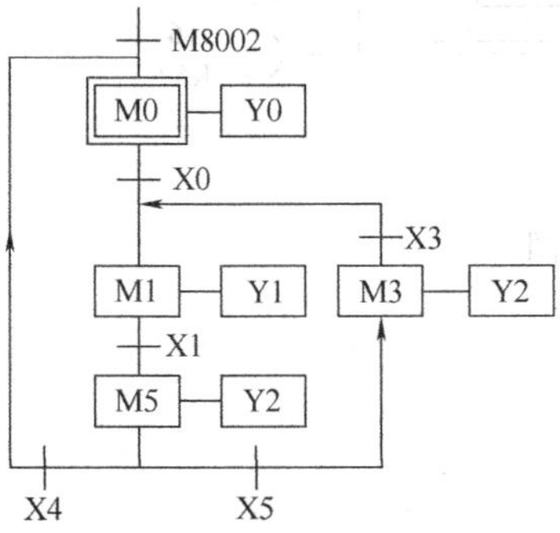

图6-64　第11题图

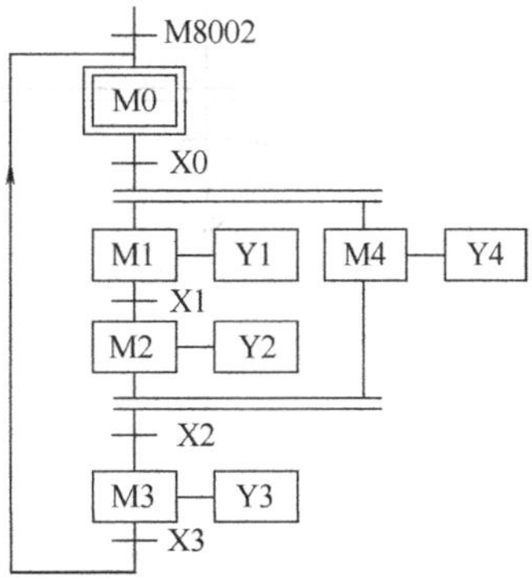

图6-65　第12题图

13. 某专用钻床用来加工圆盘状零件上均匀分布的6个孔，如图6-66所示。操作人员放好工件后，按下起动按钮X0，Y0变为ON状态，工件被夹紧，夹紧后压力继电器X1为ON状态，Y1和Y3使两只钻头同时开始工作，钻到由限位开关X2和X4设定的深度时，Y2和Y4使两只钻头上行，升到由限位开关X3

和 X5 设定的起始位置时停止上行。两个都到位后，Y5 使工件旋转 120°，旋转到位时 X6 为 ON 状态，同时设定值为 3 的计数器 C0 的当前值加 1，旋转结束后又开始钻第 2 对孔。3 对孔都钻完后，计数器的当前值等于设定值 3，Y6 使工件松开，松开到位时，限位开关 X7 为 ON 状态，系统返回初始状态。画出控制系统的顺序功能图。

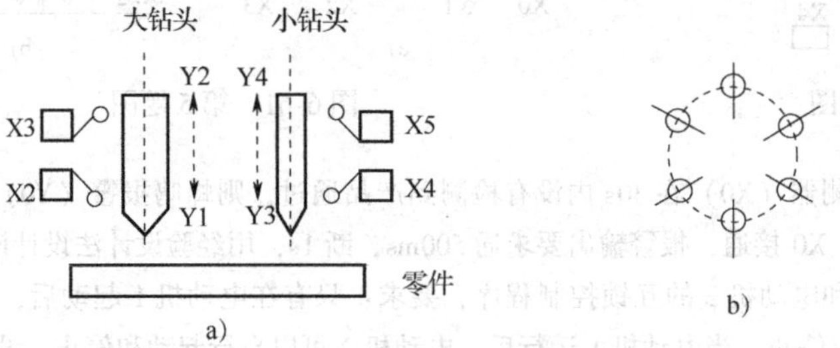

图 6-66 第 13 题图

14. 试写出图 6-67 所示的 STL 梯形图程序和指令表。

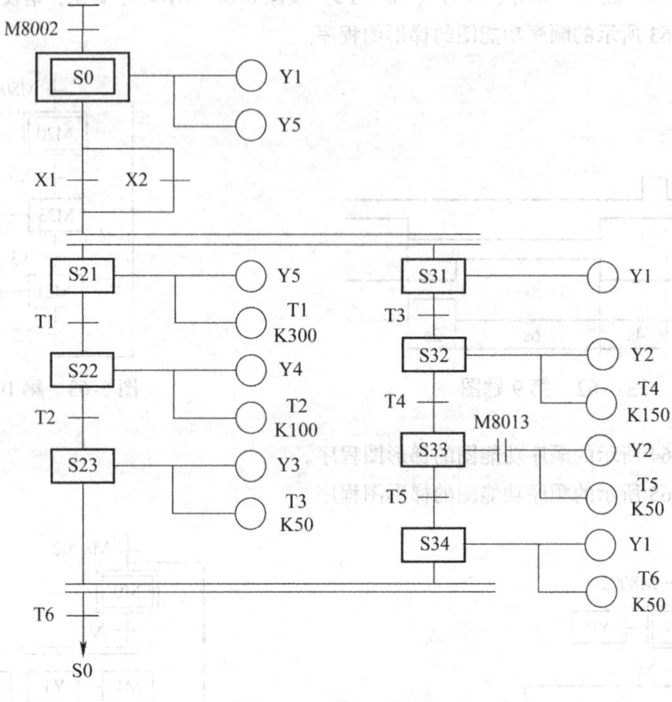

图 6-67 第 14 题图

第7章　PLC的通信及网络技术

随着生产的发展和控制系统规模的不断扩大，当现场设备和系统在较大的范围内分布时，依靠单台PLC来完成所有任务不仅不可能，也不合理，这就要求PLC具有分散控制的功能，PLC间能实现相互的联锁和通信。另外，面向更高级的系统和工厂自动化，面向更高级的控制技术，面向系统信息的集成，由PLC组成的多级分布式网络，已成为CIMS不可或缺的组成部分。人们对PLC的联网功能自然提出了更高的要求，这也促进了PLC联网能力的发展，通信功能已成为PLC基本功能之一。

为了适应这种形式的发展，世界各PLC生产厂家纷纷给自己的产品增加了通信和联网的功能，并研制开发出自己的PLC网络系统，如三菱公司的MELSECNET、CC LINK网络、OMRON公司的Controller Link、西门子公司的Profibus网络。现在即使是微型和小型的PLC，也都具有网络通信接口，这样极大地拓宽了它们在自动化领域中的应用。随着计算机网络技术的发展，PLC的通信及网络技术也将向高速、多层次、大信息吞吐量、高可靠性和现场总线技术的方向发展。

尽管各型号PLC的网络技术相差甚远，但PLC网络通信具有许多相同的基础知识。本章先介绍通信及网络技术的基础知识，然后简要介绍三菱系列PLC的通信和组网技术。

7.1　PLC通信基础

当任意两台设备之间有信息交换时，它们之间就产生了通信。PLC通信是指PLC与PLC、PLC与计算机、PLC与现场设备或远程I/O之间的信息交换。

PLC通信的任务就是将地理位置不同的PLC、计算机、各种现场设备等，通过通信介质连接起来，按照规定的通信协议，以某种特定的通信方式高效率地完成数据的传送、交换和处理。本节就通信方式、通信介质、通信协议及常用的通信接口等内容加以介绍。

7.1.1　通信方式

1. 并行通信与串行通信

数据通信主要有并行通信和串行通信两种方式。

并行通信是以字节或字为单位的数据传输方式，除了8根或16根数据线、1根公共线外，还需要数据通信联络用的控制线。并行通信的传送速度快，但是传输线的根数多、成本高，一般用于近距离的数据传送。并行通信一般用于PLC的内部，如PLC内部元件之间，PLC主机与扩展模块之间或近距离智能模块之间的数据通信。串行通信是以二进制的位（bit）为单位的数据传输方式，每次只传送一位，除了地线外，在一个数据传输方向上只需要一根数据线，这根线既作为数据线又作为通信联络控制线，数据和联络信号在这根线上按位进行传送。串行通信需要的信号线少，最少的只需要两三根线，适用于距离较远的场合。计算机和PLC都备有通用的串行通信接口，工业控制中一般使用串行通信。串行通信多用于PLC与计算机之间、多台PLC之间的数据通信。

在串行通信中，数据传输速率常用比特率（每秒传送的二进制位数）来表示，其单位是比特/秒或bit/s。传输速率是评价通信速度的重要指标。常用的标准传输速率有300bit/s、600bit/s、

1200bit/s、2400bit/s、4800bit/s、9600bit/s 和 19200bit/s 等。不同的串行通信的传输速率差别极大，有的只有每秒数百比特，而有的可达 100Mbit/s。

2. 单工通信与双工通信

串行通信按信息在设备间的传送方向又分为单工、双工两种方式。

单工通信方式只能沿单一方向发送或接收数据。双工通信方式的信息可沿两个方向传送，每一个站既可以发送数据，也可以接收数据。双工方式又分为全双工和半双工两种方式。数据的发送和接收分别由两根或两组不同的数据线传送，通信的双方都能在同一时刻接收和发送信息，这种传送方式称为全双工方式。用同一根线或同一组线接收和发送数据，通信的双方在同一时刻只能发送数据或接收数据，这种传送方式称为半双工方式。在 PLC 通信中常采用半双工和全双工通信。

3. 异步通信与同步通信

在串行通信中，通信的速率与时钟频率有关，接收方和发送方的传送速率应相同，但是实际的发送速率与接收速率之间总是有一些微小的差别，如果不采取一定的措施，在连续传送大量的信息时，将会因积累误差造成错位，使接收方收到错误的信息。为了解决这一问题，需要使发送和接收同步。按同步方式的不同，可将串行通信分为异步通信和同步通信。

异步通信的信息格式如图 7-1 所示。发送的数据字符由 1 个起始位、7～8 个数据位、1 个奇偶校验位（可以没有）和停止位（1 位、1.5 或 2 位）组成。通信双方需要对所采用的信息格式和数据的传输速率做相同的约定。接收方检测到停止位和起始位之间的下降沿后，将它作为接收的起始点，在每一位的中点接收信息。由于一个字符中包含的位数不多，即使发送方和接收方的收发频率略有不同，也不会因两台机器之间的时钟周期的误差积累而导致错位。异步通信传送附加的非有效信息较多，它的传输效率较低，一般用于低速通信，PLC 一般使用异步通信。

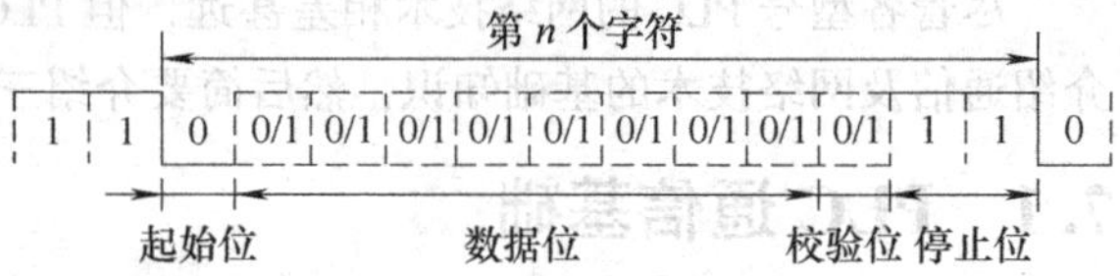

图 7-1 异步通信的信息格式

同步通信以字节为单位（一个字节由 8 位二进制数组成），每次传送 1～2 个同步字符、若干个数据字节和校验字符。同步字符起联络作用，用它来通知接收方开始接收数据。在同步通信中，发送方和接收方要保持完全的同步，这意味着发送方和接收方应使用同一时钟频率。在近距离通信时，可以在传输线中设置一根时钟信号线。在远距离通信时，可以在数据流中提取出同步信号，使接收方得到与发送方完全相同的接收时钟信号。由于同步通信方式不需要在每个数据字符中加起始位、停止位和奇偶校验位，只需要在数据块（往往很长）之前加一两个同步字符，所以传输效率高，但是对硬件的要求较高，一般用于高速通信。

4. 基带传输与频带传输

基带传输是按照数字信号原有的波形（以脉冲形式）在信道上直接传输，它要求信道具有较宽的通频带。基带传输不需要调制解调，设备花费少，适用于较小范围的数据传输。基带传输时，通常对数字信号进行一定的编码，常用数据编码方法有非归零码（NRZ）、曼彻斯特编码和差动曼彻斯特编码等。后两种编码不含直流分量，包含时钟脉冲，便于双方自同步，所以应用广泛。

频带传输是一种采用调制解调技术的传输形式。发送端采用调制手段，对数字信号进行某种变换，将代表数据的二进制“1”和“0”，变换成具有一定频带范围的模拟信号，以适应在模拟信道上传输；接收端通过解调手段进行相反变换，把模拟的调制信号复原为“1”或“0”。常用的调制方法有频率调制、振幅调制和相位调制。具有调制、解调功能的装置称为调制解调器，即Modem。频带传输较复杂，传送距离较远，若通过市话系统配备Modem，则传送距离可不受限制。

PLC通信中，基带传输和频带传输这两种传输形式都可以采用，但多采用基带传输。

7.1.2 通信介质

通信介质是在通信系统中位于发送端与接收端之间的物理通路。通信介质一般可分为导向性和非导向性介质两种。导向性介质有双绞线、同轴电缆和光纤等，这种介质将引导信号的传播方向，其特性见表7-1。非导向性介质一般通过空气传播信号，它不为信号引导传播方向，如短波、微波和红外线通信等。

表7-1 常用通信介质特性

传输媒介特性	传输媒介			
	双绞线	同轴电缆		光缆
		基带（50Ω）	宽带（75Ω）	
传输速率/(Mbit/s)	1~4	1~10	1~450	10~500
网络段最大长度/km	1.5	1~3	10	50
抗电磁干扰	弱	中	中	强
支持的拓扑结构	星形、环形、公共总线型	环形、公共总线型	公共总线型	环形、公共总线型

下面简单介绍几种常用的导向性通信介质。

1. 双绞线

双绞线是由两根绝缘导线螺旋排列在一起，线芯是铜线或镀铜钢线，一对线可以作为一条通信线路。双绞线的抗干扰是由于线对上的差分信号具有抑制共模干扰的作用，其抗干扰性取决于一束线中相邻线对的扭曲长度及适当的屏蔽。为了提高其抗干扰的能力，在双绞线对的外壳上加一层金属屏蔽护套，屏蔽护套在使用时要接地，这样才能减少外界电磁场对双绞线上信号的干扰。双绞线用于低频传输时，其抗干扰能力相当于同轴电缆；高频传输时，其抗干扰能力低于同轴电缆。其主要优点是成本低、安装简单。RS-232C、RS-422A和RS-485口多采用双绞线连接。

2. 同轴电缆

同轴电缆由内导体、外屏蔽层、绝缘层及外部保护组成。内导体是一根导线，外导体是以这根导线为轴的圆柱面，内外导体之间的绝缘层用绝缘材料填充，以保持内外导体同轴。内导体可以是单根较粗的导线，也可以是多股细铜线；外导体可以是圆筒形铜箔，也可以是细铜线编织的一个网作为外导体。外导体外面都敷有绝缘保护层。

根据同轴电缆通频带可分为基带（50Ω）和宽带（75Ω）两种同轴电缆，其中基带同轴电缆常用于Ethernet（以太网）中。同轴电缆的抗干扰能力较强，维护方便，价格介于双绞线和光缆之间。

3. 光缆

光缆是以直径为50~100μm的柔软、能传导光波的光纤作为介质所构成的光纤电缆。光纤是一种传输光信号的媒介，处于光纤最内层的纤芯是一种横截面积很小的光导纤维。纤芯的外层裹有一个包层，它由折射率比纤芯小的材料制成。正是由于在纤芯与包层之间存在着折射率的差异，光信号才得以通过全反射在纤芯中不断向前传播。在光纤的最外层则是起保护作用的外套。通常都是将多根光纤扎成束并裹以保护层制成多芯光缆。

从不同的角度考虑，光纤有多种分类方式。根据制作材料的不同，光纤可分为石英光纤、塑料光纤、玻璃光纤等；根据传输模式不同，光纤可分为多模光纤和单模光纤；根据纤芯折射率的分布不同，光纤可以分为突变型光纤和渐变型光纤；根据工作波长的不同，光纤可分为短波长光纤、长波长光纤和超长波长光纤。

与一般的导向性通信介质相比，光纤具有很多优点：

1）光纤支持很宽的带宽，其范围在 $10^{14} \sim 10^{15}$ Hz 之间，这个范围覆盖了红外线和可见光的频谱。

2）具有很快的传输速率，当前限制其所能实现的传输速率的因素来自信号生成技术。

3）光纤抗电磁干扰能力强，由于光纤中传输的是不受外界电磁干扰的光束，而光束本身又不向外辐射，因此它适用于长距离的信息传输及安全性要求较高的场合。

4）光纤衰减较小，中继器的间距较大。采用光纤传输信号时，在较长距离内可以不设置信号放大设备，从而减少了整个系统中继器的数目。

当然光纤也存在一些缺点，如系统成本较高、不易安装与维护、质地脆易断裂等。

7.1.3 PLC常用通信接口

PLC与其他设备之间的通信主要采用串行异步通信，其常用的串行通信接口标准有RS-232C、RS-422A和RS-485等。

1. RS-232C

RS-232C是美国电子工业协会（EIA）于1969年公布的通信协议，它的全称是“数据终端设备（DTE）和数据通信设备（DCE）之间串行二进制数据交换接口技术标准”。RS-232C接口标准是目前计算机和PLC中最常用的一种串行通信接口。

RS-232C采用负逻辑，用 $-5 \sim -15$V 表示逻辑“1”，用 $5 \sim 15$V 表示逻辑“0”。噪声容限为2V，即要求接收器能识别的逻辑“0”大于3V，逻辑“1”小于 -3V。RS-232C只能进行一对一的通信，RS-232C可使用9针或25针的D型连接器，表7-2列出了RS-232C接口各引脚信号的定义以及9针与25针引脚的对应关系。PLC一般使用9针的连接器。

表7-2 RS-232C接口引脚信号的定义

引脚号（9针）	引脚号（25针）	信　　号	方　　向	功　　能
1	8	DCD	IN	数据载波检测
2	3	RXD	IN	接收数据
3	2	TXD	OUT	发送数据
4	20	DTR	OUT	数据终端装置（DTE）准备就绪
5	7	GND	—	信号公共参考地
6	6	DSR	IN	数据通信装置（DCE）准备就绪
7	4	RTS	OUT	请求传送
8	5	CTS	IN	清除传送
9	22	CI（RI）	IN	振铃指示

图 7-2a 所示为两台计算机都使用 RS-232C 直接进行连接的典型连接；图 7-2b 所示为通信距离较近时只需 3 根连接线。

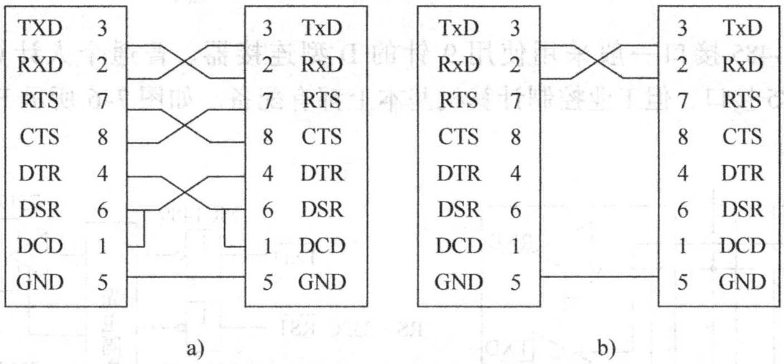

图 7-2　两个 RS-232C 数据终端设备的连接

a）典型连接　b）近距离连接

图 7-3 所示的 RS-232C 电气接口图，采用单端驱动、单端接收的电路，容易受到公共地线上的电位差和外部引入的干扰信号的影响，同时还存在以下不足之处：

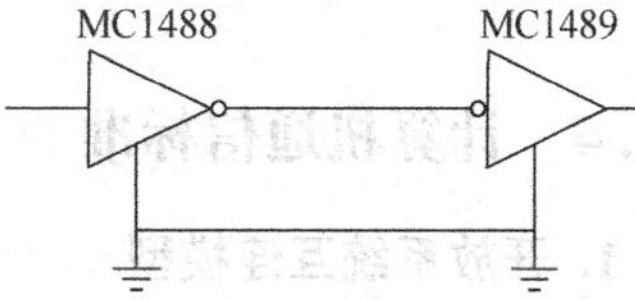

图 7-3　单端驱动单端接收的电路

1）传输速率较低，最高传输速度速率为 20kbit/s。

2）传输距离短，最大通信距离为 15m。

3）接口的信号电平值较高，易损坏接口电路的芯片，又因为与 TTL 电平不兼容，故需使用电平转换电路方能与 TTL 电路连接。

2. RS-422A

串行通信标准 RS-499 对 RS-232C 的电气特性做了改进，RS-422A 是 RS-499 的子集。

图 7-4 所示为 RS-422A 采用平衡驱动、差分接收电路，从根本上取消了信号地线，大大减少了地电平所带来的共模干扰。平衡驱动器相当于两个单端驱动器，其输入信号相同，两个输出信号互为反相信号，图中的小圆圈表示反相。外部输入的干扰信号是以共模方式出现的，两极传输线上的共模干扰信号相同，因接收器是差分输入，共模信号可以互相抵消。只要接收器有足够的抗共模干扰能力，就能从干扰信号中识别出驱动器输出的有用信号，从而克服外部干扰的影响。

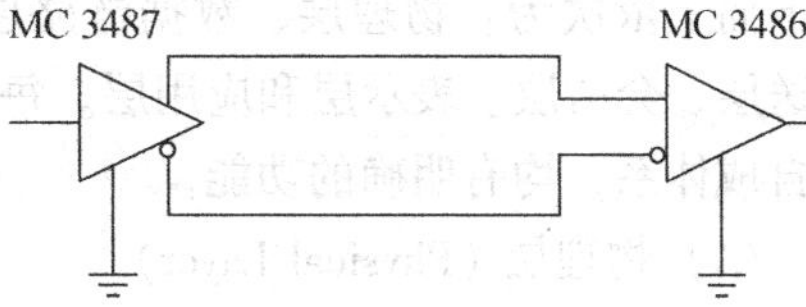

图 7-4　平衡驱动差分接收的电路

RS-422A 在最大传输速率为 10Mbit/s 时，允许的最大通信距离为 12m。传输速率为 100kbit/s 时，最大通信距离为 1200m。一台驱动器最多可以连接 10 台接收器。

3. RS-485

RS-485 是 RS-422A 的变形。RS-422A 是全双工，两对平衡差分信号线分别用于发送和接收，所以采用 RS-422A 接口通信时最少需要 4 根线。RS-485 为半双工，只有一对平衡差分信号线，不能同时发送和接收，最少只需两根连线。

图 7-5 所示使用 RS-485 通信接口和双绞线可组成串行通信网络，构成分布式系统，系统最多可连接 128 个站。

RS-485 的逻辑“1”以两线间的电位差为 +（2 ~ 6）V 表示，逻辑“0”以两线间的电位差为 -（2 ~ 6）V 表示。接口信号电平比 RS-232C 降低了，就不易损坏接口电路的芯片，且该电平与TTL电平兼容，可方便与TTL电路连接。由于RS-485接口具有良好的抗噪声干扰、高传输速率（10Mbit/s）、长传输距离（1200m）和多站能力（最多128站）等优点，所以在工业控制中广泛应用。

RS-422A/RS-485接口一般采用使用9针的D型连接器。普通个人计算机一般不配备RS-422A和RS-485接口，但工业控制计算机基本上都有配备。如图7-6所示RS-232C/RS-422A转换器的原理图。

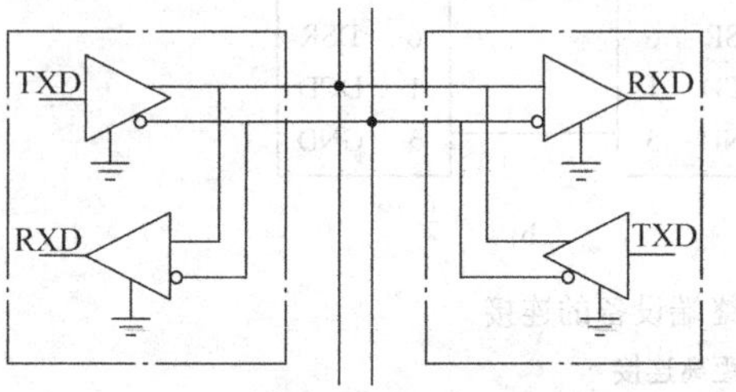

图7-5 使用RS-485的网络

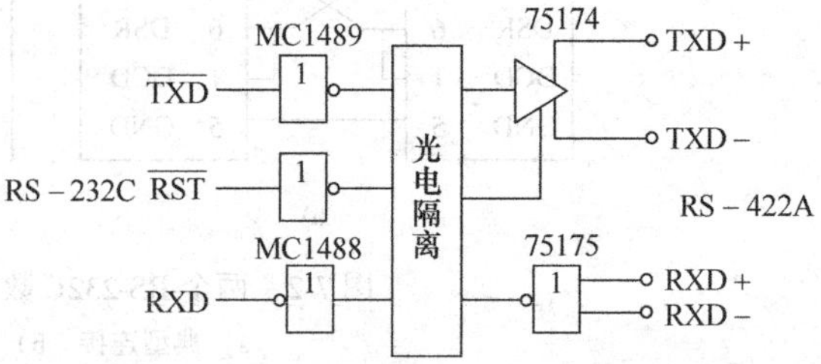

图7-6 RS-232C/RS-422A转换器原理图

7.1.4 计算机通信标准

1. 开放系统互连模型

为了实现不同厂家生产的智能设备之间的通信，国际标准化组织（ISO）提出了如图7-7所示的开放系统互连（Open System Interconnection，OSI）模型，作为通信网络国际标准化的参考模型，它详细描述了软件功能的7个层次。7个层次自下而上依次为：物理层、数据链路层、网络层、传送层、会话层、表示层和应用层。每一层都尽可能自成体系，均有明确的功能。

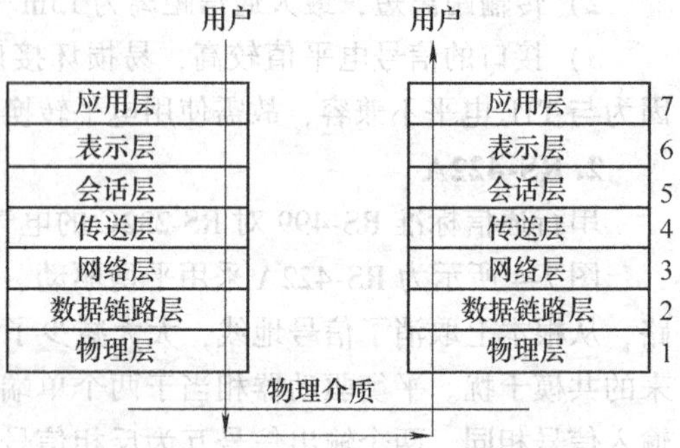

图7-7 开放系统互连（OSI）模型

（1）物理层（Physical Layer）

物理层是为建立、保持和断开物理实体之间的物理连接，提供机械的、电气的、功能性的和规程的特性。它是建立在传输介质之上，负责提供传送数据位“0”和“1”的物理条件。同时，定义了传输介质与网络接口卡的连接方式以及数据发送和接收方式。

常用的串行异步通信接口标准RS-232C、RS-422A和RS-485等就属于物理层。

（2）数据链路层（Data Link Layer）

数据链路层通过物理层提供的物理连接，实现建立、保持和断开数据链路的逻辑连接，完成数据的无差错传输。为了保证数据的可靠传输，数据链路层的主要控制功能是差错控制和流量控制。在数据链路层上，数据以帧格式传输，帧是包含多个数据位的逻辑数据单元，通常由控制信息和传输数据两部分组成。常用的数据链路层协议是面向位的串行同步通信协议——同步数据链路控制/高级数据链路控制（SDLC/HDLC）协议。

（3）网络层（Network Layer）

网络层完成站点间逻辑连接的建立和维护，负责传输数据的寻址，提供网络各站点间进行数据交换的方法，完成传输数据的路由选择和信息交换的有关操作。网络层的主要功能是报文包的分段、报文包阻塞的处理和通信子网内路径的选择。常用的网络层协议有X.25分组协议和IP。

(4) 传输层（Transport Layer）

传输层是向会话层提供一个可靠的端到端（End-to-End）的数据传送服务。传输层的信号传送单位是报文（Message），它的主要功能是流量控制、差错控制、连接支持。典型的传输层协议是因特网的TCP/IP中的TCP。

(5) 会话层（Session Layer）

两个表示层用户之间的连接称为会话。对应会话层的任务就是提供一种有效的方法，组织和协调两个层次之间的会话，并管理和控制它们之间的数据交换。网络下载中的断点续传就是会话层的功能。

(6) 表示层（Presentation Layer）

表示层用于应用层信息内容的形式变换，如数据加密/解密、信息压缩/解压和数据兼容，把应用层提供的信息变成能够共同理解的形式。

(7) 应用层（Application Layer）

应用层作为参考模型的最高层，为用户的应用服务提供信息交换，为应用接口提供操作标准。7层模型中所有其他层的目的都是为了支持应用层，它直接面向用户，为用户提供网络服务。常用的应用层服务有电子邮件（E-mail）、文件传输（FTP）和Web服务等。

OSI 7层模型中，除了物理层和物理层之间可直接传送信息外，其他各层之间实现的都是间接的传送。在发送方计算机的某一层发送的信息，必须经过该层以下的所有低层，通过传输介质传送到接收方计算机，并层层上传送直至到达接收方中与信息发送层相对应的层。

OSI 7层参考模型只是要求对等层遵守共同的通信协议，并没有给出协议本身。OSI 7层协议中，高4层提供用户功能，低3层提供网络通信功能。

2. IEEE 802通信标准

IEEE 802通信标准是IEEE（电气与电子工程师协会）的802分委员会从1981年至今颁布的一系列计算机局域网分层通信协议标准草案的总称。它把OSI参考模型的底部两层分解为逻辑链路控制子层（LLC）、媒体访问子层（MAC）和物理层。前两层对应于OSI模型中的数据链路层。

IEEE 802的媒体访问控制子层对应于多种标准，其中最常用的有三种，即带冲突检测的载波侦听多路访问（CSMA/CD）协议、令牌总线（Token Bus）和令牌环（Token Ring）。

(1) CSMA/CD协议

CSMA/CD通信协议的基础是XEROX公司研制的以太网（Ethernet），各站共享一条广播式的传输总线，每个站都是平等的，采用竞争方式发送信息到传输线上。当某个站识别到报文上的接收站号与本站的站名相同时，便将报文接收下来。由于没有专门的控制站，两个或多个站可能因同时发送信息而发生冲突，造成报文作废，因此必须采取措施来防止冲突。

发送站在发送报文之前，先监听一下总线是否空闲，如果空闲，则发送报文到总线上，称之为“先听后讲”，但是这样做仍然有发生冲突的可能，因为从组织报文到报文在总线上传输需要一段时间，在这一段时间内，另一个站通过监听也可能会认为总线空闲并发送报文到总线上，这样就会因两站同时发送而发生冲突。

(2) 令牌总线

令牌总线是IEEE 802标准中的工厂媒质访问技术，其编号为802.4。它吸收了GM公司支持的制造自动化协议（Manufacturing Automation Protocol，MAP）系统的内容。

在令牌总线中，媒体访问控制是通过传递一种称为令牌的特殊标志来实现的，如图7-8所示。按照逻辑顺序，令牌从一个装置传递到另一个装置，传递到最后一个装置后，再传递给第一个装置，如此周而复始，形成一个逻辑环。只有得到令牌的站，才能控制总线。令牌有“空”、“忙”两种状态，令牌网开始运行时，由指定站产生一个空令牌沿逻辑环传送。任何一个要发送信息的站都要等到令牌传给自己，判断为“空”令牌时才发送信息。发送站首先把令牌置成“忙”，并写入要传送的信息、发送站名和接收站名，然后将载有信息的令牌送入环网传输。令牌沿环网循环一周后返回发送站时，信息已被接收站复制，发送站将令牌置为“空”，送上环网继续传送，以供其他站使用。如果在传送过程中令牌丢失，由监控站向网中注入一个新的令牌。

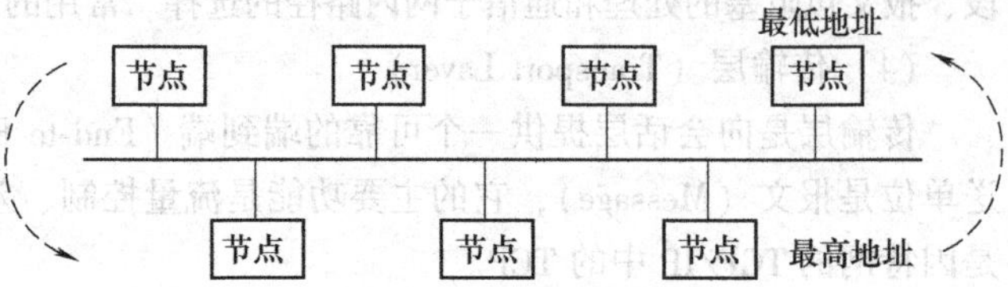

图 7-8　令牌总线结构

令牌传递式总线能在很重的负荷下提供实时同步操作，传送效率高，适于频繁、较短的数据传送，因此它最适合于需要进行实时通信的工业控制网络。

(3) 令牌环

令牌环媒质访问方案是 IBM 开发的，它在 IEEE 802 标准中的编号为 802.5，它有些类似于令牌总线。在令牌环上，最多只能有一个令牌绕环运动，不允许两个站同时发送数据。令牌环从本质上看是一种集中控制式的环，环上必须有一个中心控制站负责网络工作状态的检测和管理。

7.2　三菱 FX 系列 PLC 的通信

7.2.1　FX 系列 PLC 的通信模式

FX 系列 PLC 数据传输格式是采用异步格式，由 1 位起始位、7 位数据位、1 位校验位及 1 位停止位组成的；波特率为 9600bit/s；字符为 ASCII 码。根据使用的通信模块与协议不同，PLC 分为以下四种通信模式：

1) PLC 的 N∶N 通信方式。
2) PLC 双机并联通信方式。
3) PLC 与计算机专有协议通信方式。
4) PLC 与计算机无协议通信方式。

表 7-3 详细列出了各通信模式的特性。

表 7-3　FX 系列 PLC 各通信模式的特性

	N∶N 网络	PLC 并联	专用协议计算机连接	无协议通信
传输标准	RS-485	RS-485/RS-422A	RS-485/RS-422A 或 RS-232C	
传输距离	500m		RS-485/RS-422A：500m RS-232C：15m	
连接数量	8 站	1∶1	1∶N（N≤16）	1∶1
通信方式	半双工			半双工/全双工
数据长度	固定		7bit/8bit	
校验			无/奇/偶	
停止位			1bit/2bit	

（续）

	N : N 网络	PLC 并联	专用协议计算机连接	无协议通信
波特率	38400bit/s	19200bit/s	300/600/1200/2400/4800/9600/19200bit/s	
头字符	固定			无/有效
尾字符				
控制线	—			
协议	—		格式 1/格式 4	无
和校验	固定		无/有效	

（1）PLC 的 N : N 通信方式

这种通信模式适合 FX 系列 PLC 之间连接成一个小规模的网络系统，最大站点数为 16 个。通过对各 PLC 的相应特殊辅助继电器写入网络参数，进行站点性质（主站、从站）、站点编号等配置。利用基本梯形图程序和移动、读/写等指令，实现各站之间的数据通信。

（2）PLC 双机并联通信方式

这种模式是在两个 PLC 中定义一些辅助继电器和数据寄存器，它们之间的数据传输是采用对这些辅助继电器和数据寄存器的操作进行的。

（3）PLC 与计算机专有协议通信方式

PLC 的这种通信方式在 FX 系列 PLC 通信中应用最多。它有两种结构形式：一种是把 PLC 连接成基于 RS-485 标准的小规模的网络通信系统，最大站点为 16 个。PC 带有 RS-232C 通信接口，需经过一个 RS-232C/RS-485 的转换模块与 PLC 连接。另一种是 PC 与 PLC 一对一的通信。

（4）PLC 与计算机无协议通信方式

这是基于 RS-232C 标准的通信方式。通过对 PLC 中特殊数据寄存器 D8120 ~ D8129 的参数写入，进行通信格式设置。PLC 采用 RS 专用指令，可以与 PC、条码阅读器、打印机等进行数据通信。

7.2.2　PLC 与计算机专有协议的通信

PLC 具有很强的现场控制能力，不仅能完成逻辑控制、顺序控制，还能进行模拟量处理，完成少数回路的 PID 闭环控制，以及满足各种专用控制要求，且可靠性高。PC 有较强的数据处理能力，内存容量大、编程能力强，并具有良好的人机界面数据显示和过程状态显示及操作，通过打印机能生成报表文件，便于系统管理，这是 PLC 本身不具备的。因此，通常将 PLC 与通用计算机连接构成综合控制系统，两者功能互补。

为了实现 PC 与 PLC 的通信，应当做如下工作：

1）判别 PC 上配置的通信接口是否与要连入的 PLC 匹配，若不匹配，则增加通信模板。

2）要熟悉 PLC 的通信协议，按照协议的规定及帧格式编写 PC 的通信程序。PLC 中配有通信机制，一般不需用户编程，只要进行一些初始设置。若 PLC 厂家有 PLC 与 PC 的专用通信软件出售，则此项任务较容易完成。

3）选择适当的操作系统提供的软件平台，编制用户要求的画面。

4）若要远程传送，可通过 Modem 接入电话网。

FX 系列 PLC 与计算机，采用串行通信方式。PLC 可以通过通信模块，如三菱 FX232AW 模块，也可以通过 PLC 的编程口，连接到 PC 的串行 RS-232C 接口，实现双方的物理连接。

为了实现PLC和计算机之间的通信，必须在PLC程序中设置数据寄存器D8120、D8121和D8129的值。其中，D8120是用来设置通信格式的特殊数据寄存器，可设置通信的数据长度、奇偶校验形式、波特率和协议方式。D8121用来设置站号，用于决定计算机访问哪一台PLC，站号设置范围为00H～0FH；D8129设置校验时间。系统的通信必须按规定的通信协议的格式处理，才能正确发送和接收数据。

PC（上位机）与PLC（下位机）之间采用主从应答方式，PC始终处于主动状态，根据需要向PLC发出读/写命令，PLC处于被动状态只能响应PC的命令。

1. 硬件连接

PC与PLC之间不能直接连接。如图7-9a、b所示为点对点的连接，图7-9a是通过FX-232AW单元进行RS-232C/RS-422A转换与PLC编程口连接，图7-9b通过在PLC内部安装的通信功能扩展板FX-232BD与PC连接；图7-9c所示为多点结构的连接，FX-485BD为安装在PLC内部的通信功能扩展板，FX-485PC-IF为RS-232C和RS-485的转换接口。除此之外当然还可以通过其他通信模块进行连接，在此不一一赘述。下面以PC与PLC之间点对点通信为例。

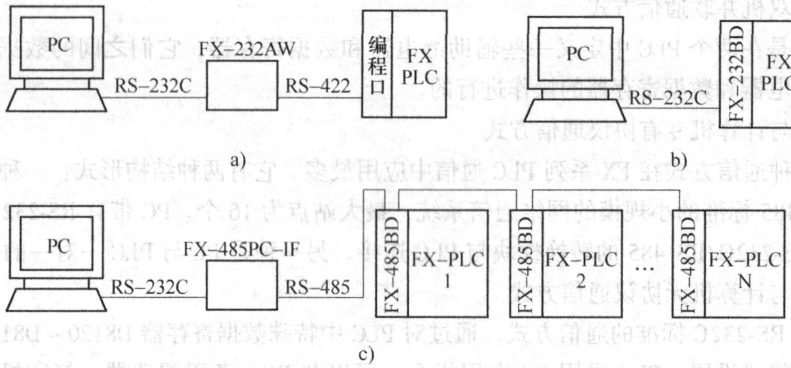

图7-9　PC与PLC的硬件连接

a）通过FX-232AW单元的点对点连接　b）通过通信功能扩展板FX-232BD的点对点连接　c）多点结构连接

2. FX系列PLC通信协议

PC中必须依据所连接PLC的通信规程来编写通信协议，我们要熟悉FX系列PLC的通信协议。

（1）数据格式

如前所述，FX系列PLC采用异步通信格式，由1位起始位、7位数据位、1位奇偶校验位及1位停止位组成，传输速率为9600bit/s，字符为ASCII码。数据格式如图7-10所示。

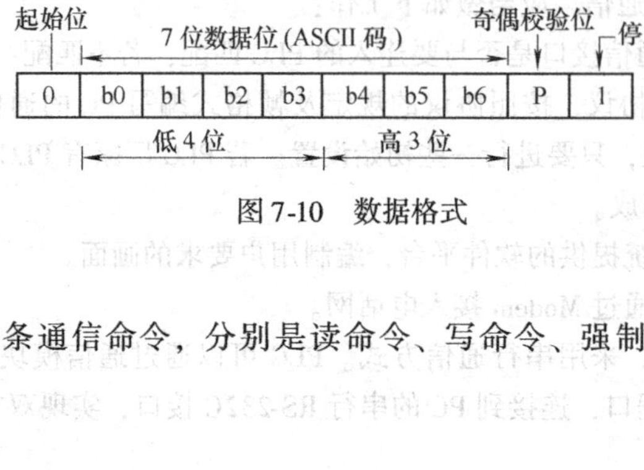

图7-10　数据格式

（2）通信命令

FX系列PLC有4条通信命令，分别是读命令、写命令、强制通命令、强制断命令，见表7-4。

表7-4　FX系列PLC的通信命令

命　令	命令代码	目标软继电器	功　能
读命令	'0'即ASCII码'30H'	X，Y，M，S，T，C，D	读取软继电器状态、数据
写命令	'1'即ASCII码'31H'	X，Y，M，S，T，C，D	把数据写入软继电器
强制通命令	'7'即ASCII码'37H'	X，Y，M，S，T，C	强制某位ON
强制断命令	'8'即ASCII码'38H'	X，Y，M，S，T，C	强制某位OFF

（3）通信控制字符

FX系列PLC采用面向字符的传输规程，用到5个通信控制字符，见表7-5。

（4）报文格式

计算机向PLC发送的报文格式如下：

STX	CMD	数据段	ETX	SUMH	SUML

其中，STX为开始标志，02H；ETX为结束标志，03H；CMD为命令的ASCII码；SUMH、SUML为按字节求累加和，溢出不计。由于每字节十六进制数变为两字节的ASCII码，故校验和为SUMH与SUML。

数据段格式与含义如下：

字节1～字节4	字节5/字节6	第1数据*		第2数据		第3数据		…	第N数据	
软继电器首址	读/写字节数	上位	下位	上位	下位	上位	下位	…	上位	下位

注：写命令的数据段有数据，读命令数据段则无数据。

PLC向PC发的应答报文格式如下：

STX	数据段*	ETX	SUMH	SUML

注意：对读命令的应答报文数据段为要读取的数据，一个数据占两个字节，分上位和下位，数据段格式如下：

第1数据		第2数据		…	第N数据	
上位	下位	上位	下位	…	上位	下位

对写命令的应答报文无数据段，而用ACK及NAK做应答内容。

表7-5　FX系列PLC通信控制字符

控制字符	ASCII码	功能说明
ENQ	05H	PC发出请求
ACK	06H	PLC对ENQ的确认回答
NAK	15H	PLC对ENQ的否认回答
STX	02H	信息帧开始标志
ETX	03H	信息帧结束标志

注：当PLC对计算机发来的ENQ不理解时，由NAK回答。

（5）传输规程

PC与FX系列PLC间采用应答方式通信，传输出错，则组织重发。其传输过程如图7-11所示。

PLC 根据 PC 的命令，在每个循环扫描结束处的 END 语句后组织自动应答，无需用户在 PLC 一方编写程序。

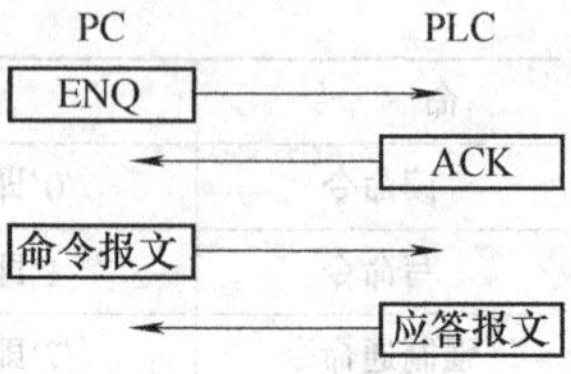

图 7-11 传输过程

3. PC 通信程序的编写

PC 的通信程序可采用汇编语言编写，或采用其他高级语言、工控配置软件，以及直接采用 PLC 厂家的通信软件（如三菱公司的 MELSE MEDOC 等）编写。

下面利用 Visual Basic 6.0 以一个简单的例子来说明编写通信程序的要点。假设 PC 要求从 PLC 中读入 D123 开始的 4B 的数据（D123、D124），其传输应答过程及报文如图 7-12 所示。

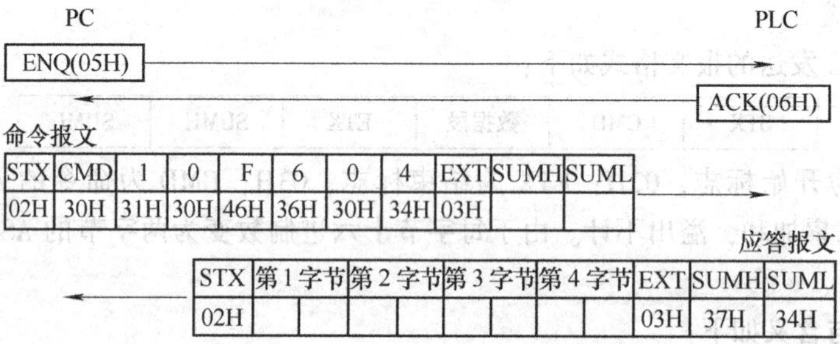

图 7-12 传输应答过程及命令报文

命令报文中 10F6H 为 D123 的地址，04H 表示要读入 4B 的数据。校验和 SUM = 30H + 31H + 30H + 46H + 36H + 30H + 34H + 03H = 174H，溢出部分不计，故 SUMH = 7，SUML = 4，相应的 ASCII 码为“37H”，“34H”。应答报文中 4B 的十六进制数，其相应的 ASCII 码为 8B，故应答报文长度为 12B。

根据 PC 与 FX 系列 PLC 的传输应答过程，利用 VB 的 MSComm 控件可以编写如下通信程序实现 PC 与 FX 系列 PLC 之间的串行通信，以完成数据的读取。MSComm 控件可以采用轮询或事件驱动的方法从端口获取数据。本例子中使用轮询方法。

（1）通信口初始化

```
Private Sub Initialize ( )
MSComm1. CommPort = 1
MSComm1. Settings = "9600,E,7,1"
MSComm1. InBufferSize = 1024
MSComm1. OutBufferSize = 1024
MSComm1. InputLen = 0
MSComm1. InputMode = comInputText
MSComm1. Handshaking = comNone
MSComm1. PortOpen = True
End Sub
```

（2）请求通信与确认

```
Private Function MakeHandshaking ( ) As Boolean
Dim InPackage As String
MSComm1. OutBufferCount = 0
```

```
MSComm1. InBufferCount = 0
MSComm1. OutPut = Chr( &H5 )
Do
DoEvents
Loop Until MSComm1. InBufferCount = 1
InPackage = Chr( &H6 ) Then
MakeHandShaking = True
Else
MakeHandShaking = False
End If
End Function
```

(3) 发送命令报文

```
Private Sub SendFrame ( )
Dim Outstring As String
MSComm1. OutBufferCount = 0
MSComm1. InBufferCount = 0
Outstrin = Chr( &H2 ) + " on" + " 10F604" + Chr ( &H3 ) + " 74"
MSComm1. OutPut = Outstring
End Sub
```

(4) 读取应答报文

```
Private Sub ReceiveFrame ( )
Dim Instring As String
Do
DoEvents
Loop Until MSComm1. InBufferCount = 12
InString = MSComm1. Input
End Sub
```

7.2.3 PLC与计算机无协议通信

多数PLC都有串行口无协议通信（用RS指令进行数据传输）指令，FX系列PLC为RS指令。RS指令属外围设备功能指令，用于PLC与上位计算机或其他RS-232C设备的通信。该通信方式最为灵活，PLC与RS-232C设备之间可使用用户自定义的通信规约，但PLC的编程工作量较大，对编程人员的要求较高。如果不同厂家的设备使用的通信协议不同，即使物理接口都是RS-485A，也不能接在同一网络内，在这种情况下一台设备要占用PLC的一个通信接口。

FX_{2N}系列PLC与各种RS-232C设备（包括个人计算机、条码阅读器和打印机）进行数据通信，可通过无协议通信完成。此通信使用RS指令或一个FX_{2N}-232IF特殊功能模块。

无协议通信的传输标准符合RS-485A、RS-422A或RS-232C；FX_{2N}系列PLC的RS-485A（422A）接口的传输距离最大为500m，支持连接数目1∶N；RS-232C接口的最大通信距离为15m，连接数目为1∶1；采用全双工通信方式，数据长度为7位/8位，可采用无奇/偶校验，停止位为1位/2位，传输速率为300bit/s、600bit/s、1200bit/s、2400bit/s、4800bit/s、9600bit/s或

19200bit/s。

1. 系统配置

FX_{2N}系列 PLC 可与表 7-6 所示的通信接口实现 RS-232C 或 RS-485A（422A）无协议通信。

表 7-6　无协议通信时 PLC 与通信接口的配置

传输标准	PLC 型号	使用接口	最大通信距离/m
RS-232C	FX_{2N}	FX_{2N} - 232 - BD	15
		FX_{2N} - CNV - BD + FX_{0N} - 232ADP	
		FX_{2NC} - CNV - IF + FX_{2N} - 232IF	
RS-485A（422A）		FX_{2N} - 485 - BD	50
		FX_{2N} - CNV - BD + FX_{0N} - 485ADP	500
	使用计算机的 RS-232C 接口连接时，需要 RS-485A/RS-232C 信号转换器		

2. 通信数据的处理

在进行无协议通信的通信数据处理时，需要首先使用 RS 指令实现通信格式以及发送及接收缓冲区的设置，并在 PLC 中编制有关程序。

无协议通信有两种数据处理模式：16 位数据处理模式和 8 位数据处理模式。

（1）16 位数据处理模式

当特殊辅助继电器 M8161 = OFF 时，无协议通信进行 16 位数据处理。在 16 位数据处理模式下，先发送或接收数据寄存器的低 8 位，然后是高 8 位。相应的 RS 指令程序及数据处理过程如图 7-13 ~ 图 7-15 所示。

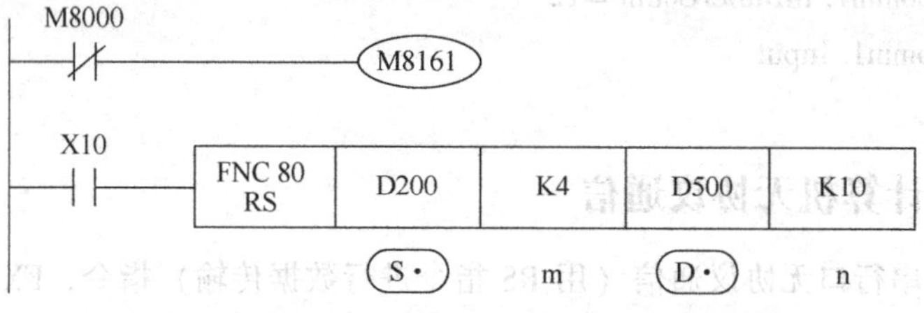

图 7-13　RS 指令在处理 16 位数据时的控制程序

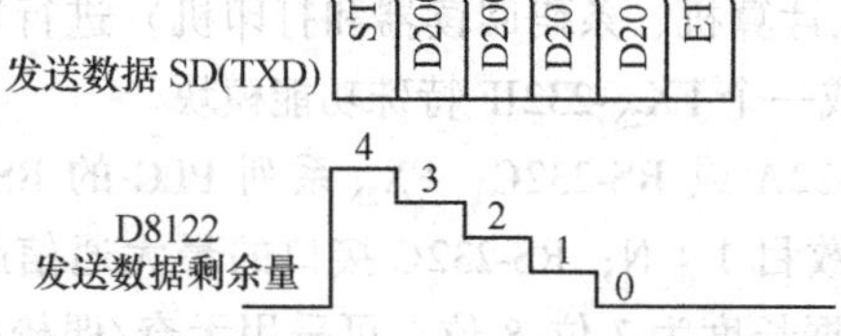

图 7-14　发送数据和发送数据剩余量

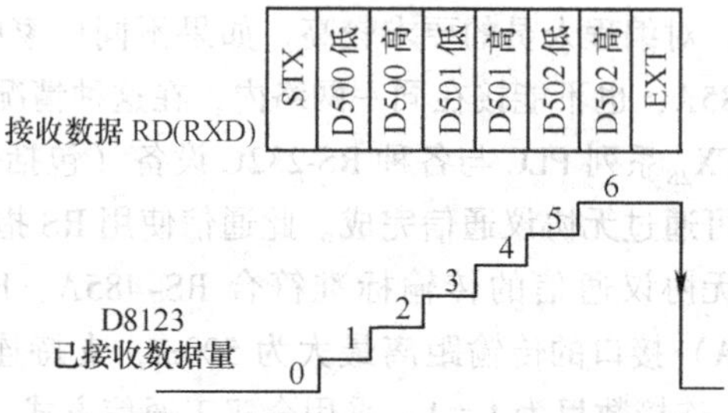

图 7-15　接收数据和已接收数据量

(2) 8位数据处理模式

当特殊辅助继电器M8161=ON时，无协议通信进行8位数据处理。在8位数据处理模式下只发送或接收数据寄存器的低8位，不使用高8位。相应的RS指令程序及数据处理过程如图7-16～图7-18所示。

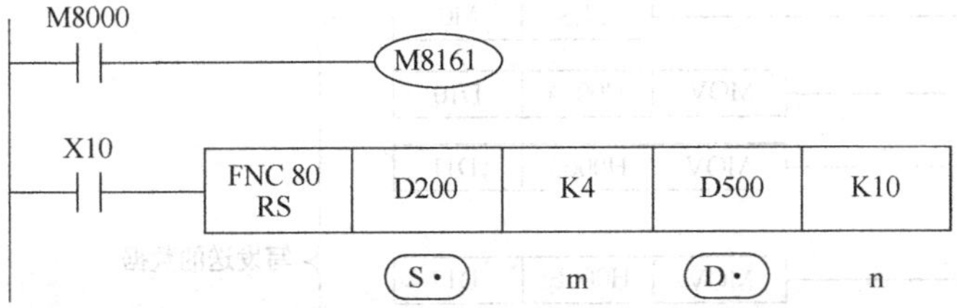

图7-16　RS指令在处理8位数据时的控制程序

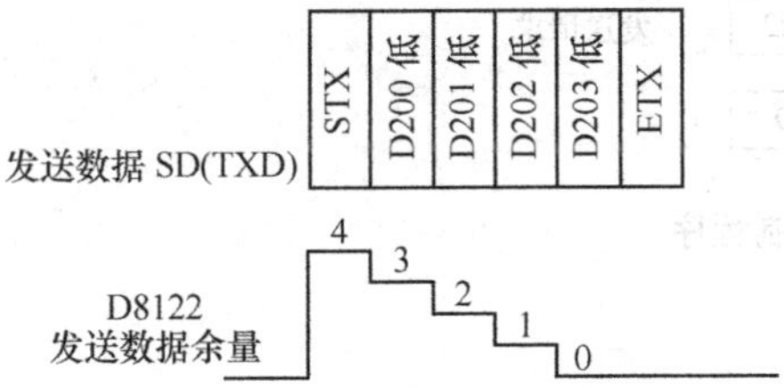

图7-17　发送数据和发送数据余量

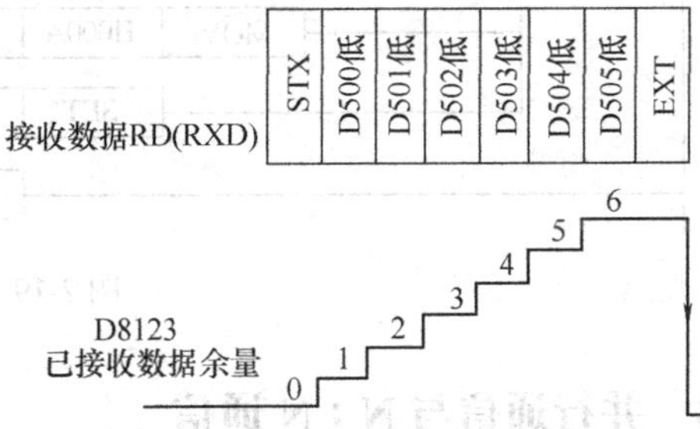

图7-18　接收数据和接收数据余量

例如，利用FX_{2N}-232-BD内置通信板连接FX_{2N}系列PLC和打印机，编写PLC的控制程序，使打印机可以打印从PLC发送的数据。具体要求如下：

1）打印机每打一条信息下移一行，在信息的末尾写CR（换行）（000DH）和LF（回车）（000AH）；

2）利用X0驱动RS指令；

3）每次X1打开（↑）时，将D200～D210的内容发送到打印机，并打印“测试行”。

通信格式设置见表7-7，控制程序如图7-19所示。

表7-7　通信格式（D8120=006FH）

数据长度	8位	起始符	无
奇偶校验	偶	终止符	无
停止位	2位	控制线	不用
传输速率	2400bit/s	通信协议	无

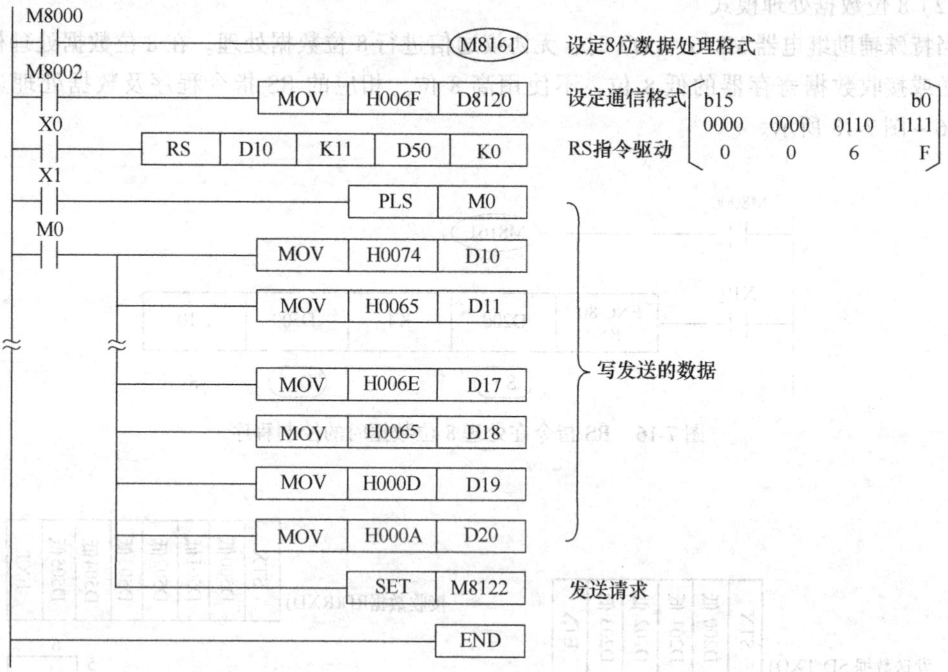

图 7-19 控制程序

7.2.4 并行通信与 N：N 通信

1. 并行通信

FX_{2N}系列 PLC 之间以及FX_{2N}和FX_{2NC}系列 PLC 之间进行数据传输时，是采用 100 个辅助继电器和 10 个数据寄存器在 1：1 的基础上完成的，这种通信连接模式称为并行链接。而FX_{2N}系列与其他系列的 PLC 之间则不能进行并行链接。并行链接的传输标准符合 RS-485A（422A），最大通信距离为 500m，为 1：1 连接模式，采用半双工通信，传输速率为 19200 bit/s。并行通信的系统配置示意图如图 7-20 所示。PLC 使用的通信接口见表 7-8；相关的辅助继电器与数据寄存器见表 7-9。

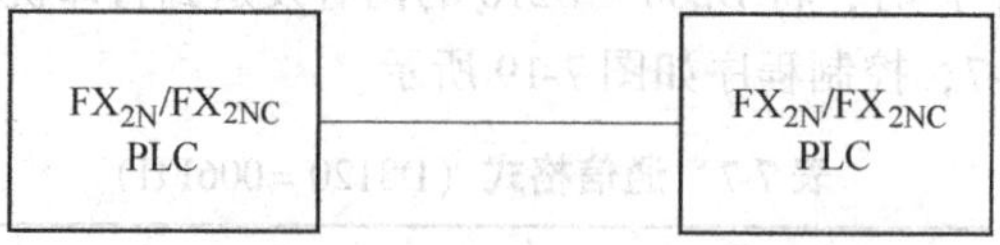

图 7-20 并行通信的系统配置示意图

表 7-8 并行通信时 PLC 使用的通信接口

PLC 型号	使 用 接 口	通 信 介 质	最大通信距离/m
FX_{2N}	FX_{2N} –485 – BD	屏蔽双绞线	50
	FX_{2N} – CNV – BD + FX_{0N} –485ADP		500
FX_{2NC}	FX_{0N} –485ADP		

表 7-9　并行通信时相关的辅助继电器与数据寄存器

辅助继电器和数据寄存器	动 作 功 能
M8070	并行链接中，PLC 为主站点时驱动
M8071	并行链接中，PLC 为从站点时驱动
M8072	并行链接中，当 PLC 运行时为 ON
M8073	并行链接中，M8070/M8071 设置不正确时为 ON
M8162	并行链接为高速模式时为 ON，仅 2 个数据字读/写
M8070	并行链接监视时间

（1）模式与链接单元

并行链接的工作模式有普通模式和高速模式两种，通过特殊辅助继电器 M8162 来设置。选择普通模式时，M8162 = OFF，如图 7-21a 所示。选择高速模式时，M8162 = ON，如图 7-21b 所示。两种模式下的链接单元分别见表 7-10 和表 7-11。

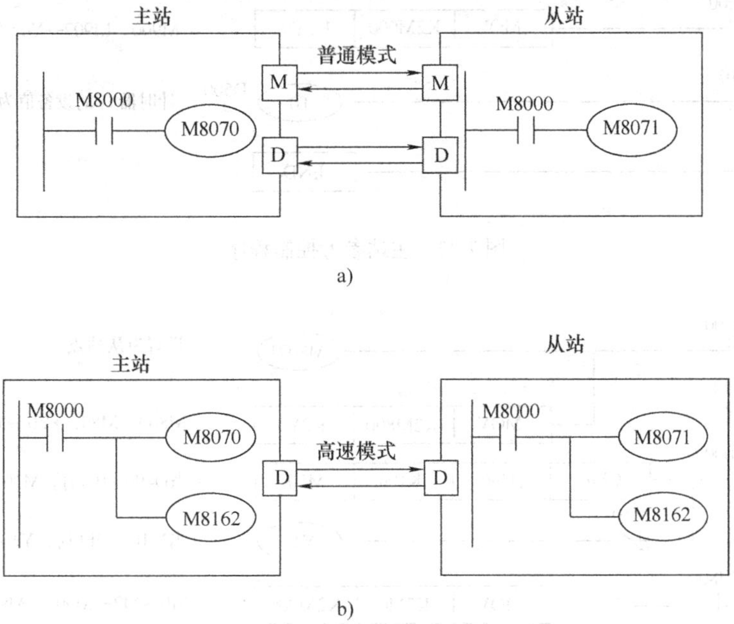

图 7-21　并行链接的工作模式
a）普通模式　b）高速模式

表 7-10　普通模式下的链接单元

	主站→从站	从站→主站
通 信 元 件	M800 ~ M899（100 点） D490 ~ D499（10 点）	M900 ~ M999（100 点） D500 ~ D509（10 点）
通信时间	70(ms) + 主扫描时间(ms) + 从扫描时间(ms)	

表 7-11 高速模式下的链接单元

通信元件	主站→从站	从站→主站
	D490，D491（2点）	D500，D501（2点）
通信时间	20(ms)+主扫描时间(ms)+从扫描时间(ms)	

（2）应用举例

例如，两台 FX_{2N}系列 PLC 采用并行链接方式通信，工作在普通模式下。要求主站点的输入点 X0～X7 的状态输出到从站的 Y0～Y7，当主站点的计算值（D0＋D2）小于 100 时，从站的输出点 Y10 为 ON。从站点的 M0～M7 的状态输出到主站点的 Y0～Y7，从站点的 D10 的值作为主站计数器 T0 的设定值。设计的主站和从站参考控制程序如图 7-22 和图 7-23 所示。

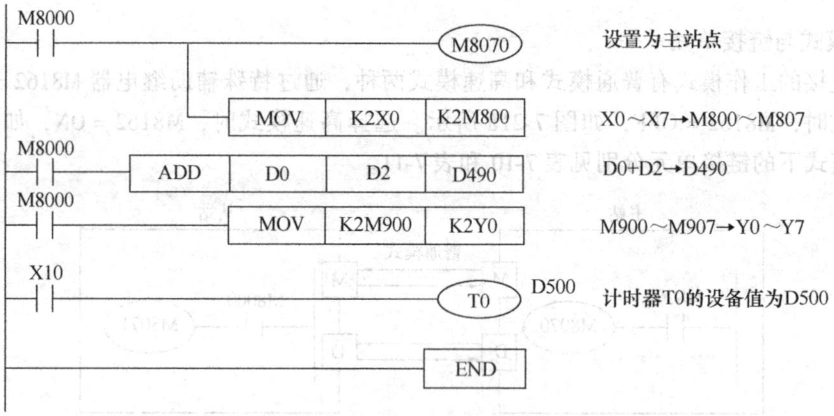

图 7-22 主站参考控制程序

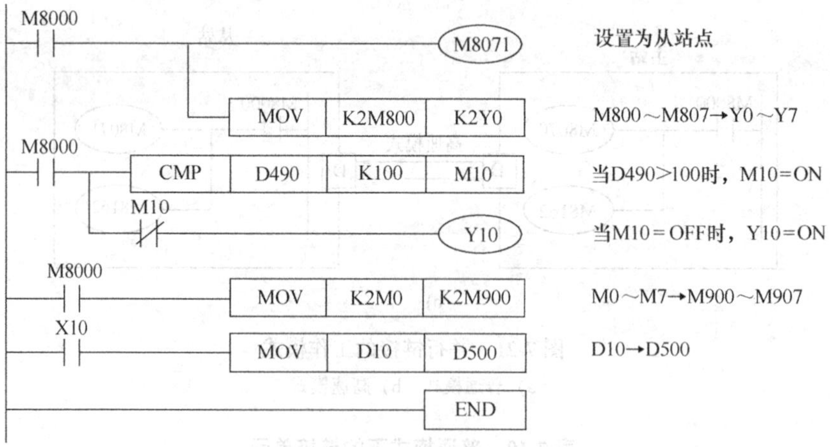

图 7-23 从站参考控制程序

2. N：N 网络通信

在现代工业控制系统中，对于多控制任务的复杂控制系统，大部分采用多台 PLC 连接通信来实现。在 FX_{2N}系列 PLC 之间，以及 FX_{2N}与 FX_{2NC}、FX_{1N}、FX_{1S}、FX_{0N}系列 PLC 之间进行的数据传输可建立在 N：N 的基础上，利用此网络能链接一个小规模系统。

N∶N网络的传输标准符合RS-485A，最大通信距离为500m，总站点数最大为8个，其中一台为主机，其余为从机，采用半双工通信，传输速率为38400bit/s，其系统配置如图7-24所示。系统中若使用$FX_{2N(1N)}$-485BD通信板，最大通信距离仅为50m。

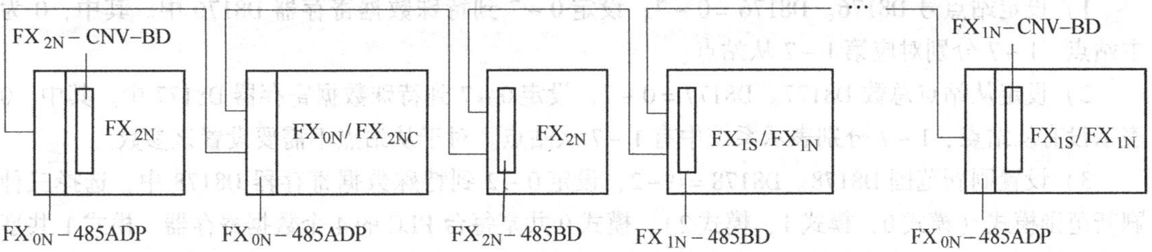

图7-24 N∶N网络系统配置

在N∶N网络系统中，需要对相关的辅助继电器和数据寄存器进行设置，才能保证网络可靠运行。表7-12和表7-13为与N∶N网络设置相关的数据寄存器和辅助继电器。

表7-12 与N∶N网络相关的数据寄存器

特 性	数据寄存器	名 称	描 述	响应类型
读	D8173	站点号	存储自己的站点号	主站，从站
读	D8174	从站点数	存储从站点的总数	主站，从站
读	D8175	刷新范围	存储刷新范围	主站，从站
写	D8176	站点号设置	设置自己的站点号	主站，从站
写	D8177	总从站点数设置	设置从站点总数	主站
写	D8178	刷新范围设置	设置刷新范围	主站
读/写	D8179	重试次数设置	设置重试次数	主站
读/写	D8180	通信超时设置	设置通信超时	主站
读	D8201	当前网络扫描时间	存储当前网络扫描时间	主站，从站
读	D8202	最大网络扫描时间	存储最大网络扫描时间	主站，从站
读	D8203	主站点的通信错误数目	主站点的通信错误数目	从站
读	D8204～D8210	从站点的通信错误数目	从站点的通信错误数目	主站，从站
读	D8211	主站点的通信错误代码	主站点的通信错误代码	从站
读	D8212～D8218	从站点的通信错误代码	从站点的通信错误代码	主站，从站

表7-13 与N∶N网络相关的辅助继电器

特 性	辅助继电器	名 称	描 述	响应类型
读	M8038	N∶N网络参数设置	用来设置N∶N网络参数	主站，从站
读	M8183	主站点的通信错误	当主站点产生通信错误时为ON	从站
读	M8184～M8190	从站点的通信错误	当从站点产生通信错误时为ON	主站，从站
读	M8191	数据通信	当与其他站点通信时为ON	主站，从站

编号与从站点号相对应：辅助继电器M8184～M8190分别依次对应第1从站点、第2从站

点……第 7 从站点；数据寄存器 D8204 ~ D8210 和 D8212 ~ D8218 分别依次对应第 1 从站点、第 2 从站点……第 7 从站点。

（1）设置方法

1）设定站点号 D8176。D8176 =0 ~7，设定 0 ~7 到特殊数据寄存器 D8176 中。其中，0 为主站点，1 ~7 分别对应第 1 ~7 从站点。

2）设定从站点总数 D8177。D8177 =0 ~7，设定 0 ~7 到特殊数据寄存器 D8177 中。其中，0 表示没有从站点，1 ~7 分别表示系统中有 1 ~ 7 从站点。对于从站点不需要设置该参数。

3）设置刷新范围 D8178。D8178 =0 ~2，设定 0 ~2 到特殊数据寄存器 D8178 中，选择三种刷新范围模式（模式 0，模式 1，模式 2）。模式 0 共享每台 PLC 的 4 个数据寄存器，模式 1 共享每台 PLC 的 32 点辅助继电器和 4 个数据寄存器，模式 2 共享每台 PLC 的 64 点辅助继电器和 8 个数据寄存器。对于从站不需要设置该参数。在每种模式下使用的元件被 N：N 网络的所有站点占用，共享的软元件见表 7-14。

表 7-14　N：N 网络在三种刷新模式下占用的编程元件

站点号	模式 0		模式 1		模式 2	
	位元件 M	字元件 D	位元件 M	字元件 D	位元件 M	字元件 D
	0 点	4 点	32 点	4 点	64 点	8 点
第 0 号	—	D0 ~ D3	M1000 ~ M1031	D0 ~ D3	M1000 ~ M1063	D0 ~ D7
第 1 号	—	D10 ~ D13	M1064 ~ M1095	D10 ~ D13	M1064 ~ M1127	D10 ~ D17
第 2 号	—	D20 ~ D23	M1128 ~ M1159	D20 ~ D23	M1128 ~ M1191	D20 ~ D27
第 3 号	—	D30 ~ D33	M1192 ~ M1223	D30 ~ D33	M1192 ~ M1255	D30 ~ D37
第 4 号	—	D40 ~ D43	M1256 ~ M1287	D40 ~ D43	M1256 ~ M1319	D40 ~ D47
第 5 号	—	D50 ~ D53	M1320 ~ M1351	D50 ~ D53	M1320 ~ M1383	D50 ~ D57
第 6 号	—	D60 ~ D63	M1384 ~ M1415	D60 ~ D63	M1384 ~ M1447	D60 ~ D67
第 7 号	—	D70 ~ D73	M1448 ~ M1479	D70 ~ D73	M1448 ~ M1511	D70 ~ D77

4）设定重试次数 D8179。D8179 =0 ~10，设定 0 ~10 到特殊数据寄存器 D8179 中。对于从站点不需要设置该参数。如果主站点试图以此重试次数（或更高）与从站点通信，该站点将发生错误。

5）设置通信超时 D8180。D8180 =5 ~255，设定 5 ~255 到特殊数据寄存器 D8180 中。将设定值乘以 10ms 就是通信超时的持续时间。通信超时是主站点与从站点间的通信驻留时间。对于从站点不需要设置该参数。

（2）应用举例

设计 N：N 网络主站参数设定程序，实现 N：N 网络中主站点参数的设定，要求系统包括两个从站点。刷新设置为模式 1。重试次数设定为 3 次。通信超时设定为 60ms。

主站参数设定程序如图 7-25 所示。注意要将这个程序作为 N：N 网络参数设定程序从第 0 步（LD M8038）开始写入，该程序段不需要执行，编入此位置时，自动有效。

图 7-25 主站参数设定程序

7.3 PLC 网络

7.3.1 现场总线简介

现场总线是近几年来迅速发展起来的一种工业数据总线，它主要解决工业现场的智能化仪器仪表、控制器、执行机构等现场设备间的数字通信，以及这些现场控制设备和高级控制系统之间的信息传递问题。按照国际电工委员会 IEC 61158 的标准定义，现场总线是“安装在制造和过程区域的现场装置与控制室内的自动化控制装置之间的数字式、串行、多点通信的数据总线”。所以说，现场总线是在生产现场、测控设备之间形成开放型测控网络的新技术，现场总线控制系统既是一个开放式通信网络，又是一种全分布式控制系统。它作为智能设备的联系纽带，把挂接在总线上，作为网络节点的智能设备连接为网络系统，并进一步构成自动化系统，实现基本控制、补偿计算、参数修改、报警、显示、监控、优化及控管一体化的综合自动化功能。

1. 现场总线控制系统的组成

现场总线控制系统（Fieldbus Control System，FCS）通常被作为一个系统、一个网络或一个网络系统。它主要由三部分组成：现场智能仪表，控制器，现场总线监控、组态计算机。仪表、控制器，计算机通过现场总线网卡及通信协议软件连接到网上。因此，现场总线网卡及通信协议软件是现场总线控制系统的基础和神经中枢。

2. 现场总线控制系统体系结构

现场总线控制系统是一个实现电气传动控制、仪表控制和计算机控制一体化的系统结构。由三层网络组成：最底层（即 I/O 端口）为低速现场总线（如 FF 的 H1，Device Net 或 PROFIBUS 的 PA）连成的控制网络 CNET，中间一层为高级现场总线（如 FF 的 H2 或 PROFIBUS 的 DP）连成的系统网络 SNET，最上一层即决策支持层 MNET，采用高速以太网连接各控制器与站级计算机。图 7-26 为一典型的 FCS 体系结构图。

从图 7-26 可以看出，最底层的 H1 现场总线连接各类现场智能仪表，包括压力变送器、温度变送器、流量测量仪表及智能调节阀等，低速现场总线 FF H1 通过耦合器连接到高速现场总线 FF H2 上，作为 H2 总线的一个节点。对 FCS 进行管理和运行控制的工程师站或操作点站作为 H2

总线的节点，也连接到 FCS 的 H2 总线上，PLC 和 DCS 通过接口单元或模块作为高速现场总线的节点挂接到 H2 总线上。

图 7-26 中的耦合器用来连接低速侧总线 H1 和高速侧总线 H2，同时对现场仪表供电和本安隔离，H1 总线通过耦合器把现场智能仪表的数据上传到 H2 总线上，由 H2 总线上的操作员站对现场数据进行读取或保存，H2 总线遵循 PROFIBUS—DP 协议，数据传输采用 RS485 方式，最高传输速率可达 12Mbit/s。

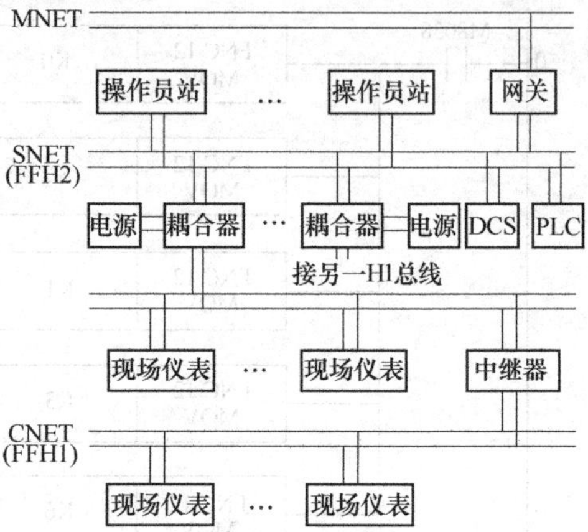

图 7-26 典型的 FCS 体系结构

现场总线控制系统的网络拓扑结构可采用线形、总线型、星形、环形、树形等，一般情况下采用线形结构，这是由于线形结构比较容易解决网络供电和本安防爆等问题。而且在线形结构时的现场总线支路的电源负载是确定的，沿总线的电源电压的变化是可以预料的。网络的通信介质很多，常用的有电话线、双绞线、光导纤维电缆、同轴电缆、无线等，在选择传输介质时主要考虑介质的电气隔离和电磁兼容性这两个因素。

3. 典型现场总线

（1）PROFIBUS

PROFIBUS 由 PROFIBUS-DP、PROFIBUS-FMS、PROFIBUS-PA 组成。DP 型用于分散外设间的高速数据传输，是一种经济的设备级网络，数据传输速率为 9.6kbit/s ~ 12Mbit/s，主要用于现场控制器与分散 I/O 之间的通信，可满足交直流调速系统快速响应的时间要求，特别适合于加工自动化领域的应用。FMS 主要解决车间级通信问题，完成中等传输速度的循环或非循环数据交换任务，适用于纺织、楼宇自动化、PLC、低压开关等，PA 型采用了 OSI 模型的物理层，数据链路层，适用于过程自动化的总线类型。

（2）基金会现场总线

基金会现场总线（Foundation Fieldbus，FF）是在过程自动化领域得到广泛支持和具有良好发展前途的技术，它以 ISO/OSI 开放系统互连模型为基础，取其物理层、数据链路层、应用层为 FF 通信模型的相应层次，并在应用层上增加了用户层，用户层主要针对自动化测控应用的需要，定义了信息存取的统一规则，采用设备描述语言规定了通用的功能块集。

（3）Lonworks

Lonworks 是美国 ECHELON 公司推出的开放式智能控制网络，是一种具有强劲实力的现场总线技术，它采用了 ISO/OSI 模型的全部 7 层通信协议，采用了面向对象的设计方法，通过网络变量把网络通信设计简化为参数设置，其通信速率从 300bit/s 至 1.5Mbit/s 不等，直接通信距离可达 2700m（78kbit/s，双绞线），支持双绞线、同轴电缆、光纤、射频、红外线、电力线等多种通信介质。

4. 现场总线的特点

现场总线是通信、计算机、控制技术发展的结合点，也是过程控制技术，自动化仪表技术、计算机网络技术三大技术发展的交汇点，是信息技术、网络技术发展的必然结果，是自动化领域的计算机局域网，是网络集成的测控系统，与 DCS 等传统的系统相比，现场总线系统具有以下技术特点：

（1）现场总线是数字通信网络

（2）现场总线是开放式互连网络

（3）现场总线是结构和功能高度分散的系统

（4）现场总线具有优越的远程监控功能

（5）为企业信息系统的构建创造了条件

7.3.2　三菱PLC的网络

通过使用更高级的网络功能模块，三菱PLC可接入工业网络实现更复杂的网络功能。

下面介绍的网络中，有的不仅仅是由FX_{2N} PLC组成的，因为在组网应用中，由多种型号的PLC，或由中大型的PLC组成网络是常见的。

在三菱公司的PLC产品中，A系列和Q系列的组网功能和通信能力最强，是组网时的首选。图7-27为Q系列PLC提供的三层网络，该网络结构中可以挂有非Q系列的三菱PLC。

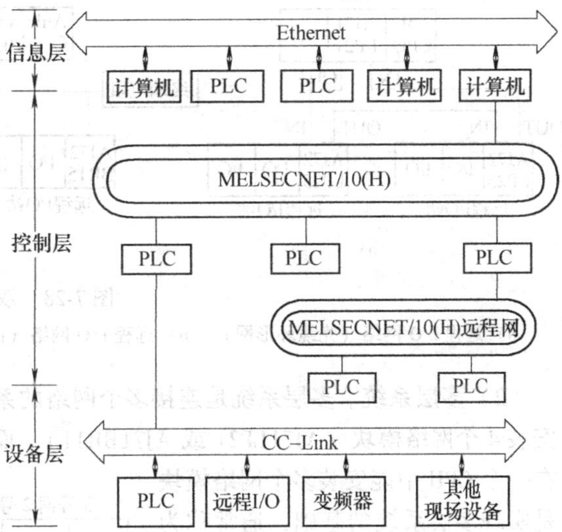

图7-27　三菱公司的PLC网络

1. 信息层（Ethernet以太网）

信息层为网络系统中最高层，主要是在PLC、设备控制器以及生产管理用PC之间传输生产管理信息、质量管理信息及设备的运转情况等数据。信息层使用最普遍的是Ethernet，它不仅能够连接Windows操作系统的PC、UNIX系统的工作站等，而且还能连接各种工厂自动化设备。

2. 控制层MELSECNET/10（H）

该层是整个网络系统的中间层，是PLC、CNC等控制设备之间方便且高速地进行处理数据互传的控制网络。MELSECNET/10具有良好的实时性、简单的网络设定、无程序的网络数据共享概念，以及冗余回路等特点。MELSECNET/H不仅继承了MELSECNET/10的特点，还使网络的实时性更好，数据容量更大，但目前MELSECNET/H只有Q系列PLC才可使用。

3. 设备层/现场总线CC-Link

设备层是把PLC等控制设备和传感器以及驱动设备连接起来的现场网络，是整个网络系统最低层的网络。采用CC-Link现场总线连接，布线数量大大减少，提高了系统可维护性。而且它不仅可连接开关量设备，还可连接变频器、人机界面等智能化设备，完成各种数据的通信。

三菱PLC除支持上面提到的网络外，还支持PROFIBUS、Modbus、Device-Net、AS-i等其他厂商的网络。

MELSECNET/10网络简称远程I/O网络，属于同位链接系统，其介质的访问控制采用令牌传送方式，网间的数据传送速度10Mbit/s，它可以构成大型的自动化控制系统。

（1）网络拓扑结构

MELSECNET/10网络作为一个PLC局域网，具有灵活的网络拓扑功能。其基本网络拓扑与传输介质有关：选择光缆构成环路拓扑系统（令牌环网），环路中最多65个站（比如一个主站，

64个从站），使用SI-L型光缆时，站间距离500m，总距离可达30km；选择同轴电缆构成总线拓扑系统（令牌总线网），总线上最多可以连接33个站（比如一个主站，32个从站），站间距离500m，总距离可达500m，使用A6BR10/A6BR10－DC中继器后，站间距离和总距离最大可增至2.5km。

1）双层系统。双层系统是一个单一的系统，包括环形网和总线网，而这两种网按主从关系又分为远程I/O网和PLC-to-PLC网，如图7-28所示。图中通信线连接的模块是网络模块。

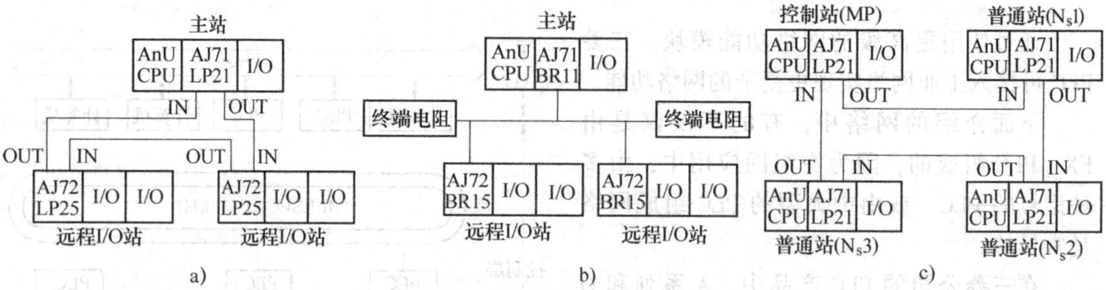

图7-28 双层系统网

a）远程I/O网络（光缆环形网） b）远程I/O网络（同轴电缆总线网） c）PLC-to-PLC网络（光缆环形网）

2）多层系统。多层系统是连接多个网络的系统。MELSECNET/10网络系统的主站最多可以安装4个网络模块（AJ71LP21或AJ71BR11），而每一个网络模块又可以组成一个单独的网络。在一个CPU中能安装多个网络模块是实现多层系统的基础，通常称为网络互联。网络互联能够跨过多网络进行信息发送与接收，其中安装多个网络模块的站能够实现信息的中转，一个网中的信息通过网络模块转送到另一个网中去，即起着网桥或网关的作用。多层系统中同一网络的各站以令牌的方式收发信息，采用链接通信方式。设定好链接的数据区，PLC就自动地交换站间的数据。MELSECNET/10网络提供路径功能，路径功能允许一个网络的远程I/O站与其他网络站进行瞬时传输。

网络模块要进行网络号和站号的设置。一个网络的每个站都必须分配相应的站号，而每个网络也必须分配相应的网络号，所以网络模块上都有网络号设定开关和站号设定开关。网络号的设定范围为1～255。多层系统的连接如图7-29所示。

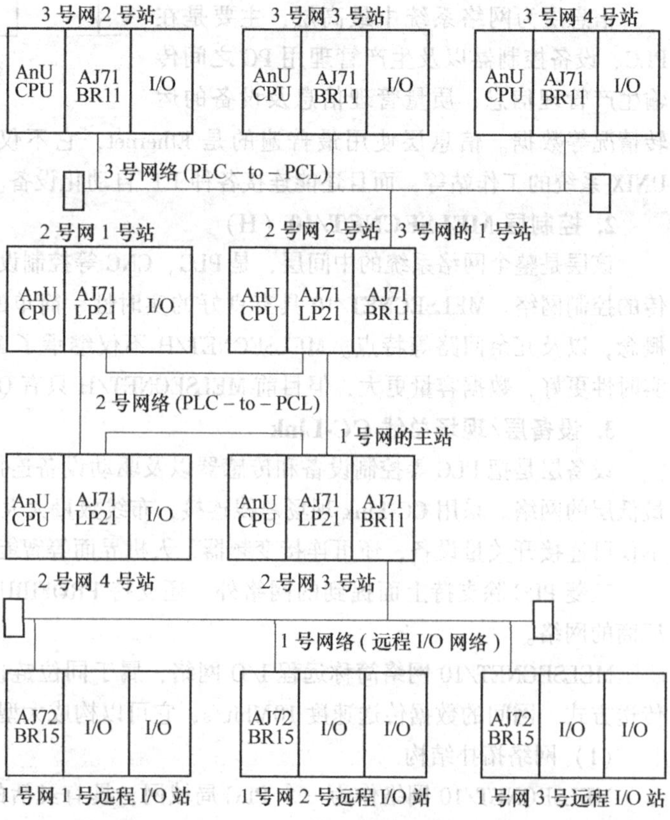

图7-29 多层系统网

（2）硬件配置

构成MELSECNET/10网络所需设备的主站CPU、CPU网络模块、远程I/O站网络模块见表7-15。

表7-15　远程I/O网络模块

模　块	型　号
主站CPU （统称AnU CPU）	A2UCPU　A4UCPU A2UCPU—S1　A2USCPU A3UCPU　A2USCPU—S1
主站网络模块	AJ71LP21（用于光纤环路系统） AJ71BR11（用于同轴总线系统）
远程I/O站网络模块	AJ72LP25（用于光纤环路系统） AJ72BR15（用于同轴总线系统）

如果一个PLC局域网中只有一个站安装了CPU模块和网络模块（AJ71LP21或AJ71BR11），这样的网络是远程I/O网络，那个站是主站。当PLC局域网中所有的站都安装了CPU模块和网络模块时，网络中各站的地位相同，这种网络称为PLC-to-PLC网络，网络中的各站仅分为控制站（M_P）和普通站（N_S）。

远程I/O站与CC-Link通信网络不同，远程I/O站可以安装I/O模块及各种智能模块。因此，在某个生产现场只要一个远程I/O站就完全能够与主站交换开关量信号和数字量信号，交换的信息量随现场设备而定。

（3）链接通信区

MELSECNET/10网络的通信属于链接通信，对于所有加入链接通信的站而言，链接通信区是共享的。在主站与远程I/O站中，它们的网络模块都提供了网络节点之间自动交换数据的链接通信区LB、LW、LX、LY，LX/LY，用于I/O模块的通信，LB/LW用于特殊模块的通信。以远程输入为例，数据的链接过程分3个步骤：远程I/O站的输入节点X的信号首先传输到该站网络模块的LX，这一过程为参数刷新；远程I/O站的LX中的信号传送到主站网络模块的LX；主站网络模块的LX中的信号通过参数刷新传送到PLC CPU中的X区。

链接通信区与特殊模块中的缓冲存储器不同，CPU不能通过FROM和TO指令读写链接通信区的数据，而是通过参数刷新的方式自动地交换信息。主站和远程模块的数据映射关系如图7-30所示。

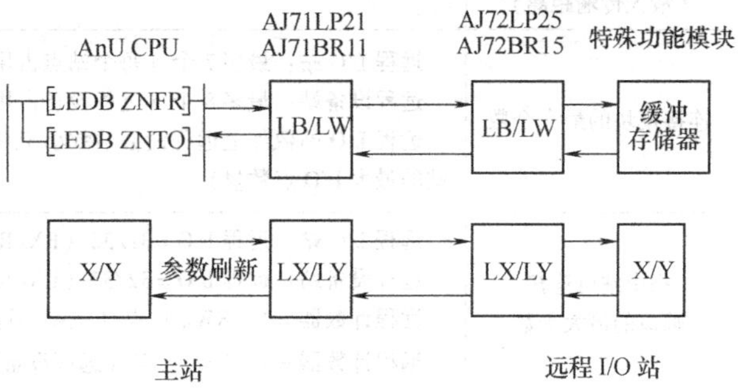

图7-30　数据映射图

LB/LW的数据传送到CPU时要编写程序。远程I/O站中特殊功能模块的值存储在它的缓冲存储器中，CPU利用指令LEDB、ZNFR、LEDB、ZNTO（这些是通信模块的专用指令，可从各通信模块的专用说明书中获得具体介绍）对其进行读写。

7.3.3　基于FX_{2N}系列PLC的网络技术

1. CC-Link现场总线

控制与通信链路是（Control&Communication Link，CC-Link）系统，由三菱电机为主导的多家公司推出，在其系统中，可以将控制和信息数据同时以10Mbit/s的速率高速传送至现场网络，CC-Link是一个以设备层为主的网络，同时也可覆盖较高层次的控制层和较低层次的传感层。

（1）CC-Link系统的构成

CC-Link系统至少1个主站，可以连接远程I/O站、远程设备站、本地站、备用主站、智能设备站等总计64个站。这个网络可以使用的接口模块有很多，图7-31为使用FX_{2N}-16CCL-M模块的链接方法，FX_{2N}-16CCL-M模块的技术特性见表7-16。

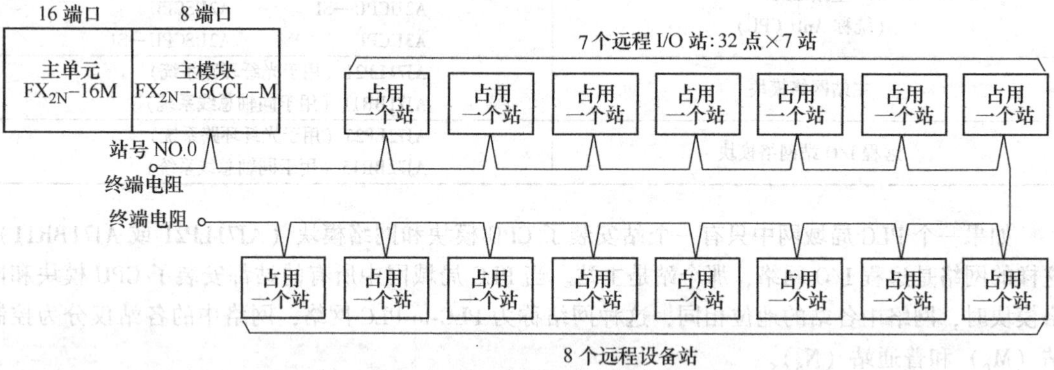

图7-31 CC-Link系统的链接

表7-16 FX_{2N}-16CCL-M模块的技术特性

项目	规格
可应用的功能	主站功能（不提供本地站和备用主站的功能）
CC-Link版本	Ver. 1. 10
可被支持的波特率	可在156kbit/s、625kbit/s、2. 5Mbit/s、5Mbit/s和10Mbit/s之间进行选择（用旋钮开关）
电缆总长的最大量（最大传输距离）	最长1200m，根据传输速度而改变
连接模块的最大个数	远程I/O站：最多7个（每个站点占用PLC的32个I/O点） 远程设备站：最多8个（远程设备占用的多于一个的站点必须被计入所占站点的总数中） 远程I/O站数加上远程设备站数小于/等于15（每台PLC所允许的包括远程设备和远程I/O站的最大I/O点数量）
每个站可连接端口的最大个数	远程I/O站：远程I/O=32/32（RX/RY）点 远程设备站：远程I/O=32/32（RX/RY）点 远程计数器=4（RW_W）点（主站→远程设备站） 远程计数器=4（RW_r）点（远程设备站→主站）
连接电缆	专用CC-Link电缆/专用高性能CC-Link电缆
RAS功能	自动返回功能，从站切断功能，连接专门的继电器和计数器进行错误检测的功能
可用的PLC	FX_{1N}/FX_{2N}（2. 20版或者更新版）/FX_{2NC}（2. 20版或者更新版） 不能用在FX_{2N}-32ASI-MAS接口主站模块
被占用的I/O端口个数	FX系列PLC的8个I/O点（总共8点，任意的输入/输出比）
与PLC的通信	通过缓存，使用FROM/TO指令
电源（外部）	通过DC 24V（150mA）的外围终端模块供电
电源（内部）	内部供电DC 5V

CC-Link 站的类型见表 7-17。

表 7-17　CC-Link 站的类型

CC-Link 站的类型	内　容
主站	控制 CC-Link 上全部站，并设定参数的站。每个系统中必须有 1 个主站，如 A/QnA/Q 系列 PLC 等
本地站	具有 CPU 模块，是可以与主站及其他本地站进行通信的站，如 A/QnA/Q 系列 PLC 等
备用主站	主站出现故障时，接替作为主站，并作为主站继续进行数据链接的站，如 A/QnA/Q 系列 PLC 等
远程 I/O 站	只能处理位信息的站，如远程 I/O 模块、电磁阀等
远程设备站	可处理位信息及字信息的站，如 A-D、D-A 转换模块、变频器等
智能设备站	可处理位信息及字信息，而且也可完成不定期数据传送的站，如 A/QnA/Q 系列 PLC、人机界面等

CC-Link 系统可配备多种中继器，可在不降低通信速度的情况下，延长通信距离，最长可达 13. 2km。例如，可使用光中继器，在保持 10Mbit/s 通信速度的情况下，将总距离延长至 4300m。另外，T 型中继器可完成 T 型连接，更适合现场的连接要求。

（2）CC-Link 的通信方式

1）循环通信方式：CC-Link 采用广播循环通信方式。在 CC-Link 系统中，主站、本地站的循环数据区与各个远程 I/O 站、远程设备站、智能设备站相对应，远程输入/输出及远程寄存器的数据将被自动刷新。而且，因为主站向远程 I/O 站、远程设备站、智能设备站发出的信息也会传送到其他本地站，所以在本地站也可以了解远程站的动作状态。

2）CC-Link 的链接元件：每一个 CC-Link 系统可以进行总计 4096 点的位，及加上总计 512 点的字的数据的循环通信，通过这些链接元件完成与远程 I/O、模拟量模块、人机界面、变频器等 FA（工业自动化）设备产品间高速的通信。

CC-Link 的链接元件有远程输入（RX）、远程输出（RY）、远程寄存器（RWw）和远程寄存器（RWr）四种，见表 7-18。远程输入（RX）是从远程站向主站输入的开/关信号（位数据），远程输出（RY）是从主站向远程站输出的开/关信号（位数据）。远程寄存器（RWw）是从主站向远程站输出的数字数据（字数据）。远程寄存器（RWr）是从远程站向主站输入的数字数据（字数据）。

表 7-18　链接元件表

项　目		规　格
整个 CC-Link. 系统最大链接点数	远程输入（RX）	2048 点
	远程输出（RY）	2048 点
	远程寄存器（RWw）	256 点
	远程寄存器（RWr）	256 点
每个站的链接点数	远程输入（RX）	32 点
	远程输出（RY）	32 点
	远程寄存器（RWw）	4 点
	远程寄存器（RWr）	4 点

注：CC-Link 中的每个站可根据其站的类型，分别定义为 1 个、2 个、3 个或 4 个站，即通信量可为表中每个站的链接点数的 1 ~4 倍。

3）瞬时传送通信：在 CC-Link 中，除了自动刷新的循环通信之外，还可以使用不定期收发信息的瞬时传送通信方式。瞬时传送通信由主站、本地站、智能设备站发起，可以进行以下的处理：

- 某一 PLC 站读写另一 PLC 站的软元件数据。
- 主站 PLC 对智能设备站读写数据。
- 用 GX Developer 软件对另一 PLC 站的程序进行读写或监控。
- 上位 PC 等设备读写一台 PLC 站内的软元件数据。

（3）CC-Link 的特点

1）通信速度快：CC-Link 的通信速度可达到 10Mbit/s，可确保需高速响应的传感器输入和智能化设备间的大容量数据的通信。选择对系统最合适的通信速度及总的距离时可参见表 7-19。

表 7-19　CC-Link 通信速度和距离的关系

通信速度	10Mbit/s	5Mbit/s	2. 5Mbit/s	625kbit/s	156kbit/s
通信距离	≤100m	≤160m	≤400m	≤900m	≤1200m

注：可通过中继器延长通信距离。

2）高速链接扫描：在只有主站及远程 I/O 站的系统中，通过设定为远程 I/O 网络模式的方法，可以缩短链接扫描时间。

远程 I/O 站的系统所使用的远程 I/O 网络模式和有各种站类型的系统所使用的远程网络模式（普通模式）的链接扫描时间的比较，可参见表 7-20。

3）备用主站功能：使用备用主站功能时，当主站发生了异常时，备用主站接替作为主站，使网络的数据链接继续进行。而且在备用主站运行过程中，原先的主站如果恢复正常，则将作为备用主站回到数据链路中。在这种情况下，如果运行中主站又发生异常时，则备用主站又将接替作为主站继续进行数据链接。

表 7-20　链接扫描时间的比较（通信速度为 10Mbit/s 时）

站　数	链接扫描时间/ms	
	远程 I/O 网络模式	远程网络模式（普通模式）
16	1. 02	1. 57
32	1. 77	2. 32
64	3. 26	3. 81

4）自动刷新功能、预约站功能：以 PLC 作为 CC-Link 的主站为例，由主站模块管理整个网络的运行和数据刷新，主站模块与 PLC 的 CPU 的数据刷新可在主站参数中设置刷新参数，便可以将所有的网络通信数据和网络系统监视数据自动刷新到 PLC 的 CPU 中，不需要编写刷新程序。这样，也不必考虑 CC-Link 主站模块缓冲寄存区的结构和数据类型与缓冲区的对应关系，可以简化编程指令，减少程序运行步骤，缩短扫描周期，保证系统运行实时性。

预约站功能在系统的可扩展性上显示出极大的优越性，也给系统开发提供了很大的方便。预约站功能指 CC-Link 在网络组态时，可以将现在不挂接到网络而计划将来挂接到 CC-Link 的设备，在网络组态时事先将这些设备的系统信息（站类型、占用数据量、站号等）在主站中登录，而且可以将相关程序编写好，这些预约站挂接到网络中后，便可以自动投入运行，不需要重新进行网络组态。在预约站没有挂接到网络中时 CC-Link 同样可以正常运行。

5）完善的 RAS 功能：RAS 是 Reliability（可靠性）、Availability（有效性）、Serviceability

（可维护性）的缩写。

备用主站功能、在线更换功能、通信自动恢复功能、网络监视功能、网络诊断功能提供了一个可以信赖的网络系统，帮助用户在最短时间内恢复网络系统。

6）优异的抗噪性能和兼容性

为了保证多厂家网络的良好的兼容性，一致性测试是非常重要的。CC-Link 的一致性测试程序包含了噪声测试。因此，所有 CC-Link 兼容产品具有高水平的抗噪性能，光缆中继器给网络系统提供了更加可靠、更加稳定的抗噪能力。

7）互操作性和即插即用：CC-Link 提供给合作厂商描述每种类型产品的数据配置文档。这种文档称为内存映射表，用来定义控制信号和数据的存储单元（地址）。然后，合作厂商按照这种映射表的规定，进行 CC-Link 兼容性产品的开发工作。

以模拟量 I/O 映射表为例，在映射表中位数据 RX0 被定义为读准备好信号，字数据 RWr0 被定义为模拟量数据。由不同的 A 公司和 B 公司生产的同样类型的产品，在数据的配置上是完全一样的，用户根本不需要考虑在编程和使用上 A 公司与 B 公司的有何种不同，另外，如果用户换用同类型的不同公司的产品，程序基本不用修改，即可实现“即插即用”连接设备。

8）瞬时传送功能：CC-Link 的通信形式可分为两种，循环通信和瞬时传送。

循环通信意味着不停地进行数据交换。各种类型的数据交换即远程输入 RX，远程输出 RY 和远程寄存器 RWr、RWw。一个子站可传递的数据容量依赖于所占据的虚拟站数。占据一个子站意味着适合 32 位 RX 或 RY，并以每四个字进行重定向。如果一个装置占据两个虚拟站，那么它的数据容量就扩大了一倍。

除了循环通信，CC-Link 还提供主站、本地站及智能装置站之间传递信息的瞬时传送功能。信息从主站传递到子站，信息数据将以 150B 为单位分割，并以每批 150B 传递。若从子站传递到主站或其他子站，每批信息数据最大为 34B。瞬时传送需要由专用指令来完成。

2. ASI 网络

ASI（Actuator Sensor Interface，执行器/传感器接口）网络属于底层自动控制设备的工业数据通信网络，用于在控制器和传感器或执行器之间实现双向数据通信。ASI 传输的字节很短，有效数据一般只有 4 ~ 5 位，被称为设备层总线。ASI 已被纳入 IEC62026 国际标准。ASI 属于主从式网络，每个网段只能有一个主站。

当前世界上主要的传感器和执行器生产厂家都支持 ASI，它特别适用于连接具有开关量特征的传感器和执行器，如行程开关、位置开关、阀门、报警器、继电器及接触器等。

三菱的 FX_{2N}-32ASI-M 是 ASI 网络的主站模块，响应时间小于 5ms，最大通信距离为 100m，使用两个中继器可扩展到 300m，传输速率为 167kbit/s。最多可接 31 个从站，占用 8 个输入/输出点，系统结构如图 7-32 所示。

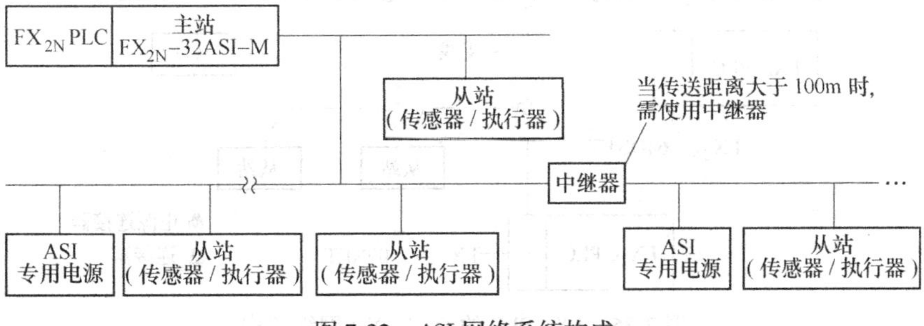

图 7-32　ASI 网络系统构成

3. PROFIBUS 现场总线

FX_{0N}-32NT-DP PROFIBUS 接口模块可将 FX_{2N} PLC 作为从站连接到 PROFIBUS-DP 网络中，从主站最多可发送或接收 20 个字的数据。使用 TO/FROM 命令与 FX_{2N} 系列 PLC 进行通信，占用 8 个 I/O 点，传输速率可达 12Mbit/s（对应最大通信距离 100m），最大通信距离为 1200m（对应传输速率 93.75kbit/s），系统网络结构如图 7-33 所示。

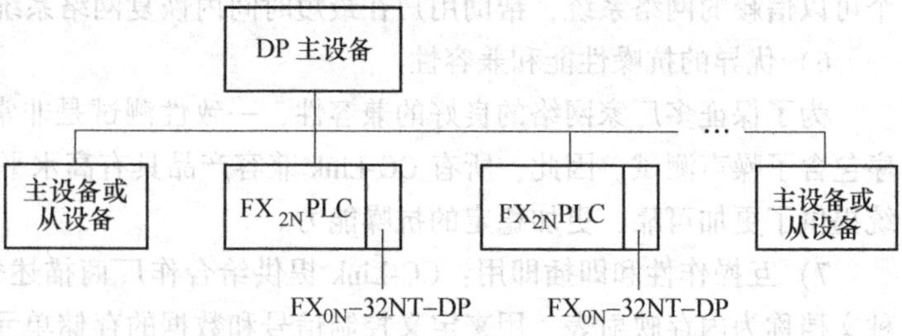

图 7-33 FX_{2N} PLC 的 DP 网络结构（使用 FX_{0N}-32NT-DP 模块）

FX_{2N}-32DP-IF PROFIBUS 接口模块用于将最多 8 个 FX_{2N} 系列扩展 I/O 单元或特殊功能模块连接到 PROFIBUS-DP 网络中，最多 256 个 I/O 点，一个总线周期可发送或接收 200B 的数据，系统网络结构如图 7-34 所示。

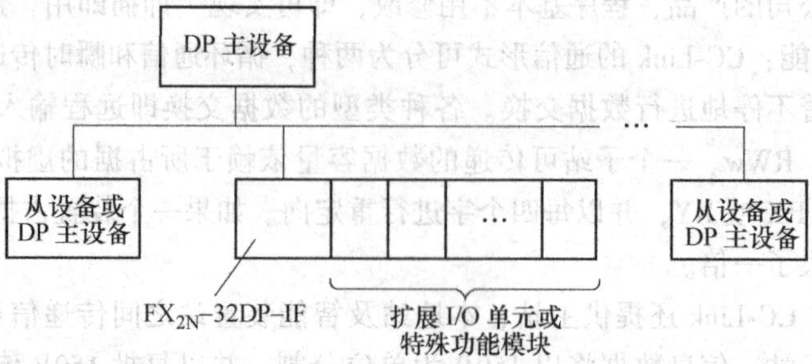

图 7-34 FX_{2N} PLC 的 DP 网络结构（使用 FX_{2N}-32DP-IF 模块）

4. 现场总线 DeviceNet

DeviceNet 是一种基于 CAN 技术的开放型通信网络，主要用于构建底层控制网络。

DeviceNet 采用的典型拓扑结构为总线型结构，采用总线分支连接方式，粗缆多用作主干总线，细缆多用作支线，非总线供电的线缆应包括直流 24V 电源线、信号线这两组双绞线以及信号屏蔽线。在设备连接方式上可以灵活选用开放式和密封式的连接器。

FX_{2N}-64DNET 模块将 FX_{2N} PLC 作为从站连接到 DeviceNet 网络中，可使用屏蔽双绞线电缆，最高传输速率为 500kbit/s，占用 8 个 I/O 点，系统网络结构如图 7-35 所示。

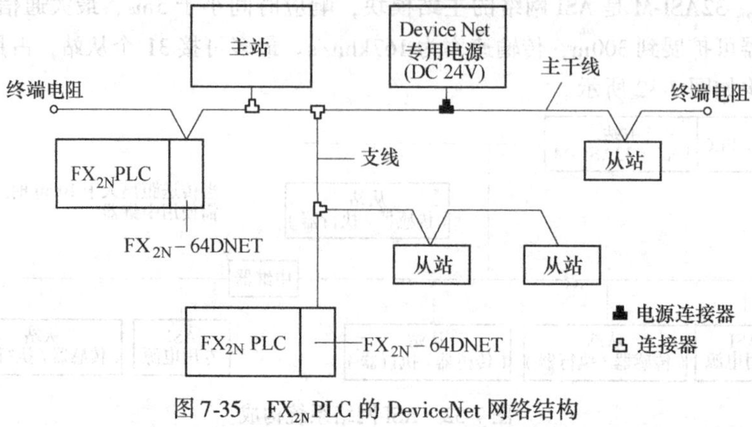

图 7-35 FX_{2N} PLC 的 DeviceNet 网络结构

5. MELSEC-I/O 链接

MELSEC NET 是三菱 PLC 的数据通信网络，它不仅可以执行数据控制和数据管理，而且也能完成工厂自动化所需要的绝大部分功能，是一个大型的网络控制系统。MELSEC　NET 由两个数据通信环路——主环与副环构成，反向工作，互为备用，每一时刻只允许有一个环路工作。当主环路或子站发生故障时，网络的“回送功能”将通信自动切换到副环路，并将子站故障断开。如果主、副环路均发生故障，它又能够把主、副环路在故障处自动接通，形成回路，实现“回送功能”。这样，可以保证在任何故障下整个通信系统不发生中断而可靠工作。另外，系统还具有电源瞬间断电校正功能，保证了通信的可靠。

对于不需要采用大型网络系统的地方，有时也希望将小型 PLC 以及其他控制装置综合起来构成集散控制系统，考虑到经济成本，可以组成 MELSEC-I/O 链接网络系统，它是在 MELSEC　NET基础上开发的小型网络系统。

FX2N-16LNK-M 是 MELSEC-I/O LINK 远程 I/O 链接系统的主站模块，可将 FX_{2N}系列 PLC 作为主站连接到 MELSEC-I/O LINK 中。每个主站模块最大支持 16 个 4 点远程模块（128 点）。整个系统总通信距离最大为 200m，传输速率为 38400bit/s。主站及远程 I/O 模块可以用屏蔽双绞线连接，不需要设置终端电阻，所有电缆可以分支。该网络适用于远程输入/输出设备的开关量控制等，系统网络结构如图 7-36 所示。

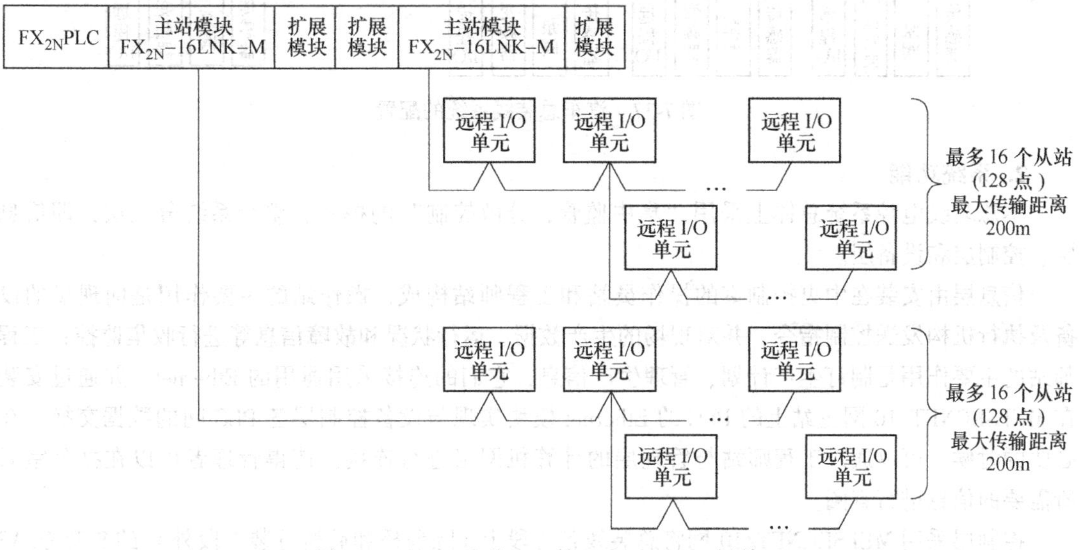

图 7-36　FX_{2N}系列 PLC 的 MELSEC-I/O 链接

7.4　三菱 PLC 网络的工程应用实例

1. 汽车总装线系统的构成与要求

汽车总装线由车身储存工段、底盘装配工段、车门分装输送工段、最终装配工段、动力总成分装、合装工段、前桥分装工段、后桥分装工段、仪表板总装工段、发动机总装工段等构成。

车身储存工段是汽车总装的第一个工序，它采用 ID 系统进行车身型号和颜色的识别。在上件处，由 ID 读写器将车型和颜色代码写入安装在吊具上的存储载体内，当吊具运行到各道岔处由 ID 读写器读出存储载体内的数据，以决定吊具进入不同的储存段。出库时，ID 读写器读出存储载体内的数据，以决定车身送到下件处或重新返回存储段。在下件处，清除存储载体的数据。

在上下线间，应在必要的地方增加ID读写器，以确定车身信息，防止误操作。采用人机界面以分页显示该工段各工位的运行状况，车身存储情况、饱和程度、故障点等信息。

总装线的所有工段都分为自动操作和手动操作两种形式。自动操作时，全线由PLC程序控制；手动操作时，操作人员在现场进行操作。整条线在必要的工位应有急停及报警装置。整个系统以三菱PLC及现场总线CC-Link为核心控制设备，采用接近或光电开关监测执行结构的位置，调速部分采用三菱FR-E500系列变频器进行控制，现场的各种控制信号及执行元件均通过CC-Link由PLC进行控制。系统配置如图7-37所示。

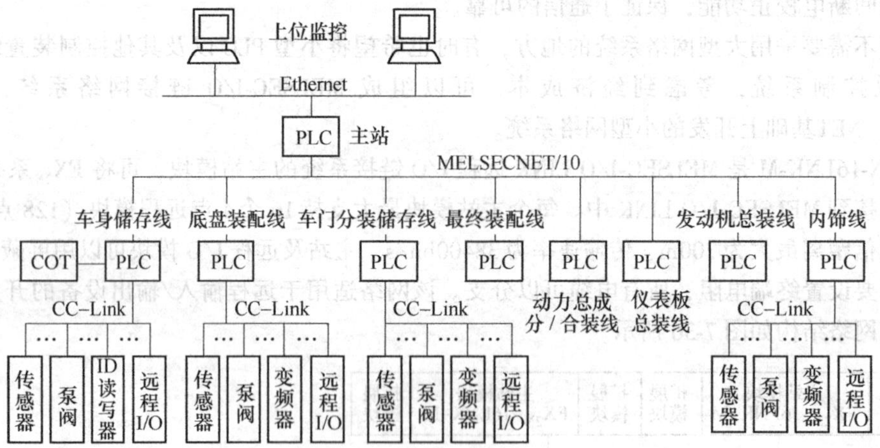

图7-37 汽车总装线系统的配置

2. 系统功能

本总装线电控系统总体上采用“集中监管，分散控制”的模式，整个系统分三层，即信息层、控制层和设备层。

信息层由安装在中央控制室的操作员站和工程师站构成，操作站的主要作用是向现场的设备及执行机构发送控制指令，并对现场的生产数据、运行状况和故障信息等进行收集监控；工程师站的主要作用是制订生产计划、管理生产信息，它们的连接采用通用的Ethernet，并通过安装在MELSECNET/10网主站上的PLC的Ethernet模块实现与设备控制层各PLC间的数据交换。在必要的时候，可以通过工程师站与管理层的计算机网络进行连接，使得管理者可以在办公室对所需要的信息进行查阅。

控制层采用MELSECNET/10网将总装线各工段上（除前桥和后桥分装工段外）的8套Q2AS PLC相连接实现数据共享。它具有传输速度高（10Mbit/s）、编程简单（无需专用网络指令）、可靠性高、维护方便、信息容量大等特点。车身储存工段采用一台三菱A975GOT人机界面，实现对该工段现场信息的高速响应。

设备层采用四套CC-Link，分别挂在车身储存工段、底盘装配工段、车门分装储存工段和内饰工段的PLC上。CC-Link现场总线具有传输速度高（最高10Mbit/s）、传输距离长（1200m）、设定简单、可靠性高、维护方便、成本低等特点。它通过双绞线将现场的传感器、泵、阀、ID读写器、变频器及远程I/O等设备连接起来，实现了分散控制集中管理。这样变频器的参数、报警信息等数据不但可以方便地由PLC进行读写，而且可由上位机和图形操作界面（GOT）通过PLC方便地进行监控和参数调整。使用ID读写器容易进行车体跟踪，减少了信息交流量，使生产线结构实现高度柔性化，并且有效地提高了自动化程度，节省人力资源。

3. 系统优点

（1）保持稳定的自动化生产

本系统内的任何设备发生故障，都不会影响其他操作及设备的运行。即使此系统中的任何一个设备发生故障，甚至掉线，仅仅故障发生处的设备不能进行自动操作，其他所有设备也都将连续工作。当故障排除后，设备能够自动恢复运行而不需将整条生产线重新上电。

（2）确保产品质量

生产数据被实时收集并监控，并根据这些生产数据可进行必要的修补操作。这些生产数据（包括产品的质量信息）被保存在上位机中，并由上位机进行管理。

（3）维护方便

MELSECNET/10 网和 CC-Link 具有方便直观的维护功能，便于查清故障发生点及其原因，可迅速恢复系统的正常运行。上位机实时收集故障发生的原因、时间等历史数据，为以后的维护提供参考。

（4）提高系统的柔性

对操作内容及设备的改变的灵活响应是这个系统的显著特点。MELSECNET/10 网和 CC-Link 具有预留站的功能以及 Q2AS PLC 独特的结构化编程的理念，均可以方便地实现对系统生产内容改变的灵活响应。

（5）节省人力资源

系统较高的自动化程度有效地节省了人力资源，并极大地改善了操作者的工作环境。

思考与习题

1. 什么是并行通信？什么是串行通信？

2. 简述 RS-232C、RS-422A 和 RS-485 在原理、性能上的区别。

3. 如何实现 PC 与 PLC 的通信？有几种互连方式？

4. 三菱 PLC 常用的通信方式有哪几种？

5. 异步通信中为什么需要起始位和停止位？

6. 现场总线有哪些优点？

7. 通过对三菱 PLC 的了解，说明 PLC 网络的特点。

8. 利用两台 FX_{2N}系列 PLC 进行并行链接，工作在普通模式下，编写主站和从站程序，并满足下列要求：当主站的数据寄存器 D0≥100 时，将从站的输入信号 X0 ~ X7 输出到主站 Y0 ~ Y7。

9. 简述 N : N 网络之间如何交换数据。

10. 利用四台 FX_{2N}系列 PLC 组成 N : N 网络，编写主站和各从站程序，并满足下列要求：各站点的输出信号 Y0 ~ Y7 共享，并将这些信号保存在各自的辅助继电器（M）和数据寄存器（D）中。

11. 简述计算机连接中利用计算机读取 PLC 数据时双方的数据传输过程。

第8章　PLC的工程应用

PLC 的工程应用包括三个重要的环节：一是通过对控制任务的分析，确定控制系统的总体设计方案；二是根据控制要求确定系统的硬件构成；三是设计出满足控制要求的应用程序。本章重点介绍 PLC 工程应用的设计方法，首先介绍 PLC 控制系统的设计步骤，然后讲述控制系统的硬件配置原则和方法、PLC 的安装与维护、PLC 与 I/O 设备的具体连接方法。

8.1　PLC 控制系统设计简介

8.1.1　PLC 控制系统的设计原则

在了解 PLC 的工作原理、指令系统与编程方法之后，可以结合实际工作进行 PLC 控制系统设计。PLC 控制系统的设计包括硬件设计和软件设计两部分。PLC 设计的基本原则是：

1）充分发挥 PLC 的控制功能，最大限度地满足被控对象的控制要求，是设计 PLC 控制系统的首要前提，这也是设计中最重要的一条原则。这要求设计人员在设计前必须分析生产工艺，掌握 PLC 控制对象的工作情况及控制要求，并深入现场进行调查研究，收集控制现场的资料，收集先进的国内、国外相关资料。拟定控制方案，共同解决设计中的重点问题和疑难问题。

2）在满足控制要求的前提下，力求使控制系统经济、简单，维修方便。在满足控制要求的前提下，一方面要注意不断地提高工程的效益，另一方面也要注意不断地降低工程的成本。这要求设计者不仅应该使控制系统简单、经济，而且要使其使用和维护方便、成本低，不宜盲目追求自动化和高指标。

3）保证控制系统安全可靠。这要求设计者在系统设计、元器件选择、软件编程上要全面考虑，以确保控制系统安全可靠。例如，应该保证 PLC 程序不仅在正常条件下运行，而且在非正常情况下（如突然掉电再上电、按钮按错等），也能正常工作。

4）考虑到生产发展和工艺的改进，在选用 PLC 时，在 I/O 点数和内存容量上适当留有余地。由于技术的不断发展，控制系统的要求也将会不断地提高，设计时要适当考虑到今后控制系统发展和完善的需要。这要求在选择 PLC、输入/输出模块、I/O 点数和内存容量时，要适当留有裕量，以满足今后生产的发展和工艺的改进。

5）编制程序时要求程序结构清楚、可读性强，程序简短，占用内存少，扫描周期短。在编制程序之前，要充分考虑整个控制系统的架构，认真理顺各个控制部分的相互逻辑关系，设计出合理的流程图。

8.1.2　PLC 控制系统设计的步骤

PLC 控制系统设计的一般步骤如图 8-1 所示。

1. 分析控制对象

在设计控制系统时，首先必须深入研究分析被控对象（机械设备、生产线或生产过程等）工艺流程的特点和要求，明确控制任务，根据控制系统的技术指标要求合理制定和选取控制参数，使得 PLC 最大限度地满足生产现场的要求。

控制要求是指控制的方式，所要完成的动作时序和动作转换条件，应具备的操作方式（手动、半自动、自动、连续或断续等），必要的保护措施和联锁等。

在明确控制系统的设计任务和要求后，合理选择电气传动方式和电动机、电磁阀等执行机构的种类和数量，拟定电动机的起停、运行、调速、转向、制动等控制方案；确定输入/输出元件的种类及数量，分析输入和输出信号之间的关系。

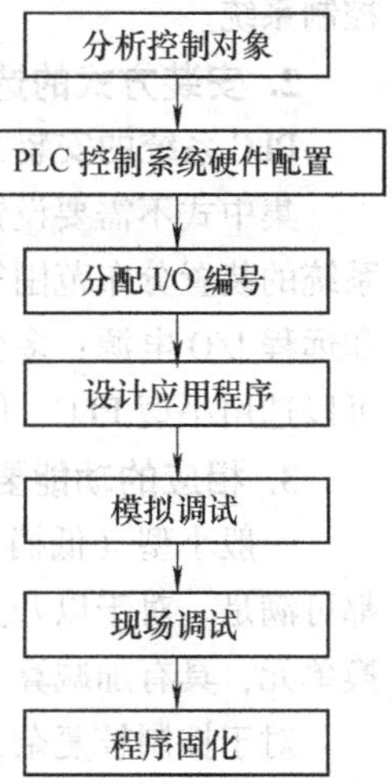

图8-1　PLC控制系统设计的步骤

2. PLC控制系统的硬件配置

控制系统的硬件配置包括PLC的选型、I/O选择、控制系统原理图的绘制等。

3. 分配I/O编号

根据现场输入/输出要求及数量，对I/O地址进行分配，以便程序设计时使用。

4. 应用程序设计

应用程序设计是基于硬件配置和I/O地址分配的基础上，根据控制系统的要求，应用相关编程软件设计梯形图程序（或顺控程序、语句表等），是整个设计的核心。

5. 程序调试及固化

1）模拟调试：将设计好的控制程序输入PLC，首先进行模拟调试，对程序错误进行修正并进一步完善程序。

2）现场调试：在对应用程序完成摸拟调试后，方可进行现场调试。现场调试时，如果程序较长（由多个环节组成），可利用END指令进行分段调试，并逐步修正，最后再做整体调试，直至满足现场要求。

3）程序固化：将调试好的程序存入E^2PROM，以备后用。

8.2　PLC控制系统硬件配置

8.2.1　PLC选择

随着PLC技术的发展，PLC产品的种类也越来越多。不同型号的PLC，其结构形式、性能、容量、指令系统、编程方式、价格等也各有不同，适用的场合也各有侧重。因此，合理选用PLC，对于提高PLC控制系统的技术经济指标有着重要意义。

PLC的选择主要应从PLC的机型、容量、I/O模块、电源模块、特殊功能模块、通信联网能力等方面加以综合考虑。

PLC机型选择的基本原则是在满足功能要求及保证可靠、维护方便的前提下，力争最佳的性能价格比。选择时主要考虑以下几点。

1. 合理的结构形式

PLC主要有整体式和模块式两种结构形式。

整体式PLC的每一个I/O点数的平均价格比模块式的便宜，且体积相对较小，一般用于系统工艺过程较为固定的小型控制系统中；而模块式PLC的功能扩展灵活方便，在I/O点数、输入点数与输出点数的比例、I/O模块的种类等方面选择余地大，且维修方便，一般用于较复杂的控制系统。

2. 安装方式的选择

PLC 系统的安装方式分为集中式、远程 I/O 式以及多台 PLC 联网的分布式。

集中式不需要设置驱动远程 I/O 硬件，系统反应快、成本低；远程 I/O 式适用于大型系统，系统的装置分布范围很广，远程 I/O 可以分散安装在现场装置附近，连线短，但需要增设驱动器和远程 I/O 电源；多台 PLC 联网的分布式适用于多台设备分别独立控制，又要相互联系的场合，可以选用小型 PLC，但必须要附加通信模块。

3. 相应的功能要求

一般小型（低档）PLC 具有逻辑运算、定时、计数等功能，对于只需要开关量控制的设备都可满足。对于以开关量控制为主，带少量模拟量控制的系统，可选用能带 A-D 转换和 D-A 转换单元，具有加减算术运算、数据传送功能的增强型低档 PLC。

对于控制较复杂，要求实现 PID 运算、闭环控制、通信联网等功能，可视控制规模大小及复杂程度，选用中档或高档 PLC。但是中、高档 PLC 价格较贵，一般用于大规模过程控制和集散控制系统等场合。

4. 响应速度要求

PLC 是为工业自动化设计的通用控制器，不同档次 PLC 的响应速度一般都能满足其应用范围内的需要。如果要跨范围使用 PLC，或者某些功能或信号有特殊的速度要求时，则应该慎重考虑 PLC 的响应速度，可选用具有高速 I/O 处理功能的 PLC，或选用具有快速响应模块和中断输入模块的 PLC 等。

5. 系统可靠性的要求

对于一般系统 PLC 的可靠性均能满足。对可靠性要求很高的系统，应考虑是否采用冗余系统或热备用系统。

6. 机型尽量统一

一个企业，应尽量做到 PLC 的机型统一。主要考虑到如果机型统一，则：

1）其模块可互为备用，便于备品备件的采购和管理。

2）其功能和使用方法类似，有利于技术力量的培训和技术水平的提高。

3）其外部设备通用，资源可共享，易于联网通信，配上位计算机后易于形成一个多级分布式控制系统。

7. PLC 容量的选择

PLC 的容量包括 I/O 点数和用户存储容量两个方面。

（1）I/O 点数的选择

PLC 平均的 I/O 点数的价格还比较高，因此应该合理选用 PLC I/O 点数的数量，在满足控制要求的前提下力争使用的 I/O 点数最少，但必须留有一定的裕量。通常 I/O 点数是根据被控对象的输入、输出信号的实际需要，再加上 10% ~15% 的裕量来确定。

（2）存储容量的选择

用户程序所需的存储容量大小不仅与 PLC 系统的功能有关，而且还与功能实现的方法、程序编写水平有关。一个有经验的程序员和一个初学者，在完成同一复杂功能时，其程序量可能相差 25%，所以对于初学者应该在存储容量估算时多留裕量。

PLC 的 I/O 点数多少，在很大程序上反映了 PLC 系统的功能要求，因此可在 I/O 点数确定的基础上，按下式估算存储容量后，再加 20% ~30% 的裕量，公式为

存储容量(单位为字节) = 开关量 I/O 点数 × 10 + 模拟量 I/O 通道数 × 100

另外，在存储容量选择的同时，注意对存储器的类型的选择。

8.2.2 I/O 模块的选择

一般 I/O 模块的价格占 PLC 价格的一半。PLC 的 I/O 模块有开关量 I/O 模块、模拟量 I/O 模块及各种特殊功能模块等。不同的 I/O 模块，其电路及功能也不同，直接影响 PLC 的应用范围和价格，应当根据实际需要加以选择。

1. 开关量 I/O 模块的选择

(1) 开关量输入模块的选择

开关量输入模块是用来接收现场输入设备的开关信号，将信号转换为 PLC 内部接收的低电压信号，并实现 PLC 内、外信号的电气隔离。选择时主要应考虑以下几个方面：

1) 输入信号的类型及电压等级。开关量输入模块有直流输入、交流输入和交流/直流输入三种类型。选择时主要根据现场输入信号和周围环境因素等。直流输入模块的延迟时间较短，还可以直接与接近开关、光电开关等电子输入设备连接；交流输入模块可靠性好，适合于有油雾、粉尘的恶劣环境下使用。

开关量输入模块的输入信号的电压等级有：直流 5V、12V、24V、48V、60V 等；交流 110V、220V 等。选择时主要根据现场输入设备与输入模块之间的距离来考虑。一般 5V、12V、24V 用于传输距离较近的场合，如 5V 输入模块最远不得超过 10m。距离较远的应选用输入电压等级较高的模块。

2) 输入接线方式。开关量输入模块主要有汇点式和分组式两种接线方式，如图 8-2 所示。

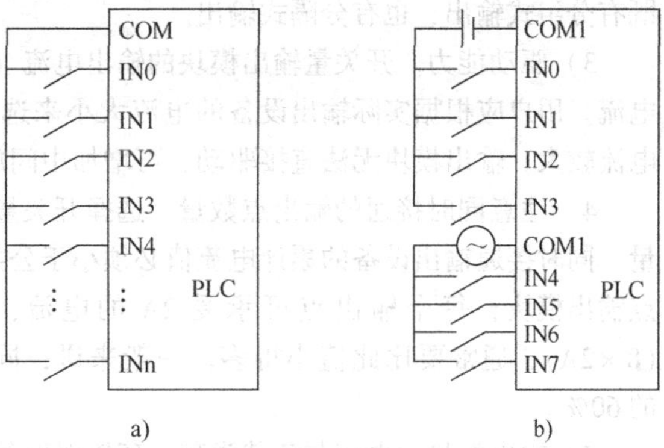

图 8-2 开关量输入模块的接线方式
a) 汇点式输入 b) 分组式输入

汇点式的开关量输入模块所有输入点共用一个公共端（COM），而分组式的开关量输入模块是将输入点分成若干组，每一组（几个输入点）有一个公共端，各组之间是分隔的。分组式的开关量输入模块价格较汇点式高，如果输入信号之间不需要分隔，一般选用汇点式。

3) 注意同时接通的输入点数量。对于选用高密度的输入模块（如 32 点等），应考虑该模块同时接通的点数一般不要超过输入点数的 60%。

4) 输入门槛电平。为了提高系统的可靠性，必须考虑输入门槛电平的大小。门槛电平越高，抗干扰能力越强，传输距离也越远，具体可参阅 PLC 说明书。

(2) 开关量输出模块的选择

开关量输出模块是将 PLC 内部低电压信号转换成驱动外部输出设备的开关信号，并实现 PLC 内外信号的电气隔离。选择时主要应考虑以下几个方面：

1) 输出方式。开关量输出模块有继电器输出、晶闸管输出和晶体管输出三种方式。

继电器输出的价格便宜，既可以用于驱动交流负载，又可以用于直流负载，而且适用的电压大小范围较宽、导通压降小，同时承受瞬时过电压和过电流的能力较强，但其属于有触点元件，动作速度较慢（驱动感性负载时，触点动作频率不得超过 1Hz）、寿命较短、可靠性较差，只能适用于不频繁通断的场合。

对于频繁通断的负载，应该选用晶闸管输出或晶体管输出，它们属于无触点元件。晶体管输出使用寿命长，响应速度快（延时一般为 0.5～1ms），但晶闸管输出只能用于交流负载，而晶体管输出只能用于直流负载。

2）输出接线方式。开关量输出模块主要有分组式和分隔式两种接线方式，如图 8-3 所示。

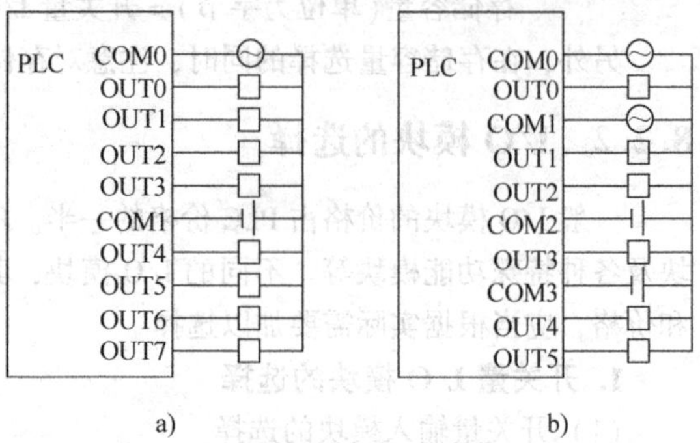

图 8-3　开关量输出模块的接线方式

a）分组式输出　b）分隔式输出

分组式输出是几个输出点为一组，一组有一个公共端，各组之间是分隔的，可分别用于驱动不同电源的外部输出设备；分隔式输出是每一个输出点就有一个公共端，各输出点之间相互隔离。选择时主要根据 PLC 输出设备的电源类型和电压等级的多少而定。一般整体式 PLC 既有分组式输出，也有分隔式输出。

3）驱动能力。开关量输出模块的输出电流（驱动能力）必须大于 PLC 外接输出设备的额定电流。用户应根据实际输出设备的电流大小来选择输出模块的输出电流。如果实际输出设备的电流较大，输出模块无法直接驱动，可增加中间放大环节。

4）注意同时接通的输出点数量。选择开关量输出模块时，还应考虑能同时接通的输出点数量。同时接通输出设备的累计电流值必须小于公共端所允许通过的电流值，如一个 220V/2A 的 8 点输出模块，每个输出点可承受 2A 的电流，但输出公共端允许通过的电流并不是 16A（8×2A），通常要比此值小得多。一般来讲，同时接通的点数不要超出同一公共端输出点数的 60%。

5）输出的最大电流与负载类型、环境温度等因素有关。开关量输出模块的技术指标，它与不同的负载类型密切相关，特别是输出的最大电流。另外，晶闸管的最大输出电流随环境温度升高会降低，在实际使用中也应注意。

2. 模拟量 I/O 模块的选择

模拟量 I/O 模块的主要功能是数据转换，并与 PLC 内部总线相连，同时为了安全也有电气隔离功能。模拟量输入（A-D）模块是将现场由传感器检测而产生的连续的模拟量信号转换成 PLC 内部可接受的数字量；模拟量输出（D-A）模块是将 PLC 内部的数字量转换为模拟量信号输出。

（1）模拟量输入模块选择

模拟量输入模块选择时主要考虑以下几点：

1）模拟量值的输入范围。模拟量输入可以是电压信号或者电流信号。标准电压信号为 0～5V、0～10V（单极性），－2.5～＋2.5V、－5～＋5V（双极性）；标准电流信号为 0～20mA、4～20 mA 等。在选择时一定要注意与现场过程检测信号范围相对应，如果现场变送器与模拟量模块相距较远时，最好采用电流输入信号。

2）模拟量输入模块的参数指标。模拟量输入模块的分辨率、精度和转换时间等参数指标必须满足现场的要求。

3）抗干扰措施。在系统设计中要注意抗干扰措施。主要方法有：输入信号必须与交流信号和可能产生干扰源的供电电源保持一定距离，模拟量输入信号线要采取屏蔽措施及补偿技术以减少环境变化对模拟量输入信号的影响。

（2）模拟量输出模块选择

模拟量输出模块有电压输出和电流输出两种，电压和电流的输出范围分别为0~10V、-10~+10V、0~20mA、4~20mA等。一般模拟量输出模块都同时具有这两种输出类型，只是在与负载相连接时接线方式不同。模拟量输出模块有不同的输出功率，选择时要根据负载来确定。模拟量输出模块的参数指标和抗干扰措施与模拟量输入模块类似。

8.2.3　电源模块及其他外设的选择

1. 智能功能I/O模块的选择

智能功能I/O模块包括高速计数模块（如三菱的FX_{2N}-1HC）、PID过程控制模块（如三菱的FX_{2N}-2LC）、通信模块（如三菱的FX_{2N}-232IF）、运动控制模块（如三菱的FX_{2N}-1PG）、凸轮控制模块（如三菱的FX_{2N}-1RM-SET）、网络通信模块（如三菱的FX_{2N}-16CCL-M）等。通常这些模块价格较昂贵，而有些功能采用一般的I/O模块或功能指令也可以实现，只是编程复杂，增加了程序设计的工作量，因此选择时要根据实际情况决定。

在完成PLC的系统配置后，还要根据控制要求选择其他相关的硬件，如触摸屏的人机接口等，然后设计控制系统原理图（表明控制系统的原理）、控制系统的接线图（表明PLC与现场设备之间的实际连线）。

2. 电源模块的选择

电源模块选择仅对于模块式结构的PLC而言，对于整体式PLC不存在电源的选择。

电源模块的选择主要考虑电源输出额定电流和电源输入电压。电源模块的输出额定电流必须大于CPU模块、I/O模块和其他特殊模块等消耗电流的总和，同时还应考虑今后I/O模块的扩展等因素，电源输入电压一般根据现场的实际需要而定。

3. 编程器的选择

对于小型控制系统或不需要在线编程的系统，一般选用价格便宜的简易编程器。对于由中、高档PLC构成的复杂系统或需要在线编程的PLC系统，可以选配功能强、编程方便的智能编程器，但智能编程器价格较贵。也可以选用PLC的编程软件，在个人计算机上实现编程器的功能。

4. 写入器的选择

为了防止由于干扰或锂电池电压不足等原因破坏RAM中的用户程序，可选用EPROM写入器，通过它将用户程序固化在EPROM中。有些PLC或其编程器本身就具有EPROM写入的功能。

8.3　PLC与输入/输出设备的连接

PLC常见的输入设备有按钮、行程开关、接近开关、转换开关、拨码器、各种传感器等，输出设备有继电器、接触器、电磁阀等。正确连接输入和输出电路，是保证PLC安全可靠工作的前提。

8.3.1　PLC与常用输入设备的连接

1. PLC与主令电器类设备的连接

如图8-4所示是与按钮、行程开关、转换开关等主令电器类输入设备的接线示意图。图中的PLC为直流汇点式输入，即所有输入点共用一个公共端COM，同时COM端内带有DC 24V电源。若是分组式输入，也可参照图8-4的方法进行分组连接。

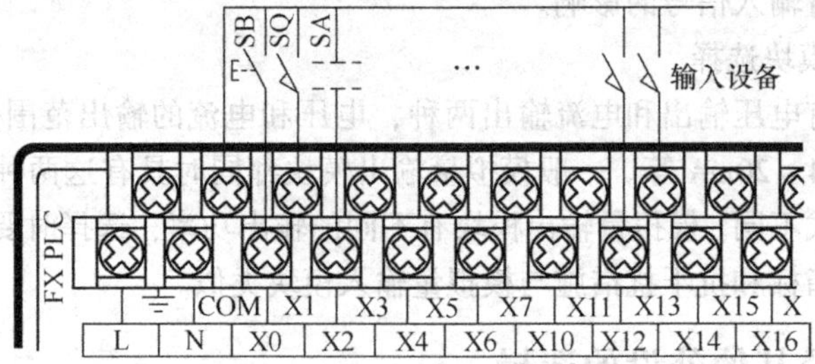

图 8-4 PLC 与输入设备的连接

2. PLC 与拨码开关的连接

如果 PLC 控制系统中的某些数据需要经常修改，可使用多位拨码开关与 PLC 连接，在 PLC 外部进行数据设定。如图 8-5 所示为一位拨码开关的示意图，一位拨码开关能输入一位十进制数的 0 ~ 9，或一位十六进制数的 0 ~ F。

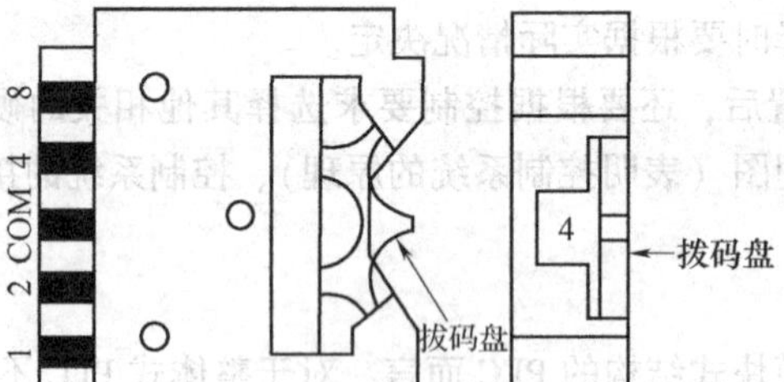

图 8-5 一位拨码开关的示意图

如图 8-6 所示 4 位拨码开关组装在一起，把各位拨码开关的 COM 端连在一起，接在 PLC 输入侧的 COM 端子上。每位拨码开关的 4 条数据线按一定顺序接在 PLC 的 4 个输入点上。由图可知，使用拨码开关要占用许多 PLC 输入点，所以不是十分必要的场合，一般不要采用这种方法。

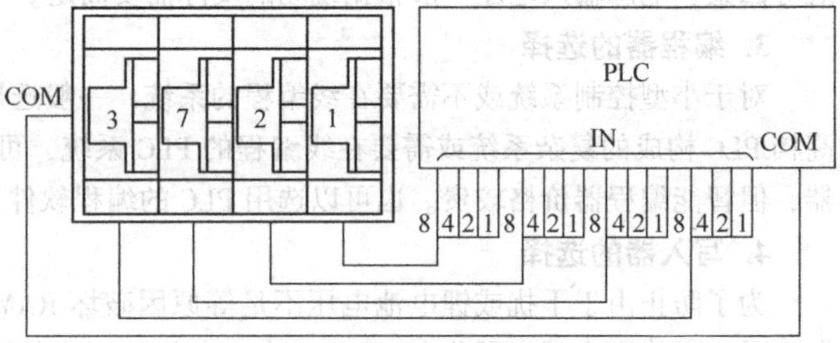

图 8-6 4 位拨码开关与 PLC 的连接

输入采用拨码开关时，可采用分组输入法或矩阵输入法，以提高 PLC 输入点的利用率。

3. PLC 与旋转编码器的连接

旋转编码器是一种光电式旋转测量装置，它将被测的角位移直接转换成数字信号（高速脉冲信号）。因些可将旋转编码器的输出脉冲信号直接输入给 PLC，利用 PLC 的高速计数器对其脉冲信号进行计数，以获得测量结果。不同型号的旋转编码器，其输出脉冲的相数也不同，有的旋转编码器输出 A、B、Z 三相脉冲，有的只有 A、B 相两相，最简单的只有 A 相。

如图 8-7 所示是输出两相脉冲的旋转编码器与 FX 系列 PLC 的连接示意图。编码器有 4 条引线，其中 2 条是脉冲输出线，1 条是 COM 端线，1 条是电源线。编码器的电源可以是外接电源，也可直接使用 PLC 的 DC 24V 电源。电源“ - ”端要与编码器的 COM 端连接，“ + ”端与编码器的电源端连接。编码器的 COM 端与 PLC 输入 COM 端连接，A、B 两相脉冲输出线直接与 PLC

的输入端连接，连接时要注意PLC输入的响应时间。有的旋转编码器还有一条屏蔽线，使用时要将屏蔽线接地。

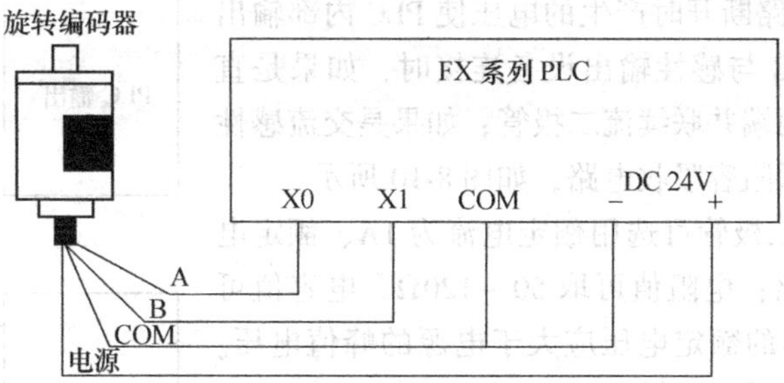

图8-7 旋转编码器与PLC的连接

4. PLC与传感器类设备的连接

传感器的种类很多，其输出方式也各不相同。当采用接近开关、光电开关等两线式传感器时，由于传感器的漏电流较大，可能出现错误的输入信号而导致PLC的误动作，此时可在PLC输入端并联旁路电阻R，如图8-8所示。当漏电流不足1mA时可以不考虑其影响。

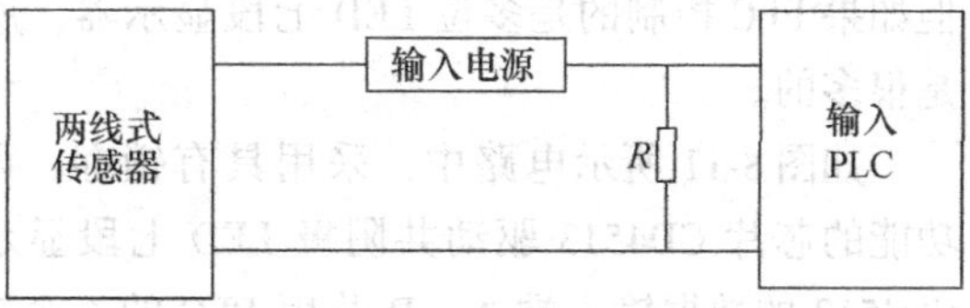

图8-8 PLC与两线式传感器的连接

旁路电阻R的估算公式为

$$R < \frac{R_C \times U_{OFF}}{I \times R_C - U_{OFF}}$$

式中，I为传感器的漏电流，单位为mA；U_{OFF}为PLC输入电压低电平的上限值，单位为V；R_C为PLC的输入阻抗，单位为kΩ，R_C的值根据输入点不同有差异。

8.3.2 PLC与常用输出设备的连接

1. PLC与输出设备的一般连接方法

PLC与输出设备连接时，不同组（不同公共端）的输出点，其对应输出设备（负载）的电压类型、等级可以不同，但同组（相同公共端）的输出点，其电压类型和等级应该相同。要根据输出设备电压的类型和等级来决定是否分组连接。如图8-9所示以FX_{2N}系列PLC为例说明PLC与输出设备的连接方法。图中接法是输出设备具有相同电源的情况，所以各组的公共端连在一起，否则要分组连接。图中只画出Y0～Y7输出点与输出设备的连接，其他输出点的连接方法相似。

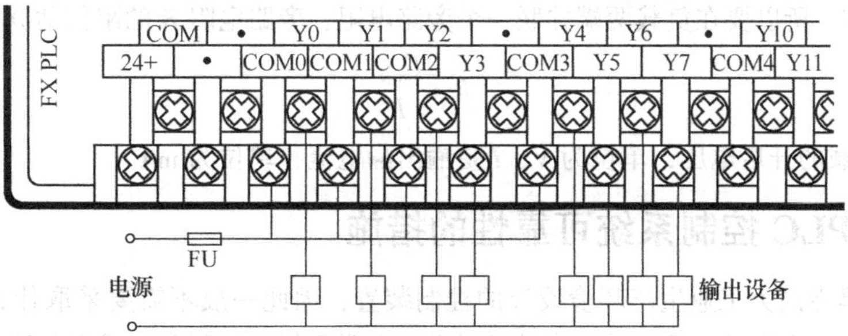

图8-9 PLC与输出设备的连接

2. PLC 与感性输出设备的连接

PLC 的输出端经常连接的是感性输出设备（感性负载），为了抑制感性电路断开时产生的电压使 PLC 内部输出元件造成损坏，当 PLC 与感性输出设备连接时，如果是直流感性负载，应在其两端并联续流二极管；如果是交流感性负载，应在其两端并联阻容吸收电路，如图 8-10 所示。

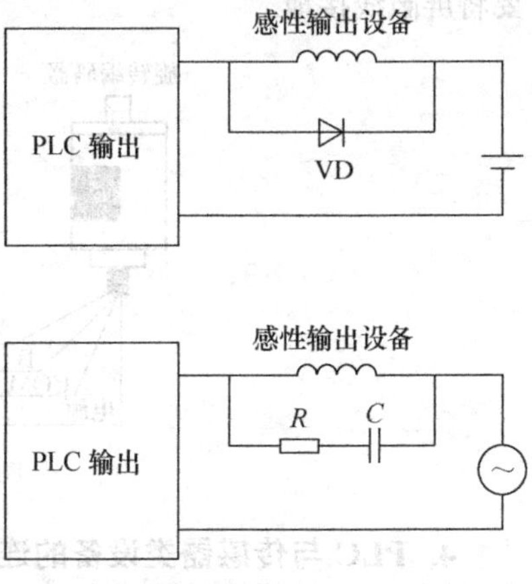

图 8-10 PLC 与感性输出设备的连接

图 8-10 中，续流二极管可选用额定电流为 1A、额定电压大于电源电压的 3 倍；电阻值可取 50～120Ω，电容值可取 0.1～0.47μF，电容的额定电压应大于电源的峰值电压。接线时要注意续流二极管的极性。

3. PLC 与七段 LED 显示器的连接

PLC 可直接用开关量输出与七段 LED 显示器的连接，但如果 PLC 控制的是多位 LED 七段显示器，所需的输出点是很多的。

如图 8-11 所示电路中，采用具有锁存、译码、驱动功能的芯片 CD4513 驱动共阴极 LED 七段显示器，两只 CD4513 的数据输入端 A～D 共用 PLC 的 4 个输出端，其中 A 为最低位，D 为最高位。LE 是锁存使能输入端，在 LE 信号的上升沿将数据输入端输入的 BCD 数锁存在片内的寄存器中，并将该数译码后显示出来。如果输入的不是十进制数，显示器熄灭。LE 为高电平时，显示的数不受数据输入信号的影响。显然，N 个显示器占用的输出点数为 $P=4+N$。

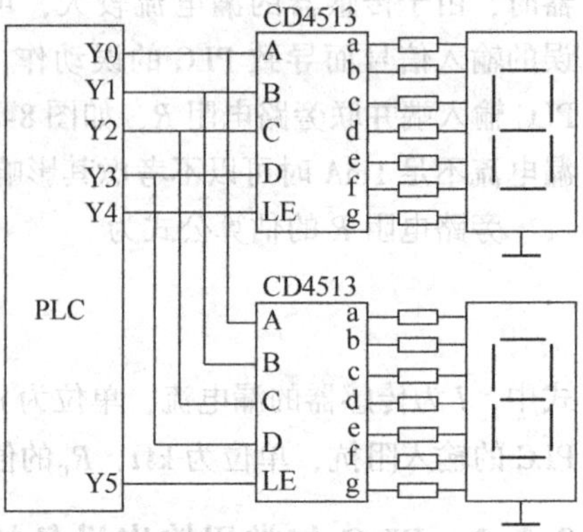

图 8-11 PLC 与两位七段 LED 显示器的连接

如果 PLC 使用继电器输出模块，应在与 CD4513 相连的 PLC 各输出端接一下拉电阻，以避免在输出继电器的触点断开时 CD4513 的输入端悬空。PLC 输出继电器的状态变化时，其触点可能抖动，因此应先送数据输出信号，待该信号稳定后，再用 LE 信号的上升沿将数据锁存进 CD4513。

4. PLC 与输出设备连接的其他注意事项

1）除了 PLC 输入和输出共用同一电源外，输入公共端与输出公共端一般不能接在一起。

2）PLC 的晶体管和晶闸管型输出都有较大的漏电流，尤其是晶闸管输出，将可能会出现输出设备的误动作。所以要在负载两端并联一个旁路电阻，旁路电阻 R 的阻值估算可由下式确定：

$$R<\frac{U_{\mathrm{ON}}}{I}$$

式中，U_{ON}是负载的开启电压，单位为 V；I 是输出漏电流，单位为 mA。

8.4 提高 PLC 控制系统可靠性的措施

由于 PLC 是专门为工业生产环境设计的控制装置，因此一般不需要采取什么特殊措施，就可以直接在工业环境使用。但如果环境过于恶劣，电磁干扰特别强烈，或安装使用不当，保护程序考虑不周到，则不能保证 PLC 正常、安全、可靠地运行。

PLC控制系统的可靠性通常用平均故障时间间隔（MTBF）来衡量，它表示系统从发生故障进行修理到下一次发生故障的时间间隔的平均值。在实际中往往从以下几个方面来考虑：① 对程序和数据的保护；② 对工业生产环境的适应性；③ 故障安全原则、系统间的独立性原则与冗余及容错结构；④ 运行时的实时性和连续性。本节着重从硬件方面讨论PLC的抗干扰措施。

8.4.1　输入端的抗干扰措施

1. 防输入信号干扰的措施

输入信号的线间干扰（差模干扰）用输入模块的滤波可以使其衰减，但当输入端有感性负载时，为了防止反冲感应电势损坏模块，应在负载两端并接电容 C 和电阻 R（交流输入信号），或并接续流二极管VD（直流输入信号），如图8-12所示。图中，二极管的额定电流应选为1A，额定电压要大于电源电压的3倍；电容 C 取0.1μF/600V，电阻 R 为100Ω/0.5W，或者取电容 C 为0.047μF/600V，电阻 R 为22Ω/0.5W。

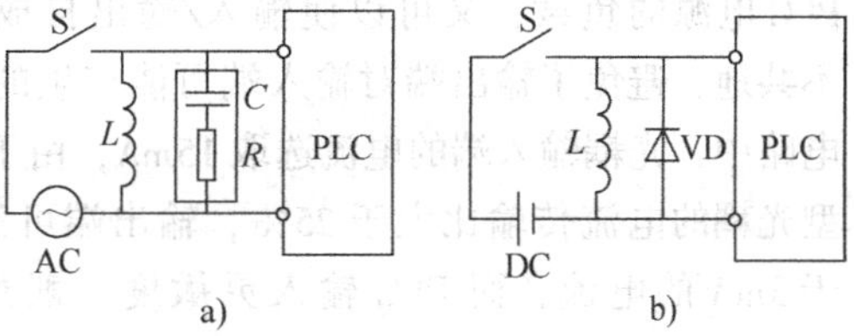

图8-12　输入信号抗干扰措施

a）交流输入　b）直流输入

如果与输入信号并接的电感性负荷大，使用继电器中转效果最好。

2. 防感应电压的措施

图8-13是感应电压产生的示意图。由图可知，感应电压的产生主要有三种途径：

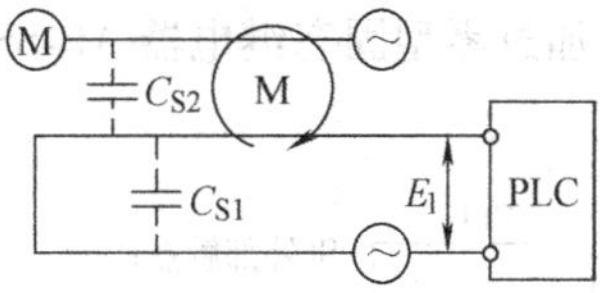

图8-13　感应电压的产生

1）输入信号线间的寄生电容 C_{S1}；

2）输入信号线与其他线间的寄生电容 C_{S2}；

3）与其他线，特别是大电流线的电气耦合M。

针对不同的产生机理，有三种防感应电压干扰的措施，如图8-14所示。

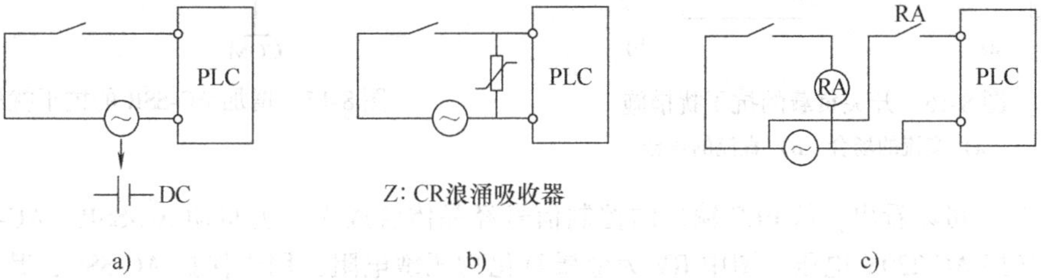

图8-14　防输入感应电压干扰的措施

图8-14a为输入电压直流化。如果条件允许，在感应电压大的场合，改交流输入为直流输入。图8-14b为输入端并接浪涌吸收器。图8-14c为在长距离配线和大电流的场合，感应电压大，可用继电器转换。

3. 光耦保护

PLC输入端最有效的保护方法是外加一级光耦合器，一旦有高电压等侵入回路，就会击穿这一保护级光耦，维修时像更换熔断器一样更换光耦，就可及时排除故障。

增加的保护级光耦可选用4N25型，对于开关频率高的场合，可选用TIL110型。4N25型的导通延迟时间为2.8μs，关断延迟时间为4.5μs，而PLC（如 FX_{2N} 系列）输入电路的一次电路与二次电路用光耦隔离时，内部约有 10ms 的响应滞后。因此，添加一级保护光耦对于 PLC 的反应速度几乎没有影响。添加的保护级光耦插在 IC 插座上，再焊在电路板上，一旦出现故障，更换非常方便。

图 8-15 为 4N25 型光耦 PLC 输入端保护电路图，图中 SQ 为开关输入信号，其连接的 DC 24V，电源采用 AC 220V 降压整流后得到直流电源，而不用 PLC 本身的直流电源，这样既可以不增加 PLC 电源的负载，又可以使输入/输出自成系统、不共地，避免了输出端对输入端可能产生的干扰。电路中，光耦输入端的电流选取 15mA，由于 4N25 型光耦的电流传输比大于 25%，输出端可流过大于 3mA 的电流，而 PLC 输入灵敏度一般最小为 2.5mA，所以可满足 PLC 灵敏度的要求。

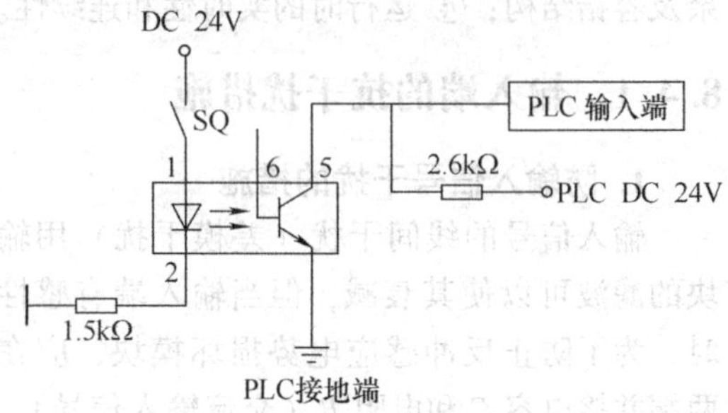

图 8-15　光耦保护电路

8.4.2　输出端的抗干扰措施

1）在感性负载的场合，PLC 输出端的抗干扰措施如图 8-10 所示。

2）在开关量输出的场合，不管是交流负载还是直流负载，可采取图 8-16 所示的抗干扰措施。

当 PLC 的驱动元件主要是电磁阀和交流接触器线圈时，可在 PLC 输出端与驱动元件之间增加过零型固态继电器 AC-SSR，如图 8-17 所示。

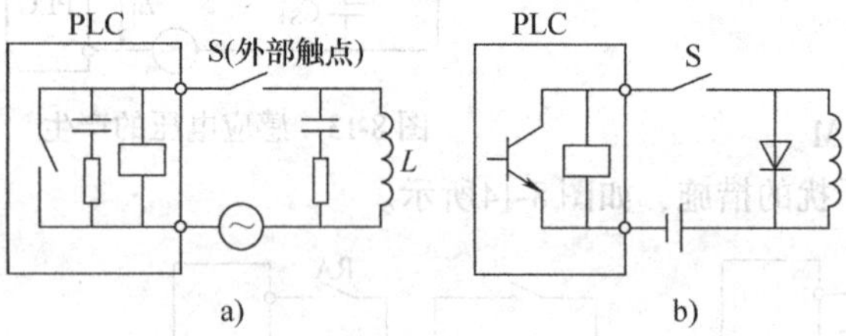

图 8-16　开关负载的抗干扰措施
a）交流的场合　b）直流的场合

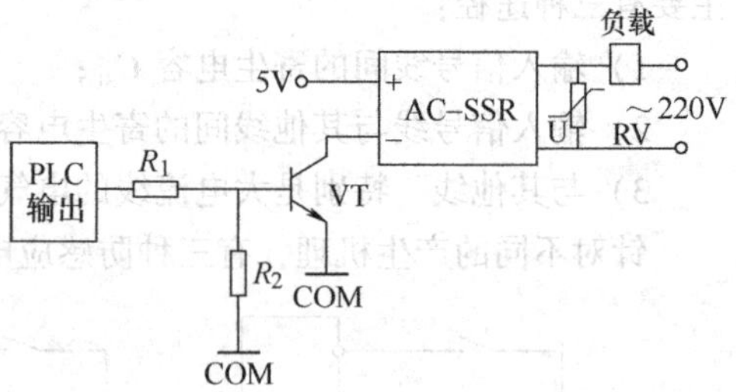

图 8-17　增加 AC-SSR 的抗干扰措施

从图 8-17 可以看出，从 PLC 输出的控制信号经晶体管放大，去驱动 AC-SSR，AC-SSR 的输出经负载连接 AC 220V 电压。图中 RV 为金属氧化物压敏电阻，用于保护 AC-SSR，其两端电压在其标称电压以下时，RV 阻值很大，当超过标称值时，阻值很小，这样在 AC 220V 电压断开的瞬间，负载因电磁感应产生高电压，MOV 阻值下降，两端电压下降，就保护了 AC-SSR。

3）用旁路电阻防错。当输入信号源类型为晶体管或者光电开关，当 PLC 输出元件为双向晶闸管或者晶体管，而外部负载又很小时，电路会在关断时有较大的漏电流，导致控制系统输入与输出信号的错误。为此，应在这类输入、输出端并联旁路电阻，以减小 PLC 输入电流和外部负载上的电流，如图 8-18 所示。

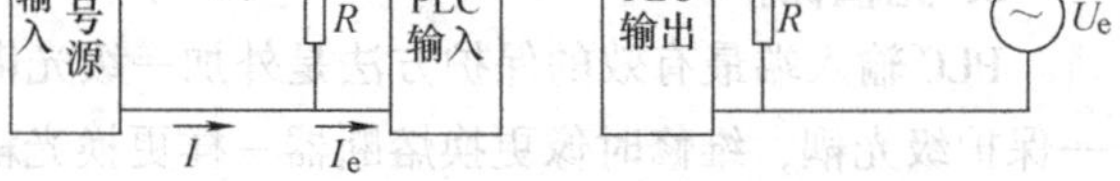

图 8-18　用旁路电阻防错

图 8-18 中旁路电阻的阻值由下式决定：

$$I \cdot \frac{R(U_e/I_e)}{R+(U_e/I_e)} \leqslant U$$

式中，I 为输入信号源或输出晶闸管最大漏电流；U 为输入信号电压或外部负载电压最大值；I_e 为输入点或外部负载的额定电流；U_e 为输入点或外部负载的额定电压。

8.4.3　电源的抗干扰措施

电源也是外部干扰侵入PLC的重要途径，一般情况下，PLC应尽可能采用电压波动小、波形畸变较小的电源。PLC的供电电路应与其他大功率用电设备或强干扰设备（如高频炉、弧焊机等）分开。在干扰较强或可靠性要求很高的场合，对PLC交流电源系统可采用以下两种抗干扰措施。

1）在PLC电源的输入端加接隔离变压器，由隔离变压器的输出端直接向PLC供电，这样可抑制来自电网的干扰。隔离变压器的电压比可取1∶1。在一次和二次绕组之间采用双屏蔽技术：一次侧用漆包线或铜线等非导磁材料在铁心上绕一层，注意电气上不能短路，并接到中性线；二次侧采用双绞线，双绞线能减少电源线间干扰。

2）在PLC电源的输入端加接低通滤波器，可滤去来自电网的高频干扰和谐波。

在干扰较严重的场合，可同时使用隔离变压器和低通滤波器，通常低通滤波器先与电源相接，其输出再接隔离变压器；或者同时使用带屏蔽层的电压扼流圈和低通滤波器。

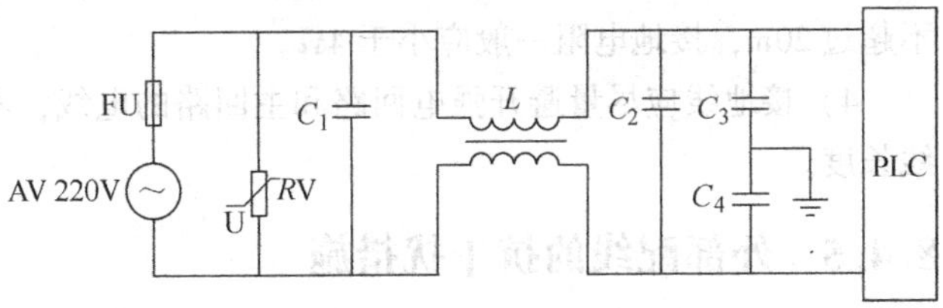

图8-19　电源滤波电路

电源滤波电路如图8-19所示。

图中RV是压敏电阻（可选471kΩ），击穿电压为$220\times\sqrt{2}\times(1.5\sim2)$V，其击穿电压略高于电源正常工作时的最高电压，电源正常时它相当于开路。有尖峰干扰脉冲通过时，RV被击穿，干扰电压被RV钳位，尖峰干扰脉冲消失后，RV可恢复正常。如电压确实高于压敏电阻的击穿电压，压敏电阻导通，相当于电源短路，把熔丝熔断。电容C_1、C_2和扼流圈L组成低通滤波器，以滤除共模干扰。C_3、C_4用来滤去差模干扰信号。C_1、C_2电容量可选1μF，L电感量可选1μH，C_3、C_4电容量可选0.001μF。

PLC的电源和PLC输入/输出模块用电源应与被控系统的动力部分、控制部分分开配线，电源供电线的截面积应有足够的余量，并采用双绞线。条件许可时，PLC可采用单独的供电回路，以避免大容量设备的起停对PLC的干扰。系统的动力线应足够粗，以降低大容量异步电动机起动时的电路电压降，且动力线要远离PLC装置20cm以上。

8.4.4　系统接地的抗干扰措施

PLC和控制柜盘与大地之间存在着电位差，良好的接地可以减少由于电位差引起的干扰电流。混入电源和输入/输出信号线的干扰，可通过接地线引入大地，从而减少干扰的影响。此外，良好的接地还可以有效地防止干扰误动作，图8-20a、b所示为控制系统的接地方法。

图8-20a为控制器和其他设备分别接地方式，这种接地方式最好。如果做不到每个设备专用接地，也可使用图8-20b所示的共用接地方式，但不允许使用图8-20c所示的共通接地方式，特别是应避免与电动机、变压器等动力设备共通接地。

PLC接地应注意以下几个方面问题：

1）PLC 的接地极离 PLC 越近越好，即接地线越短越好。如果 PLC 由多单元组成，各单元之间应采用同一点接地，以保证各单元之间等电位。当然，如果有的 I/O 单元分散在较远的现场（超过 100m），可分开接地，但必须遵守上述有关规定。

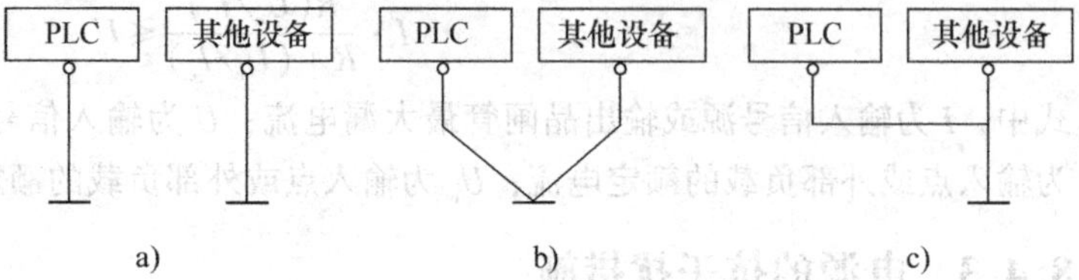

图 8-20 接地方法

a）专用接地 b）共用接地 c）共通接地（错误）

2）PLC 输入、输出信号线采用屏蔽电缆时，其屏蔽层应采用一点接地，接地点应靠近 PLC 这一端，另一端不接地，如图 8-21 所示。如果信号随噪声而波动，可连接一个 0.1 ~ 0.47 μF/25V 的电容器到接地端。

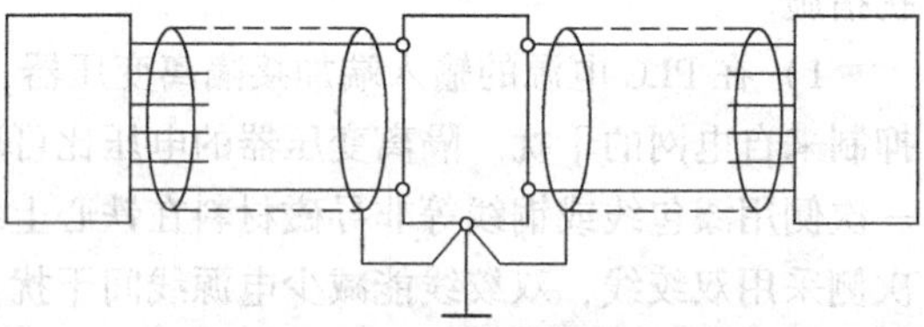

图 8-21 屏蔽电缆的接地

3）接地线截面积应大于 $2mm^2$，长度一般不超过 20m，接地电阻一般应小于 4Ω。

4）接地线应尽量避开强电回路和主回路的电线，不能避开时，应垂直相交，应尽量缩短走线长度。

8.4.5 外部配线的抗干扰措施

为了抑制通过输入、输出信号传输线引入的干扰，一般应注意以下几点：

1）开关量信号不易受外界干扰，可用普通单根导线传输。

2）数字脉冲信号频率较高，传输过程中易受外界干扰，应选用屏蔽电缆传输。

3）模拟量信号是连续变化的信号，外界的各种干扰信号都会叠加在模拟信号上面造成干扰，因此要选用屏蔽电缆或带防护的双绞线。如果模拟量 I/O 信号距离 PLC 较远，应采用 4 ~ 20mA 或 0 ~ 10mA 的电流传输方式，而不用易受干扰的电压信号传输。最好将功率较大的开关量输入、输出线与模拟量输入、输出线分开敷设。

4）输入、输出信号线要与动力线分开。在条件允许的情况下，两组线距离应在 20cm 以上，如果不能保证上述最小距离，可采取屏蔽措施，如将邻近部分动力线穿套管，并将套管接地。绝对不允许把 PLC 的输入、输出线与动力线、高压线捆在一起。

5）应尽量减小动力线与信号线平行敷设的长度，否则应增大两者的距离。一般两线间距离为 20cm，当两线平行敷设的长度在 100 ~ 200m 时，两线间距离应在 40cm 以上；平行敷设的长度在 200 ~ 300m 时，两线间距离应在 60cm 以上。

6）PLC 的输入、输出线最好单独敷设在封闭的电缆槽架内（线槽外壳良好接地）。不同种类信号（如不同电压等级、交流、直流等）的输入线、输出线，不能放在同一根多芯屏蔽电缆内（引线部分更不许捆扎在一起），而且它们在槽架内应隔开一定距离安放，屏蔽层应当接地。

7）对于输入、输出信号在 300m 以上的长距离场合，建议用中间继电器转换信号或使用远程 I/O 控制。

8.4.6 PLC的安装环境

由于PLC是直接应用于生产现场的工业控制装置，生产厂家都把它设计成能在恶劣环境条件下可靠地工作。尽管如此，每种PLC都有自己的环境条件。良好的环境条件是PLC系统正常运行的重要保证。用户在设计PLC控制系统时，对环境条件要给予充分的考虑。

1. 环境条件对PLC的影响

（1）温度的影响

PLC及其外部电路都是由集成电路、晶体管和电阻、电容等元器件构成的，温度的变化将直接影响这些元器件的可靠性和寿命。PLC及其外部电路（I/O模块、辅助电源等）可靠工作的环境温度为0～55℃，保存温度为－40～+85℃。

（2）湿度的影响

PLC允许的相对湿度一般在35%～80%。湿度太高时，水分容易通过模块上IC的金属表面缺陷浸入内部，引起内部元件的恶化，印制板可能由于高压或高浪涌电压而引起短路。在极干燥的环境下，绝缘物体上可能带静电，特别是MOS集成电路输入阻抗高，可能由于静电感应而损坏。PLC不运行时，温度、湿度的急剧变化可能引起结露。结露后会使绝缘电阻大大降低，由于高压的漏泄，可能会使金属表面生锈。特别是交流220V、110V的输入/输出模块，由于绝缘的恶化，可能产生预料不到的事故。

（3）振动和冲击的影响

一般PLC能耐受的振动和冲击频率为10～55Hz，振幅为0.5mm，加速度为2g，冲击为10g（$g=10m/s^2$）。超过这个极限时，可能会引起电磁阀或断路器误动作、机械结构松动、电气部件损坏以及连接器的接触不良等后果。

（4）周围空气的影响

周围空气中不能混有尘埃、导电性粉末、腐蚀性气体、水分、油分、油雾、有机溶剂和盐分等，否则会引起下列不良现象：尘埃可能引起接触不良，或使滤网的网眼堵住，使盘、柜内温度上升；导电性粉末可能引起误动作，绝缘性能变差和短路等；油和油雾可能会引起接触不良和腐蚀塑料；腐蚀性气体和盐分可能会引起印制电路板的底板或引线腐蚀，造成继电器或开关类的可动部件接触不良。

2. 改善环境的措施

（1）防高温的措施

如果控制系统的环境温度超过极限温度55℃，盘、柜内必须设置风扇，通过过滤器把自然风引入。有条件时还可把控制系统置于空调室内。应防止阳光直射。当安装有电阻器或电磁接触器等发热元件时，它们要远离PLC或把PLC安装在发热体的下面。PLC的安装都应考虑通风，PLC的上下都要留有100mm的距离，I/O模块配线时要使用导线槽，以免妨碍通风。

（2）防低温的措施

温度过低时，盘、柜内可设置加热器。冬季时这种加热器特别有效，可使盘、柜内温度保持在0℃以上或在10℃左右。设置加热器时要选择适当的温度传感器，以便在温度高时自动切断加热器电源，低温时自动接通电源。停止工作时，不要切断控制器和I/O模块电源，从而可靠其自身的发热量使周围温度升高，特别是夜间低温时，这种措施是有效的。另外，在温度急剧变化的场合，不要打开盘、柜的门，以防冷空气进入。

（3）湿度的措施

若环境的湿度过大，盘、柜应设计成密封型，并放入吸湿剂，或把外部干燥空气引入盘、柜内，印制板上最好再覆盖一层保护层，如喷松香水等。在湿度低及干燥的场合进行检修时，人体尽量不接触集成电路块和电子元件，以防感应电流损坏器件。

(4) 防振动和冲击的措施

在有振动和冲击的场合，如果振动来自盘、柜之外，可对盘、柜加装防振橡皮，或远离振源；如果振动来自盘、柜内，则把产生振动的设备移出，单独设置，同时强固 PLC、I/O 模块及印制板等可产生松动的器件。

(5) 防周围环境空气不洁的措施

如果周围环境空气不清洁，可将盘、柜设计成密封型结构，且打入高压清洁空气，使外界不清洁空气不能进入盘、柜内部。可在印制板表面涂一层保护层，如松香水等。

8.5　减少 I/O 点数的措施

在满足系统控制要求的前提下，合理使用 I/O 点数，尽量减少所需的 I/O 点数是很有意义的。下面将介绍几种常用的减少 I/O 点数的措施。

8.5.1　减少输入点数的措施

1. 分组输入

一般系统都存在多种工作方式，但系统同时又只选择其中一种工作方式运行。也就是说，各种工作方式的程序不可能同时执行。因此，可将系统输入信号按其对应的工作方式不同分成若干组，PLC 运行时只会用到其中的一组信号，所以各组输入可共用 PLC 的输入点，这样就便所需的输入点减少。

如图 8-22 所示，系统有“自动”和“手动”两种工作方式，其中 S1 ~ S8 为自动工作方式用到的输入信号，Q1 ~ Q8为手动工作方式用到的输入信号。两组输入信号共用 PLC 的输入点 X0 ~ X7，如 S1 与 Q1 共用输入点 X0。用“工作方式”选择开关 SA 来切换“自动”和“手动”信号的输入电路，并通过 X10 使 PLC 识别是“自动”还是“手动”，从而执行自动程序或手动程序。

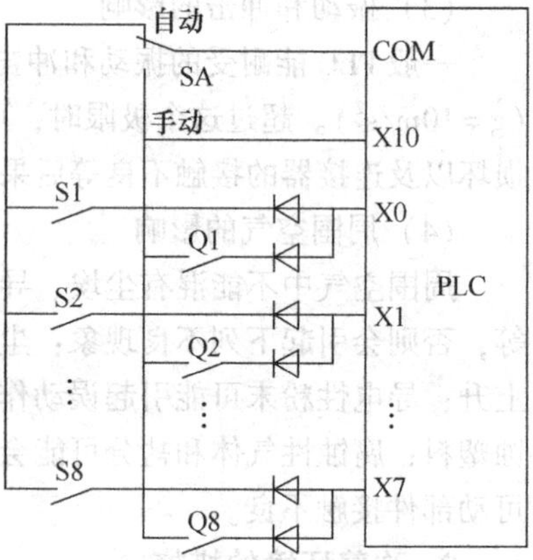

图 8-22　分组输入

图中的二极管是为了防止出现寄生回路产生错误输入信号而设置的。例如，当 SA 扳到“自动”位置，若 S1 闭合，S2 断开，虽然 Q1、Q2 闭合，X0 也应该是有输入，而 X1 无输入，但如果无二极管隔离，则电流从 X1 流出，经 Q2→Q1→S1→COM 形成寄生回路，从而使 X1 错误地接通。因此，必须串联二极管切断寄生回路，避免错误输入信号的产生。

2. 矩阵输入

如图 8-23 所示为 3 × 3 矩阵输入电路，用 PLC 的三个输出点 Y0、Y1、Y2 和三个输入点 X0、X1、X2 来实现 9 个开关量输入设备的输入。图 8-23 中，输出 Y0、Y1、Y2 的公共端 COM 与输入继电器的公共端 COM 连在一起。当 Y0、Y1、Y2 轮流导通，则输入端 X0、X1、X2 也轮流得到不同的三组输入设备的状态，即 Y0 接通时读入 Q1、Q2、Q3 的通断状态，Y1 接通时读入 Q4、Q5、Q6 的通断状态，Y2 接通时读入 Q7、Q8、Q9 的通断状态。

当Y0接通时，如果Q1闭合，则电流从X0端流出，经过VD1→Q1→Y0端，再经过Y0的触点，从输出公共端COM流出，最后流回输入COM端，从而使输入继电器X0接通。在梯形图程序中应该用Y0常开触点和X0常开触点的串联，来表示Q1提供的输入信号。

图8-23中，二极管也是起切断寄生回路的作用。

采用矩阵输入方法除了要按图8-22的硬件连接外，还必须编写对应的PLC程序。由于矩阵输入的信号是分时被读入PLC，所以读入的输入信号为一系列断续的脉冲信号，在使用时应注意这个问题。另外，应保证输入信号的宽度要大于Y0、Y1、Y2轮流导通一遍的时间，否则可能会丢失输入信号。

3. 组合输入

对于不会同时接通的输入信号，可采用组合编码的方式输入。如图8-24a所示，3个输入信号Q1、Q2、Q3只要占用两个输入点，再通过如图8-24b所示程序的译码，又还原成与Q1、Q2、Q3对应的M0、M1、M2三个信号。采用这种方法应特别注意要保证各输入开关信号不会同时接通。

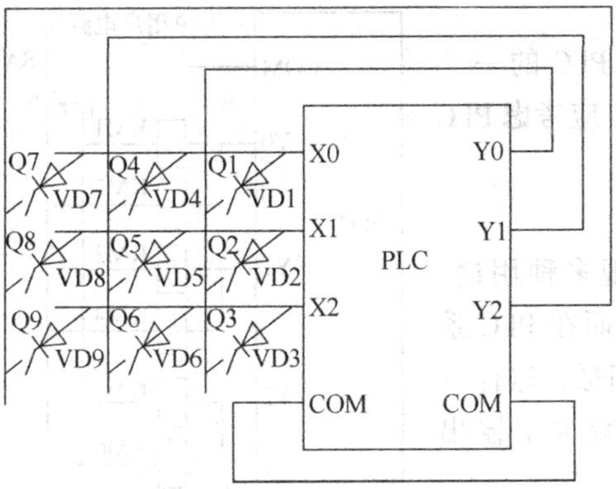

图8-23　矩阵输入

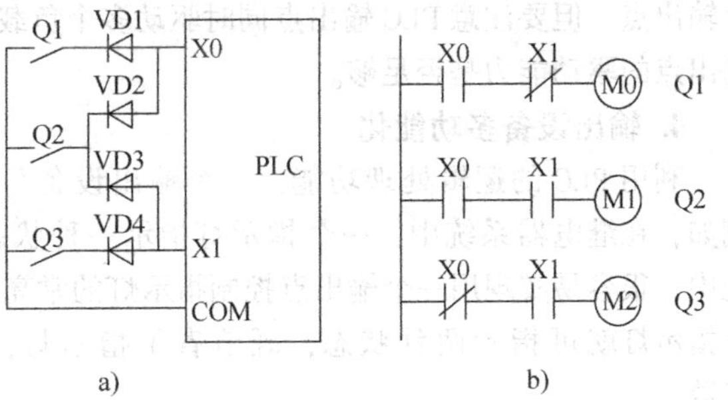

图8-24　组合输入

a）硬件连接图　b）梯形图程序

4. 合并输入

将某些功能相同的开关量输入设备合并输入。如果是几个常闭触点，则串联输入；如果是几个常开触点，则并联输入。因此，几个输入设备就可共用PLC的一个输入点。

5. 某些输入信号可设在PLC外部

系统中有些输入信号功能简单、涉及面很窄，如某些手动按钮、电动机过载保护的热继电器触点等，有时就没有必要作为PLC的输入，将它们放在外部电路中同样可以满足要求，如图8-25所示。此外，用单按钮控制电动机也可减少PLC的输入点数。

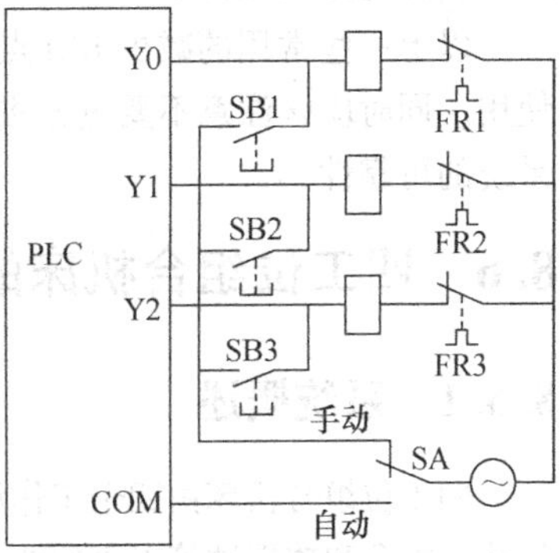

图8-25　输入信号设在PLC外部

8.5.2　减少输出点数的措施

1. 矩阵输出

图8-26中采用8个输出组成4×4矩阵，可接16个输出设备（负载）。要使某个负载接通工

作，只要控制它所在的行与列对应的输出继电器接通即可。例如，要使负载 KM1 得电工作，必须控制输出 Y10 和 Y14 接通。

应该特别注意：当只有某一行对应的输出继电器接通，各列对应的输出继电器才可任意接通，或者当只有某一列对应的输出继电器接通，各行对应的输出继电器才可任意接通，否则将会出现错误接通负载。因此，采用矩阵输出时，必须要将同一时间段接通的负载安排在同一行或同一列中，否则无法控制。

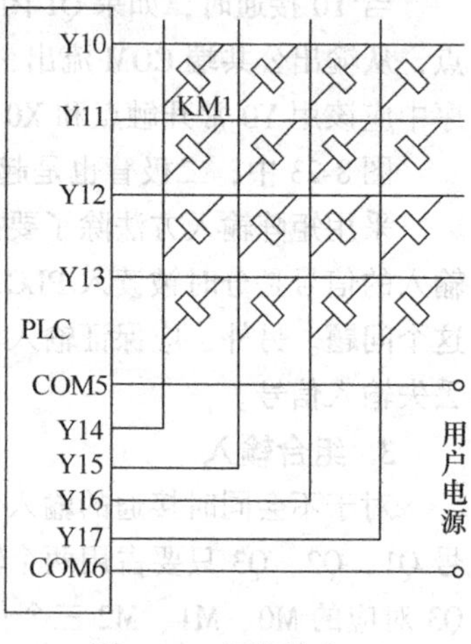

图 8-26 矩阵输出

2. 分组输出

当两组输出设备或负载不会同时工作，可通过外部转换开关或通过受 PLC 控制的电器触点进行切换，所以 PLC 的每个输出点可以控制两个不同时工作的负载。如图 8-27 所示，KM1、KM3、KM5 与 KM2、KM4、KM6 两组不会同时接通，用转换开关 SA 进行切换。

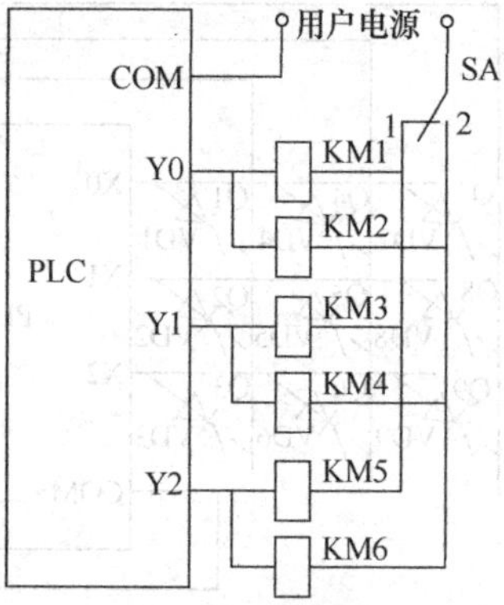

图 8-27 分组输出

3. 并联输出

当两个通断状态完全相同的负载，可并联后共用 PLC 的一个输出点。但要注意 PLC 输出点同时驱动多个负载时，应考虑 PLC 输出点的驱动能力是否足够。

4. 输出设备多功能化

利用 PLC 的逻辑处理功能，一个输出设备可实现多种用途。例如，在继电器系统中，一个指示灯指示一种状态，而在 PLC 系统中，很容易实现用一个输出点控制指示灯的常亮和闪烁，这样一个指示灯就可指示两种状态，既节省了指示灯，又减少了输出点数。

5. 某些输出设备可不进 PLC

系统中某些相对独立、比较简单的控制部分，可直接采用 PLC 外部硬件电路实现控制。

以上一些常用的减少 I/O 点数的措施，仅供读者参考，实际应用中应该根据具体情况，灵活使用。同时应该注意不要过分去减少 PLC 的 I/O 点数，而使外部附加电路变得复杂，从而影响系统的可靠性。

8.6 四工位组合机床的 PLC 控制系统

8.6.1 系统概述

四工位组合机床由四个工作滑台各载一个加工动力头，组成四个加工工位对零件进行铣端面、钻孔、扩孔和攻螺纹等工序的加工，采用回转工作台传送零件，有夹具、上料和下料机械手、进料器四个辅助装置以及冷却和液压系统。系统中除加工动力头的主轴由电动机驱动以外，其余各运动部分均由液压驱动。机床的四个动力头同时对一个零件进行加工，一次加工完成一个零件。

本机床共有连续全自动工作循环、单机半自动循环和手动调整三种工作方式。连续全自动和单机半自动循环的控制要求为：按下起动按钮，上料机械手向前，将待加工零件送到夹具上，同时进料装置进料，然后上料机械手退回原位。

进料装置放料，回转工作台自动微抬并转位，接着四个工作滑台向前，四个动力头同时加工，加工完成后，各工作滑台退回原位，下料机械手向前抓住零件，夹具松开，下料机械手退回原位并取走已加工完的零件，完成一个工作循环，并开始下一个工作循环，实现全自动工作方式。如果选择预停，则每个工作循环完成后，机床自动停止在初始位置，等到再次发出起动命令后，才开始下一个循环，这就是半自动循环工作方式。

8.6.2　系统设计

1. I/O 地址分配

本组合机床由 PLC 组成的电控系统共有各种输入信号约 37 个，输出信号 25 个。输入元件中包括工作方式选择开关、起动、预停、急停按钮，用于检测各工位工作进程的行程开关和压力继电器等。输出元件包括控制各动力头主轴电动机运行的接触器线圈，控制各工位向前与向后、快速以及攻螺纹、退刀、夹紧、松开的电磁换向阀线圈。根据组合机床的工作特点，选用三菱 FX_{2N}-80MR 型 PLC，即可满足输入/输出信号的数量要求，同时由于各工位动作频率不是很高，但控制电路电流较大，故选用继电器输出方式的 PLC，系统的输入/输出信号地址分配表见表 8-1。

表 8-1　输入/输出信号地址分配表

输入				输出			
功能	地址	功能	地址	功能	地址	功能	地址
回原点	X0	快转工	X24	动力头		快速	Y20
手动	X1	终点	X25	铣端面	Y0	扩孔	
半自动	X2	过载	X26	钻孔	Y1	向前	Y21
全自动	X3	点动	X27	扩孔	Y2	向后	Y22
夹紧	X4	钻孔动力头		攻螺纹	Y3	快速	Y23
松开	X5	原位	X30	退刀	Y4	攻螺纹	
进料	X6	已快进	X31	上料进	Y5	攻螺纹	Y24
放料	X7	已工进	X32	上料退	Y6	快退	Y25
润滑压力	X10	点动	X33	下料进	Y7	—	—
总停	X11	扩孔动力头		下料退	Y10	—	—
起动	X12	原位	X34	夹紧机构		润滑电动机	Y26
预停	X13	已快进	X35	夹紧	Y11	冷却电动机	Y27
紧急停止	X14	已工进	X36	松开	Y12	蜂鸣器	Y30
冷却泵开	X15	点动	X37	铣端面		—	—
冷却泵停	X16	攻丝动力头		向前	Y13	—	—
上料原位	X17	原位	X40	向后	Y14	—	—
上料终点	X20	已快进	X41	快速	Y15	—	—
下料原位	X21	已攻螺纹	X42	钻孔		—	—
下料终点	X22	已退丝	X43	向前	Y16	—	—
铣端面动力头		点动	X44	向后	Y17	—	—
原位	X23	—	—	—	—	—	—

2. 软件设计

本机床PLC控制系统的软件由公用程序、全自动程序、半自动程序、手动程序、全线自动回原点程序以及故障报警程序等六部分组成，程序总体结构如图8-28所示。

公用程序主要用来处理组合机床的各种操作信号，如起动、预停、紧急停止以及各工位的原位信号、机床起动前应具备的各种初始信号、工作方式选择信号、各种复位信号，并将处理结果作为机床起动、停止、程序转换或故障报警等的依据，公用程序一般采用经验法设计，如图8-29所示。

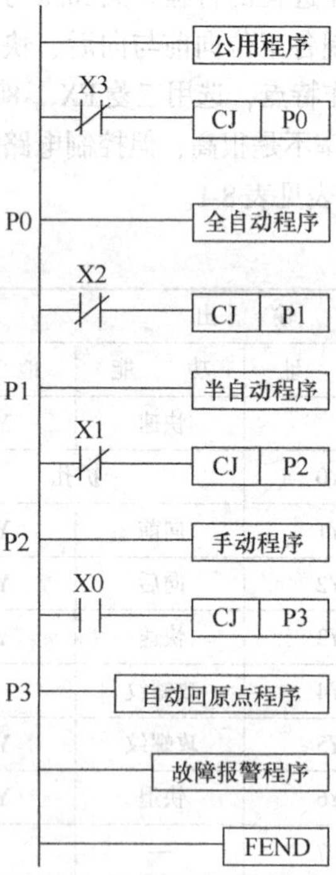

图8-28 程序总体结构图

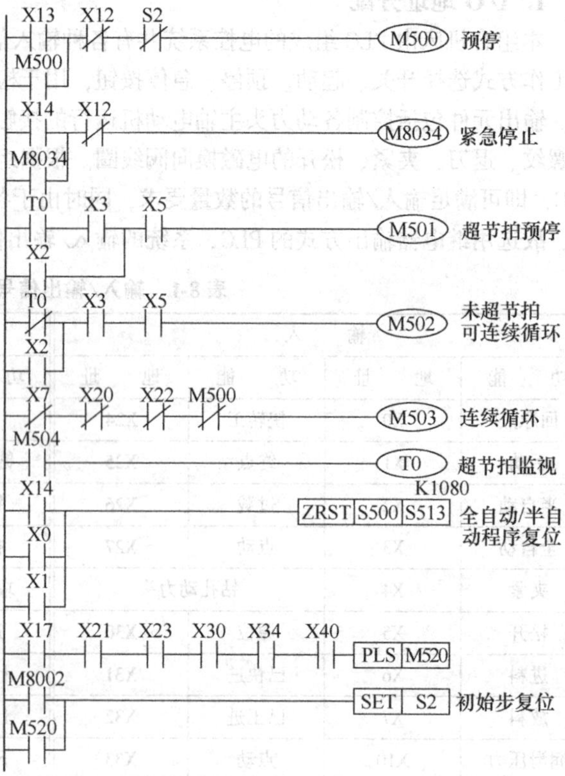

图8-29 公用程序

故障报警程序包括故障的检测与显示，故障检测由传感器完成，再送入PLC，故障显示采取分类组合显示的方法，将所有的故障检测信号按层次分成组，每组各包括几种故障，本系统分为：故障区域，故障部件（动力头、滑台、夹具等），故障元件三个层次。当具体的故障发生时，检测信号同时送往区域、部件、元件三个显示组。这样就可以指示故障发生在某区域、某部件、某元件上。

全自动是软件中最重要的部分，它用来实现组合机床在无人参与的情况下对成批工件进行自动地连续加工。在全自动工作方式下，当机床具备所有初始条件后，按下起动按钮（X12），机床即按控制要求所述工艺过程工作，各动力头进行各自的工作循环，循环结束时重新回到各自的初始位置并停止。本文以铣端面和钻孔工位为例，着重分析全自动程序的设计，结合表8-1 I/O地址的分配，可以画出这两个工位的状态流程如图8-30所示。

需要指出的是：我们设置了预停功能和超节拍保护功能。

（1）预停功能

当按下预停按钮 X13，M500 为状态“1”，M503 为状态“0”（见图 8-29）。这样当组合机床进展到 S513 步且 X21 = 1，将转入初始步 S2，并自动停止，而不会转入 S500 进入下一个循环。

（2）超节拍保护

当组合机床进行超节拍保护时，超节拍监控定时器 T0 将动作，（由 S500 置位 M504），使 M501 为状态“1”，M502 为状态“0”（见图 8-29），当机床进行到 S511 步时，将转入初始步（S2）后停止，不会继续往下运动。

依照上述方法，同样可以把其他几部分的程序流程图设计出来。

系统调试将手动与自动操作控制独立分开，自动操作控制首先保证单机程序调试成功后，再转入连续控制，最后连接整个系统试运行。由于 PLC 可灵活、方便地通过编程来改变控制过程，使调试变得更简单。本系统经过一段时间的运行表明，该系统性能可靠，自动化程度高，完全能满足生产工艺要求。

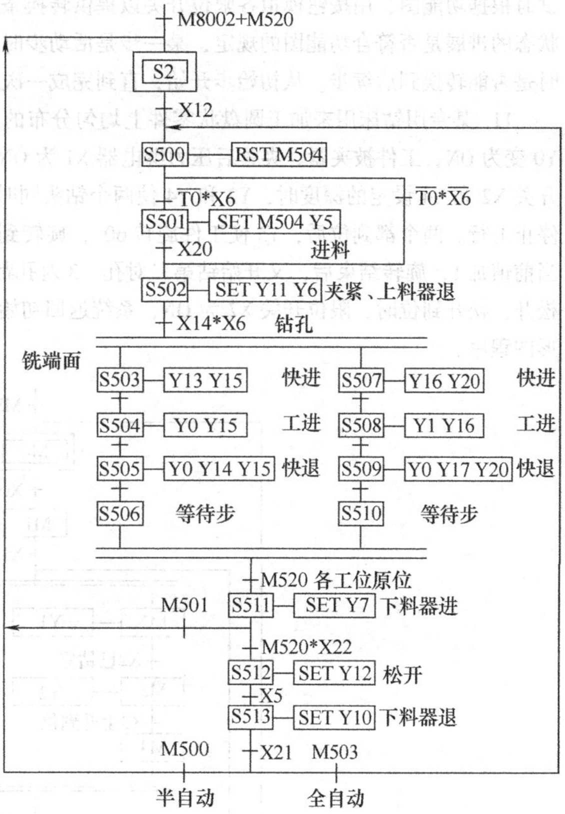

图 8-30　两个工位的状态流程图

思考与习题

1. PLC 系统设计一般分为几步？
2. 减少 PLC 输入、输出点数的方法有几种？
3. 如何选择合适的 PLC 类型？
4. PLC 的开关量输入单元一般有哪几种输入方式？它们分别适用于什么场合？
5. PLC 的开关量输出单元一般有哪几种输出方式？各有什么特点？
6. PLC 输入/输出有哪几种接线方式？
7. I/O 接线时应注意哪些事项？PLC 如何接地？
8. PLC 对安装环境有何要求？PLC 的安装方法有几种？
9. 如何提高 PLC 控制系统的可靠性？
10. 对冲床进行 PLC 控制系统设计。

如图 8-31 所示，在初始状态时，机械手在最左边，X0 接通；冲头在最上面，X3 接通；机械手松开，Y0 断开。按下起动按钮 X4，Y0 接通，零件被夹紧并保持，1s 后，Y1 接通，机械手右行并碰到行程开关 X1，以后将顺序完成以下动作：冲头下行，冲头上行，机械手左行，机械手松开，系统最后返回初始状态。各限位开关提供的信号是相应步之间的转换条件。

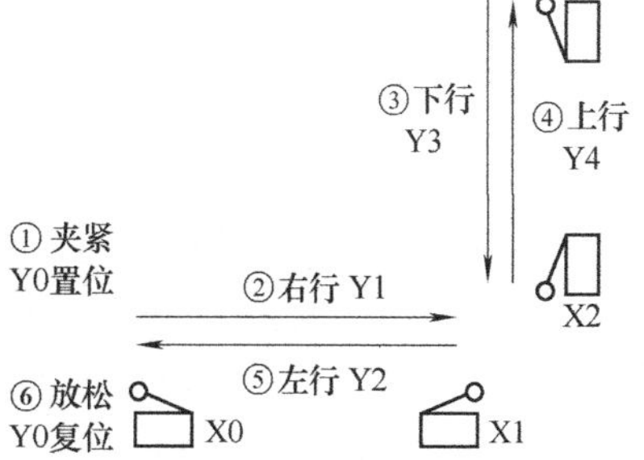

图 8-31　冲床示意图

画出控制系统的功能图，编制出相应的顺序控制梯形图。调试时根据功能图，用按钮模拟各限位开关以提供转换条件，注意各开关接通后应马上断开。观察步的活动状态的进展是否符合功能图的规定，某一步是活动步时该步应接通的负载是否接通，相应的转换条件满足时是否能转换到后续步。从初始步开始，直到完成一次工作循环，返回初始状态为止。

11. 某专用钻床用来加工圆盘状零件上均匀分布的 6 个孔，操作人员放好工件后，按下起动按钮 X0，Y0 变为 ON，工件被夹紧，夹紧后压力继电器 X1 为 ON，Y1 和 Y3 使两个钻头同时开始工作，钻到由限位开关 X2 和 X4 设定的深度时，Y2 和 Y4 使两个钻头同时上行，升到由限位开关 X3 和 X5 设定的起始位置时停止上行。两个都到位后，Y5 使工件旋转 60°，旋转到位时，X6 为 ON，同时设定值为 3 的计数器 CO 的当前值加 1，旋转结束后，又开始钻第二对孔。3 对孔都钻完后，计数器的当前值等于设定值 3，Y6 使工件松开，松开到位时，限位开关 X7 为 ON，系统返回初始状态。系统的功能图如图 8-32 所示。设计系统的梯形图程序。

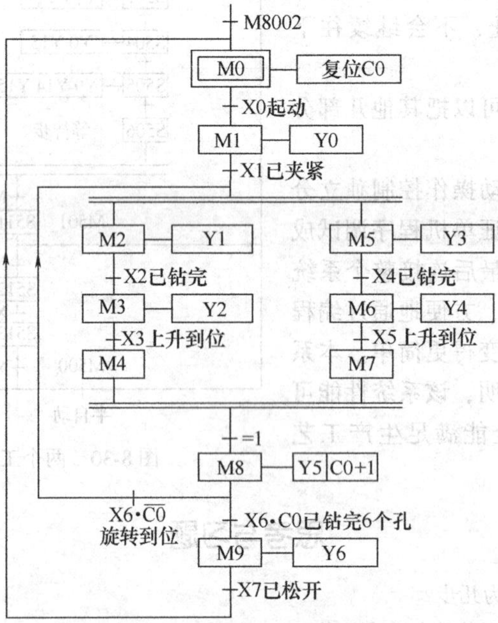

图 8-32 钻床控制系统的功能图

参考文献

[1] 廖常初. 可编程序控制器的编程方法与工程应用 [M]. 重庆：重庆大学出版社，2001.

[2] 张均，等. 可编程控制器原理及应用 [M]. 北京：中国铁道出版社，2007.

[3] 张发玉. 可编程控制器应用技术 [M]. 西安：西安电子科技大学出版社，2006.

[4] 周亚军. 电气控制与 PLC 原理及应用 [M]. 西安：西安电子科技大学出版社，2008.

[5] 刘美俊. 西门子 S7 系列 PLC 应用与维护 [M]. 北京：机械工业出版社，2008.

[6] IEC SC65，IEC1158. 7 Digital data communication for measurement and control-fieldbus for use in industrial control system. IEC，2010.

[7] IEC TC65. Fieldbus standard for use in industrial control system ，IEC 61158 C. SI. IEC. TC65，2000.

[8] 日本三菱公司. FX 系列 PLC 编程手册（合并版），2010.

[9] 日本三菱公司. MELSEC-FX2N 系列 PLC 使用手册，2010.